普通高等教育公共基础课系列教材

线性代数

（第二版）

王兆飞　编著

西安电子科技大学出版社

内容简介

本书是根据理工类和经管类非数学专业线性代数课程的教学要求，结合普通高等院校线性代数的教学实际编写而成的．本书内容包括行列式、矩阵、向量与线性方程组、相似矩阵与矩阵的对角化、二次型等，较系统地介绍了线性代数的基本概念与理论，重点介绍了用矩阵理论解决线性代数问题的方法与技巧．书中每一章都精选了具有代表性的习题，为学好线性代数提供了保障．

本书可作为普通高等院校理工类及经管类非数学专业学生的教材，也可作为相关教师和其他相关工作人员的参考书．

图书在版编目(CIP)数据

线性代数/王兆飞编著．—2版．—西安：西安电子科技大学出版社，2018.4
(2024.6重印)
ISBN 978-7-5606-4841-5

Ⅰ.①线…　Ⅱ.①王…　Ⅲ.①线性代数—高等学校—教材　Ⅳ.①O151.2

中国版本图书馆CIP数据核字(2018)第032664号

策　　划　胡华霖
责任编辑　马晓娟
出版发行　西安电子科技大学出版社(西安市太白南路2号)
电　　话　(029)88202421　88201467　邮　　编　710071
网　　址　www.xduph.com　电子邮箱　xdupfxb001@163.com
经　　销　新华书店
印刷单位　陕西天意印务有限责任公司
版　　次　2018年4月第2版　2024年6月第6次印刷
开　　本　787毫米×1092毫米　1/16　印张　15.5
字　　数　263千字
定　　价　35.00元
ISBN 978-7-5606-4841-5/O
XDUP　5143002-6

＊＊＊如有印装问题可调换＊＊＊

前　言

“线性代数”是理工类、经管类等非数学专业的重要基础课程. 随着我国高等教育的迅速发展，教学改革的进一步深入，教学时数不断减少，为了适应新形势下的高等教育，对“线性代数”进行教学内容与教学方式上的改革是十分必要的. 为此，我们认真分析了高等院校非数学专业“线性代数”课程的教学内容及要求，并结合近年来工科数学研究生入学考试的考试大纲，经过大量的调研与论证，总结多年的教学经验，对其教学内容进行了优化组合，调整了知识结构，充实了行列式的内容，增加了行列式的计算方法，突出了矩阵理论的应用，介绍了用矩阵理论解决向量问题的方法，增加了一些其它同类教材很少给出的定理证明，力求让学生知其所以然，克服学生机械地背结论的弊端，提高学生的学习兴趣，培养学生的思考习惯. 本书能改变学生学习线性代数时理论体系模糊的状态，从较简单的概念入手，逐步建立以矩阵为主要理论的线性代数体系，从而使学生较为系统地掌握线性代数的知识与技能.

本书的编写与出版得到了河北北方学院的领导及教材科的大力支持，在编写过程中，得到了西安电子科技大学出版社胡华霖编辑的鼎力支持，在此一并表示诚挚的感谢.

由于编者水平有限，书中难免存在疏漏和不妥之处，敬请读者不吝赐教.

编　者

2018 年 3 月

目　录

第一章 行 列 式

行列式起源于解线性方程组，它不仅是研究矩阵、线性方程组等理论的重要工具，而且在数学、物理学、工程技术、经济学等领域也有着广泛的应用. 本章主要介绍行列式的概念、性质及运算，最后给出利用行列式求解 n 元线性方程组的克拉默法则.

1.1 二阶、三阶行列式

1. 二阶行列式

为了说明行列式的起源，首先考虑含有两个未知数的二元线性方程组

$$\begin{cases} a_{11}x_1 + a_{12}x_2 = b_1 \\ a_{21}x_1 + a_{22}x_2 = b_2 \end{cases} \tag{1.1.1}$$

用加减消元法分别消去 x_2，x_1，得

$$(a_{11}a_{22}-a_{12}a_{21})x_1=b_1a_{22}-b_2a_{12}$$
$$(a_{11}a_{22}-a_{12}a_{21})x_2=b_2a_{11}-b_1a_{21}$$

当 $a_{11}a_{22}-a_{12}a_{21}\neq 0$ 时，可求得线性方程组(1.1.1)的唯一解为

$$\begin{cases} x_1 = \dfrac{b_1a_{22}-b_2a_{12}}{a_{11}a_{22}-a_{12}a_{21}} \\ x_2 = \dfrac{b_2a_{11}-b_1a_{21}}{a_{11}a_{22}-a_{12}a_{21}} \end{cases} \tag{1.1.2}$$

容易看出，上式中的分母 $a_{11}a_{22}-a_{12}a_{21}$ 是由线性方程组的未知数的系数组成的，为了便于记忆，我们引入二阶行列式的概念.

定义 1.1.1 由数 a_{11}，a_{12}，a_{21}，a_{22} 排成 2 行 2 列的数表：

$$\begin{matrix} a_{11} & a_{12} \\ a_{21} & a_{22} \end{matrix}$$

称记号

$$\begin{vmatrix} a_{11} & a_{12} \\ a_{21} & a_{22} \end{vmatrix}$$

为一个二阶行列式，它的值是 $a_{11}a_{22}-a_{12}a_{21}$. 二阶行列式的横排为行，竖排为列. 若用 D 来表示二阶行列式，则

$$D=\begin{vmatrix} a_{11} & a_{12} \\ a_{21} & a_{22} \end{vmatrix}=a_{11}a_{22}-a_{12}a_{21} \tag{1.1.3}$$

这里数 a_{ij}($i=1$, 2; $j=1$, 2)称为二阶行列式的元素，元素 a_{ij} 的第一个下标 i 称为行标，表示该元素位于行列式 D 的第 i 行；元素 a_{ij} 的第二个下标 j 称为列标，表示该元素位于行列式 D 的第 j 列. 位于行列式 D 的第 i 行、第 j 列的元素 a_{ij} 称为行列式 D 的(i, j)元.

如图 1.1 所示，把行列式的左上角元素 a_{11} 到右下角元素 a_{22} 的连线称为主对角线，把右上角元素 a_{12} 到左下角元素 a_{21} 的连线称为副对角线，于是二阶行列式的值便是主对角线上两个元素之积减去副对角线上两个元素之积. 这种计算方法称为二阶行列式的对角线法则.

$$D=\begin{vmatrix} a_{11} & a_{12} \\ a_{21} & a_{22} \end{vmatrix}=a_{11}a_{22}-a_{12}a_{21}$$

图 1.1

利用二阶行列式的定义，若记

$$D=\begin{vmatrix} a_{11} & a_{12} \\ a_{21} & a_{22} \end{vmatrix}, \quad D_1=\begin{vmatrix} b_1 & a_{12} \\ b_2 & a_{22} \end{vmatrix}, \quad D_2=\begin{vmatrix} a_{11} & b_1 \\ a_{21} & b_2 \end{vmatrix}$$

则当 $D\neq 0$ 时，线性方程组(1.1.1)的唯一解可用行列式表示为

$$x_1=\frac{\begin{vmatrix} b_1 & a_{12} \\ b_2 & a_{22} \end{vmatrix}}{\begin{vmatrix} a_{11} & a_{12} \\ a_{21} & a_{22} \end{vmatrix}}=\frac{D_1}{D}, \quad x_2=\frac{\begin{vmatrix} a_{11} & b_1 \\ a_{21} & b_2 \end{vmatrix}}{\begin{vmatrix} a_{11} & a_{12} \\ a_{21} & a_{22} \end{vmatrix}}=\frac{D_2}{D}$$

上式即为二元线性方程组(1.1.1)的求解公式，其中分母 D 是由线性方程组(1.1.1)的未知数的系数所确定的二阶行列式，称它为线性方程组(1.1.1)的系数行列式；分子 D_i($i=1$, 2)是用常数项 b_1, b_2 替换 D 中的第 i 列元素所得到的.

2. 三阶行列式

类似地，对于三元线性方程组

$$\begin{cases} a_{11}x_1 + a_{12}x_2 + a_{13}x_3 = b_1 \\ a_{21}x_1 + a_{22}x_2 + a_{23}x_3 = b_2 \\ a_{31}x_1 + a_{32}x_2 + a_{33}x_3 = b_3 \end{cases} \tag{1.1.4}$$

用加减消元法可以得到

$$(a_{11}a_{22}a_{33}+a_{12}a_{23}a_{31}+a_{13}a_{21}a_{32}-a_{13}a_{22}a_{31}-a_{11}a_{23}a_{32}-a_{12}a_{21}a_{33})x_1$$
$$=b_1a_{22}a_{33}+b_2a_{13}a_{32}+b_3a_{12}a_{23}-b_3a_{22}a_{13}-b_1a_{23}a_{32}-b_2a_{12}a_{33}$$
$$(a_{11}a_{22}a_{33}+a_{12}a_{23}a_{31}+a_{13}a_{21}a_{32}-a_{13}a_{22}a_{31}-a_{11}a_{23}a_{32}-a_{12}a_{21}a_{33})x_2$$
$$=b_2a_{11}a_{33}+b_3a_{13}a_{21}+b_1a_{31}a_{23}-b_2a_{31}a_{13}-b_3a_{11}a_{23}-b_1a_{21}a_{33}$$
$$(a_{11}a_{22}a_{33}+a_{12}a_{23}a_{31}+a_{13}a_{21}a_{32}-a_{13}a_{22}a_{31}-a_{11}a_{23}a_{32}-a_{12}a_{21}a_{33})x_3$$
$$=b_3a_{11}a_{22}+b_1a_{21}a_{32}+b_2a_{12}a_{31}-b_3a_{12}a_{21}-b_1a_{22}a_{31}-b_2a_{11}a_{32}$$

当 $a_{11}a_{22}a_{33}+a_{12}a_{23}a_{31}+a_{13}a_{21}a_{32}-a_{13}a_{22}a_{31}-a_{11}a_{23}a_{32}-a_{12}a_{21}a_{33}\neq 0$ 时，可得三元线性方程组的唯一解为

$$x_1=\frac{b_1a_{22}a_{33}+b_2a_{13}a_{32}+b_3a_{12}a_{23}-b_3a_{22}a_{13}-b_1a_{23}a_{32}-b_2a_{12}a_{33}}{a_{11}a_{22}a_{33}+a_{12}a_{23}a_{31}+a_{13}a_{21}a_{32}-a_{13}a_{22}a_{31}-a_{11}a_{23}a_{32}-a_{12}a_{21}a_{33}}$$

$$x_2=\frac{b_2a_{11}a_{33}+b_3a_{13}a_{21}+b_1a_{31}a_{23}-b_2a_{31}a_{13}-b_3a_{11}a_{23}-b_1a_{21}a_{33}}{a_{11}a_{22}a_{33}+a_{12}a_{23}a_{31}+a_{13}a_{21}a_{32}-a_{13}a_{22}a_{31}-a_{11}a_{23}a_{32}-a_{12}a_{21}a_{33}}$$

$$x_3=\frac{b_3a_{11}a_{22}+b_1a_{21}a_{32}+b_2a_{12}a_{31}-b_3a_{12}a_{21}-b_1a_{22}a_{31}-b_2a_{11}a_{32}}{a_{11}a_{22}a_{33}+a_{12}a_{23}a_{31}+a_{13}a_{21}a_{32}-a_{13}a_{22}a_{31}-a_{11}a_{23}a_{32}-a_{12}a_{21}a_{33}}$$

为了表示三元线性方程组的解，我们引入三阶行列式的概念.

定义 1.1.2 由数 a_{ij}(i, j=1, 2, 3)排成 3 行 3 列的数表：

$$\begin{matrix} a_{11} & a_{12} & a_{13} \\ a_{21} & a_{22} & a_{23} \\ a_{31} & a_{32} & a_{33} \end{matrix}$$

称记号

$$\begin{vmatrix} a_{11} & a_{12} & a_{13} \\ a_{21} & a_{22} & a_{23} \\ a_{31} & a_{32} & a_{33} \end{vmatrix}$$

为三阶行列式，它的值是

$$a_{11}a_{22}a_{33}+a_{12}a_{23}a_{31}+a_{13}a_{21}a_{32}-a_{13}a_{22}a_{31}-a_{11}a_{23}a_{32}-a_{12}a_{21}a_{33}$$

即

$$\begin{vmatrix} a_{11} & a_{12} & a_{13} \\ a_{21} & a_{22} & a_{23} \\ a_{31} & a_{32} & a_{33} \end{vmatrix} = a_{11}a_{22}a_{33} + a_{12}a_{23}a_{31} + a_{13}a_{21}a_{32} - a_{13}a_{22}a_{31} - a_{11}a_{23}a_{32} - a_{12}a_{21}a_{33} \tag{1.1.5}$$

若记

$$D = \begin{vmatrix} a_{11} & a_{12} & a_{13} \\ a_{21} & a_{22} & a_{23} \\ a_{31} & a_{32} & a_{33} \end{vmatrix}, \quad D_1 = \begin{vmatrix} b_1 & a_{12} & a_{13} \\ b_2 & a_{22} & a_{23} \\ b_3 & a_{32} & a_{33} \end{vmatrix}$$

$$D_2 = \begin{vmatrix} a_{11} & b_1 & a_{13} \\ a_{21} & b_2 & a_{23} \\ a_{31} & b_3 & a_{33} \end{vmatrix}, \quad D_3 = \begin{vmatrix} a_{11} & a_{12} & b_1 \\ a_{21} & a_{22} & b_2 \\ a_{31} & a_{32} & b_3 \end{vmatrix}$$

则当 $D = \begin{vmatrix} a_{11} & a_{12} & a_{13} \\ a_{21} & a_{22} & a_{23} \\ a_{31} & a_{32} & a_{33} \end{vmatrix} \neq 0$ 时，三元线性方程组(1.1.4)的唯一解可用行列式表示为

$$x_1 = \frac{D_1}{D}, \quad x_2 = \frac{D_2}{D}, \quad x_3 = \frac{D_3}{D}$$

上式即为三元线性方程组(1.1.4)的求解公式，其中分母 D 是由线性方程组(1.1.4)的未知数的系数所确定的三阶行列式，称它为线性方程组(1.1.4)的系数行列式；分子 $D_i(i=1, 2, 3)$是用常数项 b_1，b_2，b_3 替换 D 中的第 i 列元素所得到的.

三阶行列式的计算方法遵循如图 1.2 所示的对角线法则：三条实线连接的三个元素的乘积之和减去三条虚线连接的三个元素的乘积之和.

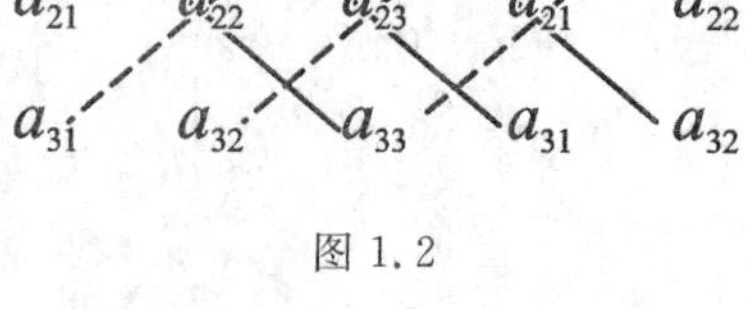

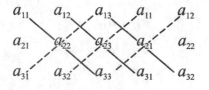

图 1.2

例 1.1.1 解线性方程组

$$\begin{cases}2x_1+3x_2-x_3=1\\3x_1+5x_2+2x_3=8\\x_1-2x_2-3x_3=-1\end{cases}$$

解 线性方程组的系数行列式为

$$\begin{aligned}D&=\begin{vmatrix}2&3&-1\\3&5&2\\1&-2&-3\end{vmatrix}\\&=2\cdot5\cdot(-3)+3\cdot2\cdot1+(-1)\cdot3\cdot(-2)-(-1)\cdot5\cdot1\\&\quad-2\cdot2\cdot(-2)-3\cdot3\cdot(-3)\\&=22\end{aligned}$$

由于 $D\neq0$，所以原方程组有唯一解. 而

$$D_1=\begin{vmatrix}1&3&-1\\8&5&2\\-1&-2&-3\end{vmatrix}=66$$

$$D_2=\begin{vmatrix}2&1&-1\\3&8&2\\1&-1&-3\end{vmatrix}=-22$$

$$D_3=\begin{vmatrix}2&3&1\\3&5&8\\1&-2&-1\end{vmatrix}=44$$

故原方程组的解为

$$x_1=\frac{D_1}{D}=\frac{66}{22}=3,\quad x_2=\frac{D_2}{D}=\frac{-22}{22}=-1,\quad x_3=\frac{D_3}{D}=\frac{44}{22}=2$$

1.2 排　　列

由上一节的讨论可知，二元、三元线性方程组的解都可以用行列式表示，那么一般的 n 元线性方程组

$$\begin{cases} a_{11}x_1 + a_{12}x_2 + \cdots + a_{1n}x_n = b_1 \\ a_{21}x_1 + a_{22}x_2 + \cdots + a_{2n}x_n = b_2 \\ \qquad \vdots \\ a_{n1}x_1 + a_{n2}x_2 + \cdots + a_{nn}x_n = b_n \end{cases} \tag{1.2.1}$$

是否也能用行列式来表示它的解呢？要回答这个问题，就需要讨论如何定义 n 阶行列式的问题，并讨论行列式的性质及计算. 为了引入 n 阶行列式，先介绍一些排列的知识.

1. 排列及其逆序数

定义 1.2.1 由自然数 1，2，…，n 组成的一个无重复数字的全排列称为一个 n 元排列.

n 元排列的一般形式为 $j_1j_2\cdots j_n$，例如，由自然数 1，2，3 组成的 3 元排列有

123，132，213，231，312，321

由于给定 n 个不同的自然数，它们组成的全排列一共有 $n!$ 个，因此，对于给定的 n 个不同的自然数，所有互不相同的 n 元排列一共有 $n!$ 个.

n 元排列 $123\cdots n$ 是按从小到大的自然顺序排列的，称它为自然排列.

在由自然数 1，2，…，n 组成的所有 n 元排列中，除了自然排列外，其它的排列都或多或少地破坏了这种自然顺序，即都存在较大的数排在较小的数前面的情形. 例如，在 4 元排列 3241 中，3 比 2 大，但 3 却排在了 2 的前面，这时就说数 3 与 2 构成一个逆序. 在这个排列中，构成逆序的数对还有 31，21，41，因此排列 3241 共有 4 个逆序，这样就说排列 3241 的逆序数为 4.

定义 1.2.2 在一个 n 元排列 $j_1j_2\cdots j_n$ 中，如果有较大的数 j_t 排在较小的数 j_s 的前面($j_s<j_t$)，则称数对 j_t 与 j_s 构成一个逆序. 一个 n 元排列中逆序的总数，称为这个 n 元排列的逆序数.

n 元排列 $j_1j_2\cdots j_n$ 的逆序数记作 $\tau(j_1j_2\cdots j_n)$.

例如，在 5 元排列 31542 中，构成逆序的数对有 31，32，54，52，42，因此 $\tau(31542)=5$.

为了不重不漏地计算排列的逆序数，可以采用下面的方法计算排列的逆序数.

设 $j_1j_2\cdots j_n$ 是由自然数 1，2，…，n 组成的 n 元排列，考虑 j_i ($i=1, 2, \cdots, n$)，如果比 j_i 大的数且排在 j_i 前面的数有 t_i 个，就说 j_i 的逆序数是 t_i. 于是，j_1，j_2，…，j_n 的逆序数之和

$$t_1+t_2+\cdots+t_n$$

就是这个排列的逆序数. 用公式写出来就是

$$\tau(j_1j_2\cdots j_n)=j_1\text{ 的逆序数 }t_1+j_2\text{ 的逆序数 }t_2+\cdots+j_n\text{ 的逆序数 }t_n$$

或者

$$\begin{aligned}\tau(j_1j_2\cdots j_n)=&\text{排在 }j_1\text{ 前面比 }j_1\text{ 大的数的个数 }t_1\\&+\text{排在 }j_2\text{ 前面比 }j_2\text{ 大的数的个数 }t_2+\cdots\\&+\text{排在 }j_n\text{ 前面比 }j_n\text{ 大的数的个数 }t_n\end{aligned}$$

例 1.2.1 求 n 元排列 7624135 的逆序数.

解 在排列 7624135 中，因为 7 排在首位，前面没有比它大的数，所以 7 的逆序数是 0；因为排在 6 的前面比 6 大的数有 1 个，所以 6 的逆序数是 1；因为排在 2 的前面比 2 大的数有 2 个，所以 2 的逆序数是 2；因为排在 4 的前面比 4 大的数有 2 个，所以 4 的逆序数是 2；因为排在 1 的前面比 1 大的数有 4 个，所以 1 的逆序数是 4；因为排在 3 的前面比 3 大的数有 3 个，所以 3 的逆序数是 3；因为排在 5 的前面比 5 大的数有 2 个，所以 5 的逆序数是 2. 因此，

$$\tau(7624135)=0+1+2+2+4+3+2=14$$

例 1.2.2 求 n 元排列 $n(n-1)\cdots321$ 及 $12\cdots(n-1)n$ 的逆序数.

解 对于排列 $n(n-1)\cdots321$，因为排在 n 前面比 n 大的数有 0 个，排在 $n-1$前面比 $n-1$ 大的数有 1 个，排在 $n-2$ 前面比 $n-2$ 大的数有 2 个……排在 2 前面比 2 大的数有 $n-2$ 个，排在 1 前面比 1 大的数有 $n-1$ 个，因此

$$\tau(n(n-1)\cdots321)=0+1+2+\cdots+(n-2)+(n-1)=\frac{n(n-1)}{2}$$

对于排列 $12\cdots(n-1)n$，显然有

$$\tau(12\cdots(n-1)n)=0$$

一个 n 元排列的逆序数可能是奇数，也可能是偶数，我们可以按照 n 元排列的逆序数的奇偶性对 n 元排列进行分类.

定义 1.2.3 逆序数是奇数的 n 元排列称为奇排列；逆序数是偶数的 n 元排列称为偶排列.

例如，因为 $\tau(31542)=5$，所以 31542 是奇排列；因为 $\tau(21435)=2$，所以 21435 是偶排列.

2. 对换

为了讨论 n 元排列的性质，下面引入 n 元排列对换的概念.

定义 1.2.4 把一个 n 元排列中某两个数 i，j 的位置互换，保持其余的数位置不变，得到另一个 n 元排列，这样的变换称为一个对换，记作(i, j).

对换与排列的奇偶性有什么关系呢？我们先看一个例子：5 元排列 31542，它是一个奇排列，作对换(3, 4)，变成的排列为 41532，而此排列是偶排列. 这说明，对换会改变排列的奇偶性. 这一现象并非偶然.

定理 1.2.1 对换改变 n 元排列的奇偶性，即经过一次对换，奇排列变成偶排列，偶排列变成奇排列.

证明 先证明对换的两个数在 n 元排列中相邻的情形.

设 n 元排列为

$$i_1 \cdots i_k a b i_{k+3} \cdots i_n \tag{1.2.2}$$

作对换(a, b)，则 n 元排列变为

$$i_1 \cdots i_k b a i_{k+3} \cdots i_n \tag{1.2.3}$$

因为 a，b 以外的数在 n 元排列式(1.2.2)与 n 元排列式(1.2.3)中的位置没有改变，所以经过对换(a, b)后，这些数彼此间的逆序数没有改变；又因为 a，b 以外的数与 a 或 b 在 n 元排列式(1.2.2)与 n 元排列式(1.2.3)中的位置也没有改变，所以经过对换(a, b)后，这些数彼此间的逆序数也没有改变. 当 $a<b$ 时，在 n 元排列式(1.2.2)中 ab 是顺序的，而在 n 元排列式(1.2.3)中 ba 是逆序的，于是 n 元排列式(1.2.3)的逆序数比 n 元排列式(1.2.2)的逆序数增加了 1；当 $a>b$ 时，在 n 元排列式(1.2.2)中 ab 是逆序的，而在 n 元排列式(1.2.3)中 ba 是顺序的，于是 n 元排列式(1.2.3)的逆序数比 n 元排列式(1.2.2)的逆序数减少了 1. 所以，不论是哪种情形，n 元排列式(1.2.2)与 n 元排列式(1.2.3)的奇偶性总是相反的.

再证明一般的情形.

设 n 元排列为

$$i_1 \cdots i_{k-1} a i_{k+1} \cdots i_{k+t} b i_{k+t+2} \cdots i_n \tag{1.2.4}$$

作对换(a, b)，则 n 元排列变为

$$i_1 \cdots i_{k-1} b i_{k+1} \cdots i_{k+t} a i_{k+t+2} \cdots i_n \tag{1.2.5}$$

对换(a, b)，即 n 元排列式(1.2.4)变成 n 元排列式(1.2.5)，可以通过下面的一系列相邻数的对换来实现. 从 n 元排列式(1.2.4)出发，把 a 依次与数 i_{k+1}，…，i_{k+t}，b 作 $t+1$ 次相邻数的对换，n 元排列式(1.2.4)就变为

$$i_1\cdots i_{k-1}i_{k+1}\cdots i_{k+t}bai_{k+t+2}\cdots i_n \qquad (1.2.6)$$

再从 n 元排列式(1.2.6)出发，把 b 依次与数 i_{k+t}，i_{k+t-1}，$\cdots i_{k+2}$，i_{k+1} 作 t 次相邻数的对换，n 元排列式(1.2.6)就变成 n 元排列式(1.2.5). 因此，对换 (a, b)，即 n 元排列式(1.2.4)变成 n 元排列式(1.2.5)可以通过 $2t+1$ 次相邻数的对换来实现. 因为 $2t+1$ 是奇数，而相邻数的对换改变排列的奇偶性，所以经过奇数次这样的对换，n 元排列式(1.2.4)与 n 元排列式(1.2.5)的奇偶性还是相反的.

推论 1.2.1 所有 $n(n>1)$ 元排列中，奇排列与偶排列各占一半，均为 $\frac{n!}{2}$ 个.

证明 假设在所有的 n 元排列中共有 s 个奇排列、t 个偶排列. 将 s 个奇排列都作对换(1, 2)，则这 s 个奇排列都变成了偶排列，且它们彼此不同，所以 $s\leqslant t$；将这 t 个偶排列都作对换(1, 2)，则这 t 个偶排列都变成了奇排列，且它们彼此不同，所以 $t\leqslant s$，故有 $s=t=\frac{n!}{2}$.

定理 1.2.2 任意一个 n 元排列与自然排列 $12\cdots n$ 都可经过一系列对换互变，并且所作对换的次数的奇偶性与这个排列的奇偶性相同.

证明 用数学归纳法首先证明任意一个 n 元排列 $j_1j_2\cdots j_{n-1}j_n$ 都可以经过一系列对换变成自然排列 $12\cdots n$.

$n=1$ 时，1 元排列只有一个，所以结论显然成立.

假设任意一个 $n-1$ 元排列 $j_1j_2\cdots j_{n-1}$ 都可以经过一系列对换变成自然排列 $12\cdots(n-1)$. 现在来看由 $1, 2, \cdots, n$ 组成的任意一个 n 元排列 $j_1j_2\cdots j_{n-1}j_n$.

如果 $j_n=n$，那么由归纳假设 $n-1$ 元排列 $j_1j_2\cdots j_{n-1}$ 可以经过一系列对换变成自然排列 $12\cdots(n-1)$. 显然这些对换也把排列 $j_1j_2\cdots j_{n-1}j_n$ 变成自然排列 $12\cdots(n-1)n$.

如果 $j_n\neq n$，那么作对换 (n, j_n) 就把排列 $j_1j_2\cdots j_{n-1}j_n$ 变成了排列 $j'_1j'_2\cdots j'_{n-1}n$，这就归结为上一情形，从而排列 $j_1j_2\cdots j_{n-1}j_n$ 可以经过一系列对换变成自然排列 $12\cdots n$.

根据数学归纳法原理可得，由 $1, 2, \cdots, n$ 组成的任意 n 元排列 $j_1j_2\cdots j_{n-1}j_n$ 都可以经过一系列对换变成自然排列 $12\cdots n$.

其次证明自然排列 $12\cdots n$ 都可以经过一系列对换变成任意一个 n 元排列

$j_1j_2\cdots j_{n-1}j_n$.

设经过对换(i_1, i_2)，(i_3, i_4)，…，(i_{2s-1}, i_{2s})可把 n 元排列 $j_1j_2\cdots j_{n-1}j_n$ 变成自然排列 $12\cdots n$. 这里 i_1，i_2，…，i_{2s-1}，i_{2s}可以有相同的数，则经过反次序的对换(i_{2s-1}, i_{2s})，…，(i_3, i_4)，(i_1, i_2)就把自然排列 $12\cdots n$ 变成了排列$j_1j_2\cdots j_{n-1}j_n$.

设排列 $12\cdots n$ 经过 s 次对换变成排列 $j_1j_2\cdots j_n$. 若 s 是奇数，则排列 $j_1j_2\cdots j_n$与排列 $12\cdots n$ 的奇偶性相反. 由于 $12\cdots n$ 是偶排列，因此排列 $j_1j_2\cdots j_n$ 是奇排列. 若 s 是偶数，则排列 $j_1j_2\cdots j_n$ 与排列 $12\cdots n$ 的奇偶性相同. 由于 $12\cdots n$ 是偶排列，因此排列 $j_1j_2\cdots j_n$ 是偶排列.

1.3 n 阶行列式

1. 二阶、三阶行列式的展开式结构

为了给出 n 阶行列式的定义，我们先来讨论二阶、三阶行列式的展开式，从而得出结构性的规律，然后利用这些规律来定义 n 阶行列式.

首先看三阶行列式的展开式

$$\begin{vmatrix} a_{11} & a_{12} & a_{13} \\ a_{21} & a_{22} & a_{23} \\ a_{31} & a_{32} & a_{33} \end{vmatrix} = a_{11}a_{22}a_{33} + a_{12}a_{23}a_{31} + a_{13}a_{21}a_{32} - a_{13}a_{22}a_{31} - a_{12}a_{21}a_{33} - a_{11}a_{23}a_{32}$$

从三阶行列式的展开式中可以看出如下规律：

(1) 项数：它有 $3!=6$ 项.

(2) 项的构成：行列式的展开式中的每一项都是取自不同行不同列的 3 个元素的乘积，而且所有这种取自不同行不同列的 3 个元素的乘积在行列式的展开式中都出现，若把元素的行标按自然次序排列，则除符号外展开式中的一般项可以表示为

$$a_{1j_1}a_{2j_2}a_{3j_3} \tag{1.3.1}$$

这里 $j_1j_2j_3$ 是由 1，2，3 组成的 3 元排列. 当 $j_1j_2j_3$ 取遍 1，2，3 组成的 3 元排列时，式(1.3.1)恰好对应 3 阶行列式的展开式中的 6 项.

(3) 符号规律：当 $j_1j_2j_3$ 是偶排列时，式(1.3.1)在行列式的展开式中的符

号为正号；当 $j_1j_2j_3$ 是奇排列时，式(1.3.1)在行列式的展开式中的符号为负号. 因此，式(1.3.1)在行列式的展开式中的符号可表示为$(-1)^{\tau(j_1j_2j_3)}$.

综上所述，三阶行列式

$$D=\begin{vmatrix} a_{11} & a_{12} & a_{13} \\ a_{21} & a_{22} & a_{23} \\ a_{31} & a_{32} & a_{33} \end{vmatrix}$$

是所有取自不同行不同列的 3 个元素的乘积 $a_{1j_1}a_{2j_2}a_{3j_3}$ 的代数和，共有 3! 项，这里 $j_1j_2j_3$ 是由 1，2，3 组成的 3 元排列. 当 $j_1j_2j_3$ 是偶排列时，项 $a_{1j_1}a_{2j_2}a_{3j_3}$ 前面的符号为正号；当 $j_1j_2j_3$ 是奇排列时，项 $a_{1j_1}a_{2j_2}a_{3j_3}$ 前面的符号为负号. 因此，三阶行列式的展开式可以表示为

$$D=\sum_{j_1j_2j_3}(-1)^{\tau(j_1j_2j_3)}a_{1j_1}a_{2j_2}a_{3j_3}$$

其中，$\sum\limits_{j_1j_2j_3}$ 表示对由 1，2，3 组成的所有 3 元排列 $j_1j_2j_3$ 求和.

分析二阶行列式也有类似的规律，即

$$D=\begin{vmatrix} a_{11} & a_{12} \\ a_{21} & a_{22} \end{vmatrix}=\sum_{j_1j_2}(-1)^{\tau(j_1j_2)}a_{1j_1}a_{2j_2}$$

其中，$\sum\limits_{j_1j_2}$ 表示对由 1，2 组成的所有 2 元排列 j_1j_2 求和.

2. *n* 阶行列式的概念

下面根据二阶、三阶行列式的展开式的规律给出 n 阶行列式的定义.

定义 1.3.1 由 n^2 个数 a_{ij} (i，$j=1$，2，…，n)排成一个 n 行 n 列的数表：

$$\begin{matrix} a_{11} & a_{12} & \cdots & a_{1n} \\ a_{21} & a_{22} & \cdots & a_{2n} \\ \vdots & \vdots & & \vdots \\ a_{n1} & a_{n2} & \cdots & a_{nn} \end{matrix}$$

称记号

$$\begin{vmatrix} a_{11} & a_{12} & \cdots & a_{1n} \\ a_{21} & a_{22} & \cdots & a_{2n} \\ \vdots & \vdots & & \vdots \\ a_{n1} & a_{n2} & \cdots & a_{nn} \end{vmatrix}$$

为一个 n 阶行列式，它等于所有取自不同行不同列的 n 个元素的乘积，即

$$a_{1j_1}a_{2j_2}\cdots a_{nj_n} \tag{1.3.2}$$

的代数和，它共有 $n!$ 项，其中 $j_1j_2\cdots j_n$ 是 1，2，…，n 组成的一个 n 元排列. 当 $j_1j_2\cdots j_n$ 是奇排列时，式(1.3.2)前面的符号为负号；当 $j_1j_2\cdots j_n$ 是偶排列时，式(1.3.2)前面的符号为正号，即

$$\begin{vmatrix} a_{11} & a_{12} & \cdots & a_{1n} \\ a_{21} & a_{22} & \cdots & a_{2n} \\ \vdots & \vdots & & \vdots \\ a_{n1} & a_{n2} & \cdots & a_{nn} \end{vmatrix} = \sum_{j_1j_2\cdots j_n} (-1)^{\tau(j_1j_2\cdots j_n)} a_{1j_1}a_{2j_2}\cdots a_{nj_n}$$

其中，$\sum\limits_{j_1j_2\cdots j_n}$ 表示对由 1，2，…，n 组成的所有的 n 元排列求和.

行列式

$$\begin{vmatrix} a_{11} & a_{12} & \cdots & a_{1n} \\ a_{21} & a_{22} & \cdots & a_{2n} \\ \vdots & \vdots & & \vdots \\ a_{n1} & a_{n2} & \cdots & a_{nn} \end{vmatrix}$$

经常用大写的字母 D_n 或 D 表示，并记作 $\det(a_{ij})$或$|a_{ij}|$. 行列式中的数 a_{ij} 称为行列式的元素，下标 i 称为行列式的行标，表示元素 a_{ij} 在行列式的第 i 行；下标 j 称为行列式的列标，表示元素 a_{ij} 在行列式的第 j 列. 位于行列式 $|a_{ij}|$ 的第 i 行、第 j 列的元素 a_{ij} 为行列式 $|a_{ij}|$ 的(i, j)元. 行列式中从左上角到右下角的连线称为主对角线.

例 1.3.1 计算下三角形行列式

$$D = \begin{vmatrix} a_{11} & 0 & \cdots & 0 \\ a_{21} & a_{22} & \cdots & 0 \\ \vdots & \vdots & & \vdots \\ a_{n1} & a_{n2} & \cdots & a_{nn} \end{vmatrix}$$

解 根据行列式的定义，$D = \sum\limits_{j_1j_2\cdots j_n} (-1)^{\tau(j_1j_2\cdots j_n)} a_{1j_1}a_{2j_2}\cdots a_{nj_n}$，共有 $n!$ 项. 由于行列式中有零元素，在取自不同行不同列的 n 个元素的乘积 $a_{1j_1}a_{2j_2}\cdots a_{nj_n}$ 中，只要有一个元素为零，这一项就为零，所以只需把那些可能不为零的项找出来相加，就可求出行列式的值. 对于行列式中的任意一项

$$(-1)^{\tau(j_1j_2\cdots j_n)} a_{1j_1}a_{2j_2}\cdots a_{nj_n}$$

因为在行列式的第一行中除 a_{11} 外，其余的元素均为零，所以只有当 $j_1=1$ 时，

a_{1j_1}才可能不为零，故 $a_{1j_1}=a_{11}$；因为在行列式的第二行中除元素 a_{21}，a_{22}外，其余的元素均为零，所以只有当 $j_2=1$，2 时，a_{2j_2}才可能不为零，但 $j_1=1$，从而 $j_2\neq 1$，否则就与 a_{11}同列了，故 $j_2=2$，即 $a_{2j_2}=a_{22}$. 这样逐步推下去，不难看出，在行列式的展开式中只有

$$(-1)^{\tau(12\cdots n)}a_{11}a_{22}\cdots a_{nn}=a_{11}a_{22}\cdots a_{nn}$$

可能不为零，其余的项均为零. 所以

$$\begin{vmatrix} a_{11} & 0 & \cdots & 0 \\ a_{21} & a_{22} & \cdots & 0 \\ \vdots & \vdots & & \vdots \\ a_{n1} & a_{n2} & \cdots & a_{nn} \end{vmatrix}=a_{11}a_{22}\cdots a_{nn}$$

即下三角形行列式等于它的主对角线(从左上角到右下角的这条对角线)上的元素的乘积.

作为下三角形行列式的特殊情形，有

$$\begin{vmatrix} d_1 & & \mathbf{0} \\ & d_2 & & \\ & & \ddots & \\ \mathbf{0} & & & d_n \end{vmatrix}=d_1d_2\cdots d_n$$

主对角线以外的元素全为零的行列式称为对角形行列式. 对角形行列式也等于它的主对角线上的元素的乘积.

类似地，可得上三角形行列式

$$\begin{vmatrix} a_{11} & a_{12} & \cdots & a_{1n} \\ 0 & a_{22} & \cdots & a_{2n} \\ \vdots & \vdots & & \vdots \\ 0 & 0 & \cdots & a_{nn} \end{vmatrix}=a_{11}a_{22}\cdots a_{nn}$$

例 1.3.2 计算 n 阶行列式

$$D=\begin{vmatrix} 0 & 0 & 0 & \cdots & 0 & a_{1n} \\ 0 & 0 & 0 & \cdots & a_{2,n-1} & a_{2n} \\ \vdots & \vdots & \vdots & & \vdots & \vdots \\ 0 & 0 & a_{n-2,3} & \cdots & a_{n-2,n-1} & a_{n-2,n} \\ 0 & a_{n-1,2} & a_{n-1,3} & \cdots & a_{n-1,n-1} & a_{n-1,n} \\ a_{n1} & a_{n2} & a_{n3} & \cdots & a_{n,n-1} & a_{nn} \end{vmatrix}$$

解 根据行列式的定义

$$D=\sum_{j_1j_2\cdots j_n}(-1)^{\tau(j_1j_2\cdots j_n)}a_{1j_1}a_{2j_2}\cdots a_{nj_n}$$

因为在行列式 D 的一般项 $(-1)^{\tau(j_1j_2\cdots j_n)}a_{1j_1}a_{2j_2}\cdots a_{nj_n}$ 中，只要有一个元素为零，则这一项就为零，所以只需把那些可能不为零的项找出来相加，就可求出行列式的值. 因为在行列式 D 的第 1 行中只有 a_{1n} 可能不为零，所以 $j_1=n$，即 $a_{1j_1}=a_{1n}$；又在行列式 D 的第 2 行中只有 $a_{2,n-1}$，a_{2n} 可能不为零，所以 $j_2=n-1$，即 $a_{2j_2}=a_{2,n-1}$；如此逐步地推下去，可得 $j_3=n-2$，…，$j_{n-1}=2$，$j_n=1$. 即在行列式 D 的展开式中，仅有一项 $a_{1n}a_{2,n-1}\cdots a_{n-1,2}a_{n1}$ 可能不为零，所以

$$\begin{aligned}D&=(-1)^{\tau(n(n-1)\cdots 21)}a_{1n}a_{2,n-1}\cdots a_{n-1,2}a_{n1}\\&=(-1)^{\frac{n(n-1)}{2}}a_{1n}a_{2,n-1}\cdots a_{n-1,2}a_{n1}\end{aligned}$$

例 1.3.3 已知

$$f(x)=\begin{vmatrix}x&1&1&2\\1&x&1&-1\\3&2&x&1\\1&1&2x&1\end{vmatrix}$$

求 $f(x)$ 的 x^3 的系数.

解 由 n 阶行列式定义可知，$f(x)$ 是一个 x 的多项式函数，且最高次幂为 x^3. 显然，含 x^3 的项有两项：$(-1)^{\tau(1234)}a_{11}a_{22}a_{33}a_{44}$ 与 $(-1)^{\tau(1243)}a_{11}a_{22}a_{34}a_{43}$，即 x^3 与 $-2x^3$，所以 $f(x)$ 中 x^3 的系数为 -1.

在 n 阶行列式的定义中，每一项的 n 个元素都是按照它们的行标排列成自然次序排列的，设 $a_{1j_1}a_{2j_2}\cdots a_{nj_n}$ 为行列式的一项，则该项的符号由列标排列 $j_1j_2\cdots j_n$ 的奇偶性决定. 由于数的乘法具有交换律，因此也可以把这 n 个元素按任意的次序排列成 $a_{i_1j_1}a_{i_2j_2}\cdots a_{i_nj_n}$，那么此时如何用行标排列 $i_1i_2\cdots i_n$ 与列标排列 $j_1j_2\cdots j_n$ 来确定这一项的符号呢？下面的引理回答了这个问题.

引理 1.3.1 从 n 阶行列式的第 i_1，i_2，…，i_n 行与第 j_1，j_2，…，j_n 列取出 n 个元素作乘积：

$$a_{i_1j_1}a_{i_2j_2}\cdots a_{i_nj_n}\tag{1.3.3}$$

其中，$i_1i_2\cdots i_n$ 与 $j_1j_2\cdots j_n$ 都是由 1，2，…，n 组成的 n 元排列，则这一项在行列式中的符号是 $(-1)^{\tau(i_1i_2\cdots i_n)+\tau(j_1j_2\cdots j_n)}$.

证明 设 $s=\tau(i_1i_2\cdots i_n)$，$t=\tau(j_1j_2\cdots j_n)$. 如果交换式(1.3.3)中两个元素的位置，那么相当于对式(1.3.3)的元素的行标排列 $i_1i_2\cdots i_n$ 与列标排列 $j_1j_2\cdots$

j_n 同时施行了一次对换．假设经过一次对换后所得的新行标排列与新列标排列的逆序数分别为 s' 与 t'，则由定理 1.2.1 可知，s 与 s' 的奇偶性相反，t 与 t' 的奇偶性相反，即 $s'-s$，$t'-t$ 都是奇数．所以 $(s'+t')-(s+t)=(s'-s)+(t'-t)$ 是一个偶数，从而 $s'+t'$ 与 $s+t$ 的奇偶性相同．即对换前后行标排列的逆序数与列标排列的逆序数的和的奇偶性没有改变．故 $(-1)^{s'+t'}=(-1)^{s+t}$．由定理 1.2.2 可知，行标排列 $i_1i_2\cdots i_n$ 总可以经过一系列的对换变成自然排列 $12\cdots n$．因此，经过一系列的元素对换，式(1.3.3)总可以变成

$$a_{1k_1}a_{2k_2}\cdots a_{nk_n} \tag{1.3.4}$$

这里 $k_1k_2\cdots k_n$ 是一个 n 元排列．式(1.3.4)的符号是 $(-1)^{\tau(k_1k_2\cdots k_n)}$．

由上面的讨论可知，式(1.3.3)经过一次元素对换，对换前后行标排列的逆序数与列标排列的逆序数之和的奇偶性是不改变的，显然式(1.3.3)经过一系列元素对换变成式(1.3.4)时，对换前后行标排列的逆序数与列标排列的逆序数之和的奇偶性也是不改变的，即 $\tau(12\cdots n)+\tau(k_1k_2\cdots k_n)$ 与 $s+t$ 有相同的奇偶性．所以有

$$(-1)^{s+t}=(-1)^{\tau(12\cdots n)+\tau(k_1k_2\cdots k_n)}=(-1)^{\tau(k_1k_2\cdots k_n)}$$

由于式(1.3.3)与式(1.3.4)是行列式中的同一项，所以它们应该有相同的符号．故式(1.3.3)的符号是 $(-1)^{s+t}$．

由引理可知，n 阶行列式中的每一项的 n 个元素的乘积也可以按照列标排列成自然次序排列，那么这一项的符号就由行标排列的奇偶性来确定．于是得到 n 阶行列式的等价定义：

$$\begin{vmatrix} a_{11} & a_{12} & \cdots & a_{1n} \\ a_{21} & a_{22} & \cdots & a_{2n} \\ \vdots & \vdots & & \vdots \\ a_{n1} & a_{n2} & \cdots & a_{nn} \end{vmatrix} = \sum_{i_1i_2\cdots i_n}(-1)^{\tau(i_1i_2\cdots i_n)}a_{i_11}a_{i_22}\cdots a_{i_nn}$$

其中，$\sum\limits_{i_1i_2\cdots i_n}$ 表示对由 1，2，…，n 组成的所有 n 元排列求和．

例 1.3.4 判断 $a_{14}a_{23}a_{31}a_{42}a_{56}a_{65}$ 与 $-a_{32}a_{43}a_{14}a_{51}a_{25}a_{66}$ 是否为 6 阶行列式 $|a_{ij}|$ 中的项．

解 由于

$$\tau(431265)=0+1+2+2+0+1=6$$

所以 $a_{14}a_{23}a_{31}a_{42}a_{56}a_{65}$ 前面应该带正号，故 $a_{14}a_{23}a_{31}a_{42}a_{56}a_{65}$ 是 6 阶行列式 $|a_{ij}|$ 中的项．而

$$\tau(341526)+\tau(234156)=5+3=8$$

所以 $a_{32}a_{43}a_{14}a_{51}a_{25}a_{66}$ 前面应该带正号，故 $-a_{32}a_{43}a_{14}a_{51}a_{25}a_{66}$ 不是 6 阶行列式 $|a_{ij}|$ 中的项.

1.4 行列式的性质

由行列式的定义可知，n 阶行列式是 $n!$ 项的代数和，每一项又是 n 个元素的乘积，如果直接用行列式的定义来计算 n 阶行列式，一般是非常麻烦的. 例如，要计算一个 5 阶行列式，就需要计算 $5!=120$ 项. 随着行列式的阶数的增高，计算量增加的比率是极其迅速的. 为了简化行列式的计算，本节就来讨论行列式的基本性质，利用这些性质可以简化行列式的计算.

定义 1.4.1 把 n 阶行列式

$$D=\begin{vmatrix} a_{11} & a_{12} & \cdots & a_{1n} \\ a_{21} & a_{22} & \cdots & a_{2n} \\ \vdots & \vdots & & \vdots \\ a_{n1} & a_{n2} & \cdots & a_{nn} \end{vmatrix}$$

的第 1，2，…，n 行依次写成第 1，2，…，n 列，所得到的行列式

$$\begin{vmatrix} a_{11} & a_{21} & \cdots & a_{n1} \\ a_{12} & a_{22} & \cdots & a_{n2} \\ \vdots & \vdots & & \vdots \\ a_{1n} & a_{2n} & \cdots & a_{nn} \end{vmatrix}$$

称为行列式 D 的转置行列式，用 D^{T} 表示，即

$$D^{\mathrm{T}}=\begin{vmatrix} a_{11} & a_{21} & \cdots & a_{n1} \\ a_{12} & a_{22} & \cdots & a_{n2} \\ \vdots & \vdots & & \vdots \\ a_{1n} & a_{2n} & \cdots & a_{nn} \end{vmatrix}$$

显然，D^{T} 的第 i 行就是 D 的第 i 列，D^{T} 的第 j 列就是 D 的第 j 行，因此，$(D^{\mathrm{T}})^{\mathrm{T}}=D$，并且有

$$D^{\mathrm{T}} \text{ 的}(i,\ j)\text{元}=D \text{ 的}(j,\ i)\text{元}$$

下面介绍行列式的性质.

性质 1.4.1 行列式 D 与它的转置行列式 D^{T} 相等，即 $D=D^{\mathrm{T}}$.

证明 设

$$D=\begin{vmatrix} a_{11} & a_{12} & \cdots & a_{1n} \\ a_{21} & a_{22} & \cdots & a_{2n} \\ \vdots & \vdots & & \vdots \\ a_{n1} & a_{n2} & \cdots & a_{nn} \end{vmatrix}$$

$$D^{\mathrm{T}}=\begin{vmatrix} a_{11} & a_{21} & \cdots & a_{n1} \\ a_{12} & a_{22} & \cdots & a_{n2} \\ \vdots & \vdots & & \vdots \\ a_{1n} & a_{2n} & \cdots & a_{nn} \end{vmatrix}$$

令 $b_{ij}=a_{ji}(i, j=1, 2, \cdots, n)$，则由行列式的定义及等价定义有

$$D^{\mathrm{T}}=\begin{vmatrix} a_{11} & a_{21} & \cdots & a_{n1} \\ a_{12} & a_{22} & \cdots & a_{n2} \\ \vdots & \vdots & & \vdots \\ a_{1n} & a_{2n} & \cdots & a_{nn} \end{vmatrix} \overset{a_{ij}=b_{ji}}{=} \begin{vmatrix} b_{11} & b_{12} & \cdots & b_{1n} \\ b_{21} & b_{22} & \cdots & b_{2n} \\ \vdots & \vdots & & \vdots \\ b_{n1} & b_{n2} & \cdots & b_{nn} \end{vmatrix}$$

$$\xlongequal{\text{行列式的定义}} \sum_{j_1 j_2 \cdots j_n} (-1)^{\tau(j_1 j_2 \cdots j_n)} b_{1j_1} b_{2j_2} \cdots b_{nj_n}$$

$$\xlongequal{b_{ji}=a_{ij}} \sum_{j_1 j_2 \cdots j_n} (-1)^{\tau(j_1 j_2 \cdots j_n)} a_{j_1 1} a_{j_2 2} \cdots a_{j_n n}$$

$$\xlongequal{\text{行列式的等价定义}} D$$

性质 1.4.1 说明在行列式中，行与列的地位是平等的. 因此，行列式有关行的性质对于列也同样成立，反之亦然. 故在下面讨论行列式的性质时，仅对行的情形证明，列的情形可类似证明.

性质 1.4.2 把行列式的某一行(列)中的所有元素同乘以数 k，等于用数 k 乘这个行列式，即

$$\begin{vmatrix} a_{11} & a_{12} & \cdots & a_{1n} \\ \vdots & \vdots & & \vdots \\ ka_{i1} & ka_{i2} & \cdots & ka_{in} \\ \vdots & \vdots & & \vdots \\ a_{n1} & a_{n2} & \cdots & a_{nn} \end{vmatrix} = k \begin{vmatrix} a_{11} & a_{12} & \cdots & a_{1n} \\ \vdots & \vdots & & \vdots \\ a_{i1} & a_{i2} & \cdots & a_{in} \\ \vdots & \vdots & & \vdots \\ a_{n1} & a_{n2} & \cdots & a_{nn} \end{vmatrix}$$

证明 由行列式的定义可得

$$\begin{vmatrix} a_{11} & a_{12} & \cdots & a_{1n} \\ \vdots & \vdots & & \vdots \\ ka_{i1} & ka_{i2} & \cdots & ka_{in} \\ \vdots & \vdots & & \vdots \\ a_{n1} & a_{n2} & \cdots & a_{nn} \end{vmatrix} = \sum_{j_1 j_2 \cdots j_n} (-1)^{\tau(j_1 j_2 \cdots j_n)} a_{1j_1} a_{2j_2} \cdots ka_{ij_i} \cdots a_{nj_n}$$

$$= k \sum_{j_1 j_2 \cdots j_n} (-1)^{\tau(j_1 j_2 \cdots j_n)} a_{1j_1} a_{2j_2} \cdots a_{ij_i} \cdots a_{nj_n}$$

$$= k \begin{vmatrix} a_{11} & a_{12} & \cdots & a_{1n} \\ \vdots & \vdots & & \vdots \\ a_{i1} & a_{i2} & \cdots & a_{in} \\ \vdots & \vdots & & \vdots \\ a_{n1} & a_{n2} & \cdots & a_{nn} \end{vmatrix}$$

性质 1.4.2 说明如果行列式中某一行(列)有公因子 k，可把公因子 k 提到行列式符号外边来.

性质 1.4.3 如果行列式中某一行(列)的所有元素全为零，那么这个行列式的值为零.

证明 设 n 阶行列式 $D=|a_{ij}|$ 的第 i 行的所有元素全为零，即

$$a_{i1}=a_{i2}=\cdots=a_{in}=0$$

则

$$D=\begin{vmatrix} a_{11} & a_{12} & \cdots & a_{1n} \\ \vdots & \vdots & & \vdots \\ 0 & 0 & \cdots & 0 \\ \vdots & \vdots & & \vdots \\ a_{n1} & a_{n2} & \cdots & a_{nn} \end{vmatrix} i\text{行} = \begin{vmatrix} a_{11} & a_{12} & \cdots & a_{1n} \\ \vdots & \vdots & & \vdots \\ 0\cdot 0 & 0\cdot 0 & \cdots & 0\cdot 0 \\ \vdots & \vdots & & \vdots \\ a_{n1} & a_{n2} & \cdots & a_{nn} \end{vmatrix} i\text{行}$$

$$= 0\cdot \begin{vmatrix} a_{11} & a_{12} & \cdots & a_{1n} \\ \vdots & \vdots & & \vdots \\ 0 & 0 & \cdots & 0 \\ \vdots & \vdots & & \vdots \\ a_{n1} & a_{n2} & \cdots & a_{nn} \end{vmatrix} i\text{行} = 0$$

实际上，这个性质由行列式的定义也可得到，即

$$D=|a_{ij}|=\sum_{j_1j_2\cdots j_n}(-1)^{\tau(j_1j_2\cdots j_n)}a_{1j_1}\cdots a_{ij_i}\cdots a_{nj_n}$$

$$\xlongequal{a_{ij_i}=0}\sum_{j_1j_2\cdots j_n}(-1)^{\tau(j_1j_2\cdots j_n)}a_{1j_1}\cdots 0\cdots a_{nj_n}$$

$$=0$$

性质 1.4.4 如果行列式 D 的第 i 行的每一个元素都是两个数之和，那么行列式 D 等于两个行列式 D_1 与 D_2 的和. 这里

$$D=\begin{vmatrix} a_{11} & a_{12} & \cdots & a_{1n} \\ \vdots & \vdots & & \vdots \\ a_{i1}+b_{i1} & a_{i2}+b_{i2} & \cdots & a_{in}+b_{in} \\ \vdots & \vdots & & \vdots \\ a_{n1} & a_{n2} & \cdots & a_{nn} \end{vmatrix}$$

$$D_1=\begin{vmatrix} a_{11} & a_{12} & \cdots & a_{1n} \\ \vdots & \vdots & & \vdots \\ a_{i1} & a_{i2} & \cdots & a_{in} \\ \vdots & \vdots & & \vdots \\ a_{n1} & a_{n2} & \cdots & a_{nn} \end{vmatrix}$$

$$D_2=\begin{vmatrix} a_{11} & a_{12} & \cdots & a_{1n} \\ \vdots & \vdots & & \vdots \\ b_{i1} & b_{i2} & \cdots & b_{in} \\ \vdots & \vdots & & \vdots \\ a_{n1} & a_{n2} & \cdots & a_{nn} \end{vmatrix}$$

即

$$\begin{vmatrix} a_{11} & a_{12} & \cdots & a_{1n} \\ \vdots & \vdots & & \vdots \\ a_{i1}+b_{i1} & a_{i2}+b_{i2} & \cdots & a_{in}+b_{in} \\ \vdots & \vdots & & \vdots \\ a_{n1} & a_{n2} & \cdots & a_{nn} \end{vmatrix}=\begin{vmatrix} a_{11} & a_{12} & \cdots & a_{1n} \\ \vdots & \vdots & & \vdots \\ a_{i1} & a_{i2} & \cdots & a_{in} \\ \vdots & \vdots & & \vdots \\ a_{n1} & a_{n2} & \cdots & a_{nn} \end{vmatrix}+\begin{vmatrix} a_{11} & a_{12} & \cdots & a_{1n} \\ \vdots & \vdots & & \vdots \\ b_{i1} & b_{i2} & \cdots & b_{in} \\ \vdots & \vdots & & \vdots \\ a_{n1} & a_{n2} & \cdots & a_{nn} \end{vmatrix}$$

证明

$$\begin{vmatrix} a_{11} & a_{12} & \cdots & a_{1n} \\ \vdots & \vdots & & \vdots \\ a_{i1}+b_{i1} & a_{i2}+b_{i2} & \cdots & a_{in}+b_{in} \\ \vdots & \vdots & & \vdots \\ a_{n1} & a_{n2} & \cdots & a_{nn} \end{vmatrix}$$

$$= \sum_{j_1j_2\cdots j_n} (-1)^{\tau(j_1j_2\cdots j_n)} a_{1j_1} a_{2j_2} \cdots (a_{ij_i}+b_{ij_i}) \cdots a_{nj_n}$$

$$= \sum_{j_1j_2\cdots j_n} (-1)^{\tau(j_1j_2\cdots j_n)} a_{1j_1} a_{2j_2} \cdots a_{ij_i} \cdots a_{nj_n}$$

$$+ \sum_{j_1j_2\cdots j_n} (-1)^{\tau(j_1j_2\cdots j_n)} a_{1j_1} a_{2j_2} \cdots b_{ij_i} \cdots a_{nj_n}$$

$$= \begin{vmatrix} a_{11} & a_{12} & \cdots & a_{1n} \\ \vdots & \vdots & & \vdots \\ a_{i1} & a_{i2} & \cdots & a_{in} \\ \vdots & \vdots & & \vdots \\ a_{n1} & a_{n2} & \cdots & a_{nn} \end{vmatrix} + \begin{vmatrix} a_{11} & a_{12} & \cdots & a_{1n} \\ \vdots & \vdots & & \vdots \\ b_{i1} & b_{i2} & \cdots & b_{in} \\ \vdots & \vdots & & \vdots \\ a_{n1} & a_{n2} & \cdots & a_{nn} \end{vmatrix}$$

显然，这个性质可以推广到行列式的某一行(列)中的每个元素都是 m 个数之和的情形，此时这个行列式等于 m 个行列式的和.

性质 1.4.5 互换行列式的某两行(列)，行列式的值变号.

证明 互换行列式

$$D=\begin{vmatrix} a_{11} & a_{12} & \cdots & a_{1n} \\ \vdots & \vdots & & \vdots \\ a_{i1} & a_{i2} & \cdots & a_{in} \\ \vdots & \vdots & & \vdots \\ a_{j1} & a_{j2} & \cdots & a_{jn} \\ \vdots & \vdots & & \vdots \\ a_{n1} & a_{n2} & \cdots & a_{nn} \end{vmatrix} \begin{matrix} \\ \\ i\text{ 行} \\ \\ j\text{ 行} \\ \\ \\ \end{matrix}$$

的第 i 行与第 j 行，得行列式

$$
\overline{D}=\begin{vmatrix} a_{11} & a_{12} & \cdots & a_{1n} \\ \vdots & \vdots & & \vdots \\ a_{j1} & a_{j2} & \cdots & a_{jn} \\ \vdots & \vdots & & \vdots \\ a_{i1} & a_{i2} & \cdots & a_{in} \\ \vdots & \vdots & & \vdots \\ a_{n1} & a_{n2} & \cdots & a_{nn} \end{vmatrix} \begin{matrix} \\ \\ i\text{ 行} \\ \\ j\text{ 行} \\ \\ \\ \end{matrix}
$$

则

$$
\begin{aligned}
\overline{D} &= \sum_{k_1\cdots k_i\cdots k_j\cdots k_n} (-1)^{\tau(k_1\cdots k_i\cdots k_j\cdots k_n)} \overline{D}(1, k_1)\cdots \overline{D}(i, k_i)\cdots \overline{D}(j, k_j)\cdots \overline{D}(n, k_n) \\
&= \sum_{k_1\cdots k_i\cdots k_j\cdots k_n} (-1)^{\tau(k_1\cdots k_i\cdots k_j\cdots k_n)} a_{1k_1}\cdots a_{jk_i}\cdots a_{ik_j}\cdots a_{nk_n} \\
&= \sum_{k_1\cdots k_j\cdots k_i\cdots k_n} -(-1)^{\tau(k_1\cdots k_j\cdots k_i\cdots k_n)} a_{1k_1}\cdots a_{ik_j}\cdots a_{jk_i}\cdots a_{nk_n} \\
&= -\sum_{k_1\cdots k_j\cdots k_i\cdots k_n} (-1)^{\tau(k_1\cdots k_j\cdots k_i\cdots k_n)} a_{1k_1}\cdots a_{ik_j}\cdots a_{jk_i}\cdots a_{nk_n} \\
&= -D
\end{aligned}
$$

以 r_i 表示行列式的第 i 行，以 c_i 表示行列式的第 i 列. 交换 i, j 两行记作 $r_i \leftrightarrow r_j$，交换 i, j 两列记作 $c_i \leftrightarrow c_j$.

性质 1.4.6 如果行列式的某两行(列)的对应元素相等，那么行列式的值为零.

证明 设行列式

$$
D=\begin{vmatrix} a_{11} & a_{12} & \cdots & a_{1n} \\ \vdots & \vdots & & \vdots \\ a_{i1} & a_{i2} & \cdots & a_{in} \\ \vdots & \vdots & & \vdots \\ a_{j1} & a_{j2} & \cdots & a_{jn} \\ \vdots & \vdots & & \vdots \\ a_{n1} & a_{n2} & \cdots & a_{nn} \end{vmatrix}
$$

的第 i 行与第 j 行的对应元素相等. 将行列式 D 的第 i 行与第 j 行交换得到行列式 D_1，由行列式的性质 1.4.5 得 $D_1=-D$，由于行列式 D 的第 i 行与第 j 行的对应元素相等，所以又有 $D_1=D$，从而有 $D=-D$，故 $D=0$.

性质 1.4.7 如果行列式的某两行(列)的对应元素成比例，那么行列式的值为零.

证明 设行列式

$$D=\begin{vmatrix} a_{11} & a_{12} & \cdots & a_{1n} \\ \vdots & \vdots & & \vdots \\ a_{i1} & a_{i2} & \cdots & a_{in} \\ \vdots & \vdots & & \vdots \\ a_{j1} & a_{j2} & \cdots & a_{jn} \\ \vdots & \vdots & & \vdots \\ a_{n1} & a_{n2} & \cdots & a_{nn} \end{vmatrix}$$

的第 i 行与第 j 行的对应元素成比例，不妨设 $\dfrac{a_{i1}}{a_{j1}}=\dfrac{a_{i2}}{a_{j2}}=\cdots=\dfrac{a_{in}}{a_{jn}}=k$. 将行列式 D 的第 i 行的比例系数 k 提到行列式符号外边，得

$$D=k\begin{vmatrix} a_{11} & a_{12} & \cdots & a_{1n} \\ \vdots & \vdots & & \vdots \\ a_{j1} & a_{j2} & \cdots & a_{jn} \\ \vdots & \vdots & & \vdots \\ a_{j1} & a_{j2} & \cdots & a_{jn} \\ \vdots & \vdots & & \vdots \\ a_{n1} & a_{n2} & \cdots & a_{nn} \end{vmatrix} \xlongequal{\text{性质 1.4.6}} 0$$

性质 1.4.8 把行列式的第 j 行(列)的所有元素的 k 倍加到行列式的第 i 行(列)的对应元素上，行列式的值不变.

证明 设行列式

$$D=\begin{vmatrix} a_{11} & a_{12} & \cdots & a_{1n} \\ \vdots & \vdots & & \vdots \\ a_{i1} & a_{i2} & \cdots & a_{in} \\ \vdots & \vdots & & \vdots \\ a_{j1} & a_{j2} & \cdots & a_{jn} \\ \vdots & \vdots & & \vdots \\ a_{n1} & a_{n2} & \cdots & a_{nn} \end{vmatrix},\ \overline{D}=\begin{vmatrix} a_{11} & a_{12} & \cdots & a_{1n} \\ \vdots & \vdots & & \vdots \\ a_{i1}+ka_{j1} & a_{i2}+ka_{j2} & \cdots & a_{in}+ka_{jn} \\ \vdots & \vdots & & \vdots \\ a_{j1} & a_{j2} & \cdots & a_{jn} \\ \vdots & \vdots & & \vdots \\ a_{n1} & a_{n2} & \cdots & a_{nn} \end{vmatrix}$$

则由行列式的性质 1.4.4，有

$$\overline{D}=\begin{vmatrix} a_{11} & a_{12} & \cdots & a_{1n} \\ \vdots & \vdots & & \vdots \\ a_{i1} & a_{i2} & \cdots & a_{in} \\ \vdots & \vdots & & \vdots \\ a_{j1} & a_{j2} & \cdots & a_{jn} \\ \vdots & \vdots & & \vdots \\ a_{n1} & a_{n2} & \cdots & a_{nn} \end{vmatrix}+\begin{vmatrix} a_{11} & a_{12} & \cdots & a_{1n} \\ \vdots & \vdots & & \vdots \\ ka_{j1} & ka_{j2} & \cdots & ka_{jn} \\ \vdots & \vdots & & \vdots \\ a_{j1} & a_{j2} & \cdots & a_{jn} \\ \vdots & \vdots & & \vdots \\ a_{n1} & a_{n2} & \cdots & a_{nn} \end{vmatrix}=D$$

把第 j 行的所有元素的 k 倍加到第 i 行的对应元素上去，记作 r_i+kr_j；把第 j 列的所有元素的 k 倍加到第 i 列的对应元素上去，记作 c_i+kc_j.

我们知道，上(下)三角形行列式的值等于主对角线上元素的乘积. 如果利用行列式的性质能够把一般的行列式化成上(下)三角形行列式，那么就可以计算行列式的值了. 可以证明任意一个行列式都可以利用行列式的性质化成上(下)三角形行列式. 化上三角形行列式的具体作法是：首先观察行列式的(1,1)元是否为零，如果它为零，就把第 1 行与其它行交换，使行列式的(1,1)元不为零，然后把第 1 行分别乘以适当的倍数加到其它各行，使第 1 列除(1,1)元外其余元素全为零；再用同样的方法处理除去第 1 行和第 1 列后余下的低一阶的行列式；依次做下去，直至使行列式成为上三角形行列式，这时行列式的主对角线上元素的乘积就是行列式的值. 化下三角形行列式的作法类似于此方法. 下面通过例子来说明如何计算行列式.

例 1.4.1 计算行列式

$$D=\begin{vmatrix} 3 & 1 & -1 & 2 \\ -5 & 1 & 3 & -4 \\ 2 & 0 & 1 & -1 \\ 1 & -5 & 3 & -3 \end{vmatrix}$$

解 $$D=\begin{vmatrix}3&1&-1&2\\-5&1&3&-4\\2&0&1&-1\\1&-5&3&-3\end{vmatrix}\xlongequal{c_1\leftrightarrow c_2}-\begin{vmatrix}1&3&-1&2\\1&-5&3&-4\\0&2&1&-1\\-5&1&3&-3\end{vmatrix}$$

$$\xlongequal{r_2-r_1}-\begin{vmatrix}1&3&-1&2\\0&-8&4&-6\\0&2&1&-1\\-5&1&3&-3\end{vmatrix}$$

$$\xlongequal{r_4+5r_1}-\begin{vmatrix}1&3&-1&2\\0&-8&4&-6\\0&2&1&-1\\0&16&-2&7\end{vmatrix}$$

$$\xlongequal{r_2\leftrightarrow r_3}\begin{vmatrix}1&3&-1&2\\0&2&1&-1\\0&-8&4&-6\\0&16&-2&7\end{vmatrix}\xlongequal[r_4-8r_2]{r_3+4r_2}\begin{vmatrix}1&3&-1&2\\0&2&1&-1\\0&0&8&-10\\0&0&-10&15\end{vmatrix}$$

$$=10\begin{vmatrix}1&3&-1&2\\0&2&1&-1\\0&0&4&-5\\0&0&-2&3\end{vmatrix}\xlongequal{r_3\leftrightarrow r_4}-10\begin{vmatrix}1&3&-1&2\\0&2&1&-1\\0&0&-2&3\\0&0&4&-5\end{vmatrix}$$

$$\xlongequal{r_4+2r_3}-10\begin{vmatrix}1&3&-1&2\\0&2&1&-1\\0&0&-2&3\\0&0&0&1\end{vmatrix}$$

$$=40$$

例 1.4.2 计算行列式：

$$D=\begin{vmatrix}a&b&c&d\\a&a+b&a+b+c&a+b+c+d\\a&2a+b&3a+2b+c&4a+3b+2c+d\\a&3a+b&6a+3b+c&10a+6b+3c+d\end{vmatrix}$$

解 $$D\xlongequal[r_2-r_1]{\substack{r_4-r_3\\ r_3-r_2}}\begin{vmatrix} a & b & c & d \\ 0 & a & a+b & a+b+c \\ 0 & a & 2a+b & 3a+2b+c \\ 0 & a & 3a+b & 6a+3b+c \end{vmatrix}\xlongequal[r_3-r_2]{r_4-r_3}\begin{vmatrix} a & b & c & d \\ 0 & a & a+b & a+b+c \\ 0 & 0 & a & 2a+b \\ 0 & 0 & a & 3a+b \end{vmatrix}$$

$$\xlongequal{r_4-r_3}\begin{vmatrix} a & b & c & d \\ 0 & a & a+b & a+b+c \\ 0 & 0 & a & 2a+b \\ 0 & 0 & 0 & a \end{vmatrix}=a^4$$

例 1.4.3 计算 n 阶行列式

$$D=\begin{vmatrix} a & b & b & \cdots & b \\ b & a & b & \cdots & b \\ b & b & a & \cdots & b \\ \vdots & \vdots & \vdots & & \vdots \\ b & b & b & \cdots & a \end{vmatrix}$$

解 $$D=\begin{vmatrix} a & b & b & \cdots & b \\ b & a & b & \cdots & b \\ b & b & a & \cdots & b \\ \vdots & \vdots & \vdots & & \vdots \\ b & b & b & \cdots & a \end{vmatrix}\xlongequal{\substack{c_1+c_2\\ c_1+c_3\\ \vdots \\ c_1+c_n}}\begin{vmatrix} a+(n-1)b & b & b & \cdots & b \\ a+(n-1)b & a & b & \cdots & b \\ a+(n-1)b & b & a & \cdots & b \\ \vdots & \vdots & \vdots & & \vdots \\ a+(n-1)b & b & b & \cdots & a \end{vmatrix}$$

$$=[a+(n-1)b]\begin{vmatrix} 1 & b & b & \cdots & b \\ 1 & a & b & \cdots & b \\ 1 & b & a & \cdots & b \\ \vdots & \vdots & \vdots & & \vdots \\ 1 & b & b & \cdots & a \end{vmatrix}$$

$$\xlongequal[i=2,\cdots,n]{r_i-r_1}[a+(n-1)b]\begin{vmatrix} 1 & b & b & \cdots & b \\ 0 & a-b & 0 & \cdots & 0 \\ 0 & 0 & a-b & \cdots & 0 \\ \vdots & \vdots & \vdots & & \vdots \\ 0 & 0 & 0 & \cdots & a-b \end{vmatrix}$$

$$=[a+(n-1)b](a-b)^{n-1}$$

例 1.4.4 证明行列式

$$D=\begin{vmatrix} b+c & c+a & a+b \\ b_1+c_1 & c_1+a_1 & a_1+b_1 \\ b_2+c_2 & c_2+a_2 & a_2+b_2 \end{vmatrix}=2\begin{vmatrix} a & b & c \\ a_1 & b_1 & c_1 \\ a_2 & b_2 & c_2 \end{vmatrix}$$

证明

$$D\xlongequal{c_1+c_2+c_3}\begin{vmatrix} 2(a+b+c) & c+a & a+b \\ 2(a_1+b_1+c_1) & c_1+a_1 & a_1+b_1 \\ 2(a_2+b_2+c_2) & c_2+a_2 & a_2+b_2 \end{vmatrix}$$

$$=2\begin{vmatrix} a+b+c & c+a & a+b \\ a_1+b_1+c_1 & c_1+a_1 & a_1+b_1 \\ a_2+b_2+c_2 & c_2+a_2 & a_2+b_2 \end{vmatrix}$$

$$\xlongequal{c_1-c_2}2\begin{vmatrix} b & c+a & a+b \\ b_1 & c_1+a_1 & a_1+b_1 \\ b_2 & c_2+a_2 & a_2+b_2 \end{vmatrix}$$

$$\xlongequal{c_3-c_1}2\begin{vmatrix} b & c+a & a \\ b_1 & c_1+a_1 & a_1 \\ b_2 & c_2+a_2 & a_2 \end{vmatrix}\xlongequal{c_2-c_3}2\begin{vmatrix} b & c & a \\ b_1 & c_1 & a_1 \\ b_2 & c_2 & a_2 \end{vmatrix}$$

$$\xlongequal{c_1\leftrightarrow c_3}-2\begin{vmatrix} a & c & b \\ a_1 & c_1 & b_1 \\ a_2 & c_2 & b_2 \end{vmatrix}\xlongequal{c_2\leftrightarrow c_3}2\begin{vmatrix} a & b & c \\ a_1 & b_1 & c_1 \\ a_2 & b_2 & c_2 \end{vmatrix}$$

例 1.4.5 计算行列式

$$D=\begin{vmatrix} -2 & 3 & 1 \\ 503 & 201 & 298 \\ 5 & 2 & 3 \end{vmatrix}$$

解 由性质 1.4.4，有

$$D=\begin{vmatrix} -2 & 3 & 1 \\ 503 & 201 & 298 \\ 5 & 2 & 3 \end{vmatrix}=\begin{vmatrix} -2 & 3 & 1 \\ 500 & 200 & 300 \\ 5 & 2 & 3 \end{vmatrix}+\begin{vmatrix} -2 & 3 & 1 \\ 3 & 1 & -2 \\ 5 & 2 & 3 \end{vmatrix}$$

$$=0+(-70)=-70$$

上述诸例中都用到把几个运算写在一起的省略写法，这里一定要注意各个运算的次序. 这些运算的次序一般是不能颠倒的，这是因为后一次运算是作用在前一次运算的结果之上的.

1.5 行列式按行(列)展开

对于三阶行列式，有表达式

$$\begin{vmatrix} a_{11} & a_{12} & a_{13} \\ a_{21} & a_{22} & a_{23} \\ a_{31} & a_{32} & a_{33} \end{vmatrix} = a_{11}a_{22}a_{33} - a_{11}a_{23}a_{32} + a_{12}a_{23}a_{31} - a_{12}a_{21}a_{33} + a_{13}a_{21}a_{32} - a_{13}a_{22}a_{31}$$

$$= a_{11}\begin{vmatrix} a_{22} & a_{23} \\ a_{32} & a_{33} \end{vmatrix} - a_{12}\begin{vmatrix} a_{21} & a_{23} \\ a_{31} & a_{33} \end{vmatrix} + a_{13}\begin{vmatrix} a_{21} & a_{22} \\ a_{31} & a_{32} \end{vmatrix}$$

上式中的三个二阶行列式

$$\begin{vmatrix} a_{22} & a_{23} \\ a_{32} & a_{33} \end{vmatrix}, \quad \begin{vmatrix} a_{21} & a_{23} \\ a_{31} & a_{33} \end{vmatrix}, \quad \begin{vmatrix} a_{21} & a_{22} \\ a_{31} & a_{32} \end{vmatrix}$$

是原三阶行列式分别划去元素 a_{11}，a_{12}，a_{13} 所在的行及所在的列，剩下的元素按照原来的相对位置组成的二阶行列式. 如此看来，三阶行列式可以用二阶行列式来表示，这样三阶行列式的计算就可以归结为二阶行列式的计算了. 受此启发，下面我们讨论一般的 n 阶行列式可否归结为 $n-1$ 阶行列式的计算，从而达到降阶的目的.

定义 1.5.1 在 n 阶行列式

$$\begin{vmatrix} a_{11} & a_{12} & \cdots & a_{1n} \\ a_{21} & a_{22} & \cdots & a_{2n} \\ \vdots & \vdots & & \vdots \\ a_{n1} & a_{n2} & \cdots & a_{nn} \end{vmatrix}$$

中划去元素 a_{ij} 所在的第 i 行与第 j 列，剩下的 $(n-1)^2$ 个元素按原来的排法构成的 $n-1$ 阶行列式

$$\begin{vmatrix} a_{11} & \cdots & a_{1,\, j-1} & a_{1,\, j+1} & \cdots & a_{1n} \\ \vdots & & \vdots & \vdots & & \vdots \\ a_{i-1,\, 1} & \cdots & a_{i-1,\, j-1} & a_{i-1,\, j+1} & \cdots & a_{i-1,\, n} \\ a_{i+1,\, 1} & \cdots & a_{i+1,\, j-1} & a_{i+1,\, j+1} & \cdots & a_{i+1,\, n} \\ \vdots & & \vdots & \vdots & & \vdots \\ a_{n1} & \cdots & a_{n,\, j-1} & a_{n,\, j+1} & \cdots & a_{nn} \end{vmatrix}$$

称为元素 a_{ij} 的余子式，记作 M_{ij}. 令 $a_{ij}=(-1)^{i+j}M_{ij}$，称 A_{ij} 为元素 a_{ij} 的代数余子式.

例如，给定三阶行列式

$$\begin{vmatrix} a_{11} & a_{12} & a_{13} \\ a_{21} & a_{22} & a_{23} \\ a_{31} & a_{32} & a_{33} \end{vmatrix}$$

元素 a_{23} 的余子式是

$$M_{23}=\begin{vmatrix} a_{11} & a_{12} \\ a_{31} & a_{32} \end{vmatrix}$$

元素 a_{23} 的余子式是

$$A_{23}=(-1)^{2+3}M_{23}=-\begin{vmatrix} a_{11} & a_{12} \\ a_{31} & a_{32} \end{vmatrix}$$

引理 1.5.1 如果 n 阶行列式 $D=|a_{ij}|$ 中的第 i 行(或第 j 列)元素除 a_{ij} 外都是零，那么这个行列式等于元素 a_{ij} 与它的代数余子式 A_{ij} 的乘积，即 $D=a_{ij}A_{ij}$.

证明 这里仅对行的情形进行证明，列的情形可类似证明.

首先讨论行列式 D 的第 n 行中的元素除 $a_{nn}\neq 0$ 外其余元素全是零的情形. 这时，行列式为

$$D=\begin{vmatrix} a_{11} & a_{12} & \cdots & a_{1n} \\ a_{21} & a_{22} & \cdots & a_{2n} \\ \vdots & \vdots & & \vdots \\ 0 & 0 & \cdots & a_{nn} \end{vmatrix}$$

由行列式的定义知，行列式 D 的展开式为

$$D=\sum_{j_1\cdots j_{n-1}j_n}(-1)^{\tau(j_1\cdots j_{n-1}j_n)}a_{1j_1}\cdots a_{(n-1)j_{n-1}}a_{nj_n}$$

由于 D 的展开式中的每一项都必含有第 n 行的元素，但第 n 行的元素仅有 $a_{nn}\neq 0$，所以在行列式的一般项 $a_{1j_1}\cdots a_{(n-1)j_{n-1}}a_{nj_n}$ 中，只有当 $j_n=n$ 时，才有可能不为零，于是

$$\begin{aligned} D&=\sum_{j_1\cdots j_{n-1}n}(-1)^{\tau(j_1\cdots j_{n-1}n)}a_{1j_1}\cdots a_{(n-1)j_{n-1}}a_{nn} \\ &=a_{nn}\sum_{j_1\cdots j_{n-1}n}(-1)^{\tau(j_1\cdots j_{n-1}n)}a_{1j_1}\cdots a_{(n-1)j_{n-1}} \end{aligned}$$

因为 $j_1\cdots j_{n-1}$ 是由 1, 2, …, $n-1$ 组成的排列，且有

$$\tau(j_1\cdots j_{n-1}n)=\tau(j_1\cdots j_{n-1})$$

所以

$$\begin{aligned} D &= a_{nn}\sum_{j_1\cdots j_{n-1}}(-1)^{\tau(j_1\cdots j_{n-1})}a_{1j_1}\cdots a_{(n-1)j_{n-1}} \\ &= a_{nn}M_{nn} = a_{nn}A_{nn} \end{aligned}$$

其次讨论行列式 D 中第 i 行的元素除 $a_{ij}\neq 0$ 外其余元素全为零的情形，即

$$D=\begin{vmatrix} a_{11} & \cdots & a_{1,\,j-1} & a_{1j} & a_{1,\,j+1} & \cdots & a_{1n} \\ \vdots & & \vdots & \vdots & \vdots & & \vdots \\ 0 & \cdots & 0 & a_{ij} & 0 & \cdots & 0 \\ \vdots & & \vdots & \vdots & \vdots & & \vdots \\ a_{n1} & \cdots & a_{n,\,j-1} & a_{nj} & a_{n,\,j+1} & \cdots & a_{nn} \end{vmatrix} i\text{ 行}$$

的情形.

利用行列式的性质，把行列式 D 的第 j 列依次与第 $j+1$ 列，…，第 n 列对换，这样一共作了 $n-j$ 次列对换. 同样地，再把行列式 D 的第 i 行依次与第 $i+1$行，…，第 n 行对换，这样一共作了 $n-i$ 次行对换. 于是经过上述 $(n-j)+(n-i)=2n-(i+j)$次的对换之后，可得

$$\begin{aligned} D &=(-1)^{[2n-(i+j)]}\begin{vmatrix} a_{11} & \cdots & a_{1,\,j-1} & a_{1,\,j+1} & \cdots & a_{1n} & a_{1j} \\ \vdots & & \vdots & \vdots & & \vdots & \vdots \\ a_{i-1,\,1} & \cdots & a_{i-1,\,j-1} & a_{i-1,\,j+1} & \cdots & a_{i-1,\,n} & a_{i-1,\,j} \\ a_{i+1,\,1} & \cdots & a_{i+1,\,j-1} & a_{i+1,\,j+1} & \cdots & a_{i+1,\,n} & a_{i+1,\,j} \\ \vdots & & \vdots & \vdots & & \vdots & \vdots \\ a_{n1} & \cdots & a_{n,\,j-1} & a_{n,\,j+1} & \cdots & a_{nn} & a_{nj} \\ 0 & \cdots & 0 & 0 & \cdots & 0 & a_{ij} \end{vmatrix} \\ &=(-1)^{i+j}a_{ij}M_{ij} \\ &=a_{ij}A_{ij} \end{aligned}$$

定理 1.5.1 n 阶行列式 $D=|a_{ij}|_n$ 等于它的第 i 行(第 j 列)的各元素与其对应的代数余子式的乘积之和.

设 n 阶行列式 $D=|a_{ij}|_n$，A_{ij} 是元素 a_{ij} 的代数余子式，则下列公式成立：

$$D=a_{i1}A_{i1}+a_{i2}A_{i2}+\cdots+a_{in}A_{in}\qquad(i=1,\,2,\,\cdots,\,n)\tag{1.5.1}$$

$$D=a_{1j}A_{1j}+a_{2j}A_{2j}+\cdots+a_{nj}A_{nj}\qquad(j=1,\,2,\,\cdots,\,n)\tag{1.5.2}$$

证明　这里仅对行的情形进行证明，对于列的情形可类似证明.

$$D=|a_{ij}|_n=\begin{vmatrix} a_{11} & a_{12} & \cdots & a_{1n} \\ \vdots & \vdots & & \vdots \\ a_{i1}+0+\cdots+0 & 0+a_{i2}+\cdots+0 & \cdots & 0+\cdots+0+a_{in} \\ \vdots & \vdots & & \vdots \\ a_{n1} & a_{n2} & \cdots & a_{nn} \end{vmatrix}$$

$$\xlongequal{\text{性质 4}}\begin{vmatrix} a_{11} & a_{12} & \cdots & a_{1n} \\ \vdots & \vdots & & \vdots \\ a_{i1} & 0 & \cdots & 0 \\ \vdots & \vdots & & \vdots \\ a_{n1} & a_{n2} & \cdots & a_{nn} \end{vmatrix}+\begin{vmatrix} a_{11} & a_{12} & \cdots & a_{1n} \\ \vdots & \vdots & & \vdots \\ 0 & a_{i2} & \cdots & 0 \\ \vdots & \vdots & & \vdots \\ a_{n1} & a_{n2} & \cdots & a_{nn} \end{vmatrix}$$

$$+\cdots+\begin{vmatrix} a_{11} & a_{12} & \cdots & a_{1n} \\ \vdots & \vdots & & \vdots \\ 0 & 0 & \cdots & a_{in} \\ \vdots & \vdots & & \vdots \\ a_{n1} & a_{n2} & \cdots & a_{nn} \end{vmatrix}$$

由引理 1.5.1 得

$$D=a_{i1}A_{i1}+a_{i2}A_{i2}+\cdots+a_{in}A_{in}$$

定理 1.5.2　n 阶行列式 $D=|a_{ij}|_n$ 的第 i 行(列)的各元素与第 j 行(列)($i\neq j$)的对应元素的代数余子式的乘积之和等于零，即

$$a_{i1}A_{j1}+a_{i2}A_{j2}+\cdots+a_{in}A_{jn}=0 \qquad (i,\ j=1,\ 2,\ \cdots,\ n;\ i\neq j) \quad (1.5.3)$$

$$a_{1i}A_{1j}+a_{2i}A_{2j}+\cdots+a_{ni}A_{nj}=0 \qquad (i,\ j=1,\ 2,\ \cdots,\ n;\ i\neq j) \quad (1.5.4)$$

证明　设行列式为

$$D=\begin{vmatrix} a_{11} & a_{12} & \cdots & a_{1n} \\ \vdots & \vdots & & \vdots \\ a_{i1} & a_{i2} & \cdots & a_{in} \\ \vdots & \vdots & & \vdots \\ a_{j1} & a_{j2} & \cdots & a_{jn} \\ \vdots & \vdots & & \vdots \\ a_{n1} & a_{n2} & \cdots & a_{nn} \end{vmatrix}\begin{matrix} \\ \\ i\text{ 行} \\ \\ j\text{ 行} \\ \\ \\ \end{matrix}$$

则有

$$D=\begin{vmatrix} a_{11} & a_{12} & \cdots & a_{1n} \\ \vdots & \vdots & & \vdots \\ a_{i1} & a_{i2} & \cdots & a_{in} \\ \vdots & \vdots & & \vdots \\ a_{j1} & a_{j2} & \cdots & a_{jn} \\ \vdots & \vdots & & \vdots \\ a_{n1} & a_{n2} & \cdots & a_{nn} \end{vmatrix} \xlongequal{r_j+r_i} \begin{vmatrix} a_{11} & a_{12} & \cdots & a_{1n} \\ \vdots & \vdots & & \vdots \\ a_{i1} & a_{i2} & \cdots & a_{in} \\ \vdots & \vdots & & \vdots \\ a_{i1}+a_{j1} & a_{i1}+a_{j2} & \cdots & a_{in}+a_{jn} \\ \vdots & \vdots & & \vdots \\ a_{n1} & a_{n2} & \cdots & a_{nn} \end{vmatrix} = D_1$$

由于行列式 D 与 D_1 的第 j 行各对应元素的代数余子式相等，所以把两边的行列式 D 与 D_1 都按第 j 行展开，得

$$\sum_{k=1}^{n} a_{jk}A_{jk} = \sum_{k=1}^{n}(a_{ik}+a_{jk})A_{jk} = \sum_{k=1}^{n} a_{ik}A_{jk} + \sum_{k=1}^{n} a_{jk}A_{jk}$$

移项化简得

$$\sum_{k=1}^{n} a_{ik}A_{jk} = 0 \qquad (i \neq j)$$

即

$$a_{i1}A_{j1}+a_{i2}A_{j2}+\cdots+a_{in}A_{jn}=0 \qquad (i\neq j)$$

式(1.5.3)得证.

类似地，可以证明式(1.5.4).

利用行列式的按行(列)展开可以简化行列式的计算，然而如果直接用按行(列)展开公式计算行列式，虽然降低了行列式的阶数，但是行列式的个数却大大地增加了，这样一来计算量也很大. 为了保证既降低了行列式的阶数，又不增加行列式的计算个数，一般是先用行列式的性质把行列式化简成某一行(列)有许多的零，再用按行(列)展开公式，以减少计算量.

例 1.5.1 计算行列式

$$D=\begin{vmatrix} 3 & 1 & -1 & 2 \\ -5 & 1 & 3 & -4 \\ 2 & 0 & 1 & -1 \\ 1 & -5 & 3 & -3 \end{vmatrix}$$

解 为了把行列式按第 3 行展开，先用行列式的性质把第 3 行的元素变为只有一个非零的数，然后再按第 3 行展开，即

$$D \xlongequal[c_4+c_3]{c_1-2c_3} \begin{vmatrix} 5 & 1 & -1 & 1 \\ -11 & 1 & 3 & -1 \\ 0 & 0 & 1 & 0 \\ -5 & -5 & 3 & 0 \end{vmatrix} \xlongequal[\text{行展开}]{\text{按第 3}} 1\times(-1)^{3+3} \begin{vmatrix} 5 & 1 & 1 \\ -11 & 1 & -1 \\ -5 & -5 & 0 \end{vmatrix}$$

$$\xlongequal{r_2+r_1} \begin{vmatrix} 5 & 1 & 1 \\ -6 & 2 & 0 \\ -5 & -5 & 0 \end{vmatrix}$$

$$\xlongequal[\text{列展开}]{\text{按第 3}} 1\times(-1)^{1+3} \begin{vmatrix} -6 & 2 \\ -5 & -5 \end{vmatrix} = 40$$

例 1.5.2 计算行列式

$$D=\begin{vmatrix} 1 & 1 & 1 & 1 \\ 1 & 2 & 3 & 4 \\ 1 & 3 & 6 & 10 \\ 1 & 4 & 10 & 20 \end{vmatrix}$$

解

$$D=\begin{vmatrix} 1 & 1 & 1 & 1 \\ 1 & 2 & 3 & 4 \\ 1 & 3 & 6 & 10 \\ 1 & 4 & 10 & 20 \end{vmatrix} \xlongequal[\substack{r_3-r_2 \\ r_2-r_1}]{r_4-r_3} \begin{vmatrix} 1 & 1 & 1 & 1 \\ 0 & 1 & 2 & 3 \\ 0 & 1 & 3 & 6 \\ 0 & 1 & 4 & 10 \end{vmatrix} = \begin{vmatrix} 1 & 2 & 3 \\ 1 & 3 & 6 \\ 1 & 4 & 10 \end{vmatrix}$$

$$\xlongequal[r_2-r_1]{r_3-r_2} \begin{vmatrix} 1 & 2 & 3 \\ 0 & 1 & 3 \\ 0 & 1 & 4 \end{vmatrix} = \begin{vmatrix} 1 & 3 \\ 1 & 4 \end{vmatrix} = 1$$

例 1.5.3 证明范德蒙行列式

$$D_n = \begin{vmatrix} 1 & 1 & 1 & \cdots & 1 \\ a_1 & a_2 & a_3 & \cdots & a_n \\ a_1^2 & a_2^2 & a_3^2 & \cdots & a_n^2 \\ \vdots & \vdots & \vdots & & \vdots \\ a_1^{n-1} & a_2^{n-1} & a_3^{n-1} & \cdots & a_n^{n-1} \end{vmatrix} = \prod_{1\leqslant j<i\leqslant n}(a_i-a_j) \qquad (1.5.5)$$

证明 用数学归纳法证明.

当 $n=2$ 时，$\begin{vmatrix} 1 & 1 \\ a_1 & a_2 \end{vmatrix} = a_2-a_1$. 显然结论成立.

假设对于 $n-1$ 阶范德蒙行列式结论已经成立，现在看 n 阶范德蒙行列式：

$$D_n=\begin{vmatrix}1&1&1&\cdots&1\\a_1&a_2&a_3&\cdots&a_n\\a_1^2&a_2^2&a_3^2&\cdots&a_n^2\\\vdots&\vdots&\vdots&&\vdots\\a_1^{n-1}&a_2^{n-1}&a_3^{n-1}&\cdots&a_n^{n-1}\end{vmatrix}$$

的情形. 因为

$$D_n\xlongequal[i=n-1,\cdots,1]{r_{i+1}-a_1r_i}\begin{vmatrix}1&1&1&\cdots&1\\0&a_2-a_1&a_3-a_1&\cdots&a_n-a_1\\0&a_2^2-a_1a_2&a_3^2-a_1a_3&\cdots&a_n^2-a_1a_n\\\vdots&\vdots&\vdots&&\vdots\\0&a_2^{n-1}-a_1a_2^{n-2}&a_3^{n-1}-a_1a_3^{n-2}&\cdots&a_n^{n-1}-a_1a_n^{n-2}\end{vmatrix}$$

$$\xlongequal[\text{列展开}]{\text{按第 1}}\begin{vmatrix}a_2-a_1&a_3-a_1&\cdots&a_n-a_1\\a_2(a_2-a_1)&a_3(a_3-a_1)&\cdots&a_n(a_n-a_1)\\\vdots&\vdots&&\vdots\\a_2^{n-2}(a_2-a_1)&a_3^{n-2}(a_3-a_1)&\cdots&a_n^{n-2}(a_n-a_1)\end{vmatrix}$$

$$=(a_2-a_1)(a_3-a_1)\cdots(a_n-a_1)\begin{vmatrix}1&1&\cdots&1\\a_2&a_3&\cdots&a_n\\a_2^2&a_3^2&\cdots&a_n^2\\\vdots&\vdots&&\vdots\\a_2^{n-2}&a_3^{n-2}&\cdots&a_n^{n-2}\end{vmatrix}$$

而上面的最后一个行列式是一个 $n-1$ 阶范德蒙行列式，由归纳假设可得

$$D_n=(a_2-a_1)\cdots(a_n-a_1)\prod_{2\leqslant j<i\leqslant n}(a_i-a_j)=\prod_{1\leqslant j<i\leqslant n}(a_i-a_j)$$

从而证得范德蒙行列式 D_n 为零，当且仅当 a_1，a_2，$\cdots$，a_n 中至少有两个相等的元素.

例 1.5.4 计算行列式

$$D=\begin{vmatrix}1&1&1&1\\2&3&4&5\\4&9&16&25\\8&27&64&125\end{vmatrix}$$

解 因为 D 是一个范德蒙行列式，所以

$$D=\begin{vmatrix}1 & 1 & 1 & 1\\ 2 & 3 & 4 & 5\\ 4 & 9 & 16 & 25\\ 8 & 27 & 64 & 125\end{vmatrix}=(3-2)(4-2)(5-2)(4-3)(5-3)(5-4)=12$$

我们知道，n 阶行列式 $D=|a_{ij}|$ 按第 i 行展开的公式为

$$D=\begin{vmatrix}a_{11} & \cdots & a_{1n}\\ \vdots & & \vdots\\ a_{i-1,1} & \cdots & a_{i-1,n}\\ a_{i1} & \cdots & a_{in}\\ a_{i+1,1} & \cdots & a_{i+1,n}\\ \vdots & & \vdots\\ a_{n1} & \cdots & a_{nn}\end{vmatrix}=a_{i1}A_{i1}+a_{i2}A_{i2}+\cdots+a_{in}A_{in} \qquad (1.5.6)$$

令

$$D_1=\begin{vmatrix}a_{11} & \cdots & a_{1n}\\ \vdots & & \vdots\\ a_{i-1,1} & \cdots & a_{i-1,n}\\ b_1 & \cdots & b_n\\ a_{i+1,1} & \cdots & a_{i+1,n}\\ \vdots & & \vdots\\ a_{n1} & \cdots & a_{nn}\end{vmatrix}$$

若用 $b_1, b_2, \cdots, b_n$ 依次代替式(1.5.6)中的 $a_{i1}, a_{i2}, \cdots, a_{in}$，则有

$$D_1=\begin{vmatrix}a_{11} & \cdots & a_{1n}\\ \vdots & & \vdots\\ a_{i-1,1} & \cdots & a_{i-1,n}\\ b_1 & \cdots & b_n\\ a_{i+1,1} & \cdots & a_{i+1,n}\\ \vdots & & \vdots\\ a_{n1} & \cdots & a_{nn}\end{vmatrix}=b_1A_{i1}+b_2A_{i2}+\cdots+b_nA_{in} \qquad (1.5.7)$$

这说明行列式 D 的第 i 行的元素 a_{ik} 与行列式 D_1 的第 i 行的对应元素 b_k 有相同

的代数余子式($k=1, 2, \cdots, n$)，故式(1.5.7)可以看成把行列式 D_1 按第 i 行元素展开得到的.

类似地，用 $b_1, b_2, \cdots, b_n$ 依次代替行列式 $D=|a_{ij}|$ 中的第 j 列，可得

$$\begin{vmatrix} a_{11} & \cdots & a_{1,j-1} & b_1 & a_{1,j+1} & \cdots & a_{1n} \\ \vdots & & \vdots & \vdots & \vdots & & \vdots \\ a_{n1} & \cdots & a_{n,j-1} & b_n & a_{n,j+1} & \cdots & a_{nn} \end{vmatrix} = b_1A_{1j}+b_2A_{2j}+\cdots+b_nA_{nj} \tag{1.5.8}$$

例 1.5.5 已知行列式

$$D=\begin{vmatrix} 1 & -5 & 1 & 3 \\ 1 & 2 & 3 & 3 \\ 1 & 1 & 2 & 3 \\ 2 & 2 & 3 & 4 \end{vmatrix}$$

求 $A_{41}+2A_{42}-3A_{43}+2A_{44}$. 其中，$A_{ij}$ 是 D 中元素(i, j)的代数余子式.

解 由于行列式 D 的第 4 行的各元素与行列式

$$\begin{vmatrix} 1 & -5 & 1 & 3 \\ 1 & 2 & 3 & 3 \\ 1 & 1 & 2 & 3 \\ 1 & 2 & -3 & 2 \end{vmatrix}$$

的第 4 行的对应元素有相同的代数余子式，所以按式(1.5.7)可知，$A_{41}+2A_{42}-3A_{43}+2A_{44}$ 等于用 1, 2, -3, 2 代替行列式 D 的第 4 行各元素所得的行列式，即

$$A_{41}+2A_{42}-3A_{43}+2A_{44}=\begin{vmatrix} 1 & -5 & 1 & 3 \\ 1 & 2 & 3 & 3 \\ 1 & 1 & 2 & 3 \\ 1 & 2 & -3 & 2 \end{vmatrix} \xlongequal{c_4-3c_1} \begin{vmatrix} 1 & -5 & 1 & 0 \\ 1 & 2 & 3 & 0 \\ 1 & 1 & 2 & 0 \\ 1 & 2 & -3 & -1 \end{vmatrix}$$

$$=-\begin{vmatrix} 1 & -5 & 1 \\ 1 & 2 & 3 \\ 1 & 1 & 2 \end{vmatrix} \xlongequal[r_2-r_3]{r_1-r_3} -\begin{vmatrix} 0 & -6 & -1 \\ 0 & 1 & 1 \\ 1 & 1 & 2 \end{vmatrix}$$

$$=\begin{vmatrix} 6 & 1 \\ 1 & 1 \end{vmatrix}=5$$

例 1.5.6 计算行列式

$$D_n=\begin{vmatrix} a+b & a & 0 & \cdots & 0 & 0 \\ b & a+b & a & \cdots & 0 & 0 \\ 0 & b & a+b & \cdots & 0 & 0 \\ \vdots & \vdots & \vdots & & \vdots & \vdots \\ 0 & 0 & 0 & \cdots & a+b & a \\ 0 & 0 & 0 & \cdots & b & a+b \end{vmatrix} \qquad (a\neq b)$$

解 把行列式 D_n 按第 1 列展开得

$$D_n=(a+b)D_{n-1}-b\begin{vmatrix} a & 0 & 0 & \cdots & 0 & 0 \\ b & a+b & a & \cdots & 0 & 0 \\ 0 & b & a+b & \cdots & 0 & 0 \\ \vdots & \vdots & \vdots & & \vdots & \vdots \\ 0 & 0 & 0 & \cdots & a+b & a \\ 0 & 0 & 0 & \cdots & b & a+b \end{vmatrix}$$

$$=(a+b)D_{n-1}-abD_{n-2} \qquad (n\geqslant 3)$$

即有递推关系式

$$D_n=(a+b)D_{n-1}-abD_{n-2} \qquad (n\geqslant 3)$$

于是有

$$D_n-aD_{n-1}=b(D_{n-1}-aD_{n-2})=b^2(D_{n-2}-aD_{n-3})=\cdots=b^{n-2}(D_2-aD_1)$$

而

$$D_2=\begin{vmatrix} a+b & a \\ b & a+b \end{vmatrix}=a^2+ab+b^2,\ D_1=a+b$$

所以

$$D_n-aD_{n-1}=b^{n-2}[(a^2+ab+b^2)-a(a+b)]=b^n \qquad (1.5.9)$$

同理可得

$$D_n-bD_{n-1}=a(D_{n-1}-bD_{n-2})=\cdots=a^{n-2}(D_2-bD_1)=a^n \qquad (1.5.10)$$

给式(1.5.10)两端乘以 a，式(1.5.9)两端乘以 b，然后将它们相减，得

$$aD_n-bD_n=a^{n+1}-b^{n+1}$$

即

$$(a-b)D_n=a^{n+1}-b^{n+1}$$

由于 $a\neq b$，所以

$$D_n=\frac{a^{n+1}-b^{n+1}}{a-b}$$

例 1.5.7 证明行列式

$$D=\begin{vmatrix} a_{11} & a_{12} & \cdots & a_{1k} & 0 & 0 & \cdots & 0 \\ a_{21} & a_{22} & \cdots & a_{2k} & 0 & 0 & \cdots & 0 \\ \vdots & \vdots & & \vdots & \vdots & \vdots & & \vdots \\ a_{k1} & a_{k2} & \cdots & a_{kk} & 0 & 0 & \cdots & 0 \\ c_{11} & c_{12} & \cdots & c_{1k} & b_{11} & b_{12} & \cdots & b_{1n} \\ c_{21} & c_{22} & \cdots & c_{2k} & b_{21} & b_{22} & \cdots & b_{2n} \\ \vdots & \vdots & & \vdots & \vdots & \vdots & & \vdots \\ c_{n1} & c_{n2} & \cdots & c_{nk} & b_{n1} & b_{n2} & \cdots & b_{nn} \end{vmatrix}$$

$$=\begin{vmatrix} a_{11} & \cdots & a_{1k} \\ \vdots & & \vdots \\ a_{k1} & \cdots & a_{kk} \end{vmatrix} \cdot \begin{vmatrix} b_{11} & \cdots & b_{1n} \\ \vdots & & \vdots \\ b_{n1} & \cdots & b_{nn} \end{vmatrix} \tag{1.5.11}$$

证明 设

$$D_1=\begin{vmatrix} a_{11} & \cdots & a_{1k} \\ \vdots & & \vdots \\ a_{k1} & \cdots & a_{kk} \end{vmatrix}, \quad D_2=\begin{vmatrix} b_{11} & \cdots & b_{1n} \\ \vdots & & \vdots \\ b_{n1} & \cdots & b_{nn} \end{vmatrix}$$

首先计算行列式 D_1 与 D_2. 由于利用行列式的性质 1.4.8 的 r_i+kr_j 运算，D_1 可化成下三角形行列式；利用行列式的性质 1.4.8 的 c_i+kc_j 运算，D_2 可化成下三角形行列式，所以可设

$$D_1=\begin{vmatrix} p_{11} & & \\ \vdots & \ddots & \mathbf{0} \\ p_{k1} & \cdots & p_{kk} \end{vmatrix}, \quad D_2=\begin{vmatrix} q_{11} & & \\ \vdots & \ddots & \mathbf{0} \\ q_{n1} & \cdots & q_{nn} \end{vmatrix}$$

于是对行列式 D 的前 k 行利用行列式的性质 1.4.8 的 r_i+kr_j 运算，对行列式 D 的后 n 列利用行列式的性质 1.4.8 的 c_i+kc_j 运算，就把行列式 D 化为下三角形行列式

$$D=\begin{vmatrix} p_{11} & & & & & \\ \vdots & \ddots & & & \mathbf{0} & \\ p_{k1} & \cdots & p_{kk} & & & \\ c_{11} & \cdots & c_{1k} & q_{11} & & \\ \vdots & & \vdots & \vdots & \ddots & \\ c_{n1} & \cdots & c_{nk} & q_{n1} & \cdots & q_{nn} \end{vmatrix}$$

故

$$D=p_{11}\cdots p_{kk}q_{11}\cdots q_{nn}=D_1D_2$$

例 1.5.8 计算 $2n$ 阶行列式

$$D_{2n}=\begin{vmatrix} a & & & & & b \\ & \ddots & & & \iddots & \\ & & a & b & & \\ & & c & d & & \\ & \iddots & & & \ddots & \\ c & & & & & d \end{vmatrix}\begin{matrix} \left.\begin{matrix} \\ \\ \\ \end{matrix}\right\} n\text{行} \\ \left.\begin{matrix} \\ \\ \\ \end{matrix}\right\} n\text{行} \end{matrix}$$

其中，未写出的元素均为零.

解 把行列式 D_{2n} 中的第 $2n$ 行依次与第 $2n-1$ 行，…，第 2 行对调(作 $2n-2$次相邻对换)，再把行列式 D_{2n} 中的第 $2n$ 列依次与第 $2n-1$ 列，…，第 2 列对调(作 $2n-2$ 次相邻对换)，得

$$D_{2n}=(-1)^{2(2n-2)}\begin{vmatrix} a & b & 0 & & \cdots & & 0 \\ c & d & 0 & & \cdots & & 0 \\ 0 & 0 & a & & \cdots & & b \\ & & & \ddots & & \iddots & \\ \vdots & \vdots & \vdots & & a \quad b & & \vdots \\ & & & & c \quad d & & \\ & & & \iddots & & \ddots & \\ 0 & 0 & c & & \cdots & & d \end{vmatrix}$$

根据例 1.5.7，得

$$D_{2n}=(ad-bc)D_{2(n-1)}$$

由此递推公式可得

$$\begin{aligned} D_{2n}&=(ad-bc)D_{2(n-1)}=(ad-bc)^2D_{2(n-2)} \\ &=\cdots \\ &=(ad-bc)^{n-1}D_2=(ad-bc)^n \end{aligned}$$

1.6 克拉默法则

这一节我们应用行列式解决一类线性方程组的求解问题. 设含有 n 个方程 n 个未知数的线性方程组为

$$\begin{cases} a_{11}x_1 + a_{12}x_2 + \cdots + a_{1n}x_n = b_1 \\ a_{21}x_1 + a_{22}x_2 + \cdots + a_{2n}x_n = b_2 \\ \qquad\vdots \\ a_{n1}x_1 + a_{n2}x_2 + \cdots + a_{nn}x_n = b_n \end{cases} \tag{1.6.1}$$

其中，$x_1, x_2, \cdots, x_n$ 称为未知数；$a_{ij}(i, j=1, 2, \cdots, n)$称为未知数 x_j 的系数；$b_i(i=1, 2, \cdots, n)$称为常数项. 当常数项 $b_1, b_2, \cdots, b_n$ 不全为零时，称线性方程组(1.6.1)为非齐次线性方程组；当常数项 $b_1, b_2, \cdots, b_n$ 全为零时，称线性方程组(1.6.1)为齐次线性方程组. 由线性方程组(1.6.1)的系数构成的行列式

$$D = \begin{vmatrix} a_{11} & a_{12} & \cdots & a_{1n} \\ a_{21} & a_{22} & \cdots & a_{2n} \\ \vdots & \vdots & & \vdots \\ a_{n1} & a_{n2} & \cdots & a_{nn} \end{vmatrix} \tag{1.6.2}$$

称为线性方程组(1.6.1)的系数行列式.

关于线性方程组(1.6.1)有下面的结论.

定理 1.6.1 如果含有 n 个方程 n 个未知数的线性方程组(1.6.1)的系数行列式 $D\neq 0$，那么线性方程组(1.6.1)有唯一解，且其解为

$$x_1 = \frac{D_1}{D},\ x_2 = \frac{D_2}{D},\ \cdots,\ x_n = \frac{D_n}{D} \tag{1.6.3}$$

其中，$D_j(j=1, 2, \cdots, n)$是把系数行列式 D 中的第 j 列元素 $a_{1j}, a_{2j}, \cdots, a_{nj}$ 对应地替换为线性方程组(1.6.1)的常数项 $b_1, b_2, \cdots, b_n$，而其余元素保持不变所得的行列式，即

$$D_j = \begin{vmatrix} a_{11} & \cdots & a_{1,\,j-1} & b_1 & a_{1,\,j+1} & \cdots & a_{1n} \\ a_{21} & \cdots & a_{2,\,j-1} & b_2 & a_{2,\,j+1} & \cdots & a_{2n} \\ \vdots & & \vdots & \vdots & \vdots & & \vdots \\ a_{n1} & \cdots & a_{n,\,j-1} & b_n & a_{n,\,j+1} & \cdots & a_{nn} \end{vmatrix} \quad (j = 1, 2, \cdots, n) \tag{1.6.4}$$

证明　首先证明当 $D\neq 0$ 时，式(1.6.3)是线性方程组(1.6.1)的解. 把行列式 D_j 按第 j 列展开，得

$$D_j=b_1A_{1j}+b_2A_{2j}+\cdots+b_nA_{nj}\quad (j=1, 2, \cdots, n)$$

其中，A_{ij} 是系数行列式 D 中元素 a_{ij} 的代数余子式.

将式(1.6.3)代入线性方程组(1.6.1)，考虑其第 $i(i=1, 2, \cdots, n)$个方程，有

$$\begin{aligned}
\text{左边}&=a_{i1}\frac{D_1}{D}+a_{i2}\frac{D_2}{D}+\cdots+a_{in}\frac{D_n}{D}=\frac{1}{D}(a_{i1}D_1+a_{i2}D_2+\cdots+a_{in}D_n)\\
&=\frac{1}{D}[a_{i1}(b_1A_{11}+b_2A_{21}+\cdots+b_nA_{n1})+a_{i2}(b_1A_{12}+b_2A_{22}+\cdots+b_nA_{n2})\\
&\quad+\cdots+a_{in}(b_1A_{1n}+b_2A_{2n}+\cdots+b_nA_{nn})]\\
&=\frac{1}{D}[b_1(a_{i1}A_{11}+a_{i2}A_{12}+\cdots+a_{in}A_{1n})+b_2(a_{i1}A_{21}+a_{i2}A_{22}+\cdots+a_{in}A_{2n})\\
&\quad+\cdots+b_i(a_{i1}A_{i1}+a_{i2}A_{i2}+\cdots+a_{in}A_{in})+\cdots\\
&\quad+b_n(a_{i1}A_{n1}+a_{i2}A_{n2}+\cdots+a_{in}A_{nn})]\\
&=\frac{1}{D}[b_1\times 0+\cdots+b_i\times D+\cdots+b_n\times 0]\\
&=b_i=\text{右边}
\end{aligned}$$

所以式(1.6.3)是线性方程组(1.6.1)的解，故线性方程组(1.6.1)有解.

其次证明其解是唯一的. 设线性方程组(1.6.1)有解 $x_1=k_1$，$x_2=k_2$，…，$x_n=k_n$，代入方程组(1.6.1)，则有

$$\begin{cases}a_{11}k_1+a_{12}k_2+\cdots+a_{1n}k_n=b_1\\ a_{21}k_1+a_{22}k_2+\cdots+a_{2n}k_n=b_2\\ \qquad\vdots\\ a_{n1}k_1+a_{n2}k_2+\cdots+a_{nn}k_n=b_n\end{cases}\tag{1.6.5}$$

用系数行列式 D 的第 j 列元素 a_{1j}，a_{2j}，…，a_{nj} 的代数余子式 A_{1j}，A_{2j}，…，A_{nj} 分别乘恒等式(1.6.5)的第 1，2，…，n 式的两边，得

$$\begin{cases}a_{11}A_{1j}k_1+a_{12}A_{1j}k_2+\cdots+a_{1n}A_{1j}k_n=b_1A_{1j}\\ a_{21}A_{2j}k_1+a_{22}A_{2j}k_2+\cdots+a_{2n}A_{2j}k_n=b_2A_{2j}\\ \qquad\vdots\\ a_{n1}A_{nj}k_1+a_{n2}A_{nj}k_2+\cdots+a_{nn}A_{nj}k_n=b_nA_{nj}\end{cases}$$

把上式两边相加得

$$k_1(a_{11}A_{1j}+a_{21}A_{2j}+\cdots+a_{n1}A_{nj})+k_2(a_{12}A_{1j}+a_{22}A_{2j}+\cdots+a_{n2}A_{nj})+\cdots$$
$$+k_j(a_{1j}A_{1j}+a_{2j}A_{2j}+\cdots+a_{nj}A_{nj})+\cdots+k_n(a_{1n}A_{1j}+a_{2n}A_{2j}+\cdots+a_nA_{nj})$$
$$=b_1A_{1j}+b_2A_{2j}+\cdots+b_nA_{nj}=D_j$$

由行列式的按行(列)展开定理得，$k_jD=D_j$，故

$$k_j=\frac{D_j}{D}\quad(j=1,2,\cdots,n)$$

所以当系数行列式 $D\neq0$ 时，线性方程组(1.6.1)有唯一解.

例 1.6.1 用克拉默法则解线性方程组

$$\begin{cases}2x_1+x_2-5x_3+x_4=8\\ x_1-3x_2-6x_4=9\\ 2x_2-x_3+2x_4=-5\\ x_1+4x_2-7x_3+6x_4=0\end{cases}$$

解 由于该方程组的系数行列式

$$D=\begin{vmatrix}2&1&-5&1\\1&-3&0&-6\\0&2&-1&2\\1&4&-7&6\end{vmatrix}\xlongequal[r_4-r_2]{r_1-2r_2}\begin{vmatrix}0&7&-5&13\\1&-3&0&-6\\0&2&-1&2\\0&7&-7&12\end{vmatrix}$$
$$=-\begin{vmatrix}7&-5&13\\2&-1&2\\7&-7&12\end{vmatrix}\xlongequal[c_3+2c_2]{c_1+2c_2}-\begin{vmatrix}-3&-5&3\\0&-1&0\\-7&-7&-2\end{vmatrix}$$
$$=\begin{vmatrix}-3&3\\-7&-2\end{vmatrix}=27\neq0$$

因此该方程组有唯一解. 又

$$D_1=\begin{vmatrix}8&1&-5&1\\9&-3&0&-6\\-5&2&-1&2\\0&4&-7&6\end{vmatrix}=81$$

$$D_2=\begin{vmatrix}2&8&-5&1\\1&9&0&-6\\0&-5&-1&2\\1&0&-7&6\end{vmatrix}=-108$$

$$D_3=\begin{vmatrix}2 & 1 & 8 & 1\\ 1 & -3 & 9 & -6\\ 0 & 2 & -5 & 2\\ 1 & 4 & 0 & 6\end{vmatrix}=-27$$

$$D_4=\begin{vmatrix}2 & 1 & -5 & 8\\ 1 & -3 & 0 & 9\\ 0 & 2 & -1 & -5\\ 1 & 4 & -7 & 0\end{vmatrix}=27$$

从而由克拉默法则可知该线性方程组的唯一解为

$$x_1=\frac{D_1}{D}=3,\quad x_2=\frac{D_2}{D}=-4,\quad x_3=\frac{D_3}{D}=-1,\quad x_4=\frac{D_4}{D}=1$$

应该注意，克拉默法则只适用于线性方程组的方程的个数等于未知数的个数，且线性方程组的系数行列式不等于零的情形. 一般用克拉默法则解 n 元线性方程组需要计算 $n+1$ 个 n 阶行列式，所以计算量很大，没有用消元法解方程组简单. 因此，克拉默法则主要是在理论上具有重要意义，特别是揭示了线性方程组的解与其系数之间的关系.

对于齐次线性方程组

$$\begin{cases}a_{11}x_1+a_{12}x_2+\cdots+a_{1n}x_n=0\\ a_{21}x_1+a_{22}x_2+\cdots+a_{2n}x_n=0\\ \qquad\vdots\\ a_{n1}x_1+a_{n2}x_2+\cdots+a_{nn}x_n=0\end{cases}\tag{1.6.6}$$

它是非齐次线性方程组(1.6.1)的特殊情形，容易知道，$x_1=x_2=\cdots=x_n=0$ 一定是它的一个解，称它为齐次线性方程组(1.6.6)的零解. 如果方程组(1.6.6)还有其它的解，则称之为线性方程组(1.6.6)的非零解.

将克拉默法则应用于齐次线性方程组中，有下面的定理.

定理 1.6.2 如果齐次线性方程组(1.6.6)的系数行列式不等于零，那么它只有零解. 换句话说，如果齐次线性方程组(1.6.6)有非零解，那么它的系数行列式一定为零.

例 1.6.2 λ 取何值时，齐次线性方程组

$$\begin{cases}(5-\lambda)x_1+2x_2+2x_3=0\\ \qquad 2x_1+(6-\lambda)x_2=0\\ \qquad 2x_1+(4-\lambda)x_3=0\end{cases}$$

有非零解？

解 因为方程组的系数行列式

$$D=\begin{vmatrix}5-\lambda & 2 & 2\\ 2 & 6-\lambda & 0\\ 2 & 0 & 4-\lambda\end{vmatrix}=-(\lambda-5)(\lambda-2)(\lambda-8)$$

而如果该线性方程组有非零解，那么 $D=0$，即 $\lambda=5$，$\lambda=2$，$\lambda=8$. 容易验证，当 $\lambda=5$，$\lambda=2$，$\lambda=8$ 时，该齐次线性方程组有非零解.

习 题 1

1. 计算下列行列式.

(1) $\begin{vmatrix}1 & 3\\ 1 & 2\end{vmatrix}$； (2) $\begin{vmatrix}1 & 2 & 3\\ 3 & 1 & 2\\ 2 & 3 & 1\end{vmatrix}$；

(3) $\begin{vmatrix}a & b & a+b\\ b & a+b & a\\ a+b & a & b\end{vmatrix}$.

2. 求下列排列的逆序数.

(1) 41253；

(2) 365241；

(3) 135792468.

3. k，l 为何值时，$24k15l7$ 为偶排列？

4. 在 6 阶行列式 $|a_{ij}|$ 中，项 $a_{12}a_{24}a_{31}a_{45}a_{53}a_{66}$ 的前面取什么符号？

5. 计算下列行列式.

(1) $\begin{vmatrix}1 & 2 & 3 & 2\\ 2 & 0 & 1 & 3\\ 3 & -1 & 0 & -1\\ 9 & 1 & 5 & -2\end{vmatrix}$； (2) $\begin{vmatrix}1 & -1 & 2 & 1\\ 2 & 0 & 3 & 2\\ -2 & 1 & -1 & 4\\ 1 & 3 & 0 & 1\end{vmatrix}$；

(3) $\begin{vmatrix} 1+x & 1 & 1 & 1 \\ 1 & 1-x & 1 & 1 \\ 1 & 1 & 1+y & 1 \\ 1 & 1 & 1 & 1-y \end{vmatrix}$；　　(4) $\begin{vmatrix} 2 & 5 & 5 & 5 \\ 5 & 2 & 5 & 5 \\ 5 & 5 & 2 & 5 \\ 5 & 5 & 5 & 2 \end{vmatrix}$；

(5) $\begin{vmatrix} 1 & 2 & 3 & 1 \\ 3 & 0 & 1 & 0 \\ 5 & 2 & -1 & 0 \\ 1 & 0 & 4 & 2 \end{vmatrix}$；　　(6) $\begin{vmatrix} 1 & -2 & 3 & 5 \\ 101 & 98 & 103 & 105 \\ 1 & 2 & 4 & 5 \\ 0 & 4 & 2 & 1 \end{vmatrix}$.

6. 计算下列 n 阶行列式.

(1) $\begin{vmatrix} -a_1 & a_1 & 0 & \cdots & 0 & 0 \\ 0 & -a_2 & a_2 & \cdots & 0 & 0 \\ \vdots & \vdots & \vdots & & \vdots & \vdots \\ 0 & 0 & 0 & \cdots & -a_{n-1} & a_{n-1} \\ 1 & 1 & 1 & \cdots & 1 & 1 \end{vmatrix}$；

(2) $\begin{vmatrix} 1 & 2 & 3 & \cdots & n-1 & n \\ -1 & 0 & 3 & \cdots & n-1 & n \\ -1 & -2 & 0 & \cdots & n-1 & n \\ \vdots & \vdots & \vdots & & \vdots & \vdots \\ -1 & -2 & -3 & \cdots & 0 & n \\ -1 & -2 & -3 & \cdots & -(n-1) & 0 \end{vmatrix}$；

(3) $\begin{vmatrix} x & y & 0 & \cdots & 0 & 0 \\ 0 & x & y & \cdots & 0 & 0 \\ \vdots & \vdots & \vdots & & \vdots & \vdots \\ 0 & 0 & 0 & \cdots & x & y \\ y & 0 & 0 & \cdots & 0 & x \end{vmatrix}$；

(4) $\begin{vmatrix} 1+a_1 & 1 & \cdots & 1 \\ 1 & 1+a_2 & \cdots & 1 \\ \vdots & \vdots & & \vdots \\ 1 & 1 & \cdots & 1+a_n \end{vmatrix}$　$(a_1a_2\cdots a_n\neq 0)$；

(5) $\begin{vmatrix} 1 & 2 & 2 & \cdots & 2 \\ 3 & 1 & 0 & \cdots & 0 \\ 3 & 0 & 1 & \cdots & 0 \\ \vdots & \vdots & \vdots & & \vdots \\ 3 & 0 & 0 & \cdots & 1 \end{vmatrix}$;

(6) $\begin{vmatrix} 1 & a_1 & a_2 & \cdots & a_{n-1} \\ 1 & a_1+b_1 & a_2 & \cdots & a_{n-1} \\ 1 & a_1 & a_2+b_2 & \cdots & a_{n-1} \\ \vdots & \vdots & \vdots & & \vdots \\ 1 & a_1 & a_2 & \cdots & a_{n-1}+b_{n-1} \end{vmatrix}$.

7. 设

$$D=\begin{vmatrix} 1 & 2 & 2 & -2 \\ 4 & 6 & 7 & 9 \\ -2 & 1 & 2 & 1 \\ 3 & -2 & 1 & 0 \end{vmatrix}$$

其中，D 的(i, j)元的代数余子式为 A_{ij}，求 $A_{21}+A_{22}+A_{23}+A_{24}$.

8. 用克拉默法则解下列方程组.

(1) $\begin{cases} 2x_1-3x_2+x_3+2x_4=1 \\ x_1 \qquad -3x_2+x_4=1 \\ x_1+6x_2+2x_3+4x_4=0 \\ 2x_1 \qquad -2x_3+3x_4=1 \end{cases}$;

(2) $\begin{cases} 2x_1+3x_2+11x_3+5x_4=2 \\ x_1+x_2+5x_3+2x_4=1 \\ 2x_1+x_2+3x_3+4x_4=-3 \\ x_1+x_2+3x_3+4x_4=-3 \end{cases}$.

9. 如果齐次线性方程组

$$\begin{cases} (k+1)x+y+z=0 \\ x+(k+1)y-z=0 \\ x-(k+2)y+2z=0 \end{cases}$$

有非零解，求 k 的值.

第二章　矩　　阵

矩阵的概念起源于18世纪，它是由解线性方程组及二次曲线方程化标准方程的需要引入的，矩阵在线性代数中的作用非常重要，线性代数中许多问题都可以用矩阵得到很好的解决，它是研究线性代数的重要工具. 本章主要介绍矩阵的概念及运算、矩阵的初等变换、矩阵的秩等.

2.1　矩阵的概念

1. 矩阵的概念

在物质调运过程中，苹果有3个产地，有4个销售地，它的调运方案可用下表来反映：

产地 \ 调运数 \ 销售地	甲	乙	丙	丁
A	2	4	1	5
B	3	6	2	7
C	7	1	3	6

如果我们省略上面的表格的表头内容，就得到一个由数组成的3行4列的数表：

$$\begin{matrix} 2 & 4 & 1 & 5 \\ 3 & 6 & 2 & 7 \\ 7 & 1 & 3 & 6 \end{matrix}$$

这个数表完全反映了物质调运的过程.

设有三元一次方程组

$$\begin{cases}x_1+2x_2-x_3=2\\5x_1-x_2+4x_3=1\\3x_1+x_2+2x_3=6\end{cases}$$

把此方程组的未知数的系数及常数项，按照在方程组中原来的位置组成一个3行4列的数表：

$$\begin{matrix}1 & 2 & -1 & 2\\5 & -1 & 4 & 1\\3 & 1 & 2 & 6\end{matrix}$$

容易看出这个数表与方程组是一一对应的，即这个数表完全确定了方程组的属性.

这种用数表来表示的数量关系，在数学及其它科学技术中有广泛应用，我们把这个数表称为矩阵.

定义 2.1.1 由 $m\times n$ 个数 a_{ij} $(i=1, 2, \cdots, m; j=1, 2, \cdots, n)$ 排成的 m 行 n 列的数表：

$$\begin{matrix}a_{11} & a_{12} & \cdots & a_{1n}\\a_{21} & a_{22} & \cdots & a_{2n}\\\vdots & \vdots & & \vdots\\a_{m1} & a_{m2} & \cdots & a_{mn}\end{matrix}$$

称为 m 行 n 列的矩阵，简称 $m\times n$ 矩阵，记作

$$\begin{pmatrix}a_{11} & a_{12} & \cdots & a_{1n}\\a_{21} & a_{22} & \cdots & a_{2n}\\\vdots & \vdots & & \vdots\\a_{m1} & a_{m2} & \cdots & a_{mn}\end{pmatrix}$$

这 $m\times n$ 个数 a_{ij} 称为矩阵的元素；位于矩阵的第 i 行，第 j 列的元素 a_{ij} 称为矩阵的 (i, j) 元；一般地，矩阵用大写字母 $\boldsymbol{A}$，$\boldsymbol{B}$ 表示. 以数 a_{ij} 为元素的矩阵 $\boldsymbol{A}$ 记作 $(a_{ij})_{m\times n}$，或者 (a_{ij}). $m\times n$ 矩阵 $\boldsymbol{A}$ 也可记作 $\boldsymbol{A}_{m\times n}$. 如

$$\boldsymbol{A}=\begin{pmatrix}1 & 3 & -1 & 2\\6 & 0 & 2 & 4\\2 & 4 & 1 & 4\end{pmatrix}$$

是一个 3×4 矩阵.

行数与列数都为 n 的矩阵称为 n 阶矩阵或 n 阶方阵. n 阶矩阵 $\boldsymbol{A}$ 记作 $\boldsymbol{A}_n$. n

阶矩阵 **A** 的左上角到右下角的连线称为 n 阶矩阵的主对角线.

若矩阵 **A** 的元素全是实数，则称 **A** 为实矩阵. 若矩阵 **A** 的元素全是复数，则称 **A** 为复矩阵.

本章总是在一个给定的实数集 **R** 上讨论问题，以后就不每次都指出了.

设

$$\boldsymbol{A}=\begin{pmatrix} a_{11} & a_{12} & \cdots & a_{1n} \\ a_{21} & a_{22} & \cdots & a_{2n} \\ \vdots & \vdots & & \vdots \\ a_{m1} & a_{m2} & \cdots & a_{mn} \end{pmatrix},\ \boldsymbol{B}=\begin{pmatrix} b_{11} & b_{12} & \cdots & b_{1n} \\ b_{21} & b_{22} & \cdots & b_{2n} \\ \vdots & \vdots & & \vdots \\ b_{m1} & b_{m2} & \cdots & b_{mn} \end{pmatrix}$$

是两个 $m\times n$ 矩阵，如果 $a_{ij}=b_{ij}(i=1,2,\cdots,m;\ j=1,2,\cdots,n)$，即它们对应位置上的元素都相等，那么称矩阵 **A** 与 **B** 相等，记作 $\boldsymbol{A}=\boldsymbol{B}$.

2. 几种特殊的矩阵

1）零矩阵

元素全是零的 $m\times n$ 矩阵称为零矩阵，记作 $\mathbf{0}_{m\times n}$，或记作 $\mathbf{0}$.

2）上三角矩阵

若 n 阶矩阵 $\boldsymbol{A}=(a_{ij})_n$ 的主对角线下方的元素全为零，即当 $i>j(i,j=1,2,\cdots,n)$时，都有 $a_{ij}=0$，则称 n 阶矩阵 **A** 为上三角矩阵，即

$$\boldsymbol{A}=\begin{pmatrix} a_{11} & a_{12} & \cdots & a_{1n} \\ 0 & a_{22} & \cdots & a_{2n} \\ \vdots & \vdots & \ddots & \vdots \\ 0 & 0 & \cdots & a_{nn} \end{pmatrix}$$

3）下三角矩阵

若 n 阶矩阵 $\boldsymbol{A}=(a_{ij})_n$ 的主对角线上方的元素全为零，即当 $i<j(i,j=1,2,\cdots,n)$时，都有 $a_{ij}=0$，则称 n 阶矩阵 **A** 为下三角矩阵，即

$$\boldsymbol{A}=\begin{pmatrix} a_{11} & 0 & \cdots & 0 \\ a_{21} & a_{22} & \cdots & 0 \\ \vdots & \vdots & \ddots & \vdots \\ a_{n1} & a_{n2} & \cdots & a_{nn} \end{pmatrix}$$

4）对角矩阵

若 n 阶矩阵 $\boldsymbol{A}=(a_{ij})_n$ 既是上三角矩阵，又是下三角矩阵，即当 $i\neq j(i,j=$

1，2，…，n)时，都有 $a_{ij}=0$，则称 n 阶矩阵 $\boldsymbol{A}$ 为对角矩阵，即

$$\boldsymbol{A}=\begin{pmatrix} a_{11} & 0 & \cdots & 0 \\ 0 & a_{22} & \cdots & 0 \\ \vdots & \vdots & \ddots & \vdots \\ 0 & 0 & \cdots & a_{nn} \end{pmatrix}$$

记作 $\boldsymbol{\Lambda}=\mathrm{diag}(a_{11}, a_{22}, \cdots, a_{nn})$.

5）单位矩阵

若 n 阶对角矩阵 $\boldsymbol{A}$ 的主对角线上的元素都等于 1，则 $\boldsymbol{A}$ 称为 n 阶单位矩阵，记作 $\boldsymbol{E}_n$，或 $\boldsymbol{E}$，即

$$\boldsymbol{E}=\begin{pmatrix} 1 & & & \\ & 1 & & \\ & & \ddots & \\ & & & 1 \end{pmatrix}$$

6）数量矩阵

若 n 阶对角矩阵 $\boldsymbol{A}=\mathrm{diag}(a_{11}, a_{22}, \cdots, a_{nn})$的主对角线上的元素都等于同一个数 λ，则称 $\boldsymbol{A}$ 为数量矩阵，即

$$\boldsymbol{A}=\begin{pmatrix} \lambda & & & \\ & \lambda & & \\ & & \ddots & \\ & & & \lambda \end{pmatrix}$$

今后用 $\lambda\boldsymbol{E}_n$ 表示 n 阶数量矩阵 $\mathrm{diag}(\lambda, \lambda, \cdots, \lambda)$.

7）行向量与列向量

只有一列的矩阵称为列矩阵，也称为列向量，如

$$\begin{pmatrix} a_1 \\ a_2 \\ \vdots \\ a_n \end{pmatrix}$$

称为 n 维列向量.

只有一行的矩阵称为行矩阵，也称为行向量，如

$$(b_1, b_2, \cdots, b_n)$$

称为 n 维行向量.

2.2 矩阵的运算

矩阵虽然不是数，但是它也满足一定的运算规律. 本节将定义矩阵的加法、数乘、乘法等运算.

1. 矩阵的加法

定义 2.2.1 设有 $m\times n$ 矩阵

$$A=\begin{pmatrix} a_{11} & a_{12} & \cdots & a_{1n} \\ a_{21} & a_{22} & \cdots & a_{2n} \\ \vdots & \vdots & & \vdots \\ a_{m1} & a_{m2} & \cdots & a_{mn} \end{pmatrix},\ B=\begin{pmatrix} b_{11} & b_{12} & \cdots & b_{1n} \\ b_{21} & b_{22} & \cdots & b_{2n} \\ \vdots & \vdots & & \vdots \\ b_{m1} & b_{m2} & \cdots & b_{mn} \end{pmatrix}$$

则称 $m\times n$ 矩阵

$$\begin{pmatrix} a_{11}+b_{11} & a_{12}+b_{12} & \cdots & a_{1n}+b_{1n} \\ a_{21}+b_{21} & a_{22}+b_{22} & \cdots & a_{2n}+b_{2n} \\ \vdots & \vdots & & \vdots \\ a_{m1}+b_{m1} & a_{m2}+b_{m2} & \cdots & a_{mn}+b_{mn} \end{pmatrix}$$

为矩阵 A 与 B 的和，记作 $A+B$. 求两个矩阵和的运算称为矩阵的加法，即

$$A+B=\begin{pmatrix} a_{11} & a_{12} & \cdots & a_{1n} \\ a_{21} & a_{22} & \cdots & a_{2n} \\ \vdots & \vdots & & \vdots \\ a_{m1} & a_{m2} & \cdots & a_{mn} \end{pmatrix}+\begin{pmatrix} b_{11} & b_{12} & \cdots & b_{1n} \\ b_{21} & b_{22} & \cdots & b_{2n} \\ \vdots & \vdots & & \vdots \\ b_{m1} & b_{m2} & \cdots & b_{mn} \end{pmatrix}$$

$$=\begin{pmatrix} a_{11}+b_{11} & a_{12}+b_{12} & \cdots & a_{1n}+b_{1n} \\ a_{21}+b_{21} & a_{22}+b_{22} & \cdots & a_{2n}+b_{2n} \\ \vdots & \vdots & & \vdots \\ a_{m1}+b_{m1} & a_{m2}+b_{m2} & \cdots & a_{mn}+b_{mn} \end{pmatrix}$$

显然，两个 $m\times n$ 矩阵相加就是将两个 $m\times n$ 矩阵的对应元素相加. 注意，只有当两个矩阵的行数与列数都相同时才能相加.

利用矩阵的加法可以定义矩阵的减法，为此我们先定义矩阵的负矩阵.

设有 $m\times n$ 矩阵

$$
\boldsymbol{A}=\begin{pmatrix} a_{11} & a_{12} & \cdots & a_{1n} \\ a_{21} & a_{22} & \cdots & a_{2n} \\ \vdots & \vdots & & \vdots \\ a_{m1} & a_{m2} & \cdots & a_{mn} \end{pmatrix}
$$

则称矩阵

$$
-\boldsymbol{A}=\begin{pmatrix} -a_{11} & -a_{12} & \cdots & -a_{1n} \\ -a_{21} & -a_{22} & \cdots & -a_{2n} \\ \vdots & \vdots & & \vdots \\ -a_{m1} & -a_{m2} & \cdots & -a_{mn} \end{pmatrix}
$$

为矩阵 $\boldsymbol{A}$ 的负矩阵.

利用负矩阵可以定义两个 $m\times n$ 矩阵 $\boldsymbol{A}$ 与 $\boldsymbol{B}$ 的减法：

$$
\boldsymbol{A}-\boldsymbol{B}=\boldsymbol{A}+(-\boldsymbol{B})
$$

即如果

$$
\boldsymbol{A}=\begin{pmatrix} a_{11} & a_{12} & \cdots & a_{1n} \\ a_{21} & a_{22} & \cdots & a_{2n} \\ \vdots & \vdots & & \vdots \\ a_{m1} & a_{m2} & \cdots & a_{mn} \end{pmatrix},\ \boldsymbol{B}=\begin{pmatrix} b_{11} & b_{12} & \cdots & b_{1n} \\ b_{21} & b_{22} & \cdots & b_{2n} \\ \vdots & \vdots & & \vdots \\ b_{m1} & b_{m2} & \cdots & b_{mn} \end{pmatrix}
$$

则

$$
\begin{aligned}
\boldsymbol{A}-\boldsymbol{B} &= \begin{pmatrix} a_{11} & a_{12} & \cdots & a_{1n} \\ a_{21} & a_{22} & \cdots & a_{2n} \\ \vdots & \vdots & & \vdots \\ a_{m1} & a_{m2} & \cdots & a_{mn} \end{pmatrix}-\begin{pmatrix} b_{11} & b_{12} & \cdots & b_{1n} \\ b_{21} & b_{22} & \cdots & b_{2n} \\ \vdots & \vdots & & \vdots \\ b_{m1} & b_{m2} & \cdots & b_{mn} \end{pmatrix} \\
&= \begin{pmatrix} a_{11}-b_{11} & a_{12}-b_{12} & \cdots & a_{1n}-b_{1n} \\ a_{21}-b_{21} & a_{22}-b_{22} & \cdots & a_{2n}-b_{2n} \\ \vdots & \vdots & & \vdots \\ a_{m1}-b_{m1} & a_{m2}-b_{m2} & \cdots & a_{mn}-b_{mn} \end{pmatrix}
\end{aligned}
$$

由于矩阵的减法可以由矩阵的加法来表示，所以矩阵的减法不是矩阵的独立运算.

利用矩阵的加法定义很容易验证矩阵的加法满足下列运算性质：

(1) 交换律　$\boldsymbol{A}+\boldsymbol{B}=\boldsymbol{B}+\boldsymbol{A}$；

(2) 结合律　$(\boldsymbol{A}+\boldsymbol{B})+\boldsymbol{C}=\boldsymbol{A}+(\boldsymbol{B}+\boldsymbol{C})$；

(3) $\boldsymbol{A}+\boldsymbol{0}=\boldsymbol{A}$；

(4) $\boldsymbol{A}+(-\boldsymbol{A})=\boldsymbol{0}$.

其中，$\boldsymbol{A}$，$\boldsymbol{B}$，$\boldsymbol{C}$ 都是 $m\times n$ 矩阵；$\boldsymbol{0}$ 是 $m\times n$ 零矩阵.

下面仅证明(1)、(2)，把(3)、(4)的证明留给读者.

证明　(1) 设

$$\boldsymbol{A}=\begin{pmatrix} a_{11} & a_{12} & \cdots & a_{1n} \\ a_{21} & a_{22} & \cdots & a_{2n} \\ \vdots & \vdots & & \vdots \\ a_{m1} & a_{m2} & \cdots & a_{mn} \end{pmatrix},\ \boldsymbol{B}=\begin{pmatrix} b_{11} & b_{12} & \cdots & b_{1n} \\ b_{21} & b_{22} & \cdots & b_{2n} \\ \vdots & \vdots & & \vdots \\ b_{m1} & b_{m2} & \cdots & b_{mn} \end{pmatrix}$$

则

$$\boldsymbol{A}+\boldsymbol{B}=\begin{pmatrix} a_{11}+b_{11} & a_{12}+b_{12} & \cdots & a_{1n}+b_{1n} \\ a_{21}+b_{21} & a_{22}+b_{22} & \cdots & a_{2n}+b_{2n} \\ \vdots & \vdots & & \vdots \\ a_{m1}+b_{m1} & a_{m2}+b_{m2} & \cdots & a_{mn}+b_{mn} \end{pmatrix}$$

$$=\begin{pmatrix} b_{11}+a_{11} & b_{12}+a_{12} & \cdots & b_{1n}+a_{1n} \\ b_{21}+a_{21} & b_{22}+a_{22} & \cdots & b_{2n}+a_{2n} \\ \vdots & \vdots & & \vdots \\ b_{m1}+a_{m1} & b_{m2}+a_{m2} & \cdots & b_{mn}+a_{mn} \end{pmatrix}=\boldsymbol{B}+\boldsymbol{A}$$

故

$$\boldsymbol{A}+\boldsymbol{B}=\boldsymbol{B}+\boldsymbol{A}$$

(2) 设

$$\boldsymbol{A}=\begin{pmatrix} a_{11} & a_{12} & \cdots & a_{1n} \\ a_{21} & a_{22} & \cdots & a_{2n} \\ \vdots & \vdots & & \vdots \\ a_{m1} & a_{m2} & \cdots & a_{mn} \end{pmatrix},\ \boldsymbol{B}=\begin{pmatrix} b_{11} & b_{12} & \cdots & b_{1n} \\ b_{21} & b_{22} & \cdots & b_{2n} \\ \vdots & \vdots & & \vdots \\ b_{m1} & b_{m2} & \cdots & b_{mn} \end{pmatrix},$$

$$\boldsymbol{C}=\begin{pmatrix} c_{11} & c_{12} & \cdots & c_{1n} \\ c_{21} & c_{22} & \cdots & c_{2n} \\ \vdots & \vdots & & \vdots \\ c_{m1} & c_{m2} & \cdots & c_{mn} \end{pmatrix}$$

则

$$(\boldsymbol{A}+\boldsymbol{B})+\boldsymbol{C}=\begin{pmatrix} a_{11}+b_{11} & a_{12}+b_{12} & \cdots & a_{1n}+b_{1n} \\ a_{21}+b_{21} & a_{22}+b_{22} & \cdots & a_{2n}+b_{2n} \\ \vdots & \vdots & & \vdots \\ a_{m1}+b_{m1} & a_{m2}+b_{m2} & \cdots & a_{mn}+b_{mn} \end{pmatrix}+\begin{pmatrix} c_{11} & c_{12} & \cdots & c_{1n} \\ c_{21} & c_{22} & \cdots & c_{2n} \\ \vdots & \vdots & & \vdots \\ c_{m1} & c_{m2} & \cdots & c_{mn} \end{pmatrix}$$

$$=\begin{pmatrix} (a_{11}+b_{11})+c_{11} & (a_{12}+b_{12})+c_{12} & \cdots & (a_{1n}+b_{1n})+c_{1n} \\ (a_{21}+b_{21})+c_{21} & (a_{22}+b_{22})+c_{22} & \cdots & (a_{2n}+b_{2n})+c_{2n} \\ \vdots & \vdots & & \vdots \\ (a_{m1}+b_{m1})+c_{m1} & (a_{m2}+b_{m2})+c_{m2} & \cdots & (a_{mn}+b_{mn})+c_{mn} \end{pmatrix}$$

$$=\begin{pmatrix} a_{11}+(b_{11}+c_{11}) & a_{12}+(b_{12}+c_{12}) & \cdots & a_{1n}+(b_{1n}+c_{1n}) \\ a_{21}+(b_{21}+c_{21}) & a_{22}+(b_{22}+c_{22}) & \cdots & a_{2n}+(b_{2n}+c_{2n}) \\ \vdots & \vdots & & \vdots \\ a_{m1}+(b_{m1}+c_{m1}) & a_{m2}+(b_{m2}+c_{m2}) & \cdots & a_{mn}+(b_{mn}+c_{mn}) \end{pmatrix}$$

$$=\begin{pmatrix} a_{11} & a_{12} & \cdots & a_{1n} \\ a_{21} & a_{22} & \cdots & a_{2n} \\ \vdots & \vdots & & \vdots \\ a_{m1} & a_{m2} & \cdots & a_{mn} \end{pmatrix}+\begin{pmatrix} b_{11}+c_{11} & b_{12}+c_{12} & \cdots & b_{1n}+c_{1n} \\ b_{21}+c_{21} & b_{22}+c_{22} & \cdots & b_{2n}+c_{2n} \\ \vdots & \vdots & & \vdots \\ b_{m1}+c_{m1} & b_{m2}+c_{m2} & \cdots & b_{mn}+c_{mn} \end{pmatrix}$$

$$=\boldsymbol{A}+(\boldsymbol{B}+\boldsymbol{C})$$

故

$$(\boldsymbol{A}+\boldsymbol{B})+\boldsymbol{C}=\boldsymbol{A}+(\boldsymbol{B}+\boldsymbol{C})$$

例 2.2.1 设矩阵

$$\boldsymbol{A}=\begin{pmatrix} 1 & 0 & 2 & -1 \\ 2 & 3 & 1 & 4 \end{pmatrix}$$

$$\boldsymbol{B}=\begin{pmatrix} 2 & 1 & 3 & 1 \\ -2 & 1 & 4 & -5 \end{pmatrix}$$

求 $\boldsymbol{A}+\boldsymbol{B}$，$\boldsymbol{A}-\boldsymbol{B}$.

解

$$\boldsymbol{A}+\boldsymbol{B}=\begin{pmatrix} 1+2 & 0+1 & 2+3 & -1+1 \\ 2-2 & 3+1 & 1+4 & 4-5 \end{pmatrix}=\begin{pmatrix} 3 & 1 & 5 & 0 \\ 0 & 4 & 5 & -1 \end{pmatrix}$$

$$\boldsymbol{A}-\boldsymbol{B}=\begin{pmatrix} 1-2 & 0-1 & 2-3 & -1-1 \\ 2-(-2) & 3-1 & 1-4 & 4-(-5) \end{pmatrix}=\begin{pmatrix} -1 & -1 & -1 & -2 \\ 4 & 2 & -3 & 9 \end{pmatrix}$$

2. 矩阵的数乘

定义 2.2.2 设 λ 是数，且

$$\boldsymbol{A}=\begin{pmatrix} a_{11} & a_{12} & \cdots & a_{1n} \\ a_{21} & a_{22} & \cdots & a_{2n} \\ \vdots & \vdots & & \vdots \\ a_{m1} & a_{m2} & \cdots & a_{mn} \end{pmatrix}$$

是 $m\times n$ 矩阵，则称 $m\times n$ 矩阵

$$\begin{pmatrix} \lambda a_{11} & \lambda a_{12} & \cdots & \lambda a_{1n} \\ \lambda a_{21} & \lambda a_{22} & \cdots & \lambda a_{2n} \\ \vdots & \vdots & & \vdots \\ \lambda a_{m1} & \lambda a_{m2} & \cdots & \lambda a_{mn} \end{pmatrix}$$

为数 λ 与矩阵 $\boldsymbol{A}$ 的数量乘积，记作 $\lambda\boldsymbol{A}$. 数与矩阵的数量乘积简称数乘，即

$$\lambda\boldsymbol{A}=\begin{pmatrix} \lambda a_{11} & \lambda a_{12} & \cdots & \lambda a_{1n} \\ \lambda a_{21} & \lambda a_{22} & \cdots & \lambda a_{2n} \\ \vdots & \vdots & & \vdots \\ \lambda a_{m1} & \lambda a_{m2} & \cdots & \lambda a_{mn} \end{pmatrix}$$

由数与矩阵的数量乘积的定义可知，数与矩阵相乘就是数与矩阵中的每一个元素相乘所得的矩阵. 容易验证数乘运算满足下列运算性质：

(1) 交换律 $\lambda\boldsymbol{A}=\boldsymbol{A}\lambda$；

(2) 结合律 $\lambda(\mu\boldsymbol{A})=\mu(\lambda\boldsymbol{A})=(\lambda\mu)\boldsymbol{A}$；

(3) 矩阵对数的分配律 $(\lambda+\mu)\boldsymbol{A}=\lambda\boldsymbol{A}+\mu\boldsymbol{A}$；

(4) 数对矩阵的分配律 $\lambda(\boldsymbol{A}+\boldsymbol{B})=\lambda\boldsymbol{A}+\lambda\boldsymbol{B}$.

其中，λ, μ 都是数；$\boldsymbol{A}$, $\boldsymbol{B}$ 都是 $m\times n$ 矩阵.

证明

(1) 显然成立.

(2) 设 λ, μ 是数，且

$$\boldsymbol{A}=\begin{pmatrix} a_{11} & a_{12} & \cdots & a_{1n} \\ a_{21} & a_{22} & \cdots & a_{2n} \\ \vdots & \vdots & & \vdots \\ a_{m1} & a_{m2} & \cdots & a_{mn} \end{pmatrix}$$

是 $m\times n$ 矩阵，则

$$\lambda(\mu\boldsymbol{A})=\lambda\begin{pmatrix}\mu a_{11} & \mu a_{12} & \cdots & \mu a_{1n}\\ \mu a_{21} & \mu a_{22} & \cdots & \mu a_{2n}\\ \vdots & \vdots & & \vdots\\ \mu a_{m1} & \mu a_{m2} & \cdots & \mu a_{mn}\end{pmatrix}=\begin{pmatrix}\lambda\mu a_{11} & \lambda\mu a_{12} & \cdots & \lambda\mu a_{1n}\\ \lambda\mu a_{21} & \lambda\mu a_{22} & \cdots & \lambda\mu a_{2n}\\ \vdots & \vdots & & \vdots\\ \lambda\mu a_{m1} & \lambda\mu a_{m2} & \cdots & \lambda\mu a_{mn}\end{pmatrix}=(\lambda\mu)\boldsymbol{A}$$

$$\mu(\lambda\boldsymbol{A})=\mu\begin{pmatrix}\lambda a_{11} & \lambda a_{12} & \cdots & \lambda a_{1n}\\ \lambda a_{21} & \lambda a_{22} & \cdots & \lambda a_{2n}\\ \vdots & \vdots & & \vdots\\ \lambda a_{m1} & \lambda a_{m2} & \cdots & \lambda a_{mn}\end{pmatrix}=\begin{pmatrix}\mu\lambda a_{11} & \mu\lambda a_{12} & \cdots & \mu\lambda a_{1n}\\ \mu\lambda a_{21} & \mu\lambda a_{22} & \cdots & \mu\lambda a_{2n}\\ \vdots & \vdots & & \vdots\\ \mu\lambda a_{m1} & \mu\lambda a_{m2} & \cdots & \mu\lambda a_{mn}\end{pmatrix}=(\mu\lambda)\boldsymbol{A}=(\lambda\mu)\boldsymbol{A}$$

故

$$\lambda(\mu\boldsymbol{A})=\mu(\lambda\boldsymbol{A})=(\lambda\mu)\boldsymbol{A}$$

（3）设 λ，μ 是数，且

$$\boldsymbol{A}=\begin{pmatrix}a_{11} & a_{12} & \cdots & a_{1n}\\ a_{21} & a_{22} & \cdots & a_{2n}\\ \vdots & \vdots & & \vdots\\ a_{m1} & a_{m2} & \cdots & a_{mn}\end{pmatrix}$$

是 $m\times n$ 矩阵，则

$$(\lambda+\mu)\boldsymbol{A}=\begin{pmatrix}(\lambda+\mu)a_{11} & (\lambda+\mu)a_{12} & \cdots & (\lambda+\mu)a_{1n}\\ (\lambda+\mu)a_{21} & (\lambda+\mu)a_{22} & \cdots & (\lambda+\mu)a_{2n}\\ \vdots & \vdots & & \vdots\\ (\lambda+\mu)a_{m1} & (\lambda+\mu)a_{m2} & \cdots & (\lambda+\mu)a_{mn}\end{pmatrix}$$

$$=\begin{pmatrix}\lambda a_{11}+\mu a_{11} & \lambda a_{12}+\mu a_{12} & \cdots & \lambda a_{1n}+\mu a_{1n}\\ \lambda a_{21}+\mu a_{21} & \lambda a_{22}+\mu a_{22} & \cdots & \lambda a_{2n}+\mu a_{2n}\\ \vdots & \vdots & & \vdots\\ \lambda a_{m1}+\mu a_{m1} & \lambda a_{m2}+\mu a_{m2} & \cdots & \lambda a_{mn}+\mu a_{mn}\end{pmatrix}$$

$$=\begin{pmatrix}\lambda a_{11} & \lambda a_{12} & \cdots & \lambda a_{1n}\\ \lambda a_{21} & \lambda a_{22} & \cdots & \lambda a_{2n}\\ \vdots & \vdots & & \vdots\\ \lambda a_{m1} & \lambda a_{m2} & \cdots & \lambda a_{mn}\end{pmatrix}+\begin{pmatrix}\mu a_{11} & \mu a_{12} & \cdots & \mu a_{1n}\\ \mu a_{21} & \mu a_{22} & \cdots & \mu a_{2n}\\ \vdots & \vdots & & \vdots\\ \mu a_{m1} & \mu a_{m2} & \cdots & \mu a_{mn}\end{pmatrix}$$

$$=\lambda\boldsymbol{A}+\mu\boldsymbol{A}$$

故

$$(\lambda+\mu)\boldsymbol{A}=\lambda\boldsymbol{A}+\mu\boldsymbol{A}$$

（4）设 λ 是数，且

$$\boldsymbol{A}=\begin{pmatrix} a_{11} & a_{12} & \cdots & a_{1n} \\ a_{21} & a_{22} & \cdots & a_{2n} \\ \vdots & \vdots & & \vdots \\ a_{m1} & a_{m2} & \cdots & a_{mn} \end{pmatrix}$$

$$\boldsymbol{B}=\begin{pmatrix} b_{11} & b_{12} & \cdots & b_{1n} \\ b_{21} & b_{22} & \cdots & b_{2n} \\ \vdots & \vdots & & \vdots \\ b_{m1} & b_{m2} & \cdots & b_{mn} \end{pmatrix}$$

是 $m\times n$ 矩阵，则

$$\begin{aligned} \lambda(\boldsymbol{A}+\boldsymbol{B}) &= \lambda\begin{pmatrix} a_{11}+b_{11} & a_{12}+b_{12} & \cdots & a_{1n}+b_{1n} \\ a_{21}+b_{21} & a_{22}+b_{22} & \cdots & a_{2n}+b_{2n} \\ \vdots & \vdots & & \vdots \\ a_{m1}+b_{m1} & a_{m2}+b_{m2} & \cdots & a_{mn}+b_{mn} \end{pmatrix} \\ &= \begin{pmatrix} \lambda a_{11}+\lambda b_{11} & \lambda a_{12}+\lambda b_{12} & \cdots & \lambda a_{1n}+\lambda b_{1n} \\ \lambda a_{21}+\lambda b_{21} & \lambda a_{22}+\lambda b_{22} & \cdots & \lambda a_{2n}+\lambda b_{2n} \\ \vdots & \vdots & & \vdots \\ \lambda a_{m1}+\lambda b_{m1} & \lambda a_{m2}+\lambda b_{m2} & \cdots & \lambda a_{mn}+\lambda b_{mn} \end{pmatrix} \\ &= \begin{pmatrix} \lambda a_{11} & \lambda a_{12} & \cdots & \lambda a_{1n} \\ \lambda a_{21} & \lambda a_{22} & \cdots & \lambda a_{2n} \\ \vdots & \vdots & & \vdots \\ \lambda a_{m1} & \lambda a_{m2} & \cdots & \lambda a_{mn} \end{pmatrix} + \begin{pmatrix} \lambda b_{11} & \lambda b_{12} & \cdots & \lambda b_{1n} \\ \lambda b_{21} & \lambda b_{22} & \cdots & \lambda b_{2n} \\ \vdots & \vdots & & \vdots \\ \lambda b_{m1} & \lambda b_{m2} & \cdots & \lambda b_{mn} \end{pmatrix} \\ &= \lambda\boldsymbol{A}+\lambda\boldsymbol{B} \end{aligned}$$

故

$$\lambda(\boldsymbol{A}+\boldsymbol{B})=\lambda\boldsymbol{A}+\lambda\boldsymbol{B}$$

例 2.2.2 设矩阵

$$\boldsymbol{A}=\begin{pmatrix} 1 & 2 & 3 \\ 4 & 5 & 6 \end{pmatrix}$$

$$\boldsymbol{B}=\begin{pmatrix}2 & 0 & -1\\ 3 & 1 & 2\end{pmatrix}$$

求 $2\boldsymbol{A}-3\boldsymbol{B}$.

解

$$2\boldsymbol{A}=\begin{pmatrix}2\times1 & 2\times2 & 2\times3\\ 2\times4 & 2\times5 & 2\times6\end{pmatrix}=\begin{pmatrix}2 & 4 & 6\\ 8 & 10 & 12\end{pmatrix}$$

$$3\boldsymbol{B}=\begin{pmatrix}3\times2 & 3\times0 & 3\times(-1)\\ 3\times3 & 3\times1 & 3\times2\end{pmatrix}=\begin{pmatrix}6 & 0 & -3\\ 9 & 3 & 6\end{pmatrix}$$

$$2\boldsymbol{A}-3\boldsymbol{B}=\begin{pmatrix}2-6 & 4-0 & 6-(-3)\\ 8-9 & 10-3 & 12-6\end{pmatrix}=\begin{pmatrix}-4 & 4 & 9\\ -1 & 7 & 6\end{pmatrix}$$

3. 矩阵的乘法

定义 2.2.3 设

$$\boldsymbol{A}=\begin{pmatrix}a_{11} & a_{12} & \cdots & a_{1p}\\ a_{21} & a_{22} & \cdots & a_{2p}\\ \vdots & \vdots & & \vdots\\ a_{m1} & a_{m2} & \cdots & a_{mp}\end{pmatrix}$$

是 $m\times p$ 矩阵,

$$\boldsymbol{B}=\begin{pmatrix}b_{11} & b_{12} & \cdots & b_{1n}\\ b_{21} & b_{22} & \cdots & b_{2n}\\ \vdots & \vdots & & \vdots\\ b_{p1} & b_{p2} & \cdots & b_{pn}\end{pmatrix}$$

是 $p\times n$ 矩阵,则 $m\times n$ 矩阵

$$\begin{pmatrix}c_{11} & c_{12} & \cdots & c_{1n}\\ c_{21} & c_{22} & \cdots & c_{2n}\\ \vdots & \vdots & & \vdots\\ c_{m1} & c_{m2} & \cdots & c_{mn}\end{pmatrix}$$

称为矩阵 $\boldsymbol{A}$ 与 $\boldsymbol{B}$ 的乘积,记作 $\boldsymbol{AB}$,即

$$\boldsymbol{AB}=(c_{ij})_{m\times n}=\begin{pmatrix}c_{11} & c_{12} & \cdots & c_{1n}\\ c_{21} & c_{22} & \cdots & c_{2n}\\ \vdots & \vdots & & \vdots\\ c_{m1} & c_{m2} & \cdots & c_{mn}\end{pmatrix}$$

其中，

$$c_{ij}=a_{i1}b_{1j}+a_{i2}b_{2j}+\cdots+a_{ip}b_{pj} \qquad (i=1, 2, \cdots, m;\ j=1, 2, \cdots, n)$$

求两个矩阵乘积的运算称为矩阵的乘法.

矩阵的乘法规则可直观地表示如下：

$$\begin{pmatrix} a_{11} & a_{12} & \cdots & a_{1p} \\ \vdots & \vdots & & \vdots \\ \boxed{a_{i1}} & \boxed{a_{i2}} & \cdots & \boxed{a_{ip}} \\ \vdots & \vdots & & \vdots \\ a_{m1} & a_{m2} & \cdots & a_{mp} \end{pmatrix} \begin{pmatrix} b_{11} & \cdots & \boxed{b_{1j}} & \cdots & b_{1n} \\ b_{21} & \cdots & \boxed{b_{2j}} & \cdots & b_{2n} \\ \vdots & & \vdots & & \vdots \\ b_{p1} & \cdots & \boxed{b_{pj}} & \cdots & b_{pn} \end{pmatrix} = \begin{pmatrix} c_{11} & \cdots & c_{1j} & \cdots & c_{1n} \\ \vdots & & \vdots & & \\ c_{i1} & \cdots & \boxed{c_{ij}} & \cdots & c_{in} \\ \vdots & & \vdots & & \vdots \\ c_{m1} & \cdots & c_{mj} & \cdots & c_{mn} \end{pmatrix}$$

由矩阵的乘法定义可知，只有当 $\boldsymbol{A}$ 的列数 $=$ $\boldsymbol{B}$ 的行数时，它们才能相乘. $\boldsymbol{AB}$ 的行数等于矩阵 $\boldsymbol{A}$ 的行数，列数等于矩阵 $\boldsymbol{B}$ 的列数. $\boldsymbol{AB}$ 中的 (i, j) 元 c_{ij} 等于 $\boldsymbol{A}$ 的第 i 行元素与 $\boldsymbol{B}$ 的第 j 列对应元素的乘积之和.

例 2.2.3 设矩阵

$$\boldsymbol{A}=\begin{pmatrix} 1 & 0 & 3 \\ 2 & 1 & 0 \end{pmatrix}, \boldsymbol{B}=\begin{pmatrix} 1 & 1 & 0 & -1 \\ -1 & 1 & 2 & 1 \\ 2 & 0 & 1 & 0 \end{pmatrix}$$

则

$$\begin{aligned} \boldsymbol{AB} &= \begin{pmatrix} 1 & 0 & 3 \\ 2 & 1 & 0 \end{pmatrix} \begin{pmatrix} 1 & 1 & 0 & -1 \\ -1 & 1 & 2 & 1 \\ 2 & 0 & 1 & 0 \end{pmatrix} \\ &= \begin{pmatrix} 1\times1+0\times(-1)+3\times2 & 1\times1+0\times1+3\times0 & 1\times0+0\times2+3\times1 & 1\times(-1)+0\times1+3\times0 \\ 2\times1+1\times(-1)+0\times2 & 2\times1+1\times1+0\times0 & 2\times0+1\times2+0\times1 & 2\times(-1)+1\times1+0\times0 \end{pmatrix} \\ &= \begin{pmatrix} 7 & 1 & 3 & -1 \\ 1 & 3 & 2 & -1 \end{pmatrix} \end{aligned}$$

例 2.2.4 设矩阵

$$\boldsymbol{A}=\begin{pmatrix} 2 & 4 \\ -3 & -6 \end{pmatrix}, \boldsymbol{B}=\begin{pmatrix} -2 & 4 \\ 1 & -2 \end{pmatrix}$$

求乘积 $\boldsymbol{AB}$ 及 $\boldsymbol{BA}$.

解

$$\boldsymbol{AB}=\begin{pmatrix} 2 & 4 \\ -3 & -6 \end{pmatrix}\begin{pmatrix} -2 & 4 \\ 1 & -2 \end{pmatrix}=\begin{pmatrix} 0 & 0 \\ 0 & 0 \end{pmatrix}$$

$$\boldsymbol{BA}=\begin{pmatrix} -2 & 4 \\ 1 & -2 \end{pmatrix}\begin{pmatrix} 2 & 4 \\ -3 & -6 \end{pmatrix}=\begin{pmatrix} -16 & -32 \\ 8 & 16 \end{pmatrix}$$

由例 2.2.3 可知，矩阵 $\boldsymbol{A}$ 与 $\boldsymbol{B}$ 可以相乘，但是 $\boldsymbol{B}$ 与 $\boldsymbol{A}$ 是不能相乘的，这是因为矩阵 $\boldsymbol{B}$ 的列数不等于矩阵 $\boldsymbol{A}$ 的行数. 由例 2.2.4 可知，即使 $\boldsymbol{AB}$ 与 $\boldsymbol{BA}$ 都有意义，但结果也不一定相等，因此，在一般情况下矩阵的乘法不满足交换律，即 $\boldsymbol{AB}\neq\boldsymbol{BA}$. 在例 2.2.4 中，$\boldsymbol{A}\neq 0$，$\boldsymbol{B}\neq 0$，但是它们的乘积 $\boldsymbol{AB}=\boldsymbol{0}$，即两个非零矩阵的乘积可能是零矩阵，这说明由 $\boldsymbol{AB}=\boldsymbol{0}$ 推不出 $\boldsymbol{A}=0$ 或 $\boldsymbol{B}=0$. 由此不难得到，若 $\boldsymbol{AB}=\boldsymbol{AC}$，$\boldsymbol{A}\neq 0$，并不能推出 $\boldsymbol{B}=\boldsymbol{C}$. 例如：

$$\boldsymbol{A}=\begin{pmatrix}1 & 1\\0 & 0\end{pmatrix},\ \boldsymbol{B}=\begin{pmatrix}1 & 2\\0 & 3\end{pmatrix},\ \boldsymbol{C}=\begin{pmatrix}1 & 1\\0 & 4\end{pmatrix}$$

则

$$\boldsymbol{AB}=\begin{pmatrix}1 & 1\\0 & 0\end{pmatrix}\begin{pmatrix}1 & 2\\0 & 3\end{pmatrix}=\begin{pmatrix}1 & 5\\0 & 0\end{pmatrix}$$

$$\boldsymbol{AC}=\begin{pmatrix}1 & 1\\0 & 0\end{pmatrix}\begin{pmatrix}1 & 1\\0 & 4\end{pmatrix}=\begin{pmatrix}1 & 5\\0 & 0\end{pmatrix}$$

显然 $\boldsymbol{AB}=\boldsymbol{AC}$，$\boldsymbol{A}\neq\boldsymbol{0}$，但是 $\boldsymbol{B}\neq\boldsymbol{C}$.

如果两个 n 阶矩阵 $\boldsymbol{A}$ 与 $\boldsymbol{B}$ 满足 $\boldsymbol{AB}=\boldsymbol{BA}$，那么称矩阵 $\boldsymbol{A}$ 与 $\boldsymbol{B}$ 是可交换的.

矩阵的乘法满足下列运算性质：

(1) 结合律　$(\boldsymbol{AB})\boldsymbol{C}=\boldsymbol{A}(\boldsymbol{BC})$；

(2) 左分配律　$\boldsymbol{A}(\boldsymbol{B}+\boldsymbol{C})=\boldsymbol{AB}+\boldsymbol{AC}$；

(3) 右分配律　$(\boldsymbol{B}+\boldsymbol{C})\boldsymbol{A}=\boldsymbol{BA}+\boldsymbol{CA}$；

(4) 数乘结合律　$\lambda(\boldsymbol{AB})=(\lambda\boldsymbol{A})\boldsymbol{B}=\boldsymbol{A}(\lambda\boldsymbol{B})$；

(5) $\boldsymbol{E}_m\boldsymbol{A}_{m\times n}=\boldsymbol{A}_{m\times n}$，$\boldsymbol{A}_{m\times n}\boldsymbol{E}_n=\boldsymbol{A}_{m\times n}$.

其中，λ 是数，$\boldsymbol{A}$, $\boldsymbol{B}$, $\boldsymbol{C}$ 都是矩阵；$\boldsymbol{E}$ 是单位矩阵.

证明　(1) 设

$$\boldsymbol{A}=(a_{ij})_{s\times n},\ \boldsymbol{B}=(b_{jk})_{n\times m},\ \boldsymbol{C}=(c_{kl})_{m\times r}$$

则由矩阵乘法的定义可知，$(\boldsymbol{AB})\boldsymbol{C}$ 与 $\boldsymbol{A}(\boldsymbol{BC})$ 都是 $s\times r$ 矩阵. 下面我们来证明它们的对应元素相等. 令

$$\boldsymbol{V}=\boldsymbol{AB}=(v_{ik})_{s\times m},\quad \boldsymbol{W}=\boldsymbol{BC}=(w_{jl})_{n\times r}$$

其中，

$$v_{ik}=\sum_{j=1}^{n}a_{ij}b_{jk}\qquad(i=1,2,\cdots,s;\ k=1,2,\cdots,m)$$

$$w_{jl}=\sum_{k=1}^{m}b_{jk}c_{kl}\qquad(j=1,2,\cdots,n;\ l=1,2,\cdots,r)$$

因为$(\boldsymbol{AB})\boldsymbol{C}$的$(i, l)$元等于$\boldsymbol{VC}$的$(i, l)$元，为

$$\sum_{k=1}^{m} v_{ik}c_{kl} = \sum_{k=1}^{m}\Big(\sum_{j=1}^{n} a_{ij}b_{jk}\Big)c_{kl} = \sum_{k=1}^{m}\sum_{j=1}^{n} a_{ij}b_{jk}c_{kl}$$

而$(\boldsymbol{AB})\boldsymbol{C}$的$(i, l)$元等于$\boldsymbol{AW}$的$(i, l)$元，为

$$\sum_{j=1}^{m} a_{ij}w_{jl} = \sum_{j=1}^{n} a_{ij}\Big(\sum_{k=1}^{m} b_{jk}c_{kl}\Big) = \sum_{j=1}^{n}\sum_{k=1}^{m} a_{ij}b_{jk}c_{kl}$$
$$= \sum_{k=1}^{m}\sum_{j=1}^{n} a_{ij}b_{jk}c_{kl}$$

即$(\boldsymbol{AB})\boldsymbol{C}$的第$i$行第$l$列元素等于$\boldsymbol{A}(\boldsymbol{BC})$的第$i$行第$l$列元素. 所以

$$(\boldsymbol{AB})\boldsymbol{C}=\boldsymbol{A}(\boldsymbol{BC})$$

(2) 设$\boldsymbol{A}=(a_{ij})_{s\times n}$，$\boldsymbol{B}=(b_{jl})_{n\times m}$，$\boldsymbol{C}=(c_{jl})_{n\times m}$，由矩阵乘法的定义可知，$\boldsymbol{A}(\boldsymbol{B}+\boldsymbol{C})$与$\boldsymbol{AB}+\boldsymbol{AC}$都是$s\times m$矩阵. 下面我们来证明它们的对应元素相等.

因为$\boldsymbol{A}(\boldsymbol{B}+\boldsymbol{C})$的$(i, l)$元为

$$\sum_{j=1}^{n} a_{ij}(b_{jl}+c_{jl}) = \sum_{j=1}^{n} a_{ij}b_{jl} + \sum_{j=1}^{n} a_{ij}c_{jl}$$

而$\boldsymbol{AB}+\boldsymbol{AC}$的$(i, l)$元为

$$\sum_{j=1}^{n} a_{ij}b_{jl} + \sum_{j=1}^{n} a_{ij}c_{jl}$$

即$\boldsymbol{A}(\boldsymbol{B}+\boldsymbol{C})$的第$i$行第$l$列元素等于$\boldsymbol{AB}+\boldsymbol{AC}$的第$i$行第$l$列元素，所以

$$\boldsymbol{A}(\boldsymbol{B}+\boldsymbol{C})=\boldsymbol{AB}+\boldsymbol{AC}$$

(3) 右分配律的证明与左分配律的证明类似.

(4) 设$\boldsymbol{A}=(a_{ij})_{s\times n}$，$\boldsymbol{B}=(b_{jl})_{n\times m}$，则$\lambda(\boldsymbol{AB})$，$(\lambda\boldsymbol{A})\boldsymbol{B}$，$\boldsymbol{A}(\lambda\boldsymbol{B})$都是$s\times m$矩阵. 因为

$$\lambda(\boldsymbol{AB})\text{的}(i, l)\text{元} = \lambda\sum_{j=1}^{n} a_{ij}b_{jl} = \sum_{j=1}^{n}(\lambda a_{ij})b_{jl}$$
$$= (\lambda\boldsymbol{A})\boldsymbol{B}\text{的}(i, l)\text{元}$$

$$\lambda(\boldsymbol{AB})\text{的}(i, l)\text{元} = \lambda\sum_{j=1}^{n} a_{ij}b_{jl} = \sum_{j=1}^{n} a_{ij}(\lambda b_{jl})$$
$$= \boldsymbol{A}(\lambda\boldsymbol{B})\text{的}(i, l)\text{元}$$

所以

$$\lambda(\boldsymbol{AB})=(\lambda\boldsymbol{A})\boldsymbol{B}=\boldsymbol{A}(\lambda\boldsymbol{B})$$

(5) 此证明留给读者.

设$\boldsymbol{A}$是n阶矩阵，$\boldsymbol{E}$是n阶单位矩阵，λ是数，则有

$$\boldsymbol{EA}=\boldsymbol{AE}=\boldsymbol{A}$$

$$(\lambda \boldsymbol{E})\boldsymbol{A}=\boldsymbol{A}(\lambda \boldsymbol{E})=\lambda \boldsymbol{A}$$

这说明单位矩阵、数量矩阵与任何 n 阶矩阵都是可交换的.

例 2.2.5 设矩阵

$$\boldsymbol{A}=\begin{pmatrix} a_1 \\ a_2 \\ \vdots \\ a_n \end{pmatrix}, \boldsymbol{B}=(b_1, \quad b_2, \quad \cdots, \quad b_n)$$

求 $\boldsymbol{AB}$ 与 $\boldsymbol{BA}$.

解

$$\boldsymbol{AB}=\begin{pmatrix} a_1b_1 & a_1b_2 & \cdots & a_1b_n \\ a_2b_1 & a_2b_2 & \cdots & a_2b_n \\ \vdots & \vdots & & \vdots \\ a_nb_1 & a_nb_2 & \cdots & a_nb_n \end{pmatrix}$$

$$\boldsymbol{BA}=(b_1a_1+b_2a_2+\cdots+b_na_n)$$

4. 方阵的幂

由于矩阵的乘法满足结合律，所以对于 n 阶方阵 $\boldsymbol{A}$ 来说，m 个 n 阶方阵 $\boldsymbol{A}$ 连乘是有意义的，于是我们规定 n 阶方阵 $\boldsymbol{A}$ 的幂运算如下：

$$\boldsymbol{A}^m=\underbrace{\boldsymbol{AA}\cdots\boldsymbol{A}}_{m\text{个}} \qquad (m\text{ 是正整数})$$

称 $\boldsymbol{A}^m$ 为 n 阶方阵 $\boldsymbol{A}$ 的 m 次幂.

这样任意一个 n 阶方阵的任意正整数次幂都有意义. 由于矩阵的乘法满足结合律，所以方阵的幂满足下面的运算规律：

$$\boldsymbol{A}^k\boldsymbol{A}^l=\boldsymbol{A}^{k+l}$$

$$(\boldsymbol{A}^k)^l=\boldsymbol{A}^{kl}$$

其中，k，l 都是正整数.

因为矩阵乘法不满足交换律，所以对于两个 n 阶方阵 $\boldsymbol{A}$ 与 $\boldsymbol{B}$，一般来说 $(\boldsymbol{AB})^k\neq\boldsymbol{A}^k\boldsymbol{B}^k$.

由于矩阵的乘法与数的运算规律不完全一样，故由数的运算规律导出的一些公式未必适合矩阵. 例如在数中有公式：

$(a+b)(a-b)=a^2-b^2$，$(a\pm b)^2=a^2\pm 2ab+b^2$，$a^3\pm b^3=(a\pm b)(a^2\mp ab+b^2)$

但对于 n 阶方阵 $\boldsymbol{A}$ 与 $\boldsymbol{B}$ 来说，下面的式子：

$$(\boldsymbol{A}\pm\boldsymbol{B})^2=\boldsymbol{A}^2\pm 2\boldsymbol{AB}+\boldsymbol{B}^2, \boldsymbol{A}^3\pm\boldsymbol{B}^3=(\boldsymbol{A}\pm\boldsymbol{B})(\boldsymbol{A}^2\mp\boldsymbol{AB}+\boldsymbol{B}^2)$$

却未必成立. 这是因为矩阵乘法不满足交换律的缘故.

必须指出，当 $\boldsymbol{A}$ 与 $\boldsymbol{B}$ 可交换时，可以证明下面的公式成立：

(1) $(\boldsymbol{AB})^k=\boldsymbol{A}^k\boldsymbol{B}^k$；

(2) $(\boldsymbol{A}+\boldsymbol{B})(\boldsymbol{A}-\boldsymbol{B})=\boldsymbol{A}^2-\boldsymbol{B}^2$；

(3) $\boldsymbol{A}^3\pm\boldsymbol{B}^3=(\boldsymbol{A}\pm\boldsymbol{B})(\boldsymbol{A}^2\mp\boldsymbol{AB}+\boldsymbol{B}^2)$；

(4) $(\boldsymbol{A}\pm\boldsymbol{B})^2=\boldsymbol{A}^2\pm2\boldsymbol{AB}+\boldsymbol{B}^2$；

(5) $(\boldsymbol{A}+\boldsymbol{B})^m=\sum_{i=0}^{m}C_m^i\boldsymbol{A}^{m-i}\boldsymbol{B}^i$.

注意：当 $\boldsymbol{A}$ 与 $\boldsymbol{B}$ 不可交换时，以上式子都是不成立的.

例 2.2.6 计算

$$\begin{pmatrix}1 & 3\\ 0 & 1\end{pmatrix}^m \quad (m\text{ 是正整数})$$

解 方法一 设

$$\boldsymbol{A}=\begin{pmatrix}1 & 3\\ 0 & 1\end{pmatrix}$$

因为

$$\boldsymbol{A}^2=\begin{pmatrix}1 & 3\\ 0 & 1\end{pmatrix}^2=\begin{pmatrix}1 & 6\\ 0 & 1\end{pmatrix}$$

$$\boldsymbol{A}^3=\begin{pmatrix}1 & 3\\ 0 & 1\end{pmatrix}^3=\begin{pmatrix}1 & 9\\ 0 & 1\end{pmatrix}$$

由不完全归纳法，猜测

$$\boldsymbol{A}^m=\begin{pmatrix}1 & 3m\\ 0 & 1\end{pmatrix}$$

下面用数学归纳法证明猜测的正确性.

当 $n=1, 2, 3$ 时，结论显然成立.

假设 $n=k$ 时，结论成立，即

$$\boldsymbol{A}^k=\begin{pmatrix}1 & 3k\\ 0 & 1\end{pmatrix}$$

那么当 $n=k+1$ 时，有

$$\boldsymbol{A}^{k+1}=\boldsymbol{AA}^k=\begin{pmatrix}1 & 3\\ 0 & 1\end{pmatrix}\begin{pmatrix}1 & 3k\\ 0 & 1\end{pmatrix}=\begin{pmatrix}1 & 3(k+1)\\ 0 & 1\end{pmatrix}$$

由数学归纳法原理可知，结论成立.

方法二 设

$$\boldsymbol{A}=\begin{pmatrix}1 & 3\\0 & 1\end{pmatrix},\ \boldsymbol{B}=\begin{pmatrix}0 & 3\\0 & 0\end{pmatrix}$$

因为

$$\boldsymbol{B}^2=\begin{pmatrix}0 & 3\\0 & 0\end{pmatrix}\begin{pmatrix}0 & 3\\0 & 0\end{pmatrix}=\begin{pmatrix}0 & 0\\0 & 0\end{pmatrix}$$

所以

$$\boldsymbol{B}^i=\boldsymbol{0}\qquad(i>1)$$

因为 $\boldsymbol{A}=\boldsymbol{E}+\boldsymbol{B}$，且 $\boldsymbol{E}$ 与 $\boldsymbol{B}$ 可交换，所以由二项式定理得

$$\boldsymbol{A}^m=(\boldsymbol{E}+\boldsymbol{B})^m=\boldsymbol{E}^m+C_m^1\boldsymbol{E}^{m-1}\boldsymbol{B}=\boldsymbol{E}+m\boldsymbol{B}=\begin{pmatrix}1 & 0\\0 & 1\end{pmatrix}+\begin{pmatrix}0 & 3m\\0 & 0\end{pmatrix}=\begin{pmatrix}1 & 3m\\0 & 1\end{pmatrix}$$

设 $\boldsymbol{A}$ 是 n 阶矩阵，$f(x)=a_mx^m+a_{m-1}x^{m-1}+\cdots+a_1x+a_0$ 是 m 次多项式，则称

$$f(A)=a_mA^m+a_{m-1}A^{m-1}+\cdots+a_1A+a_0E$$

为矩阵 $\boldsymbol{A}$ 的多项式.

例 2.2.7 已知 $\boldsymbol{A}=\begin{pmatrix}1 & 2\\0 & 1\end{pmatrix}$，$f(x)=3x^4+2x^2-5$，计算 $f(\boldsymbol{A})$.

解 因为

$$\boldsymbol{A}^2=\begin{pmatrix}1 & 4\\0 & 1\end{pmatrix},\ \boldsymbol{A}^4=\begin{pmatrix}1 & 8\\0 & 1\end{pmatrix}$$

所以

$$f(\boldsymbol{A})=3\boldsymbol{A}^4+2\boldsymbol{A}^2-5\boldsymbol{E}=3\begin{pmatrix}1 & 8\\0 & 1\end{pmatrix}+2\begin{pmatrix}1 & 4\\0 & 1\end{pmatrix}-5\begin{pmatrix}1 & 0\\0 & 1\end{pmatrix}=\begin{pmatrix}0 & 32\\0 & 0\end{pmatrix}$$

例 2.2.8 设矩阵

$$\boldsymbol{A}=\begin{pmatrix}1\\1\\0\end{pmatrix},\ \boldsymbol{B}=(2,\ 0,\ -1)$$

计算$(\boldsymbol{AB})^{10}$.

解 因为

$$\boldsymbol{AB}=\begin{pmatrix}1\\1\\0\end{pmatrix}(2,\ 0,\ -1)=\begin{pmatrix}2 & 0 & -1\\2 & 0 & -1\\0 & 0 & 0\end{pmatrix}$$

$$\boldsymbol{BA}=(2,0,-1)\begin{pmatrix}1\\1\\0\end{pmatrix}=2$$

所以

$$(\boldsymbol{AB})^{10}=\underbrace{\boldsymbol{ABAB}\cdots\boldsymbol{AB}}_{10\text{个}}=\boldsymbol{A}(\boldsymbol{BA})^{9}\boldsymbol{B}=\boldsymbol{A}2^{9}\boldsymbol{B}$$

$$=2^{9}\boldsymbol{AB}=2^{9}\begin{pmatrix}2&0&-1\\2&0&-1\\0&0&0\end{pmatrix}=\begin{pmatrix}2^{10}&0&-2^{9}\\2^{10}&0&-2^{9}\\0&0&0\end{pmatrix}$$

5. 矩阵的转置

定义 2.2.4 设

$$A=\begin{pmatrix}a_{11}&a_{12}&\cdots&a_{1n}\\a_{21}&a_{22}&\cdots&a_{2n}\\\vdots&\vdots&&\vdots\\a_{m1}&a_{m2}&\cdots&a_{mn}\end{pmatrix}$$

是 $m\times n$ 矩阵，将矩阵 $\boldsymbol{A}$ 的各行依次写成各列得到的矩阵

$$\begin{pmatrix}a_{11}&a_{21}&\cdots&a_{m1}\\a_{12}&a_{22}&\cdots&a_{m2}\\\vdots&\vdots&&\vdots\\a_{1n}&a_{2n}&\cdots&a_{mn}\end{pmatrix}$$

称为矩阵 $\boldsymbol{A}$ 的转置矩阵，记作 $\boldsymbol{A}^{\mathrm{T}}$，即

$$\boldsymbol{A}^{\mathrm{T}}=\begin{pmatrix}a_{11}&a_{21}&\cdots&a_{m1}\\a_{12}&a_{22}&\cdots&a_{m2}\\\vdots&\vdots&&\vdots\\a_{1n}&a_{2n}&\cdots&a_{mn}\end{pmatrix}$$

由矩阵的转置定义可知，矩阵 $\boldsymbol{A}^{\mathrm{T}}$ 的(i,j)元等于矩阵 $\boldsymbol{A}$ 的(j,i)元. 列向量的转置是行向量，行向量的转置是列向量.

矩阵的转置满足下列运算性质：

(1) $(\boldsymbol{A}^{\mathrm{T}})^{\mathrm{T}}=\boldsymbol{A}$；

(2) $(\boldsymbol{A}+\boldsymbol{B})^{\mathrm{T}}=\boldsymbol{A}^{\mathrm{T}}+\boldsymbol{B}^{\mathrm{T}}$；

(3) $(\lambda\boldsymbol{A})^{\mathrm{T}}=\lambda\boldsymbol{A}^{\mathrm{T}}$；

(4) $(\boldsymbol{AB})^{\mathrm{T}}=\boldsymbol{B}^{\mathrm{T}}\boldsymbol{A}^{\mathrm{T}}$.

证明 (1) 由矩阵转置的定义直接可得

$$(\boldsymbol{A}^{\mathrm{T}})^{\mathrm{T}}=\boldsymbol{A}$$

(2) 设矩阵

$$\boldsymbol{A}=\begin{pmatrix} a_{11} & a_{12} & \cdots & a_{1n} \\ a_{21} & a_{22} & \cdots & a_{2n} \\ \vdots & \vdots & & \vdots \\ a_{m1} & a_{m2} & \cdots & a_{mn} \end{pmatrix},\ \boldsymbol{B}=\begin{pmatrix} b_{11} & b_{12} & \cdots & b_{1n} \\ b_{21} & b_{22} & \cdots & b_{2n} \\ \vdots & \vdots & & \vdots \\ b_{m1} & b_{m2} & \cdots & b_{mn} \end{pmatrix}$$

则

$$(\boldsymbol{A}+\boldsymbol{B})^{\mathrm{T}}=\begin{pmatrix} a_{11}+b_{11} & a_{12}+b_{12} & \cdots & a_{1n}+b_{1n} \\ a_{21}+b_{21} & a_{22}+b_{22} & \cdots & a_{2n}+b_{2n} \\ \vdots & \vdots & & \vdots \\ a_{m1}+b_{m1} & a_{m2}+b_{m2} & \cdots & a_{mn}+b_{mn} \end{pmatrix}^{\mathrm{T}}$$

$$=\begin{pmatrix} a_{11}+b_{11} & a_{21}+b_{21} & \cdots & a_{m1}+b_{m1} \\ a_{12}+b_{12} & a_{22}+b_{22} & \cdots & a_{m2}+b_{m2} \\ \vdots & \vdots & & \vdots \\ a_{1n}+b_{1n} & a_{2n}+b_{2n} & \cdots & a_{mn}+b_{mn} \end{pmatrix}$$

而

$$\boldsymbol{A}^{\mathrm{T}}+\boldsymbol{B}^{\mathrm{T}}=\begin{pmatrix} a_{11} & a_{21} & \cdots & a_{m1} \\ a_{12} & a_{22} & \cdots & a_{m2} \\ \vdots & \vdots & & \vdots \\ a_{1n} & a_{2n} & \cdots & a_{mn} \end{pmatrix}+\begin{pmatrix} b_{11} & b_{21} & \cdots & b_{m1} \\ b_{12} & b_{22} & \cdots & b_{m2} \\ \vdots & \vdots & & \vdots \\ b_{1n} & b_{2n} & \cdots & b_{mn} \end{pmatrix}$$

$$=\begin{pmatrix} a_{11}+b_{11} & a_{21}+b_{21} & \cdots & a_{m1}+b_{m1} \\ a_{12}+b_{12} & a_{22}+b_{22} & \cdots & a_{m2}+b_{m2} \\ \vdots & \vdots & & \vdots \\ a_{1n}+b_{1n} & a_{2n}+b_{2n} & \cdots & a_{mn}+b_{mn} \end{pmatrix}$$

所以

$$(\boldsymbol{A}+\boldsymbol{B})^{\mathrm{T}}=\boldsymbol{A}^{\mathrm{T}}+\boldsymbol{B}^{\mathrm{T}}$$

(3) 设 λ 是数，矩阵

$$\boldsymbol{A}=\begin{pmatrix} a_{11} & a_{12} & \cdots & a_{1n} \\ a_{21} & a_{22} & \cdots & a_{2n} \\ \vdots & \vdots & & \vdots \\ a_{m1} & a_{m2} & \cdots & a_{mn} \end{pmatrix}$$

则

$$(\lambda \boldsymbol{A})^{\mathrm{T}}=\begin{pmatrix}\lambda a_{11} & \lambda a_{12} & \cdots & \lambda a_{1n}\\ \lambda a_{21} & \lambda a_{22} & \cdots & \lambda a_{2n}\\ \vdots & \vdots & & \vdots\\ \lambda a_{m1} & \lambda a_{m2} & \cdots & \lambda a_{mn}\end{pmatrix}^{\mathrm{T}}=\begin{pmatrix}\lambda a_{11} & \lambda a_{21} & \cdots & \lambda a_{m1}\\ \lambda a_{12} & \lambda a_{22} & \cdots & \lambda a_{m2}\\ \vdots & \vdots & & \vdots\\ \lambda a_{1n} & \lambda a_{2n} & \cdots & \lambda a_{mn}\end{pmatrix}$$

$$=\lambda\begin{pmatrix}a_{11} & a_{21} & \cdots & a_{m1}\\ a_{12} & a_{22} & \cdots & a_{m2}\\ \vdots & \vdots & & \vdots\\ a_{1n} & a_{2n} & \cdots & a_{mn}\end{pmatrix}=\lambda \boldsymbol{A}^{\mathrm{T}}$$

所以

$$(\lambda \boldsymbol{A})^{\mathrm{T}}=\lambda \boldsymbol{A}^{\mathrm{T}}$$

(4) 设 $\boldsymbol{A}=(a_{ij})_{m\times s}$，$\boldsymbol{B}=(b_{ij})_{s\times n}$，显然$(\boldsymbol{AB})^{\mathrm{T}}$ 与 $\boldsymbol{B}^{\mathrm{T}}\boldsymbol{A}^{\mathrm{T}}$ 都是 $n\times m$ 矩阵，令 $\boldsymbol{AB}=(c_{ij})_{m\times n}$，$\boldsymbol{B}^{\mathrm{T}}\boldsymbol{A}^{\mathrm{T}}=(d_{ij})_{n\times m}$. 由矩阵乘法的定义可知

$$c_{ji}=\sum_{k=1}^{s}a_{jk}b_{ki}$$

而 $\boldsymbol{B}^{\mathrm{T}}$的第 i 行元素为b_{1i}，b_{2i}，…，b_{si}，$\boldsymbol{A}^{\mathrm{T}}$的第 j 列元素为a_{j1}，a_{j2}，…，a_{js}，因此

$$d_{ij}=\sum_{k=1}^{s}b_{ki}a_{jk}=\sum_{k=1}^{s}a_{jk}b_{ki}$$

所以

$$\boldsymbol{B}^{\mathrm{T}}\boldsymbol{A}^{\mathrm{T}}\text{ 的}(i,\ j)\text{元}=d_{ij}=c_{ji}=\boldsymbol{AB}\text{ 的}(j,\ i)\text{元}=(\boldsymbol{AB})^{\mathrm{T}}\text{ 的}(i,\ j)\text{元}$$

故

$$(\boldsymbol{AB})^{\mathrm{T}}=\boldsymbol{B}^{\mathrm{T}}\boldsymbol{A}^{\mathrm{T}}$$

用数学归纳法可以把性质(4)推广到有限个 n 阶矩阵 $\boldsymbol{A}_1$，$\boldsymbol{A}_2$，…，$\boldsymbol{A}_m$ 的情形，即

$$(\boldsymbol{A}_1\boldsymbol{A}_2\cdots\boldsymbol{A}_m)^{\mathrm{T}}=\boldsymbol{A}_m{}^{\mathrm{T}}\cdots\boldsymbol{A}_2{}^{\mathrm{T}}\boldsymbol{A}_1{}^{\mathrm{T}}$$

例 2.2.9 设矩阵

$$\boldsymbol{A}=\begin{pmatrix}1 & -1 & 2\\ 1 & 0 & 3\\ -1 & 2 & -1\end{pmatrix},\ \boldsymbol{B}=\begin{pmatrix}1 & 1\\ 2 & -1\\ 3 & 2\end{pmatrix}$$

则

$$\boldsymbol{AB}=\begin{pmatrix}5 & 6\\ 10 & 7\\ 0 & -5\end{pmatrix},\ (\boldsymbol{AB})^{\mathrm{T}}=\begin{pmatrix}5 & 10 & 0\\ 6 & 7 & -5\end{pmatrix}$$

$$\boldsymbol{A}^{\mathrm{T}}=\begin{pmatrix}1 & 1 & -1\\ -1 & 0 & 2\\ 2 & 3 & -1\end{pmatrix},\ \boldsymbol{B}^{\mathrm{T}}=\begin{pmatrix}1 & 2 & 3\\ 1 & -1 & 2\end{pmatrix}$$

所以

$$\boldsymbol{B}^{\mathrm{T}}\boldsymbol{A}^{\mathrm{T}}=\begin{pmatrix}1 & 2 & 3\\ 1 & -1 & 2\end{pmatrix}\begin{pmatrix}1 & 1 & -1\\ -1 & 0 & 2\\ 2 & 3 & -1\end{pmatrix}=\begin{pmatrix}5 & 10 & 0\\ 6 & 7 & -5\end{pmatrix}=(\boldsymbol{AB})^{\mathrm{T}}$$

6. 方阵的行列式

定义 2.2.5 由 n 阶方阵

$$\boldsymbol{A}=\begin{pmatrix}a_{11} & a_{12} & \cdots & a_{1n}\\ a_{21} & a_{22} & \cdots & a_{2n}\\ \vdots & \vdots & & \vdots\\ a_{n1} & a_{n2} & \cdots & a_{nn}\end{pmatrix}$$

的元素所构成的行列式

$$\begin{vmatrix}a_{11} & a_{12} & \cdots & a_{1n}\\ a_{21} & a_{22} & \cdots & a_{2n}\\ \vdots & \vdots & & \vdots\\ a_{n1} & a_{n2} & \cdots & a_{nn}\end{vmatrix}$$

称为方阵 $\boldsymbol{A}$ 的行列式，记作 $|\boldsymbol{A}|$ 或 $\det\boldsymbol{A}$.

注意 n 阶方阵与行列式是两个不同的概念，矩阵是一个数表，而行列式是一个数值.

方阵行列式满足下列运算性质：

(1) $|\boldsymbol{A}^{\mathrm{T}}|=|\boldsymbol{A}|$；

(2) $|\lambda\boldsymbol{A}|=\lambda^{n}|\boldsymbol{A}|$；

(3) $|\boldsymbol{AB}|=|\boldsymbol{A}||\boldsymbol{B}|$.

其中，λ 是数；$\boldsymbol{A}$, $\boldsymbol{B}$ 都是 n 阶方阵.

证明 (1) 因为行列式等于它的转置行列式，所以

$$|\boldsymbol{A}^{\mathrm{T}}|=|\boldsymbol{A}|$$

(2) 设 n 阶方阵

$$\boldsymbol{A}=\begin{pmatrix} a_{11} & a_{12} & \cdots & a_{1n} \\ a_{21} & a_{22} & \cdots & a_{2n} \\ \vdots & \vdots & & \vdots \\ a_{n1} & a_{n2} & \cdots & a_{nn} \end{pmatrix}$$

则

$$\lambda\boldsymbol{A}=\begin{pmatrix} \lambda a_{11} & \lambda a_{12} & \cdots & \lambda a_{1n} \\ \lambda a_{21} & \lambda a_{22} & \cdots & \lambda a_{2n} \\ \vdots & \vdots & & \vdots \\ \lambda a_{n1} & \lambda a_{n2} & \cdots & \lambda a_{nn} \end{pmatrix}$$

故

$$|\lambda\boldsymbol{A}|=\begin{vmatrix} \lambda a_{11} & \lambda a_{12} & \cdots & \lambda a_{1n} \\ \lambda a_{21} & \lambda a_{22} & \cdots & \lambda a_{2n} \\ \vdots & \vdots & & \vdots \\ \lambda a_{n1} & \lambda a_{n2} & \cdots & \lambda a_{nn} \end{vmatrix}=\lambda^n\begin{vmatrix} a_{11} & a_{12} & \cdots & a_{1n} \\ a_{21} & a_{22} & \cdots & a_{2n} \\ \vdots & \vdots & & \vdots \\ a_{n1} & a_{n2} & \cdots & a_{nn} \end{vmatrix}=\lambda^n|\boldsymbol{A}|$$

(3) 设矩阵

$$\boldsymbol{A}=\begin{pmatrix} a_{11} & a_{12} & \cdots & a_{1n} \\ a_{21} & a_{22} & \cdots & a_{2n} \\ \vdots & \vdots & & \vdots \\ a_{n1} & a_{n2} & \cdots & a_{nn} \end{pmatrix},\quad \boldsymbol{B}=\begin{pmatrix} b_{11} & b_{12} & \cdots & b_{1n} \\ b_{21} & b_{22} & \cdots & b_{2n} \\ \vdots & \vdots & & \vdots \\ b_{n1} & b_{n2} & \cdots & b_{nn} \end{pmatrix}$$

记 $2n$ 阶行列式

$$D=\begin{vmatrix} a_{11} & \cdots & a_{1n} & 0 & \cdots & 0 \\ \vdots & & \vdots & \vdots & & \vdots \\ a_{n1} & \cdots & a_{nn} & 0 & \cdots & 0 \\ -1 & & 0 & b_{11} & \cdots & b_{1n} \\ & \ddots & & \vdots & & \vdots \\ 0 & & -1 & b_{n1} & \cdots & b_{nn} \end{vmatrix}=\begin{vmatrix} \boldsymbol{A} & \boldsymbol{0} \\ -\boldsymbol{E} & \boldsymbol{B} \end{vmatrix}$$

则

$$D=|\boldsymbol{A}|\,|\boldsymbol{B}|$$

在行列式 D 中依次用 b_{1j} 乘第 1 列，b_{2j} 乘第 2 列，…，b_{nj} 乘第 n 列后都加到第 $n+j$ 列上($j=1, 2, \cdots, n$)，得

$$D=\begin{vmatrix} \boldsymbol{A} & \boldsymbol{C} \\ -\boldsymbol{E} & \boldsymbol{0} \end{vmatrix}$$

其中，$\boldsymbol{C}=(c_{ij})$，$c_{ij}=a_{i1}b_{1j}+a_{i2}b_{2j}+\cdots+a_{in}b_{nj}$，因此

$$\boldsymbol{C}=\boldsymbol{AB}$$

再对行列式作行对换 $r_j \leftrightarrow r_{n+j}(j=1, 2, \cdots, n)$，得

$$D=(-1)^n \begin{vmatrix} -\boldsymbol{E} & \boldsymbol{0} \\ \boldsymbol{A} & \boldsymbol{C} \end{vmatrix}=(-1)^n|-\boldsymbol{E}||\boldsymbol{C}|=(-1)^n(-1)^n|\boldsymbol{C}|=|\boldsymbol{C}|=|\boldsymbol{AB}|$$

故

$$|\boldsymbol{AB}|=|\boldsymbol{A}||\boldsymbol{B}|$$

用数学归纳法可以把性质(3)推广到有限个 n 阶方阵 $\boldsymbol{A}_1$，$\boldsymbol{A}_2$，…，$\boldsymbol{A}_m$ 的情形，即

$$|\boldsymbol{A}_1\boldsymbol{A}_2\cdots\boldsymbol{A}_m|=|\boldsymbol{A}_1||\boldsymbol{A}_2|\cdots|\boldsymbol{A}_m|$$

定义 2.2.6 设 $\boldsymbol{A}$ 为 n 阶方阵，若 $\boldsymbol{A}$ 满足 $\boldsymbol{A}^{\mathrm{T}}=\boldsymbol{A}$，则称 $\boldsymbol{A}$ 为对称矩阵. 若 $\boldsymbol{A}$ 满足 $\boldsymbol{A}^{\mathrm{T}}=-\boldsymbol{A}$，则称 $\boldsymbol{A}$ 为反对称矩阵.

设 n 阶方阵

$$\boldsymbol{A}=\begin{pmatrix} a_{11} & a_{12} & \cdots & a_{1n} \\ a_{21} & a_{22} & \cdots & a_{2n} \\ \vdots & \vdots & & \vdots \\ a_{n1} & a_{n2} & \cdots & a_{nn} \end{pmatrix}$$

则由对称与反对称矩阵的定义不难得到对称与反对称矩阵的性质：

(1) $\boldsymbol{A}$ 是对称矩阵当且仅当 $a_{ji}=a_{ij}$，其中，i，$j=1, 2, \cdots, n$.

(2) $\boldsymbol{A}$ 是反对称矩阵当且仅当 $a_{ji}=-a_{ij}$，其中，i，$j=1, 2, \cdots, n$.

(3) 奇数阶反对称矩阵 $\boldsymbol{A}$ 的行列式等于零.

证明 (1)、(2)显然成立.

设 $\boldsymbol{A}$ 是 n 阶反对称矩阵，n 为奇数，则

$$\boldsymbol{A}^{\mathrm{T}}=-\boldsymbol{A}$$

于是

$$|\boldsymbol{A}|=|\boldsymbol{A}^{\mathrm{T}}|=|-\boldsymbol{A}|=(-1)^n|\boldsymbol{A}|$$

因为 n 是奇数，所以

$$|\boldsymbol{A}|=-|\boldsymbol{A}|$$

故

$$|\boldsymbol{A}|=0$$

例 2.2.10 设 $\boldsymbol{A}$ 与 $\boldsymbol{B}$ 都是 n 阶对称矩阵，证明 $\boldsymbol{AB}$ 是对称矩阵当且仅当 $\boldsymbol{AB}=\boldsymbol{BA}$.

证明 必要性. 设 $\boldsymbol{AB}$ 是对称矩阵，由 $\boldsymbol{A}^{\mathrm{T}}=\boldsymbol{A}$，$\boldsymbol{B}^{\mathrm{T}}=\boldsymbol{B}$ 得

$$\boldsymbol{AB}=(\boldsymbol{AB})^{\mathrm{T}}=\boldsymbol{B}^{\mathrm{T}}\boldsymbol{A}^{\mathrm{T}}=\boldsymbol{BA}$$

充分性. 设 $\boldsymbol{AB}=\boldsymbol{BA}$. 由 $\boldsymbol{A}^{\mathrm{T}}=\boldsymbol{A}$，$\boldsymbol{B}^{\mathrm{T}}=\boldsymbol{B}$ 得

$$(\boldsymbol{AB})^{\mathrm{T}}=\boldsymbol{B}^{\mathrm{T}}\boldsymbol{A}^{\mathrm{T}}=\boldsymbol{BA}=\boldsymbol{AB}$$

所以 $\boldsymbol{AB}$ 是对称矩阵.

例 2.2.11 设矩阵

$$\boldsymbol{A}=\begin{pmatrix}1&2&3\\0&2&1\\0&0&4\end{pmatrix},\ \boldsymbol{B}=\begin{pmatrix}2&-2&-3\\0&1&-1\\0&0&2\end{pmatrix}$$

计算 $|\boldsymbol{A}+\boldsymbol{B}|$.

解 因为

$$\boldsymbol{A}+\boldsymbol{B}=\begin{pmatrix}1&2&3\\0&2&1\\0&0&4\end{pmatrix}+\begin{pmatrix}2&-2&-3\\0&1&-1\\0&0&2\end{pmatrix}=\begin{pmatrix}3&0&0\\0&3&0\\0&0&6\end{pmatrix}$$

所以

$$|\boldsymbol{A}+\boldsymbol{B}|=\begin{vmatrix}3&0&0\\0&3&0\\0&0&6\end{vmatrix}=54$$

2.3 可逆矩阵

上一节介绍了矩阵的加法、数乘、乘法等运算，那么矩阵能否做除法运算呢？我们知道，对于实数 a 只要 $a\neq 0$，它就有倒数 $\dfrac{1}{a}$ 使得 $a\ \dfrac{1}{a}=\dfrac{1}{a}a=1$. 类似地，对于 n 阶矩阵 $\boldsymbol{A}$，只要 $\boldsymbol{A}\neq\boldsymbol{0}$，它是否存在 n 阶矩阵 $\boldsymbol{B}$ 使得 $\boldsymbol{AB}=\boldsymbol{BA}=\boldsymbol{E}$ 呢？本节就方阵来讨论这个问题.

1. 可逆矩阵的概念及判别条件

定义 2.3.1 设 $\boldsymbol{A}$ 是 n 阶矩阵，若存在 n 阶矩阵 $\boldsymbol{B}$，使得

$$\boldsymbol{AB}=\boldsymbol{BA}=\boldsymbol{E}$$

则称矩阵 $\boldsymbol{A}$ 是可逆矩阵，并称 $\boldsymbol{B}$ 是 $\boldsymbol{A}$ 的逆矩阵.

若 n 阶矩阵 $\boldsymbol{A}$ 是可逆矩阵，则它的逆矩阵是唯一的.

事实上，设 $\boldsymbol{B}$ 与 $\boldsymbol{C}$ 都是矩阵 $\boldsymbol{A}$ 的逆矩阵，则

$$\boldsymbol{AB}=\boldsymbol{BA}=\boldsymbol{E}$$

$$\boldsymbol{AC}=\boldsymbol{CA}=\boldsymbol{E}$$

于是

$$\boldsymbol{B}=\boldsymbol{BE}=\boldsymbol{B}(\boldsymbol{AC})=(\boldsymbol{BA})\boldsymbol{C}=\boldsymbol{EC}=\boldsymbol{C}$$

今后我们把可逆矩阵 $\boldsymbol{A}$ 的逆矩阵记为 $\boldsymbol{A}^{-1}$.

首先讨论 n 阶矩阵 $\boldsymbol{A}$ 可逆的条件，为此引进伴随矩阵的概念.

定义 2.3.2 设

$$\boldsymbol{A}=\begin{pmatrix} a_{11} & a_{12} & \cdots & a_{1n} \\ a_{21} & a_{22} & \cdots & a_{2n} \\ \vdots & \vdots & & \vdots \\ a_{n1} & a_{n2} & \cdots & a_{nn} \end{pmatrix}$$

是 n 阶矩阵. 令

$$\boldsymbol{A}^*=\begin{pmatrix} A_{11} & A_{21} & \cdots & A_{n1} \\ A_{12} & A_{22} & \cdots & A_{n2} \\ \vdots & \vdots & & \vdots \\ A_{1n} & A_{2n} & \cdots & A_{nn} \end{pmatrix}$$

称 $\boldsymbol{A}^*$ 为矩阵 $\boldsymbol{A}$ 的伴随矩阵，其中 $\boldsymbol{A}_{ij}(i, j=1, 2, \cdots, n)$是矩阵 $\boldsymbol{A}$ 的行列式中元素 a_{ij} 的代数余子式.

设 $\boldsymbol{A}=(a_{ij})$是 n 阶矩阵，$\boldsymbol{A}^*$ 是 $\boldsymbol{A}$ 的伴随矩阵，则利用行列式的按行(列)展开公式可得

$$\boldsymbol{AA}^*=\begin{pmatrix} a_{11} & a_{12} & \cdots & a_{1n} \\ a_{21} & a_{22} & \cdots & a_{2n} \\ \vdots & \vdots & & \vdots \\ a_{n1} & a_{n2} & \cdots & a_{nn} \end{pmatrix}\begin{pmatrix} A_{11} & A_{21} & \cdots & A_{n1} \\ A_{12} & A_{22} & \cdots & A_{n2} \\ \vdots & \vdots & & \vdots \\ A_{1n} & A_{2n} & \cdots & A_{nn} \end{pmatrix}=\begin{pmatrix} |A| & 0 & \cdots & 0 \\ 0 & |A| & \cdots & 0 \\ \vdots & \vdots & & \vdots \\ 0 & 0 & \cdots & |A| \end{pmatrix}=|\boldsymbol{A}|\boldsymbol{E}$$

$$\boldsymbol{A}^*\boldsymbol{A}=\begin{pmatrix} A_{11} & A_{21} & \cdots & A_{n1} \\ A_{12} & A_{22} & \cdots & A_{n2} \\ \vdots & \vdots & & \vdots \\ A_{1n} & A_{2n} & \cdots & A_{nn} \end{pmatrix}\begin{pmatrix} a_{11} & a_{12} & \cdots & a_{1n} \\ a_{21} & a_{22} & \cdots & a_{2n} \\ \vdots & \vdots & & \vdots \\ a_{n1} & a_{n2} & \cdots & a_{nn} \end{pmatrix}=\begin{pmatrix} |A| & 0 & \cdots & 0 \\ 0 & |A| & \cdots & 0 \\ \vdots & \vdots & & \vdots \\ 0 & 0 & \cdots & |A| \end{pmatrix}=|\boldsymbol{A}|\boldsymbol{E}$$

于是

$$AA^{*}=A^{*}A=|A|E$$

上式是矩阵与其伴随矩阵间的重要关系式. 利用它可以给出矩阵可逆的条件.

定理 2.3.1 n 阶矩阵 A 可逆的充要条件是 $|A|\neq 0$, 并且当 A 可逆时, 有

$$A^{-1}=\frac{A^{*}}{|A|}$$

证明 必要性. 设 n 阶矩阵 A 可逆, 则存在 A 的逆矩阵 A^{-1}, 且有 $AA^{-1}=E$, 从而有

$$|A||A^{-1}|=|AA^{-1}|=|E|=1$$

故

$$|A|\neq 0$$

充分性. 设 $|A|\neq 0$. 由 $AA^{*}=A^{*}A=|A|E$ 可得

$$A\frac{A^{*}}{|A|}=\frac{A^{*}}{|A|}A=E$$

由定义 2.2.1 可知 A 可逆, 并且

$$A^{-1}=\frac{A^{*}}{|A|}$$

定理 2.3.1 不仅给出了判断一个矩阵是否可逆的方法, 并且给出了求逆矩阵的方法.

例 2.3.1 求矩阵

$$A=\begin{pmatrix}1 & 2 & 3\\ 2 & 2 & 1\\ 3 & 4 & 3\end{pmatrix}$$

的逆矩阵.

解 因为矩阵 A 的行列式为

$$|A|=\begin{vmatrix}1 & 2 & 3\\ 2 & 2 & 1\\ 3 & 4 & 3\end{vmatrix}=2\neq 0$$

由定理 2.3.1 可知矩阵 A 可逆.

首先求 A 的伴随矩阵 A^{*}.

因为

$$A_{11}=(-1)^{1+1}\begin{vmatrix}2&1\\4&3\end{vmatrix}=2,\ A_{21}=(-1)^{2+1}\begin{vmatrix}2&3\\4&3\end{vmatrix}=6,\ A_{31}=(-1)^{3+1}\begin{vmatrix}2&3\\2&1\end{vmatrix}=-4$$

$$A_{12}=(-1)^{1+2}\begin{vmatrix}2&1\\3&3\end{vmatrix}=-3,\ A_{22}=(-1)^{2+2}\begin{vmatrix}1&3\\3&3\end{vmatrix}=-6,\ A_{32}=(-1)^{3+2}\begin{vmatrix}1&3\\2&1\end{vmatrix}=5$$

$$A_{13}=(-1)^{1+3}\begin{vmatrix}2&2\\3&4\end{vmatrix}=2,\ A_{23}=(-1)^{2+3}\begin{vmatrix}1&2\\3&4\end{vmatrix}=2,\ A_{33}=(-1)^{3+3}\begin{vmatrix}1&2\\2&2\end{vmatrix}=-2$$

所以矩阵 $\boldsymbol{A}$ 的伴随矩阵为

$$\boldsymbol{A}^*=\begin{pmatrix}2&6&-4\\-3&-6&5\\2&2&-2\end{pmatrix}$$

故

$$\boldsymbol{A}^{-1}=|\boldsymbol{A}|^{-1}\boldsymbol{A}^*=\frac{1}{2}\begin{pmatrix}2&6&-4\\-3&-6&5\\2&2&-2\end{pmatrix}=\begin{pmatrix}1&3&-2\\-\frac{3}{2}&-3&\frac{5}{2}\\1&1&-1\end{pmatrix}$$

其次给出判别一个矩阵是否可逆的简便方法.

定理 2.3.2 设 $\boldsymbol{A}$, $\boldsymbol{B}$ 都是 n 阶矩阵，如果 $\boldsymbol{AB}=\boldsymbol{E}$(或 $\boldsymbol{BA}=\boldsymbol{E}$)，那么 $\boldsymbol{A}$, $\boldsymbol{B}$ 都可逆，并且 $\boldsymbol{A}^{-1}=\boldsymbol{B}$, $\boldsymbol{B}^{-1}=\boldsymbol{A}$.

证明 因为 $\boldsymbol{AB}=\boldsymbol{E}$，所以

$$|\boldsymbol{A}||\boldsymbol{B}|=|\boldsymbol{E}|=1$$

从而

$$|\boldsymbol{A}|\neq 0,\ |\boldsymbol{B}|\neq 0$$

因此 $\boldsymbol{A}$, $\boldsymbol{B}$ 都可逆，且

$$\boldsymbol{B}=\boldsymbol{EB}=(\boldsymbol{A}^{-1}\boldsymbol{A})\boldsymbol{B}=\boldsymbol{A}^{-1}(\boldsymbol{AB})=\boldsymbol{A}^{-1}\boldsymbol{E}=\boldsymbol{A}^{-1}$$

同理可证 $\boldsymbol{B}^{-1}=\boldsymbol{A}$.

这说明验证矩阵 $\boldsymbol{B}$ 是 $\boldsymbol{A}$ 的逆矩阵，只要验证 $\boldsymbol{AB}=\boldsymbol{E}$(或 $\boldsymbol{BA}=\boldsymbol{E}$)成立即可.

2. 可逆矩阵的性质

可逆矩阵具有下列性质:

(1) 若 n 阶矩阵 $\boldsymbol{A}$ 可逆，则 $\boldsymbol{A}^{-1}$ 也可逆，且 $(\boldsymbol{A}^{-1})^{-1}=\boldsymbol{A}$;

(2) 若 n 阶矩阵 $\boldsymbol{A}$ 可逆，λ 是非零数，则 $\lambda\boldsymbol{A}$ 也可逆，且 $(\lambda\boldsymbol{A})^{-1}=\lambda^{-1}\boldsymbol{A}^{-1}$;

(3) 若 n 阶矩阵 $\boldsymbol{A}$, $\boldsymbol{B}$ 都可逆，则 $\boldsymbol{AB}$ 也可逆，且 $(\boldsymbol{AB})^{-1}=\boldsymbol{B}^{-1}\boldsymbol{A}^{-1}$;

(4) 若 n 阶矩阵 $\boldsymbol{A}$ 可逆，则 $\boldsymbol{A}^{\mathrm{T}}$ 也可逆，且 $(\boldsymbol{A}^{\mathrm{T}})^{-1}=(\boldsymbol{A}^{-1})^{\mathrm{T}}$;

(5) 若 n 阶矩阵 $\boldsymbol{A}$ 可逆，则 $|\boldsymbol{A}^{-1}|=|\boldsymbol{A}|^{-1}$.

证明 (1) 因为 $\boldsymbol{A}$ 可逆，所以存在 $\boldsymbol{A}^{-1}$，且 $\boldsymbol{A}^{-1}\boldsymbol{A}=\boldsymbol{E}$，由定理 2.3.2 可知，$\boldsymbol{A}^{-1}$ 也可逆，且

$$(\boldsymbol{A}^{-1})^{-1}=\boldsymbol{A}$$

(2) 因为 $\boldsymbol{A}$ 可逆，所以存在 $\boldsymbol{A}^{-1}$，且 $\boldsymbol{A}\boldsymbol{A}^{-1}=\boldsymbol{E}$，从而

$$(\lambda\boldsymbol{A})(\lambda^{-1}\boldsymbol{A}^{-1})=(\lambda\lambda^{-1})\boldsymbol{A}^{-1}\boldsymbol{A}=\boldsymbol{E}$$

由定理 2.3.2 可知，$\lambda\boldsymbol{A}$ 也可逆，且

$$(\lambda\boldsymbol{A})^{-1}=\lambda^{-1}\boldsymbol{A}^{-1}$$

(3) 因为 $\boldsymbol{A}$，$\boldsymbol{B}$ 都可逆，所以存在 $\boldsymbol{A}^{-1}$，$\boldsymbol{B}^{-1}$，且 $\boldsymbol{A}\boldsymbol{A}^{-1}=\boldsymbol{E}$，$\boldsymbol{B}\boldsymbol{B}^{-1}=\boldsymbol{E}$，从而

$$(\boldsymbol{AB})(\boldsymbol{B}^{-1}\boldsymbol{A}^{-1})=\boldsymbol{A}(\boldsymbol{B}\boldsymbol{B}^{-1})\boldsymbol{A}^{-1}=\boldsymbol{A}\boldsymbol{A}^{-1}=\boldsymbol{E}$$

由定理 2.3.2 可知，$\boldsymbol{AB}$ 也可逆，且

$$(\boldsymbol{AB})^{-1}=\boldsymbol{B}^{-1}\boldsymbol{A}^{-1}$$

(4) 因为 $\boldsymbol{A}$ 可逆，所以存在 $\boldsymbol{A}^{-1}$，且 $\boldsymbol{A}\boldsymbol{A}^{-1}=\boldsymbol{E}$，从而

$$(\boldsymbol{A}^{-1})^{\mathrm{T}}\boldsymbol{A}^{\mathrm{T}}=(\boldsymbol{A}\boldsymbol{A}^{-1})^{\mathrm{T}}=\boldsymbol{E}^{\mathrm{T}}=\boldsymbol{E}$$

由定理 2.3.2 可知，$\boldsymbol{A}^{\mathrm{T}}$ 也可逆，且

$$(\boldsymbol{A}^{\mathrm{T}})^{-1}=(\boldsymbol{A}^{-1})^{\mathrm{T}}$$

(5) 因为 $\boldsymbol{A}$ 可逆，所以存在 $\boldsymbol{A}^{-1}$，且 $\boldsymbol{A}\boldsymbol{A}^{-1}=\boldsymbol{E}$，从而

$$|\boldsymbol{A}||\boldsymbol{A}^{-1}|=|\boldsymbol{E}|=1$$

又因为 $|\boldsymbol{A}|\neq 0$，所以

$$|\boldsymbol{A}^{-1}|=|\boldsymbol{A}|^{-1}=\frac{1}{|\boldsymbol{A}|}$$

当 n 阶矩阵 $\boldsymbol{A}$ 可逆时，我们规定

$$\boldsymbol{A}^{0}=\boldsymbol{E}$$

同时还可以定义矩阵的负指数幂：

$$\boldsymbol{A}^{-k}=(\boldsymbol{A}^{-1})^{k}\qquad(k\text{ 是正整数})$$

且

$$(\boldsymbol{A}^{k})^{-1}=\underbrace{\boldsymbol{A}^{-1}\boldsymbol{A}^{-1}\cdots\boldsymbol{A}^{-1}}_{k\text{个}}=(\boldsymbol{A}^{-1})^{k}\quad(k\text{ 是正整数})$$

于是当 n 阶矩阵 $\boldsymbol{A}$ 可逆时，$\boldsymbol{A}$ 的幂可以取任意整数，且 $\boldsymbol{A}$ 的幂具有下列性质：

$$\boldsymbol{A}^{k}\boldsymbol{A}^{l}=\boldsymbol{A}^{k+l},\ (\boldsymbol{A}^{k})^{l}=\boldsymbol{A}^{kl}\quad(k,\ l\text{ 是整数})$$

例 2.3.2 设方阵 $\boldsymbol{A}$ 满足 $\boldsymbol{A}^{2}-3\boldsymbol{A}-10\boldsymbol{E}=\boldsymbol{0}$，证明矩阵 $\boldsymbol{A}$ 与 $\boldsymbol{A}-4\boldsymbol{E}$ 都可逆，并求它们的逆矩阵.

证明 由 $\boldsymbol{A}^{2}-3\boldsymbol{A}-10\boldsymbol{E}=\boldsymbol{0}$ 得

$$A(A-3E)=10E$$

即

$$A\left(\frac{1}{10}(A-3E)\right)=E$$

故 A 可逆，且

$$A^{-1}=\frac{1}{10}(A-3E)$$

再由 $A^2-3A-10E=0$ 得

$$(A+E)(A-4E)=6E$$

即

$$\frac{1}{6}(A+E)(A-4E)=E$$

故 $A-4E$ 可逆，且

$$(A-4E)^{-1}=\frac{1}{6}(A+E)$$

例 2.3.3 设 A 是 n 阶方阵，且 $|A|=3$，求 $|2A^*-7A^{-1}|$.

解 因为

$$A^*=|A|A^{-1}=3A^{-1}$$

所以

$$\begin{aligned}|2A^*-7A^{-1}|&=|6A^{-1}-7A^{-1}|=|-A^{-1}|=(-1)^n|A^{-1}|\\&=(-1)^n|A|^{-1}=(-1)^n\frac{1}{3}\end{aligned}$$

3. 矩阵方程

利用可逆矩阵可以解简单的矩阵方程.

(1) 设 A 是 n 阶可逆矩阵，B，X 是 $n\times m$ 矩阵，若 $AX=B$，则方程两边同时左乘 A^{-1}，得

$$A^{-1}AX=A^{-1}B$$

故

$$X=A^{-1}B$$

因此，矩阵方程 $AX=B$ 的解是

$$X=A^{-1}B$$

(2) 设 A 是 m 阶可逆矩阵，B，X 是 $n\times m$ 矩阵，若 $XA=B$，则方程两边同时右乘 A^{-1}，得

$$XAA^{-1}=BA^{-1}$$

故

$$X=BA^{-1}$$

因此，矩阵方程 $XA=B$ 的解是

$$X=BA^{-1}$$

(3) 设 A 是 n 阶可逆矩阵，B 是 m 阶可逆矩阵，C，X 是 $n\times m$ 矩阵，若 $AXB=C$，则矩阵方程 $AXB=C$ 的解是

$$X=A^{-1}CB^{-1}$$

例 2.3.4 已知矩阵 $A=\begin{pmatrix}0&3&3\\1&1&0\\-1&2&3\end{pmatrix}$，且 $AB=A+2B$，求矩阵 B.

解 由 $AB=A+2B$ 得

$$(A-2E)B=A$$

又因为

$$|A-2E|=\begin{vmatrix}-2&3&3\\1&-1&0\\-1&2&1\end{vmatrix}=2\neq 0$$

所以 $A-2E$ 可逆，且

$$(A-2E)^{-1}=\frac{1}{2}\begin{pmatrix}-1&3&3\\-1&1&3\\1&1&-1\end{pmatrix}$$

于是

$$B=(A-2E)^{-1}A=\begin{pmatrix}0&3&3\\-1&2&3\\1&1&0\end{pmatrix}$$

例 2.3.5 设 A，B 与 $A+B$ 均为 n 阶可逆矩阵，证明 $A^{-1}+B^{-1}$ 也是可逆矩阵，并求出其逆矩阵.

证明 因为

$$\begin{aligned}A^{-1}+B^{-1}&=A^{-1}E+EB^{-1}=A^{-1}BB^{-1}+A^{-1}AB^{-1}=A^{-1}(BB^{-1}+AB^{-1})\\&=A^{-1}(B+A)B^{-1}=A^{-1}(A+B)B^{-1}\end{aligned}$$

又因为 A，B 与 $A+B$ 均为 n 阶可逆矩阵，所以 A^{-1}，B^{-1} 与 $A+B$ 均为 n 阶可逆矩阵，且它们的乘积也是可逆矩阵，故 $A^{-1}+B^{-1}$ 也是可逆矩阵.

由可逆矩阵的性质，得

$$(A^{-1}+B^{-1})^{-1}=(A^{-1}(A+B)B^{-1})^{-1}=B(A+B)^{-1}A$$

2.4 矩阵的分块

当矩阵的行数与列数较大时，常常把一个大矩阵划分成若干个小矩阵来处理，因为这样能使得矩阵的结构显得简单清晰，有助于问题的解决.

1. 分块矩阵的概念

设 $\boldsymbol{A}$ 是一个 $m\times n$ 矩阵，把矩阵 $\boldsymbol{A}$ 用若干条横线与竖线分成许多小块，每一个小块称为矩阵 $\boldsymbol{A}$ 的一个子矩阵，以子矩阵为元素的矩阵称为分块矩阵.

例如，把矩阵

$$\boldsymbol{A}=\left(\begin{array}{ccc:cc}1&0&0&2&3\\0&1&0&3&1\\0&0&1&1&2\\ \hdashline 0&0&0&3&0\\0&0&0&0&3\end{array}\right)$$

的行分成两组，前三行为第一组，后两行为第二组；列分成两组，前三列为第一组，后两列为第二组. 则矩阵 $\boldsymbol{A}$ 被分成四个小块，其中每一个小块可以看成一个小矩阵，称为矩阵 $\boldsymbol{A}$ 的子矩阵. 我们把位于第 i 个行组与第 j 个列组交叉处的子矩阵记做 $\boldsymbol{A}_{ij}$，则有

$$\boldsymbol{A}_{11}=\boldsymbol{E}_3,\ \boldsymbol{A}_{12}=\begin{pmatrix}2&3\\3&1\\1&2\end{pmatrix},\ \boldsymbol{A}_{21}=\boldsymbol{0}_{2\times3},\ \boldsymbol{A}_{22}=\begin{pmatrix}3&0\\0&3\end{pmatrix}=3\boldsymbol{E}_2$$

于是矩阵 $\boldsymbol{A}$ 的分块矩阵为

$$\boldsymbol{A}=\begin{pmatrix}\boldsymbol{A}_{11}&\boldsymbol{A}_{12}\\\boldsymbol{A}_{21}&\boldsymbol{A}_{22}\end{pmatrix}=\begin{pmatrix}\boldsymbol{E}_3&\boldsymbol{A}_{12}\\\boldsymbol{0}_{2\times3}&3\boldsymbol{E}_2\end{pmatrix}$$

矩阵分块的好处在于使矩阵的结构更加清晰. 例如上面的矩阵，如果不分块的话，矩阵是一个上三角矩阵，除此之外，看不出其它的特点. 如果像上面那样对其进行分块，可以看到分块矩阵 $\boldsymbol{A}$ 的左上角是一个单位矩阵，右下角是一个数量矩阵，左下角是一个零矩阵. 当然，分块的另一个目的就是可以简化矩阵的运算，这一点下面将会看到.

矩阵的分块方法可以有多种，可以根据问题的实际需要，选择某一种分块方法.

设有 $m \times n$ 矩阵

$$\boldsymbol{A}=\begin{pmatrix} a_{11} & a_{12} & \cdots & a_{1n} \\ a_{21} & a_{22} & \cdots & a_{2n} \\ \vdots & \vdots & & \vdots \\ a_{m1} & a_{m2} & \cdots & a_{mn} \end{pmatrix}$$

若把矩阵 $\boldsymbol{A}$ 的每一列分成一块，令

$$\boldsymbol{\alpha}_i=\begin{pmatrix} a_{1i} \\ a_{2i} \\ \vdots \\ a_{mi} \end{pmatrix} \quad (i=1, 2, \cdots, n)$$

则矩阵 $\boldsymbol{A}$ 的分块矩阵是

$$\boldsymbol{A}=(\boldsymbol{\alpha}_1, \boldsymbol{\alpha}_2, \cdots, \boldsymbol{\alpha}_n)$$

若把矩阵 $\boldsymbol{A}$ 的每一行分成一块，令

$$\boldsymbol{\beta}_i^{\mathrm{T}}=(a_{i1}, a_{i2}, \cdots, a_{in}) \quad (i=1, 2, \cdots, m)$$

则矩阵 $\boldsymbol{A}$ 的分块矩阵是

$$\boldsymbol{A}=\begin{pmatrix} \boldsymbol{\beta}_1^{\mathrm{T}} \\ \boldsymbol{\beta}_2^{\mathrm{T}} \\ \vdots \\ \boldsymbol{\beta}_m^{\mathrm{T}} \end{pmatrix}$$

2. 分块矩阵的运算

对于普通矩阵，我们定义了矩阵的加法、数乘、转置、乘法等运算，同样分块矩阵也可以定义加法、数乘、转置、乘法等运算.

1）加法

设 $\boldsymbol{A}$ 与 $\boldsymbol{B}$ 是两个 $m \times n$ 矩阵，把它们采用相同的分块法进行分块，即

$$\boldsymbol{A}=\begin{pmatrix} \boldsymbol{A}_{11} & \cdots & \boldsymbol{A}_{1r} \\ \vdots & & \vdots \\ \boldsymbol{A}_{s1} & \cdots & \boldsymbol{A}_{sr} \end{pmatrix}, \quad \boldsymbol{B}=\begin{pmatrix} \boldsymbol{B}_{11} & \cdots & \boldsymbol{B}_{1r} \\ \vdots & & \vdots \\ \boldsymbol{B}_{s1} & \cdots & \boldsymbol{B}_{sr} \end{pmatrix}$$

其中，$\boldsymbol{A}_{ij}$ 与 $\boldsymbol{B}_{ij}$ 都是 $m_i \times n_j$ 矩阵($i=1, 2, \cdots, s$; $j=1, 2, \cdots, r$)，且 $\sum\limits_{i=1}^{s} m_i = m$，$\sum\limits_{j=1}^{r} n_j = n$，即 $\boldsymbol{A}_{ij}$ 与 $\boldsymbol{B}_{ij}$ 的行数相同且列数相同，那么 $\boldsymbol{A}$ 与 $\boldsymbol{B}$ 的和为

$$\boldsymbol{A}+\boldsymbol{B}=\begin{pmatrix}\boldsymbol{A}_{11}+\boldsymbol{B}_{11} & \cdots & \boldsymbol{A}_{1r}+\boldsymbol{B}_{1r}\\ \vdots & & \vdots\\ \boldsymbol{A}_{s1}+\boldsymbol{B}_{s1} & \cdots & \boldsymbol{A}_{sr}+\boldsymbol{B}_{sr}\end{pmatrix}$$

由于两个分块矩阵相加，是把它们对应位置的子矩阵相加，所以这样所得的运算结果与不分块直接相加所得的运算结果是一致的.

2）数乘

设λ是数，$\boldsymbol{A}$是一个$m\times n$矩阵，它的分块矩阵为

$$\boldsymbol{A}=\begin{pmatrix}\boldsymbol{A}_{11} & \cdots & \boldsymbol{A}_{1r}\\ \vdots & & \vdots\\ \boldsymbol{A}_{s1} & \cdots & \boldsymbol{A}_{sr}\end{pmatrix}$$

那么数λ与矩阵$\boldsymbol{A}$的乘积为

$$\lambda\boldsymbol{A}=\begin{pmatrix}\lambda\boldsymbol{A}_{11} & \cdots & \lambda\boldsymbol{A}_{1r}\\ \vdots & & \vdots\\ \lambda\boldsymbol{A}_{s1} & \cdots & \lambda\boldsymbol{A}_{sr}\end{pmatrix}$$

由于数λ与分块矩阵$\boldsymbol{A}$相乘是把数λ乘到分块矩阵$\boldsymbol{A}$的每一个子矩阵上去，所以这样所得的结果与不分块直接相乘所得的结果是一致的.

3）转置

设$\boldsymbol{A}$是一个$m\times n$矩阵，它的分块矩阵为

$$\begin{array}{c}\qquad\quad n_1\qquad n_2\quad\ \cdots\quad\ n_r\\ \boldsymbol{A}=\begin{pmatrix}\boldsymbol{A}_{11} & \boldsymbol{A}_{12} & \cdots & \boldsymbol{A}_{1r}\\ \boldsymbol{A}_{21} & \boldsymbol{A}_{22} & \cdots & \boldsymbol{A}_{2r}\\ \vdots & \vdots & & \vdots\\ \boldsymbol{A}_{s1} & \boldsymbol{A}_{s2} & \cdots & \boldsymbol{A}_{sr}\end{pmatrix}\begin{matrix}m_1\\ m_2\\ \vdots\\ m_s\end{matrix}\end{array}$$

这里$m=m_1+m_2+\cdots+m_s$，$n=n_1+n_2+\cdots+n_r$，那么分块矩阵$\boldsymbol{A}$的转置为

$$\begin{array}{c}\qquad\quad m_1\qquad m_2\quad\ \cdots\quad\ m_s\\ \boldsymbol{A}^{\mathrm{T}}=\begin{pmatrix}\boldsymbol{A}_{11}^{\mathrm{T}} & \boldsymbol{A}_{21}^{\mathrm{T}} & \cdots & \boldsymbol{A}_{s1}^{\mathrm{T}}\\ \boldsymbol{A}_{12}^{\mathrm{T}} & \boldsymbol{A}_{22}^{\mathrm{T}} & \cdots & \boldsymbol{A}_{s2}^{\mathrm{T}}\\ \vdots & \vdots & & \vdots\\ \boldsymbol{A}_{1r}^{\mathrm{T}} & \boldsymbol{A}_{2r}^{\mathrm{T}} & \cdots & \boldsymbol{A}_{sr}^{\mathrm{T}}\end{pmatrix}\begin{matrix}n_1\\ n_2\\ \vdots\\ n_r\end{matrix}\end{array}$$

这表明分块矩阵转置时，应先把每一个子矩阵看成元素对整个矩阵转置，然后再对每一个子矩阵进行转置.

例 2.4.1 求矩阵

$$A=\begin{pmatrix}1 & -1 & 0 & 2\\3 & -2 & 1 & 4\\5 & 7 & 6 & -3\\-2 & 8 & 9 & -4\end{pmatrix}$$

的转置矩阵.

解 把 A 的前 2 行分成第 1 组，后 2 行分成第 2 组；把 A 的前 2 列分成第 1 组，后 2 列分成第 2 组则矩阵被分成了四个子矩阵. 令

$$A_{11}=\begin{pmatrix}1 & -1\\3 & -2\end{pmatrix},\quad A_{12}=\begin{pmatrix}0 & 2\\1 & 4\end{pmatrix}$$

$$A_{21}=\begin{pmatrix}5 & 7\\-2 & 8\end{pmatrix},\quad A_{22}=\begin{pmatrix}6 & -3\\9 & -4\end{pmatrix}$$

则

$$A=\begin{pmatrix}A_{11} & A_{12}\\A_{21} & A_{22}\end{pmatrix}$$

而

$$A_{11}^{T}=\begin{pmatrix}1 & 3\\-1 & -2\end{pmatrix},\quad A_{12}^{T}=\begin{pmatrix}0 & 1\\2 & 4\end{pmatrix}$$

$$A_{21}^{T}=\begin{pmatrix}5 & -2\\7 & 8\end{pmatrix},\quad A_{22}^{T}=\begin{pmatrix}6 & 9\\-3 & -4\end{pmatrix}$$

所以

$$A^{T}=\begin{pmatrix}A_{11}^{T} & A_{21}^{T}\\A_{12}^{T} & A_{22}^{T}\end{pmatrix}=\left(\begin{array}{cc:cc}1 & 3 & 5 & -2\\-1 & -2 & 7 & 8\\\hdashline 0 & 1 & 6 & 9\\2 & 4 & -3 & -4\end{array}\right)$$

容易看出此结果与把矩阵 A 直接转置所得结果是一致的.

4) 乘法

设 $m\times n$ 矩阵 $A=(a_{ij})_{m\times n}$ 与 $n\times p$ 矩阵 $B=(b_{ij})_{n\times p}$ 的分块矩阵分别为

$$\boldsymbol{A}=\begin{array}{c} \begin{matrix} n_1 & n_2 & \cdots & n_s \end{matrix} \\ \begin{bmatrix} \boldsymbol{A}_{11} & \boldsymbol{A}_{12} & \cdots & \boldsymbol{A}_{1s} \\ \boldsymbol{A}_{21} & \boldsymbol{A}_{22} & \cdots & \boldsymbol{A}_{2s} \\ \vdots & \vdots & & \vdots \\ \boldsymbol{A}_{r1} & \boldsymbol{A}_{r2} & \cdots & \boldsymbol{A}_{rs} \end{bmatrix} \begin{matrix} m_1 \\ m_2 \\ \vdots \\ m_r \end{matrix} \end{array}, \quad \boldsymbol{B}=\begin{array}{c} \begin{matrix} p_1 & p_2 & \cdots & p_t \end{matrix} \\ \begin{bmatrix} \boldsymbol{B}_{11} & \boldsymbol{B}_{12} & \cdots & \boldsymbol{B}_{1t} \\ \boldsymbol{B}_{21} & \boldsymbol{B}_{22} & \cdots & \boldsymbol{B}_{2t} \\ \vdots & \vdots & & \vdots \\ \boldsymbol{B}_{s1} & \boldsymbol{B}_{s2} & \cdots & \boldsymbol{B}_{st} \end{bmatrix} \begin{matrix} n_1 \\ n_2 \\ \vdots \\ n_s \end{matrix} \end{array}$$

这里 $m=m_1+m_2+\cdots+m_r$，$p=p_1+p_2+\cdots+p_t$，$n=n_1+n_2+\cdots+n_s$，$\boldsymbol{A}_{ik}$ 是 $m_i\times n_k$ 矩阵，$\boldsymbol{B}_{kj}$ 是 $n_k\times p_j$ 矩阵，即矩阵 $\boldsymbol{A}$ 的列的分法与矩阵 $\boldsymbol{B}$ 的行的分法是一致的. 那么

$$\boldsymbol{AB}=\begin{array}{c} \begin{matrix} p_1 & p_2 & \cdots & p_t \end{matrix} \\ \begin{bmatrix} \boldsymbol{C}_{11} & \boldsymbol{C}_{12} & \cdots & \boldsymbol{C}_{1t} \\ \boldsymbol{C}_{21} & \boldsymbol{C}_{22} & \cdots & \boldsymbol{C}_{2t} \\ \vdots & \vdots & & \vdots \\ \boldsymbol{C}_{r1} & \boldsymbol{C}_{r2} & \cdots & \boldsymbol{C}_{rt} \end{bmatrix} \begin{matrix} m_1 \\ m_2 \\ \vdots \\ m_r \end{matrix} \end{array}$$

这里 $\boldsymbol{C}_{ij}=\boldsymbol{A}_{i1}\boldsymbol{B}_{1j}+\boldsymbol{A}_{i2}\boldsymbol{B}_{2j}+\cdots+\boldsymbol{A}_{is}\boldsymbol{B}_{sj}\,(i=1, 2, \cdots, r;\ j=1, 2, \cdots, t)$.

注意：两个分块矩阵相乘时，必须满足前面矩阵的列的分法与后面矩阵的行的分法一致，否则这两个分块矩阵是不能相乘的.

例 2.4.2 已知矩阵

$$\boldsymbol{A}=\begin{pmatrix} 1 & 0 & 0 & 0 \\ 0 & 1 & 0 & 0 \\ -1 & 2 & 1 & 0 \\ 1 & 1 & 0 & 1 \end{pmatrix}, \quad \boldsymbol{B}=\begin{pmatrix} 1 & 0 & 1 & 0 \\ -1 & 2 & 0 & 1 \\ 1 & 0 & 4 & 1 \\ -1 & -1 & 2 & 0 \end{pmatrix}$$

求矩阵 $\boldsymbol{AB}$.

解 把 $\boldsymbol{A}$ 与 $\boldsymbol{B}$ 作如下分块：

$$\boldsymbol{A}=\left(\begin{array}{cc:cc} 1 & 0 & 0 & 0 \\ 0 & 1 & 0 & 0 \\ \hdashline -1 & 2 & 1 & 0 \\ 1 & 1 & 0 & 1 \end{array}\right)=\begin{pmatrix} \boldsymbol{E}_2 & \boldsymbol{0}_2 \\ \boldsymbol{A}_{21} & \boldsymbol{E}_2 \end{pmatrix}$$

$$\boldsymbol{B}=\left(\begin{array}{cc:cc} 1 & 0 & 1 & 0 \\ -1 & 2 & 0 & 1 \\ \hdashline 1 & 0 & 4 & 1 \\ -1 & -1 & 2 & 0 \end{array}\right)=\begin{pmatrix} \boldsymbol{B}_{11} & \boldsymbol{E}_2 \\ \boldsymbol{B}_{21} & \boldsymbol{B}_{22} \end{pmatrix}$$

则按分块矩阵的乘法规则有

$$AB=\begin{pmatrix}E_2 & 0_2\\ A_{21} & E_2\end{pmatrix}\begin{pmatrix}B_{11} & E_2\\ B_{21} & B_{22}\end{pmatrix}=\begin{pmatrix}B_{11} & E_2\\ A_{21}B_{11}+B_{21} & A_{21}+B_{22}\end{pmatrix}$$

而

$$A_{21}B_{11}+B_{21}=\begin{pmatrix}-1 & 2\\ 1 & 1\end{pmatrix}\begin{pmatrix}1 & 0\\ -1 & 2\end{pmatrix}+\begin{pmatrix}1 & 0\\ -1 & -1\end{pmatrix}=\begin{pmatrix}-2 & 4\\ -1 & 1\end{pmatrix}$$

$$A_{21}+B_{22}=\begin{pmatrix}-1 & 2\\ 1 & 1\end{pmatrix}+\begin{pmatrix}4 & 1\\ 2 & 0\end{pmatrix}=\begin{pmatrix}3 & 3\\ 3 & 1\end{pmatrix}$$

于是

$$AB=\left(\begin{array}{cc:cc}1 & 0 & 1 & 0\\ -1 & 2 & 0 & 1\\ \hdashline -2 & 4 & 3 & 3\\ -1 & 1 & 3 & 1\end{array}\right)$$

这与直接计算 A 与 B 的乘积的结果是一致的.

例 2.4.3 求矩阵

$$D=\begin{pmatrix}A & 0\\ C & B\end{pmatrix}$$

的逆矩阵，其中 A 与 B 分别是 k 阶与 r 阶可逆矩阵，C 是 $r\times k$ 矩阵，0 是零矩阵.

解 因为 A 与 B 是可逆矩阵，所以

$$|A|\neq 0,\quad |B|\neq 0$$

而

$$|D|=|A|\,|B|$$

所以 D 也可逆. 设 D 的逆矩阵为

$$D^{-1}=\begin{pmatrix}X_{11} & X_{12}\\ X_{21} & X_{22}\end{pmatrix}$$

则有 $DD^{-1}=E$，即

$$\begin{pmatrix}A & 0\\ C & B\end{pmatrix}\begin{pmatrix}X_{11} & X_{12}\\ X_{21} & X_{22}\end{pmatrix}=\begin{pmatrix}E_k & 0\\ 0 & E_r\end{pmatrix}$$

计算上式的左端，并比较等式两端得

$$AX_{11}=E_k,\quad AX_{12}=0$$
$$CX_{11}+BX_{21}=0,\quad CX_{12}+BX_{22}=E_r$$

于是有

$$X_{11}=A^{-1},\ X_{12}=0$$

将它们代入后两式得

$$X_{21}=-B^{-1}CA^{-1},\quad X_{22}=B^{-1}$$

故

$$D^{-1}=\begin{pmatrix} A^{-1} & 0 \\ -B^{-1}CA^{-1} & B^{-1} \end{pmatrix}$$

类似地，矩阵

$$D=\begin{pmatrix} A & C \\ 0 & B \end{pmatrix}$$

的逆矩阵为

$$D^{-1}=\begin{pmatrix} A^{-1} & -A^{-1}CB^{-1} \\ 0 & B^{-1} \end{pmatrix}$$

其中 A 与 B 分别是 k 阶与 r 阶可逆矩阵，C 是 $k\times r$ 矩阵，0 是零矩阵.

特别地，当 $C=0$ 时，有

$$\begin{pmatrix} A & 0 \\ 0 & B \end{pmatrix}^{-1}=\begin{pmatrix} A^{-1} & 0 \\ 0 & B^{-1} \end{pmatrix}$$

3. 分块对角矩阵

形如

$$\begin{pmatrix} A_1 & & & \\ & A_2 & & \\ & & \ddots & \\ & & & A_s \end{pmatrix}$$

的矩阵称为分块对角矩阵，其中 $A_i(i=1,2,\cdots,s)$是 n_i 阶矩阵. 当然分块对角矩阵包括对角矩阵.

对于两个分法完全相同的分块对角矩阵

$$A=\begin{pmatrix} A_1 & & & \\ & A_2 & & \\ & & \ddots & \\ & & & A_s \end{pmatrix},\quad B=\begin{pmatrix} B_1 & & & \\ & B_2 & & \\ & & \ddots & \\ & & & B_s \end{pmatrix}$$

其中，A_i，$B_i(i=1,2,\cdots,s)$都是 n_i 阶矩阵，有

$$\boldsymbol{A}+\boldsymbol{B}=\begin{pmatrix} \boldsymbol{A}_1+\boldsymbol{B}_1 & & & \\ & \boldsymbol{A}_2+\boldsymbol{B}_2 & & \\ & & \ddots & \\ & & & \boldsymbol{A}_s+\boldsymbol{B}_s \end{pmatrix}$$

$$\boldsymbol{A}\boldsymbol{B}=\begin{pmatrix} \boldsymbol{A}_1\boldsymbol{B}_1 & & & \\ & \boldsymbol{A}_2\boldsymbol{B}_2 & & \\ & & \ddots & \\ & & & \boldsymbol{A}_s\boldsymbol{B}_s \end{pmatrix}$$

如果 $\boldsymbol{A}_i(i=1, 2, \cdots, s)$是 n_i 阶可逆矩阵，那么

$$\boldsymbol{A}^{-1}=\begin{pmatrix} \boldsymbol{A}_1^{-1} & & & \\ & \boldsymbol{A}_2^{-1} & & \\ & & \ddots & \\ & & & \boldsymbol{A}_s^{-1} \end{pmatrix}$$

例 2.4.4 已知矩阵 $\boldsymbol{A}=\begin{pmatrix} 5 & 0 & 0 \\ 0 & 3 & 1 \\ 0 & 2 & 1 \end{pmatrix}$，求 $\boldsymbol{A}^{-1}$.

解 因为

$$(5)^{-1}=\left(\frac{1}{5}\right)$$

$$\begin{pmatrix} 3 & 1 \\ 2 & 1 \end{pmatrix}^{-1}=\begin{pmatrix} 1 & -1 \\ -2 & 3 \end{pmatrix}$$

所以

$$\boldsymbol{A}^{-1}=\begin{pmatrix} \frac{1}{5} & 0 & 0 \\ 0 & 1 & -1 \\ 0 & -2 & 3 \end{pmatrix}$$

最后看一个行列式的例子.

例 2.4.5 设三阶矩阵 $\boldsymbol{A}=(\boldsymbol{\alpha}_1, \boldsymbol{\alpha}_2, \boldsymbol{\alpha}_3)$的行列式$|\boldsymbol{A}|=1$，求行列式$|2\boldsymbol{\alpha}_1, \boldsymbol{\alpha}_1+\boldsymbol{\alpha}_2, \boldsymbol{\alpha}_3|$.

解 由行列式的性质得

$$\begin{aligned} |2\boldsymbol{\alpha}_1, \boldsymbol{\alpha}_1+\boldsymbol{\alpha}_2, \boldsymbol{\alpha}_3| &= |2\boldsymbol{\alpha}_1, \boldsymbol{\alpha}_1, \boldsymbol{\alpha}_3|+|2\boldsymbol{\alpha}_1, \boldsymbol{\alpha}_2, \boldsymbol{\alpha}_3|=0+|2\boldsymbol{\alpha}_1, \boldsymbol{\alpha}_2, \boldsymbol{\alpha}_3| \\ &=2|\boldsymbol{\alpha}_1, \boldsymbol{\alpha}_2, \boldsymbol{\alpha}_3|=2 \end{aligned}$$

也可以采用下面的方法计算. 因为

$$(2\boldsymbol{\alpha}_1, \boldsymbol{\alpha}_1+\boldsymbol{\alpha}_2, \boldsymbol{\alpha}_3)=(\boldsymbol{\alpha}_1, \boldsymbol{\alpha}_2, \boldsymbol{\alpha}_3)\begin{pmatrix}2 & 1 & 0\\0 & 1 & 0\\0 & 0 & 1\end{pmatrix}$$

上式两端取行列式得

$$|2\boldsymbol{\alpha}_1, \boldsymbol{\alpha}_1+\boldsymbol{\alpha}_2, \boldsymbol{\alpha}_3|=|\boldsymbol{\alpha}_1, \boldsymbol{\alpha}_2, \boldsymbol{\alpha}_3|\begin{vmatrix}2 & 1 & 0\\0 & 1 & 0\\0 & 0 & 1\end{vmatrix}=2|\boldsymbol{A}|=2$$

2.5 矩阵的初等变换

矩阵的初等变换在矩阵的计算中起着重要的作用，它是处理矩阵问题的重要工具，利用它可以解决线性代数中的许多问题，例如线性方程组的求解问题、向量组的线性相关问题等. 本节主要介绍矩阵的初等变换的概念与性质.

1. 初等变换的概念

定义 2.5.1 矩阵的初等行(列)变换是指下列三种变换：

(1) 交换矩阵的某两行(列)的位置(交换 i, j 两行(列)，记为 $r_i \leftrightarrow r_j$($c_i \leftrightarrow c_j$))；

(2) 以非零数 k 乘以矩阵的某一行(列)（第 i 行(列)乘 k 记为 kr_i(kc_i))；

(3) 把矩阵的某一行的 k 倍加到另一行(列)上去（第 i 行(列)的 k 倍加到第 j 行(列)上去，记为 r_j+kr_i(c_j+kc_i)).

矩阵的初等行变换与初等列变换统称矩阵的初等变换.

显然这三种初等变换是可逆的，且其逆变换是同一类型的初等变换；变换 $r_i \leftrightarrow r_j$(或$c_i \leftrightarrow c_j$)的逆变换是本身；变换 kr_i(或 kc_i)的逆变换为 $k^{-1}r_i$(或 $k^{-1}c_i$)；变换 r_j+kr_i(或c_j+kc_i)的逆变换为 r_j-kr_i(或 c_j-kc_i). 这就是说，矩阵 $\boldsymbol{A}$ 经过一次初等变换变成矩阵 $\boldsymbol{B}$，而矩阵 $\boldsymbol{B}$ 再经过一次逆变换就又回到了矩阵 $\boldsymbol{A}$.

定义 2.5.2 如果一个矩阵 $\boldsymbol{A}$ 经过有限次初等变换变成了矩阵 $\boldsymbol{B}$，就称矩阵 $\boldsymbol{A}$ 与 $\boldsymbol{B}$ 等价.

矩阵间的等价关系具有下列性质：

(1) 反身性，即 $\boldsymbol{A}$ 与 $\boldsymbol{A}$ 等价；

(2) 对称性，即若 $\boldsymbol{A}$ 与 $\boldsymbol{B}$ 等价，则 $\boldsymbol{B}$ 与 $\boldsymbol{A}$ 等价；

(3) 传递性，即若 $\boldsymbol{A}$ 与 $\boldsymbol{B}$ 等价，$\boldsymbol{B}$ 与 $\boldsymbol{C}$ 等价，则 $\boldsymbol{A}$ 与 $\boldsymbol{C}$ 等价.

一般地，一个矩阵经过初等变换就变成了另一个矩阵，所以把矩阵 $\boldsymbol{A}$ 经过初等变换变成矩阵 $\boldsymbol{B}$ 表示为 $\boldsymbol{A}\to\boldsymbol{B}$.

2. 行阶梯形矩阵

给定一个矩阵，经过一系列初等变换后最终会变成什么形式的矩阵，即经过一系列初等变换后矩阵最终会化简成什么形状呢？为了回答这个问题，先给出行阶梯形矩阵的概念.

定义 2.5.3 如果矩阵 $\boldsymbol{A}$ 满足下列条件：

(1) 若矩阵 $\boldsymbol{A}$ 有零行的话，则零行总在矩阵 $\boldsymbol{A}$ 的最后几行；

(2) 在各非零行中，第 $i+1$ 行的第一个非零元素的列数总是比第 i 行的第一个非零元素的列数大.

那么称矩阵 $\boldsymbol{A}$ 是一个行阶梯形矩阵.

例如，矩阵

$$\begin{pmatrix} 2 & 1 & 0 & 2 & 4 \\ 0 & 0 & 1 & 4 & 2 \\ 0 & 0 & 0 & 3 & 6 \\ 0 & 0 & 0 & 0 & 0 \end{pmatrix}$$

是一个行阶梯形矩阵.

定义 2.5.4 如果行阶梯形矩阵 $\boldsymbol{A}$ 的各非零行的第一个非零元素都是 1，且这个 1 所在列的其余元素都是零，那么称矩阵 $\boldsymbol{A}$ 是一个行简化阶梯形矩阵.

例如，矩阵

$$\begin{pmatrix} 1 & 2 & 0 & 0 & 4 \\ 0 & 0 & 1 & 0 & 2 \\ 0 & 0 & 0 & 1 & 6 \\ 0 & 0 & 0 & 0 & 0 \end{pmatrix}$$

是一个行简化阶梯形矩阵.

行阶梯形矩阵在线性代数中有广泛的应用，因为许多问题都需要把矩阵化成行阶梯形矩阵来解决. 这就涉及到任一个矩阵是否都可以经过矩阵的初等变换化成行阶梯形矩阵的问题. 下面的定理回答了这个问题.

定理 2.5.1 任何一个矩阵都可以经过一系列初等行变换化成行阶梯形矩阵.

证明 如果矩阵是一个零矩阵，那么它已经是行阶梯形矩阵了. 如果矩阵是非零矩阵，那么我们对非零矩阵的行数 m 做数学归纳.

当 $m=1$ 时，矩阵只有一行，它是行阶梯形矩阵.

假设 $m-1$ 行的矩阵都能经过一系列的初等行变换化为行阶梯形矩阵. 现在看 m 行的矩阵 $\boldsymbol{A}=(a_{ij})_{m\times n}$. 如果 $\boldsymbol{A}$ 的第 1 列元素不全为零，不妨设第 i 行的第一个元素不为零，那么可以把第 1 行与第 i 行交换位置，使矩阵的左上角元素，即(1, 1)元不为零. 因此可以假设矩阵 $\boldsymbol{A}$ 的 $a_{11}\neq 0$. 把矩阵 $\boldsymbol{A}$ 的第 1 行的 $-a_{i1}a_{11}^{-1}(i=2, 3, \cdots, m)$倍加到第 i 行上去，则矩阵 $\boldsymbol{A}$ 变成矩阵

$$\boldsymbol{B}=\begin{pmatrix} a_{11} & a_{12} & \cdots & a_{1n} \\ 0 & a_{22}-a_{12}a_{21}a_{11}^{-1} & \cdots & a_{2n}-a_{1n}a_{21}a_{11}^{-1} \\ \vdots & \vdots & & \vdots \\ 0 & a_{m2}-a_{12}a_{m1}a_{11}^{-1} & \cdots & a_{mn}-a_{1n}a_{m1}a_{11}^{-1} \end{pmatrix}$$

把矩阵 $\boldsymbol{B}$ 的右下方的$(m-1)\times(n-1)$矩阵记为 $\boldsymbol{B}_1$.

如果矩阵 $\boldsymbol{A}$ 的第 1 列元素全为零，那么就看矩阵 $\boldsymbol{A}$ 的第 2 列. 若第 2 列元素不全为零，不妨设 $a_{12}\neq 0$. 同理可以经过一系列初等行变换把 $\boldsymbol{A}$ 变成矩阵

$$\boldsymbol{C}=\begin{pmatrix} 0 & a_{12} & a_{13} & \cdots & a_{1n} \\ 0 & 0 & a_{23}-a_{13}a_{22}a_{12}^{-1} & \cdots & a_{2n}-a_{1n}a_{22}a_{12}^{-1} \\ \vdots & \vdots & \vdots & & \vdots \\ 0 & 0 & a_{m3}-a_{13}a_{m2}a_{12}^{-1} & \cdots & a_{mn}-a_{1n}a_{m2}a_{12}^{-1} \end{pmatrix}$$

把矩阵 $\boldsymbol{C}$ 的右下方的$(m-1)\times(n-2)$矩阵记为 $\boldsymbol{C}_1$.

如果矩阵 $\boldsymbol{A}$ 的第 1，2 列元素全为零，那么就看矩阵 $\boldsymbol{A}$ 的第 3 列，依次类推.

由于矩阵 $\boldsymbol{B}_1$，$\boldsymbol{C}_1$，…都是 $m-1$ 行矩阵，根据归纳假设，它们都可以经过一系列初等行变换分别变成行阶梯形矩阵 $\boldsymbol{D}_1$，$\boldsymbol{D}_2$，…，于是矩阵 $\boldsymbol{A}$ 经过一系列初等行变换可以变成下列形式之一的矩阵：

$$\begin{pmatrix} a_{11} & a_{12} & \cdots & a_{1n} \\ 0 & & & \\ \vdots & & \boldsymbol{D}_1 & \\ 0 & & & \end{pmatrix}, \begin{pmatrix} 0 & a_{12} & a_{13} & \cdots & a_{1n} \\ 0 & 0 & & & \\ \vdots & \vdots & & \boldsymbol{D}_2 & \\ 0 & 0 & & & \end{pmatrix}, \cdots$$

这些都是行阶梯形矩阵. 根据数学归纳法原理，任何一个矩阵都可以经过一系列初等行变换化成行阶梯形矩阵.

推论 2.5.1 任何一个矩阵都可以经过一系列初等行变换化成行简化阶梯形矩阵.

证明 由定理 2.5.1，因为任何一个 $m\times n$ 矩阵都可以经过一系列初等行变换化成行阶梯形矩阵，所以只需证明任何一个行阶梯形矩阵经过一系列初等行变换都可以化成行简化阶梯形矩阵即可.

设 $m\times n$ 矩阵 $\boldsymbol{A}$ 是一个行阶梯形矩阵，如果 $\boldsymbol{A}$ 是零矩阵，那么它已经是行简化阶梯形矩阵. 如果 $\boldsymbol{A}$ 是一个非零矩阵，那么在它的非零行中，首先用第 i(i 取遍各非零行的行数)个非零行的第一个非零元素的倒数乘以第 i 行，把第 i 行的第一个非零元素变成 1；即把各非零行的第一个非零元素都变成 1. 其次从倒数第一个非零行起，给该非零行乘以适当的倍数加到它上面的各行中，就把 1 所在列的其余元素都变成了零，从而得到了行简化阶梯形矩阵.

下面通过一个实例来具体说明如何把一个矩阵化成行简化阶梯形矩阵.

例 2.5.1 把矩阵

$$\boldsymbol{A}=\begin{pmatrix}1 & 1 & -2 & 1 & 4\\ 2 & -1 & -1 & 1 & 2\\ 2 & -3 & 1 & -1 & 2\\ 3 & 6 & -9 & 7 & 9\end{pmatrix}$$

化成行简化阶梯形矩阵.

解 对矩阵 $\boldsymbol{A}$ 作初等行变换：

$$\boldsymbol{A}\xrightarrow[r_4-3r_1]{\substack{r_2-r_3\\ r_3-2r_1}}\begin{pmatrix}1 & 1 & -2 & 1 & 4\\ 0 & 2 & -2 & 2 & 0\\ 0 & -5 & 5 & -3 & -6\\ 0 & 3 & -3 & 4 & -3\end{pmatrix}\xrightarrow{\frac{1}{2}r_2}\begin{pmatrix}1 & 1 & -2 & 1 & 4\\ 0 & 1 & -1 & 1 & 0\\ 0 & -5 & 5 & -3 & -6\\ 0 & 3 & -3 & 4 & -3\end{pmatrix}$$

$$\xrightarrow[r_4-3r_2]{r_3+5r_2}\begin{pmatrix}1 & 1 & -2 & 1 & 4\\ 0 & 1 & -1 & 1 & 0\\ 0 & 0 & 0 & 2 & -6\\ 0 & 0 & 0 & 1 & -3\end{pmatrix}\xrightarrow{r_3\leftrightarrow r_4}\begin{pmatrix}1 & 1 & -2 & 1 & 4\\ 0 & 1 & -1 & 1 & 0\\ 0 & 0 & 0 & 1 & -3\\ 0 & 0 & 0 & 2 & -6\end{pmatrix}$$

$$\xrightarrow{r_4-2r_3}\begin{pmatrix}1 & 1 & -2 & 1 & 4\\ 0 & 1 & -1 & 1 & 0\\ 0 & 0 & 0 & 1 & -3\\ 0 & 0 & 0 & 0 & 0\end{pmatrix}\xrightarrow[r_1-r_3]{r_2-r_3}\begin{pmatrix}1 & 1 & -2 & 0 & 7\\ 0 & 1 & -1 & 0 & 3\\ 0 & 0 & 0 & 1 & -3\\ 0 & 0 & 0 & 0 & 0\end{pmatrix}$$

$$\xrightarrow{r_1-r_2}\begin{pmatrix}1&0&-1&0&4\\0&1&-1&0&3\\0&0&0&1&-3\\0&0&0&0&0\end{pmatrix}=\boldsymbol{B}$$

矩阵 $\boldsymbol{B}$ 就是行简化阶梯形矩阵.

定理 2.5.2 任何一个 $m\times n$ 非零矩阵 $\boldsymbol{A}$ 都可以经过一系列初等变换化成下列形式的矩阵

$$\begin{pmatrix}1&0&\cdots&0&0&\cdots&0\\0&1&\cdots&0&0&\cdots&0\\\vdots&\vdots&&\vdots&\vdots&&\vdots\\0&0&\cdots&1&0&\cdots&0\\0&0&\cdots&0&0&\cdots&0\\\vdots&\vdots&&\vdots&\vdots&&\vdots\\0&0&\cdots&0&0&\cdots&0\end{pmatrix}=\begin{pmatrix}\boldsymbol{E}_r&\boldsymbol{0}_{r\times(n-r)}\\\boldsymbol{0}_{(m-r)\times r}&\boldsymbol{0}_{(m-r)\times(n-r)}\end{pmatrix}\tag{2.5.1}$$

证明 设 $\boldsymbol{A}=(a_{ij})$ 是一个 $m\times n$ 非零矩阵，不妨设 $a_{11}\neq0$，这是因为如果 $a_{11}=0$，我们总可以用交换行列的初等变换，把 $\boldsymbol{A}$ 中的某个非零元素调换到第一行第一列的位置. 对 $\boldsymbol{A}$ 施行初等变换，得

$$\boldsymbol{A}=\begin{pmatrix}a_{11}&a_{12}&\cdots&a_{1n}\\a_{21}&a_{22}&\cdots&a_{2n}\\\vdots&\vdots&&\vdots\\a_{m1}&a_{m2}&\cdots&a_{mn}\end{pmatrix}\xrightarrow{r_1\times\frac{1}{a_{11}}}\begin{pmatrix}1&\frac{a_{12}}{a_{11}}&\cdots&\frac{a_{1n}}{a_{11}}\\a_{21}&a_{22}&\cdots&a_{2n}\\\vdots&\vdots&&\vdots\\a_{m1}&a_{m2}&\cdots&a_{mn}\end{pmatrix}$$

$$\xrightarrow[i=2,\,3,\,\cdots,\,m]{r_i-a_{i1}\times r_1}\begin{pmatrix}1&\frac{a_{12}}{a_{11}}&\cdots&\frac{a_{1n}}{a_{11}}\\0&b_{22}&\cdots&b_{2n}\\\vdots&\vdots&&\vdots\\0&b_{m2}&\cdots&b_{mn}\end{pmatrix}$$

$$\xrightarrow[j=2,\,3,\,\cdots,\,n]{c_j-\frac{a_{1j}}{a_{11}}\times c_1}\begin{pmatrix}1&0&\cdots&0\\0&b_{22}&\cdots&b_{2n}\\\vdots&\vdots&&\vdots\\0&b_{m2}&\cdots&b_{mn}\end{pmatrix}=\begin{pmatrix}1&0\\0&\boldsymbol{A}_1\end{pmatrix}=\boldsymbol{B}$$

其中，

$$
\boldsymbol{A}_1 = \begin{pmatrix} b_{22} & b_{23} & \cdots & b_{2n} \\ b_{32} & b_{33} & \cdots & b_{3n} \\ \vdots & \vdots & & \vdots \\ b_{m2} & b_{m3} & \cdots & b_{mn} \end{pmatrix}
$$

$$
b_{ij} = a_{ij} - a_{i1} \times \frac{a_{1j}}{a_{11}} \qquad (i=2,\ 3,\ \cdots,\ m;\ j=1,\ 2,\ \cdots,\ n)
$$

如果 $\boldsymbol{A}_1 = 0$，那么 $\boldsymbol{A}$ 已经是式(2.5.1)的形式了．如果 $\boldsymbol{A}_1 \neq 0$，同样可不妨设 $b_{22} \neq 0$，继续对 $\boldsymbol{B}$ 进行初等变换，得

$$
\boldsymbol{B} \xrightarrow{r_2 \times \frac{1}{b_{22}}} \begin{pmatrix} 1 & 0 & 0 & \cdots & 0 \\ 0 & 1 & c_{23} & \cdots & c_{2n} \\ 0 & b_{32} & b_{33} & \cdots & b_{3n} \\ \vdots & \vdots & \vdots & & \vdots \\ 0 & b_{m2} & b_{m3} & \cdots & b_{mn} \end{pmatrix}
$$

$$
\xrightarrow[i=3,\ 4,\ \cdots,\ m]{r_i - b_{i2} \times r_2} \begin{pmatrix} 1 & 0 & 0 & \cdots & 0 \\ 0 & 1 & c_{23} & \cdots & c_{2n} \\ 0 & 0 & c_{33} & \cdots & c_{3n} \\ \vdots & \vdots & \vdots & & \vdots \\ 0 & 0 & c_{m3} & \cdots & c_{mn} \end{pmatrix}
$$

$$
\xrightarrow[j=3,\ 4,\ \cdots,\ n]{c_j - c_{2j} \times c_2} \begin{pmatrix} 1 & 0 & 0 & \cdots & 0 \\ 0 & 1 & 0 & \cdots & 0 \\ 0 & 0 & c_{33} & \cdots & c_{3n} \\ \vdots & \vdots & \vdots & & \vdots \\ 0 & 0 & c_{m3} & \cdots & c_{mn} \end{pmatrix} = \begin{pmatrix} \boldsymbol{E}_2 & \boldsymbol{0} \\ \boldsymbol{0} & \boldsymbol{A}_2 \end{pmatrix} = \boldsymbol{C}
$$

其中，

$$
\boldsymbol{A}_2 = \begin{pmatrix} c_{33} & \cdots & c_{3n} \\ \vdots & & \vdots \\ c_{m3} & \cdots & c_{mn} \end{pmatrix}
$$

如果 $\boldsymbol{A}_2 = \boldsymbol{0}$，那么 $\boldsymbol{A}$ 已经是式(2.5.1)的形式了．如果 $\boldsymbol{A}_2 \neq 0$，如此继续下去，经过有限次初等变换后，就可把矩阵 $\boldsymbol{A}$ 化成式(2.5.1)的形式．

称式(2.5.1)为 $m \times n$ 矩阵 $\boldsymbol{A}$ 的等价标准形．即任何一个矩阵都可以经过一系列初等变换化为标准形．标准形中的数 r 是行阶梯形矩阵的非零行的行数，

它的意义我们将在矩阵的秩一节做具体的介绍.

例 2.5.2 化矩阵

$$A=\begin{pmatrix}1&0&3&1&2\\-1&3&0&-2&1\\2&1&7&2&5\\4&2&14&0&10\end{pmatrix}$$

为等价标准形.

解 对矩阵 A 作初等变换:

$$A=\begin{pmatrix}1&0&3&1&2\\-1&3&0&-2&1\\2&1&7&2&5\\4&2&14&0&10\end{pmatrix}$$

$$\xrightarrow[r_4-4r_1]{\substack{r_2+r_1\\r_3-2r_1}}\begin{pmatrix}1&0&3&1&2\\0&3&3&-1&3\\0&1&1&0&1\\0&2&2&-4&2\end{pmatrix}$$

$$\xrightarrow[c_5-2c_1]{\substack{c_3-3c_1\\c_4-c_1}}\begin{pmatrix}1&0&0&0&0\\0&3&3&-1&3\\0&1&1&0&1\\0&2&2&-4&2\end{pmatrix}\xrightarrow{r_2\leftrightarrow r_3}\begin{pmatrix}1&0&0&0&0\\0&1&1&0&1\\0&3&3&-1&3\\0&2&2&-4&2\end{pmatrix}$$

$$\xrightarrow[r_4-2r_2]{r_3-3r_2}\begin{pmatrix}1&0&0&0&0\\0&1&1&0&1\\0&0&0&-1&0\\0&0&0&-4&0\end{pmatrix}\xrightarrow[c_5-c_2]{c_3-c_2}\begin{pmatrix}1&0&0&0&0\\0&1&0&0&0\\0&0&0&-1&0\\0&0&0&-4&0\end{pmatrix}$$

$$\xrightarrow[(-1)\times r_3]{r_4-4r_3}\begin{pmatrix}1&0&0&0&0\\0&1&0&0&0\\0&0&0&1&0\\0&0&0&0&0\end{pmatrix}\xrightarrow{c_3\leftrightarrow c_4}\begin{pmatrix}1&0&0&0&0\\0&1&0&0&0\\0&0&1&0&0\\0&0&0&0&0\end{pmatrix}$$

故矩阵 A 的等价标准形为

$$\begin{pmatrix}1&0&0&0&0\\0&1&0&0&0\\0&0&1&0&0\\0&0&0&0&0\end{pmatrix}$$

2.6 初等矩阵

矩阵的初等变换建立了矩阵的等价关系，这种关系如何用等式来刻画？初等矩阵便是解决这一问题的桥梁. 本节首先介绍初等矩阵的概念、初等矩阵与矩阵的初等变换的关系，最后给出利用矩阵的初等变换求逆矩阵的方法.

1. 初等矩阵的概念

定义 2.6.1 单位矩阵经过一次初等变换后得到的矩阵称为初等矩阵.

矩阵的三种初等行变换对应下面三种初等矩阵：

(1) 把单位矩阵 $\boldsymbol{E}_n$ 的第 i，j 两行交换位置得到的初等矩阵是

$$\boldsymbol{R}(i,\ j)=\begin{pmatrix}1 &&&&&&&&\\ &\ddots&&&&&&&\\ &&1&&&&&&\\ &&&0&\cdots&1&&&\\ &&&&1&&&&\\ &&&\vdots&\ddots&\vdots&&&\\ &&&&&1&&&\\ &&&1&\cdots&0&&&\\ &&&&&&1&&\\ &&&&&&&\ddots&\\ &&&&&&&&1\end{pmatrix}\begin{matrix}\\ \\ \\ i\text{ 行}\\ \\ \\ \\ j\text{ 行}\\ \\ \\ \\ \end{matrix}$$

(2) 以非零数 k 乘以单位矩阵 $\boldsymbol{E}_n$ 的第 i 行得到的初等矩阵是

$$\boldsymbol{R}(i(k))=\begin{pmatrix}1&&&&\\ &\ddots&&&\\ &&k&&\\ &&&\ddots&\\ &&&&1\end{pmatrix}\begin{matrix}\\ \\ i\text{ 行}\\ \\ \\ \end{matrix}$$

(3) 把单位矩阵 $\boldsymbol{E}_n$ 的第 j 行的 k 倍加到第 i 行上去得到的初等矩阵是

$$\boldsymbol{R}(i,\ j(k))=\begin{pmatrix}1&&&&&&\\&\ddots&&&&&\\&&1&\cdots&k&&\\&&&\ddots&\vdots&&\\&&&&1&&\\&&&&&\ddots&\\&&&&&&1\end{pmatrix}\begin{matrix}\\ \\ i\text{ 行}\\ \\ j\text{ 行}\\ \\ \\ \end{matrix}$$

矩阵的三种初等列变换对应下面三种初等矩阵：

(1) 把单位矩阵 $\boldsymbol{E}_n$ 的第 i，j 两列交换位置，得到的初等矩阵是

$$\boldsymbol{C}(i,\ j)=\begin{pmatrix}1&&&&&&&&&&\\&\ddots&&&&&&&&&\\&&1&&&&&&&&\\&&&0&&\cdots&&1&&&\\&&&&1&&&&&&\\&&&\vdots&&\ddots&&\vdots&&&\\&&&&&&1&&&&\\&&&1&&\cdots&&0&&&\\&&&&&&&&1&&\\&&&&&&&&&\ddots&\\&&&&&&&&&&1\end{pmatrix}$$

$$i\text{ 列}\qquad\qquad\qquad j\text{ 列}$$

(2) 以非零数 k 乘以单位矩阵 $\boldsymbol{E}_n$ 的第 i 列，得到的初等矩阵是

$$\boldsymbol{C}(i(k))=\begin{pmatrix}1&&&&\\&\ddots&&&\\&&k&&\\&&&\ddots&\\&&&&1\end{pmatrix}$$

$$i\text{ 列}$$

(3) 把单位矩阵 $\boldsymbol{E}_n$ 的第 j 列的 k 倍加到第 i 列上去，得到的初等矩阵是

$$C(i,\ j(k))=\begin{pmatrix}1 & & & & & & \\ & \ddots & & & & & \\ & & 1 & & & & \\ & & \vdots & \ddots & & & \\ & & k & \cdots & 1 & & \\ & & & & & \ddots & \\ & & & & & & 1\end{pmatrix}$$

i 列　　j 列

2. 初等矩阵与矩阵的初等变换的关系

定理 2.6.1　对一个 $m\times n$ 矩阵 $\boldsymbol{A}$ 作一次初等行变换相当于在 $\boldsymbol{A}$ 的左边乘一个相应的 m 阶初等矩阵；对 $\boldsymbol{A}$ 作一次初等列变换相当于在 $\boldsymbol{A}$ 的右边乘一个相应的 n 阶初等矩阵.

证明　这里只对行变换的情形进行证明，列变换的情形可同样证明. 把矩阵 $\boldsymbol{A}$ 按行分块，令 $\boldsymbol{\alpha}_1$，$\boldsymbol{\alpha}_2$，…，$\boldsymbol{\alpha}_m$ 分别表示 $\boldsymbol{A}$ 的第 1，2，…，m 行，则

$$\boldsymbol{A}=\begin{pmatrix}\boldsymbol{\alpha}_1\\ \boldsymbol{\alpha}_2\\ \vdots\\ \boldsymbol{\alpha}_m\end{pmatrix}$$

由分块矩阵的乘法得

$$\boldsymbol{R}(i,\ j)\boldsymbol{A}=\begin{pmatrix}\boldsymbol{\alpha}_1\\ \vdots\\ \boldsymbol{\alpha}_j\\ \vdots\\ \boldsymbol{\alpha}_i\\ \vdots\\ \boldsymbol{\alpha}_m\end{pmatrix}\begin{matrix}\\ \\ i\text{ 行}\\ \\ j\text{ 行}\\ \\ \\ \end{matrix}$$

所以 $\boldsymbol{R}(i,\ j)\boldsymbol{A}$ 相当于对 $\boldsymbol{A}$ 作“第 i 行与第 j 行交换位置”的初等行变换. 因为

$$\boldsymbol{R}(i(k))\boldsymbol{A}=\begin{pmatrix}\boldsymbol{\alpha}_1\\ \vdots\\ k\boldsymbol{\alpha}_i\\ \vdots\\ \boldsymbol{\alpha}_m\end{pmatrix}\begin{matrix}\\ \\ i\text{ 行}\\ \\ \\ \end{matrix}$$

所以 $\boldsymbol{R}(i(k))\boldsymbol{A}$ 相当于对 $\boldsymbol{A}$ 作"用数 k 乘 $\boldsymbol{A}$ 的第 i 行"的初等行变换. 因为

$$\boldsymbol{R}(i,\ j(k))\boldsymbol{A}=\begin{pmatrix}\boldsymbol{\alpha}_1\\ \vdots\\ \boldsymbol{\alpha}_i+k\boldsymbol{\alpha}_j\\ \vdots\\ \boldsymbol{\alpha}_j\\ \vdots\\ \boldsymbol{\alpha}_m\end{pmatrix}\begin{matrix}\\ \\ i\text{ 行}\\ \\ j\text{ 行}\\ \\ \\ \end{matrix}$$

所以 $\boldsymbol{R}(i,\ j(k))\boldsymbol{A}$ 相当于对 $\boldsymbol{A}$ 作"把 $\boldsymbol{A}$ 的第 j 行的 k 倍加到第 i 行上去"的初等行变换.

容易证明，初等矩阵都是可逆的，它们的逆矩阵还是初等矩阵，即

$$\boldsymbol{R}(i,\ j)^{-1}=\boldsymbol{R}(i,\ j),\ \boldsymbol{R}(i(k))^{-1}=\boldsymbol{R}(i(k^{-1})),\ \boldsymbol{R}(i,\ j(k))^{-1}=\boldsymbol{R}(i,\ j(-k))$$

$$\boldsymbol{C}(i,\ j)^{-1}=\boldsymbol{C}(i,\ j),\ \boldsymbol{C}(i(k))^{-1}=\boldsymbol{C}(i(k^{-1})),\ \boldsymbol{C}(i,\ j(k))^{-1}=\boldsymbol{C}(i,\ j(-k))$$

初等矩阵的转置还是初等矩阵，即

$$\boldsymbol{R}(i,\ j)^{\mathrm{T}}=\boldsymbol{R}(i,\ j),\ \boldsymbol{R}(i(k))^{\mathrm{T}}=\boldsymbol{R}(i(k)),\ \boldsymbol{R}(i,\ j(k))^{\mathrm{T}}=\boldsymbol{R}(j,\ i(k))$$

$$\boldsymbol{C}(i,\ j)^{\mathrm{T}}=\boldsymbol{C}(i,\ j),\ \boldsymbol{C}(i(k))^{\mathrm{T}}=\boldsymbol{C}(i(k)),\ \boldsymbol{C}(i,\ j(k))^{\mathrm{T}}=\boldsymbol{C}(j,\ i(k))$$

定理 2.6.2 两个 $m\times n$ 矩阵 $\boldsymbol{A}$ 与 $\boldsymbol{B}$ 等价的充要条件是存在 m 阶初等矩阵 $\boldsymbol{P}_1$，$\boldsymbol{P}_2$，…，$\boldsymbol{P}_s$ 及 n 阶初等矩阵 $\boldsymbol{Q}_1$，$\boldsymbol{Q}_2$，…，$\boldsymbol{Q}_t$，使得

$$\boldsymbol{B}=\boldsymbol{P}_1\boldsymbol{P}_2\cdots\boldsymbol{P}_s\boldsymbol{A}\boldsymbol{Q}_1\boldsymbol{Q}_2\cdots\boldsymbol{Q}_t$$

证明 必要性. 设 $m\times n$ 矩阵 $\boldsymbol{A}$ 与 $\boldsymbol{B}$ 等价，则矩阵 $\boldsymbol{A}$ 经过有限次初等行、列变换就变成了矩阵 $\boldsymbol{B}$. 由矩阵的初等变换与初等矩阵的关系可知，存在 m 阶初等矩阵 $\boldsymbol{P}_1$，$\boldsymbol{P}_2$，…，$\boldsymbol{P}_s$ 及 n 阶初等矩阵 $\boldsymbol{Q}_1$，$\boldsymbol{Q}_2$，…，$\boldsymbol{Q}_t$，使得

$$\boldsymbol{B}=\boldsymbol{P}_1\boldsymbol{P}_2\cdots\boldsymbol{P}_s\boldsymbol{A}\boldsymbol{Q}_1\boldsymbol{Q}_2\cdots\boldsymbol{Q}_t$$

充分性. 如果存在 m 阶初等矩阵 $\boldsymbol{P}_1$，$\boldsymbol{P}_2$，…，$\boldsymbol{P}_s$ 及 n 阶初等矩阵 $\boldsymbol{Q}_1$，$\boldsymbol{Q}_2$，…，$\boldsymbol{Q}_t$，使得

$$\boldsymbol{B}=\boldsymbol{P}_1\boldsymbol{P}_2\cdots\boldsymbol{P}_s\boldsymbol{A}\boldsymbol{Q}_1\boldsymbol{Q}_2\cdots\boldsymbol{Q}_t$$

由矩阵的初等变换与初等矩阵的关系可知，$\boldsymbol{A}$ 与 $\boldsymbol{B}$ 等价.

定理 2.6.3 n 阶矩阵 $\boldsymbol{A}$ 可逆的充要条件是存在 n 阶初等矩阵 $\boldsymbol{Q}_1$，$\boldsymbol{Q}_2$，…，$\boldsymbol{Q}_t$，使得

$$\boldsymbol{A}=\boldsymbol{Q}_1\boldsymbol{Q}_2\cdots\boldsymbol{Q}_t$$

证明 充分性. 设存在 n 阶初等矩阵 $\boldsymbol{Q}_1$，$\boldsymbol{Q}_2$，…，$\boldsymbol{Q}_t$，使得

$$\boldsymbol{A}=\boldsymbol{Q}_1\boldsymbol{Q}_2\cdots\boldsymbol{Q}_t$$

因为初等矩阵都是可逆的，有限个可逆矩阵的乘积还是可逆矩阵，故 $\boldsymbol{A}$ 可逆.

必要性. 设 n 阶矩阵 $\boldsymbol{A}$ 可逆，且 $\boldsymbol{A}$ 的等价标准形为 $\boldsymbol{Y}$，由于 $\boldsymbol{Y}$ 与 $\boldsymbol{A}$ 等价，所以 $\boldsymbol{Y}$ 经过有限次初等变换可化成 $\boldsymbol{A}$，即有初等矩阵 $\boldsymbol{Q}_1$，$\boldsymbol{Q}_2$，…，$\boldsymbol{Q}_t$，使得

$$\boldsymbol{A}=\boldsymbol{Q}_1\cdots\boldsymbol{Q}_s\boldsymbol{Y}\boldsymbol{Q}_{s+1}\cdots\boldsymbol{Q}_t$$

因为矩阵 $\boldsymbol{A}$ 可逆，初等矩阵 $\boldsymbol{Q}_1$，$\boldsymbol{Q}_2$，…，$\boldsymbol{Q}_t$ 也都可逆，所以标准形 $\boldsymbol{Y}$ 可逆. 假设

$$\boldsymbol{Y}=\begin{pmatrix}\boldsymbol{E}_r & \boldsymbol{0}\\ \boldsymbol{0} & \boldsymbol{0}\end{pmatrix}_n$$

中的 $r<n$，则 $|\boldsymbol{Y}|=0$，这与 $\boldsymbol{Y}$ 可逆矛盾，因此有 $r=n$，即 $\boldsymbol{Y}$ 是 n 阶单位矩阵. 故

$$\boldsymbol{A}=\boldsymbol{Q}_1\boldsymbol{Q}_2\cdots\boldsymbol{Q}_t$$

由定理 2.6.2 与定理 2.6.3 可得下面定理.

定理 2.6.4 两个 $m\times n$ 矩阵 $\boldsymbol{A}$ 与 $\boldsymbol{B}$ 等价的充要条件是存在 m 阶可逆矩阵 $\boldsymbol{P}$ 及 n 阶可逆矩阵 $\boldsymbol{Q}$，使得

$$\boldsymbol{B}=\boldsymbol{PAQ}$$

证明 必要性. 若两个 $m\times n$ 矩阵 $\boldsymbol{A}$ 与 $\boldsymbol{B}$ 等价，则存在 m 阶初等矩阵 $\boldsymbol{P}_1$，$\boldsymbol{P}_2$，…，$\boldsymbol{P}_s$ 及 n 阶初等矩阵 $\boldsymbol{Q}_1$，$\boldsymbol{Q}_2$，…，$\boldsymbol{Q}_t$，使得

$$\boldsymbol{B}=\boldsymbol{P}_1\boldsymbol{P}_2\cdots\boldsymbol{P}_s\boldsymbol{A}\boldsymbol{Q}_1\boldsymbol{Q}_2\cdots\boldsymbol{Q}_t$$

令 $\boldsymbol{P}=\boldsymbol{P}_1\boldsymbol{P}_2\cdots\boldsymbol{P}_s$，$\boldsymbol{Q}=\boldsymbol{Q}_1\boldsymbol{Q}_2\cdots\boldsymbol{Q}_t$，故存在 m 阶可逆矩阵 $\boldsymbol{P}$ 及 n 阶可逆矩阵 $\boldsymbol{Q}$，使得

$$\boldsymbol{B}=\boldsymbol{PAQ}$$

充分性. 若存在 m 阶可逆矩阵 $\boldsymbol{P}$ 及 n 阶可逆矩阵 $\boldsymbol{Q}$，使得 $\boldsymbol{B}=\boldsymbol{PAQ}$，则存在 m 阶初等矩阵 $\boldsymbol{P}_1$，$\boldsymbol{P}_2$，…，$\boldsymbol{P}_s$ 及 n 阶初等矩阵 $\boldsymbol{Q}_1$，$\boldsymbol{Q}_2$，…，$\boldsymbol{Q}_t$，使得

$$\boldsymbol{P}=\boldsymbol{P}_1\boldsymbol{P}_2\cdots\boldsymbol{P}_s,\ \boldsymbol{Q}=\boldsymbol{Q}_1\boldsymbol{Q}_2\cdots\boldsymbol{Q}_t$$

于是

$$\boldsymbol{B}=\boldsymbol{P}_1\boldsymbol{P}_2\cdots\boldsymbol{P}_s\boldsymbol{A}\boldsymbol{Q}_1\boldsymbol{Q}_2\cdots\boldsymbol{Q}_t$$

故矩阵 $\boldsymbol{A}$ 与 $\boldsymbol{B}$ 等价.

定理 2.6.5 n 阶矩阵 $\boldsymbol{A}$ 可逆的充要条件是 $\boldsymbol{A}$ 与 n 阶单位矩阵 $\boldsymbol{E}$ 等价.

证明 必要性. 设 $\boldsymbol{A}$ 是 n 阶可逆矩阵，则存在 n 阶初等矩阵 $\boldsymbol{Q}_1$，$\boldsymbol{Q}_2$，…，$\boldsymbol{Q}_t$，使得

$$\boldsymbol{A}=\boldsymbol{Q}_1\boldsymbol{Q}_2\cdots\boldsymbol{Q}_t$$

即

$$\boldsymbol{A}=\boldsymbol{Q}_1\boldsymbol{Q}_2\cdots\boldsymbol{Q}_t\boldsymbol{E}$$

所以 $\boldsymbol{A}$ 与 n 阶单位矩阵 $\boldsymbol{E}$ 等价.

充分性. 设 $\boldsymbol{A}$ 与 n 阶单位矩阵 $\boldsymbol{E}$ 等价，则存在 n 阶初等矩阵 $\boldsymbol{Q}_1$，$\boldsymbol{Q}_2$，…，$\boldsymbol{Q}_t$，使得

$$\boldsymbol{A}=\boldsymbol{Q}_1\cdots\boldsymbol{Q}_s\boldsymbol{E}\boldsymbol{Q}_{s+1}\cdots\boldsymbol{Q}_t$$

即

$$\boldsymbol{A}=\boldsymbol{Q}_1\boldsymbol{Q}_2\cdots\boldsymbol{Q}_t$$

所以 $\boldsymbol{A}$ 是 n 阶可逆矩阵.

定理 2.6.6 设 $\boldsymbol{A}$ 是 $m\times n$ 矩阵，则存在 m 阶可逆矩阵 $\boldsymbol{P}$ 与 n 阶可逆矩阵 $\boldsymbol{Q}$，使得

$$\boldsymbol{PAQ}=\begin{pmatrix}\boldsymbol{E}_r & \boldsymbol{0}\\ \boldsymbol{0} & \boldsymbol{0}\end{pmatrix}$$

其中，$\begin{pmatrix}\boldsymbol{E}_r & \boldsymbol{0}\\ \boldsymbol{0} & \boldsymbol{0}\end{pmatrix}$是矩阵 $\boldsymbol{A}$ 的等价标准形.

证明 设矩阵 $\boldsymbol{A}$ 的等价标准形为$\begin{pmatrix}\boldsymbol{E}_r & \boldsymbol{0}\\ \boldsymbol{0} & \boldsymbol{0}\end{pmatrix}$，则 $\boldsymbol{A}$ 与$\begin{pmatrix}\boldsymbol{E}_r & \boldsymbol{0}\\ \boldsymbol{0} & \boldsymbol{0}\end{pmatrix}$等价，故存在 m 阶可逆矩阵 $\boldsymbol{P}$ 与 n 阶可逆矩阵 $\boldsymbol{Q}$，使得

$$\boldsymbol{PAQ}=\begin{pmatrix}\boldsymbol{E}_r & \boldsymbol{0}\\ \boldsymbol{0} & \boldsymbol{0}\end{pmatrix}$$

定理 2.6.7 任何一个 n 阶可逆矩阵都可以经过一系列初等行变换化成 n 阶单位矩阵 $\boldsymbol{E}$.

证明 设 $\boldsymbol{A}$ 为 n 阶可逆矩阵，则存在 n 阶初等矩阵 $\boldsymbol{Q}_1$，$\boldsymbol{Q}_2$，…，$\boldsymbol{Q}_t$，使得

$$\boldsymbol{A}=\boldsymbol{Q}_1\boldsymbol{Q}_2\cdots\boldsymbol{Q}_t$$

即

$$\boldsymbol{A}=\boldsymbol{Q}_1\boldsymbol{Q}_2\cdots\boldsymbol{Q}_t\boldsymbol{E}$$

于是

$$\boldsymbol{Q}_t^{-1}\boldsymbol{Q}_{t-1}^{-1}\cdots\boldsymbol{Q}_2^{-1}\boldsymbol{Q}_1^{-1}\boldsymbol{A}=\boldsymbol{E}$$

所以 $\boldsymbol{A}$ 可以经过一系列初等行变换化成 n 阶单位矩阵 $\boldsymbol{E}$.

3. 用初等变换法求矩阵的逆矩阵

利用初等矩阵与初等变换的关系可以给出求逆矩阵的新方法.

设 $\boldsymbol{A}$ 是 n 阶可逆矩阵，$\boldsymbol{B}$ 是 $n\times m$ 矩阵，我们知道，矩阵方程

$$\boldsymbol{AX}=\boldsymbol{B}$$

的解是

$$X=A^{-1}B$$

而 A^{-1}可表示为有限个初等矩阵 Q_1，Q_2，…，Q_t 的乘积，即

$$A^{-1}=Q_1Q_2\cdots Q_t$$

因为 $A^{-1}A=E$，于是

$$Q_1Q_2\cdots Q_tA=E \tag{2.6.1}$$

因为

$$A^{-1}=Q_1Q_2\cdots Q_t$$

两边同时右乘矩阵 B，得

$$Q_1Q_2\cdots Q_tB=A^{-1}B \tag{2.6.2}$$

式(2.6.1)说明 A 经过一系列初等行变换可化成 E，而式(2.6.2)说明 B 经过同样的一系列初等行变换可化成 $A^{-1}B$. 用分块矩阵把两式合并为

$$Q_1Q_2\cdots Q_t(A,B)=(E,A^{-1}B)$$

综上所述，要解矩阵方程 $AX=B$，求 X，只要对分块矩阵(A,B)作初等行变换，当把分块矩阵(A,B)左边的 A 化成单位矩阵 E 时，分块矩阵(A,B)右边的 B 就化成了 $A^{-1}B$，即

$$(A,B)\xrightarrow{r}(E,A^{-1}B)$$

由此得分块矩阵$(E,A^{-1}B)$右边的矩阵 $A^{-1}B$ 就是矩阵方程 $AX=B$ 的解. 故矩阵方程 $AX=B$ 的解是

$$X=A^{-1}B$$

特别地，当 $B=E$ 时，只要对分块矩阵(A,E)作初等行变换，当把分块矩阵(A,E)左边的矩阵 A 化成单位矩阵 E 时，分块矩阵(A,E)右边的矩阵 E 就化成了 A^{-1}，即

$$(A,E)\xrightarrow{r}(E,A^{-1})$$

由此得分块矩阵(E,A^{-1})右边的矩阵 A^{-1}就是矩阵 A 的逆矩阵.

这样就给出了解矩阵方程与矩阵求逆的初等变换法.

例 2.6.1 解矩阵方程 $AX=B+X$，其中，

$$A=\begin{pmatrix}3&1&-3\\1&3&-2\\-1&3&3\end{pmatrix},\quad B=\begin{pmatrix}1&-1\\2&0\\-2&5\end{pmatrix}$$

解 由 $AX=B+X$ 得

$$(A-E)X=B$$

而

$$A-E=\begin{pmatrix}2&1&-3\\1&2&-2\\-1&3&2\end{pmatrix}$$

对矩阵$(A-E, B)$作初等行变换，将其化为行简化阶梯形矩阵：

$$(A-E, B)=\begin{pmatrix}2&1&-3&1&-1\\1&2&-2&2&0\\-1&3&2&-2&5\end{pmatrix}$$

$$\xrightarrow[r_3+r_1]{\substack{r_1\leftrightarrow r_2\\ r_2-2r_1}}\begin{pmatrix}1&2&-2&2&0\\0&-3&1&-3&-1\\0&5&0&0&5\end{pmatrix}$$

$$\xrightarrow[r_3+3r_2]{\substack{r_3\leftrightarrow r_2\\ 5^{-1}\times r_2}}\begin{pmatrix}1&2&-2&2&0\\0&1&0&0&1\\0&0&1&-3&2\end{pmatrix}$$

$$\xrightarrow[r_1+2r_3]{r_1-2r_2}\begin{pmatrix}1&0&0&-4&2\\0&1&0&0&1\\0&0&1&-3&2\end{pmatrix}$$

可见$A-E$与E等价，因此$A-E$可逆，且矩阵方程$AX=B+X$的解为

$$X=\begin{pmatrix}-4&2\\0&1\\-3&2\end{pmatrix}$$

例 2.6.2 求矩阵

$$A=\begin{pmatrix}1&0&0\\-1&1&1\\-1&4&3\end{pmatrix}$$

的逆矩阵.

解 因为

$$(A, E)=\begin{pmatrix}1&0&0&1&0&0\\-1&1&1&0&1&0\\-1&4&3&0&0&1\end{pmatrix}\xrightarrow[r_3+r_1]{r_2+r_1}\begin{pmatrix}1&0&0&1&0&0\\0&1&1&1&1&0\\0&4&3&1&0&1\end{pmatrix}$$

$$\xrightarrow{r_3-4r_2}\begin{pmatrix}1&0&0&1&0&0\\0&1&1&1&1&0\\0&0&-1&-3&-4&1\end{pmatrix}$$

$$\xrightarrow[-1\times r_3]{r_2+r_3}\begin{pmatrix}1&0&0&1&0&0\\0&1&0&-2&-3&1\\0&0&1&3&4&-1\end{pmatrix}$$

所以 $\boldsymbol{A}$ 与 $\boldsymbol{E}$ 等价，因此 $\boldsymbol{A}$ 是可逆矩阵，且

$$\boldsymbol{A}^{-1}=\begin{pmatrix}1&0&0\\-2&-3&1\\3&4&-1\end{pmatrix}$$

类似地，利用初等变换还可以解矩阵方程 $\boldsymbol{YA}=\boldsymbol{B}$，只要把方程 $\boldsymbol{YA}=\boldsymbol{B}$ 两端转置，即 $\boldsymbol{A}^{\mathrm{T}}\boldsymbol{Y}^{\mathrm{T}}=\boldsymbol{B}^{\mathrm{T}}$，然后对 $(\boldsymbol{A}^{\mathrm{T}},\ \boldsymbol{B}^{\mathrm{T}})$ 作初等行变换，得

$$(\boldsymbol{A}^{\mathrm{T}},\ \boldsymbol{B}^{\mathrm{T}})\xrightarrow{\text{初等行变换}}(\boldsymbol{E}^{\mathrm{T}},\ (\boldsymbol{A}^{\mathrm{T}})^{-1}\boldsymbol{B}^{\mathrm{T}})$$

即

$$\boldsymbol{Y}^{\mathrm{T}}=(\boldsymbol{A}^{\mathrm{T}})^{-1}\boldsymbol{B}^{\mathrm{T}}=(\boldsymbol{BA}^{-1})^{\mathrm{T}}$$

故矩阵方程 $\boldsymbol{YA}=\boldsymbol{B}$ 的解是

$$\boldsymbol{Y}=\boldsymbol{BA}^{-1}$$

2.7 矩阵的秩

1. 矩阵的秩的概念

我们知道，对于 $m\times n$ 矩阵 $\boldsymbol{A}$，总可以经过一系列初等变换把它化成标准形

$$\begin{pmatrix}\boldsymbol{E}_r&\boldsymbol{0}\\\boldsymbol{0}&\boldsymbol{0}\end{pmatrix}\tag{2.7.1}$$

此标准形由 m，n，r 三个数完全确定，那么这个整数 r 与矩阵 $\boldsymbol{A}$ 的关系如何呢？它是由矩阵 $\boldsymbol{A}$ 所唯一确定的，还是依赖于所作的初等变换呢？本节就来讨论这个问题.

首先给出矩阵的子式的概念.

定义 2.7.1 在 $m\times n$ 矩阵 $\boldsymbol{A}$ 中，任取 k 个行 k 个列 $(0<k\leqslant\min\{m,\ n\})$，位于这些行列交叉处的 k^2 个元素按照原来的相对位置构成的 k 阶行列式，称为矩阵 $\boldsymbol{A}$ 的 k 阶子式.

例如，取矩阵

$$A=\begin{pmatrix}1&2&4&3&5\\5&1&2&3&1\\2&5&6&8&9\\7&1&0&2&4\end{pmatrix}$$

的第一、三行，第二、四列，位于这些行列交叉处的元素所构成的二阶子式是

$$\begin{vmatrix}2&3\\5&8\end{vmatrix}=1$$

取矩阵 $\boldsymbol{A}$ 的第二、三、四行，第一、二、五列，位于这些行列交叉处的元素所构成的三阶子式是

$$\begin{vmatrix}5&1&1\\2&5&9\\7&1&4\end{vmatrix}$$

下面我们看一看式(2.7.1)矩阵中的整数 r 与这个矩阵的子式之间的关系. 若 $r>0$，这时式(2.7.1)矩阵有一个 r 阶子式

$$\left.\begin{vmatrix}1&0&\cdots&0\\0&1&\cdots&0\\\vdots&\vdots&\ddots&\vdots\\0&0&\cdots&1\end{vmatrix}\right\}r\text{ 行}$$

显然这个子式不等于零. 但是式(2.7.1)矩阵中不含阶数高于 r 的不等于零的 k 阶子式，这是因为当 $r<k\leqslant\min\{m, n\}$ 时，式(2.7.1)矩阵中的任何一个阶数高于 r 的 k 阶子式中都至少含有一个元素全为零的行，所以它必然等于零. 这样 r 就是式(2.7.1)矩阵的所有不等于零的子式的最高阶数. 由此给出矩阵的秩的概念.

定义 2.7.2 若 $m\times n$ 矩阵 $\boldsymbol{A}$ 的不等于零的子式的最高阶数是 r，则称数 r 为矩阵 $\boldsymbol{A}$ 的秩. 若 $m\times n$ 矩阵 $\boldsymbol{A}$ 不存在不等于零的子式，则规定这个矩阵的秩是零.

矩阵 $\boldsymbol{A}$ 的秩记作 $r(\boldsymbol{A})$. 显然，只有零矩阵的秩是 0.

对于 $m\times n$ 矩阵 $\boldsymbol{A}$，显然有

$$0\leqslant r(\boldsymbol{A})\leqslant\min\{m, n\}$$

若矩阵 $\boldsymbol{A}$ 中有一个 s 阶子式不等于 0，则 $r(\boldsymbol{A})\geqslant s$；若矩阵 $\boldsymbol{A}$ 中所有的 t 阶子式都等于 0，则 $r(\boldsymbol{A})<t$.

由于行列式等于它的转置行列式的值，所以矩阵 $\boldsymbol{A}$ 与 $\boldsymbol{A}^{\mathrm{T}}$ 对应的子式都相

等，从而

$$r(\boldsymbol{A}^{\mathrm{T}})=r(\boldsymbol{A})$$

由矩阵秩的定义可知，n 阶矩阵 $\boldsymbol{A}$ 可逆当且仅当 $r(\boldsymbol{A})=n$.

这样，式(2.7.1)矩阵中出现的整数 r 就是式(2.7.1)矩阵的秩. 下面我们要证明式(2.7.1)矩阵中的这个整数 r 也是矩阵 $\boldsymbol{A}$ 的秩. 因此，整数 r 是由矩阵 $\boldsymbol{A}$ 唯一确定的.

定理 2.7.1 矩阵的初等变换不改变矩阵的秩.

证明 设 $\boldsymbol{A}=(a_{ij})$ 是 $m\times n$ 矩阵，先证明 $\boldsymbol{A}$ 经过一次初等行变换变成 $\boldsymbol{B}$ 时，有 $r(\boldsymbol{A})\leqslant r(\boldsymbol{B})$. 设 $r(\boldsymbol{A})=r$，我们分别就三种初等行变换来证明 $r(\boldsymbol{A})\leqslant r(\boldsymbol{B})$.

第一种：把矩阵 $\boldsymbol{A}$ 的第 i 行与第 j 行交换得矩阵 $\boldsymbol{B}$ 的情形. 令 $\boldsymbol{D}$ 是由 $\boldsymbol{A}$ 的第 i_1，i_2，…，i_r 行与第 j_1，j_2，…，j_r 列组成的一个 r 阶的非零子式，在 $\boldsymbol{B}$ 中总可以找到与 $\boldsymbol{A}$ 的第 i_1，i_2，…，i_r 行和第 j_1，j_2，…，j_r 列对应的行与列，由这些行与列按照在 $\boldsymbol{B}$ 中的相对位置组成的 r 阶子式记为 $\boldsymbol{D}'$. 由行列式的性质可知，$\boldsymbol{D}'=\boldsymbol{D}$ 或 $\boldsymbol{D}'=-\boldsymbol{D}$. 所以 $\boldsymbol{B}$ 中存在 r 阶的非零子式，故 $r(\boldsymbol{A})\leqslant r(\boldsymbol{B})$.

第二种：把矩阵 $\boldsymbol{A}$ 的第 i 行乘以非零数 k 得矩阵 $\boldsymbol{B}$ 的情形. 令 D 是由 $\boldsymbol{A}$ 的第 i_1，i_2，…，i_r 行与第 j_1，j_2，…，j_r 列组成的一个 r 阶的非零子式，在 $\boldsymbol{B}$ 中总可以找到与 $\boldsymbol{A}$ 的第 i_1，i_2，…，i_r 行和第 j_1，j_2，…，j_r 列对应的行与列，由这些行与列按照在 $\boldsymbol{B}$ 中的相对位置组成的 r 阶子式记为 D'，由行列式的性质可知，$D'=kD$，或 $D'=D$. 所以 $\boldsymbol{B}$ 中存在 r 阶的非零子式，故 $r(\boldsymbol{A})\leqslant r(\boldsymbol{B})$.

第三种：把矩阵 $\boldsymbol{A}$ 的第 j 行的 k 倍加到第 i 行上去得矩阵 $\boldsymbol{B}$ 的情形. 令 D 是由 $\boldsymbol{A}$ 的第 i_1，i_2，…，i_r 行与第 j_1，j_2，…，j_r 列组成的一个 r 阶的非零子式，则在 $\boldsymbol{B}$ 中总可以找到与 A 的第 i_1，i_2，…，i_r 行和第 j_1，j_2，…，j_r 列对应的行与列，由这些行与列按照在 $\boldsymbol{B}$ 中的相对位置组成的 r 阶子式记为 D'. 分两种情况讨论：

(1) 若 D 不包含矩阵 $\boldsymbol{A}$ 的第 i 行，由行列式的性质可知，$D'=D$，所以 $\boldsymbol{B}$ 中存在 r 阶的非零子式，故 $r(\boldsymbol{A})\leqslant r(\boldsymbol{B})$.

(2) 若 D 包含 $\boldsymbol{A}$ 的第 i 行，这时令

$$D=\begin{vmatrix} a_{i_1j_1} & a_{i_1j_2} & \cdots & a_{i_1j_r} \\ \vdots & \vdots & & \vdots \\ a_{ij_1} & a_{ij_2} & \cdots & a_{ij_r} \\ \vdots & \vdots & & \vdots \\ a_{i_rj_1} & a_{i_rj_2} & \cdots & a_{i_rj_r} \end{vmatrix},\ D_1=\begin{vmatrix} a_{i_1j_1} & a_{i_1j_2} & \cdots & a_{i_1j_r} \\ \vdots & \vdots & & \vdots \\ a_{jj_1} & a_{jj_2} & \cdots & a_{jj_r} \\ \vdots & \vdots & & \vdots \\ a_{i_rj_1} & a_{i_rj_2} & \cdots & a_{i_rj_r} \end{vmatrix}$$

则

$$D'=\begin{vmatrix} a_{i_1j_1} & a_{i_1j_2} & \cdots & a_{i_1j_r} \\ \vdots & \vdots & & \vdots \\ a_{ij_1}+ka_{jj_1} & a_{ij_2}+ka_{jj_2} & \cdots & a_{ij_r}+ka_{jj_r} \\ \vdots & \vdots & & \vdots \\ a_{i_rj_1} & a_{i_rj_2} & \cdots & a_{i_rj_r} \end{vmatrix}$$

$$=\begin{vmatrix} a_{i_1j_1} & a_{i_1j_2} & \cdots & a_{i_1j_r} \\ \vdots & \vdots & & \vdots \\ a_{ij_1} & a_{ij_2} & \cdots & a_{ij_r} \\ \vdots & \vdots & & \vdots \\ a_{i_rj_1} & a_{i_rj_2} & \cdots & a_{i_rj_r} \end{vmatrix}+k\begin{vmatrix} a_{i_1j_1} & a_{i_1j_2} & \cdots & a_{i_1j_r} \\ \vdots & \vdots & & \vdots \\ a_{jj_1} & a_{jj_2} & \cdots & a_{jj_r} \\ \vdots & \vdots & & \vdots \\ a_{i_rj_1} & a_{i_rj_2} & \cdots & a_{i_rj_r} \end{vmatrix}$$

$$=D+kD_1$$

若 D 包含矩阵 $\boldsymbol{A}$ 的第 j 行元素 a_{jj_1}，a_{jj_2}，$\cdots$，a_{jj_r}，则 D_1 中就有两行都包含矩阵 $\boldsymbol{A}$ 的第 j 行元素 a_{jj_1}，a_{jj_2}，$\cdots$，a_{jj_r}，故 $D_1=0$，因此 $D'=D\neq 0$.

若 D 不包含矩阵 $\boldsymbol{A}$ 的第 j 行元素 a_{jj_1}，a_{jj_2}，$\cdots$，a_{jj_r}，则 D_1 也是 $\boldsymbol{B}$ 的一个 r 阶子式，由 $D'-kD_1=D$ 可知，D'，D_1 不同时为零，总之，在 $\boldsymbol{B}$ 中存在非零的 r 阶子式 D' 或 D_1，故有 $r(\boldsymbol{A})\leqslant r(B)$.

上面我们证明了 $\boldsymbol{A}$ 经过一次初等行变换变成 $\boldsymbol{B}$ 时，有 $r(\boldsymbol{A})\leqslant r(\boldsymbol{B})$. 由于矩阵的初等变换是互逆的，即 $\boldsymbol{B}$ 经过一次初等行变换也可以变成 $\boldsymbol{A}$，故也有 $r(\boldsymbol{B})\leqslant r(\boldsymbol{A})$. 因此 $r(\boldsymbol{A})=r(\boldsymbol{B})$.

经过一次初等行变换矩阵的秩不改变，这样经过有限次初等行变换矩阵的秩也不改变.

设 $\boldsymbol{A}$ 经过初等列变换变成 $\boldsymbol{B}$，则 $\boldsymbol{A}^{\mathrm{T}}$ 经过初等行变换可变成 $\boldsymbol{B}^{\mathrm{T}}$，从而 $r(\mathrm{A}^{\mathrm{T}})=r(\boldsymbol{B}^{\mathrm{T}})$，又 $r(\boldsymbol{A})=r(\boldsymbol{A}^{\mathrm{T}})$，$r(\boldsymbol{B}^{\mathrm{T}})=r(\boldsymbol{B})$，所以 $r(\boldsymbol{A})=r(\boldsymbol{B})$.

故若 $\boldsymbol{A}$ 经过有限次初等变换变成 $\boldsymbol{B}$ 时，都有 $r(\boldsymbol{A})=r(\boldsymbol{B})$.

此定理告诉我们矩阵标准形中的整数 r 是由矩阵本身唯一确定的. 它是矩阵自身的重要属性.

下面讨论如何求一个矩阵的秩.

2. 矩阵的秩求法

先看两个例子.

例 2.7.1 求矩阵

$$A=\begin{pmatrix}1&2&3\\1&3&5\\4&7&10\end{pmatrix}$$

的秩.

解 在矩阵 A 中，因为有一个二阶子式

$$\begin{vmatrix}1&2\\1&3\end{vmatrix}=1\neq0$$

而三阶子式

$$|A|=\begin{vmatrix}1&2&3\\1&3&5\\4&7&10\end{vmatrix}=0$$

所以

$$r(A)=2$$

例 2.7.2 求矩阵

$$A=\begin{pmatrix}2&1&2&3&7&7&1\\0&3&1&5&8&5&9\\0&0&0&1&9&2&4\\0&0&0&0&0&0&0\\0&0&0&0&0&0&0\end{pmatrix}$$

的秩.

解 矩阵 A 是一个行阶梯形矩阵，它有三个非零行，因此 A 的所有四阶子式全为零，取三个非零行，并取三个非零行的第一个非零元素所在的列，组成一个以三个非零行的第一个非零元素为对角线的行列式

$$\begin{vmatrix}2&1&3\\0&3&5\\0&0&1\end{vmatrix}=6$$

因为这个行列式不等于零，所以 $r(A)=3$.

通过上面的例子可知，用秩的定义计算一个矩阵的秩是很麻烦的事，然而我们发现上面例子中行阶梯形矩阵的秩恰好等于它的非零行的行数，这并非偶然.

定理 2.7.2 行阶梯形矩阵的秩等于它的非零行的行数.

证明 设 $m\times n$ 矩阵 A 是一个行阶梯形矩阵，它有 r 个非零行，其它行均

为零行，显然它的任何一个 $r+1$ 阶子式都等于零，由行列式的性质可知，矩阵 $\boldsymbol{A}$ 的阶数高于 $\boldsymbol{r}$ 的任何子式都等于零. 取 $\boldsymbol{r}$ 个非零行，并取 $\boldsymbol{r}$ 个非零行的第一个非零元素所在的列，组成一个以 r 个非零行的第一个非零元素为对角线的行列式，此行列式的值一定不等于零，即 $\boldsymbol{A}$ 中存在 r 阶非零子式，故 $r(\boldsymbol{A})=r$. 也就是 $\boldsymbol{A}$ 的非零行的行数.

因为初等变换不改变矩阵的秩，而初等行变换可以把矩阵化为行阶梯形矩阵，且行阶梯形矩阵的秩等于它的非零行的行数，所以我们要计算矩阵的秩，只要先把矩阵利用初等变换化成行阶梯形矩阵，然后数一数行阶梯形矩阵的非零行的行数，就得到了原矩阵的秩.

例 2.7.3 求矩阵

$$\boldsymbol{A}=\begin{pmatrix} 1 & -2 & 2 & -1 & 1 \\ 2 & -4 & 8 & 0 & 2 \\ -2 & 4 & -2 & 3 & 3 \\ 3 & -6 & 0 & -6 & 4 \end{pmatrix}$$

的秩.

解 对矩阵 $\boldsymbol{A}$ 作初等行变换化成行阶梯形矩阵：

$$\boldsymbol{A}\xrightarrow[r_4-3r_1]{\substack{r_2-2r_1\\ r_3+2r_1}}\begin{pmatrix} 1 & -2 & 2 & -1 & 1 \\ 0 & 0 & 4 & 2 & 0 \\ 0 & 0 & 2 & 1 & 5 \\ 0 & 0 & -6 & -3 & 1 \end{pmatrix}\xrightarrow[r_4+3r_2]{\substack{r_2\div 2\\ r_3-r_2}}\begin{pmatrix} 1 & -2 & 2 & -1 & 1 \\ 0 & 0 & 2 & 1 & 0 \\ 0 & 0 & 0 & 0 & 5 \\ 0 & 0 & 0 & 0 & 1 \end{pmatrix}$$

$$\xrightarrow[r_4-r_3]{r_3\div 5}\begin{pmatrix} 1 & -2 & 0 & 1 & 0 \\ 0 & 0 & 2 & 1 & 0 \\ 0 & 0 & 0 & 0 & 1 \\ 0 & 0 & 0 & 0 & 0 \end{pmatrix}$$

因此 $r(\boldsymbol{A})=3$.

推论 2.7.1 两个 $m\times n$ 矩阵 $\boldsymbol{A}$ 与 $\boldsymbol{B}$ 等价的充要条件是 $r(\boldsymbol{A})=r(\boldsymbol{B})$.

证明 必要性. 设矩阵 $\boldsymbol{A}$ 与 $\boldsymbol{B}$ 等价，由定理 2.7.1 可得

$$r(\boldsymbol{A})=r(\boldsymbol{B})$$

充分性. 若 $r(\boldsymbol{A})=r(\boldsymbol{B})=r$，则矩阵 $\boldsymbol{A}$ 与 $\boldsymbol{B}$ 有相同的等价标准形

$$\begin{pmatrix} \boldsymbol{E}_r & \boldsymbol{0} \\ \boldsymbol{0} & \boldsymbol{0} \end{pmatrix}$$

利用矩阵等价的对称性与传递性可知，$\boldsymbol{A}$ 与 $\boldsymbol{B}$ 等价.

定理 2.7.3 设 $\boldsymbol{A}$ 是 $m\times n$ 矩阵，$\boldsymbol{P}$ 是 m 阶可逆矩阵，$\boldsymbol{Q}$ 是 n 阶可逆矩阵，则

$$r(\boldsymbol{PA})=r(\boldsymbol{AQ})=r(\boldsymbol{PAQ})=r(\boldsymbol{A})$$

证明 令 $\boldsymbol{B}=\boldsymbol{PA}$，因为 $\boldsymbol{P}$ 是 m 阶可逆矩阵，从而 $\boldsymbol{P}$ 可表示成有限个初等矩阵的乘积，所以 $\boldsymbol{PA}$ 相当于对矩阵 $\boldsymbol{A}$ 作了有限次初等行变换变成了矩阵 $\boldsymbol{B}$，又初等行变换不会改变矩阵的秩，故

$$r(\boldsymbol{PA})=r(\boldsymbol{A})$$

同理可证得

$$r(\boldsymbol{AQ})=r(\boldsymbol{PAQ})=r(\boldsymbol{A})$$

定理 2.7.4 设 $\boldsymbol{A}$ 是 $m\times n$ 矩阵，$\boldsymbol{B}$ 是 $m\times p$ 矩阵，则

$$\max\{r(\boldsymbol{A}),\ r(\boldsymbol{B})\}\leqslant r(\boldsymbol{A},\ \boldsymbol{B})\leqslant r(\boldsymbol{A})+r(\boldsymbol{B})$$

证明 因为 $\boldsymbol{A}$ 的最高阶不等于零的子式总是$(\boldsymbol{A},\ \boldsymbol{B})$的一个不等于零的子式，所以 $r(\boldsymbol{A})\leqslant r(\boldsymbol{A},\ \boldsymbol{B})$；同理 $r(\boldsymbol{B})\leqslant r(\boldsymbol{A},\ \boldsymbol{B})$. 即 $\max\{r(\boldsymbol{A}),\ r(\boldsymbol{B})\}\leqslant r(\boldsymbol{A},\ \boldsymbol{B})$.

设 $r(\boldsymbol{A})=r$，$r(\boldsymbol{B})=t$. 对矩阵 $\boldsymbol{A}^{\mathrm{T}}$ 与 $\boldsymbol{B}^{\mathrm{T}}$ 分别作初等行变换化成行阶梯形矩阵 $\boldsymbol{C}$ 与 $\boldsymbol{D}$，则 $\boldsymbol{C}$ 与 $\boldsymbol{D}$ 中分别含有 r 与 t 个非零行，故可设

$$\boldsymbol{A}^{\mathrm{T}}\xrightarrow{r}\boldsymbol{C}$$

$$\boldsymbol{B}^{\mathrm{T}}\xrightarrow{r}\boldsymbol{D}$$

从而

$$(\boldsymbol{A},\ \boldsymbol{B})^{\mathrm{T}}=\begin{pmatrix}\boldsymbol{A}^{\mathrm{T}}\\ \boldsymbol{B}^{\mathrm{T}}\end{pmatrix}\xrightarrow{r}\begin{pmatrix}\boldsymbol{C}\\ \boldsymbol{D}\end{pmatrix}$$

由于 $\begin{pmatrix}\boldsymbol{C}\\ \boldsymbol{D}\end{pmatrix}$ 中只含有 $r+t$ 个非零行，故

$$r\begin{pmatrix}\boldsymbol{C}\\ \boldsymbol{D}\end{pmatrix}\leqslant r+t$$

又

$$r(\boldsymbol{A},\ \boldsymbol{B})=r\,(\boldsymbol{A},\ \boldsymbol{B})^{\mathrm{T}}=r\begin{pmatrix}\boldsymbol{C}\\ \boldsymbol{D}\end{pmatrix}$$

所以

$$r(\boldsymbol{A},\ \boldsymbol{B})\leqslant r+t$$

即

$$r(\boldsymbol{A},\ \boldsymbol{B})\leqslant r(\boldsymbol{A})+r(\boldsymbol{B})$$

定理 2.7.5 设 $\boldsymbol{A}$, $\boldsymbol{B}$ 是 $m\times n$ 矩阵，则 $r(\boldsymbol{A}+\boldsymbol{B})\leqslant r(\boldsymbol{A})+r(\boldsymbol{B})$.

证明 对矩阵 $(\boldsymbol{A}+\boldsymbol{B}, \boldsymbol{B})$ 作把第 $n+i$ 列的 -1 倍加到第 $i(i=1, 2, \cdots, n)$ 列的初等列变换，得

$$(\boldsymbol{A}+\boldsymbol{B}, \boldsymbol{B})\xrightarrow[i=1, 2, \cdots, n]{c_i-c_{n+i}}(\boldsymbol{A}, \boldsymbol{B})$$

故

$$r(\boldsymbol{A}+\boldsymbol{B})\leqslant r(\boldsymbol{A}+\boldsymbol{B}, \boldsymbol{B})=r(\boldsymbol{A}, \boldsymbol{B})\leqslant r(\boldsymbol{A})+r(\boldsymbol{B})$$

定理 2.7.6 设 $\boldsymbol{A}$ 是 $m\times p$ 矩阵，$\boldsymbol{B}$ 是 $p\times n$ 矩阵，则 $r(\boldsymbol{AB})\leqslant\min\{r(\boldsymbol{A}), r(\boldsymbol{B})\}$.

证明 设 $r(\boldsymbol{A})=k$，则存在 m 阶可逆矩阵 $\boldsymbol{P}$ 与 p 阶可逆矩阵 $\boldsymbol{Q}$，使得

$$\boldsymbol{A}=\boldsymbol{P}\begin{pmatrix}\boldsymbol{E}_k & \boldsymbol{0}\\ \boldsymbol{0} & \boldsymbol{0}\end{pmatrix}\boldsymbol{Q}$$

两边同时右乘矩阵 $\boldsymbol{B}$，得

$$\boldsymbol{AB}=\boldsymbol{P}\begin{pmatrix}\boldsymbol{E}_k & \boldsymbol{0}\\ \boldsymbol{0} & \boldsymbol{0}\end{pmatrix}\boldsymbol{QB}$$

将矩阵 $\boldsymbol{QB}$ 分块为

$$\boldsymbol{QB}=\begin{pmatrix}\boldsymbol{B}_1\\ \boldsymbol{B}_2\end{pmatrix}$$

其中，$\boldsymbol{B}_1$ 是 $k\times n$ 矩阵，$\boldsymbol{B}_2$ 是 $(p-k)\times n$ 矩阵. 于是

$$\boldsymbol{AB}=\boldsymbol{P}\begin{pmatrix}\boldsymbol{E}_k & \boldsymbol{0}\\ \boldsymbol{0} & \boldsymbol{0}\end{pmatrix}\boldsymbol{QB}=\boldsymbol{P}\begin{pmatrix}\boldsymbol{E}_k & \boldsymbol{0}\\ \boldsymbol{0} & \boldsymbol{0}\end{pmatrix}\begin{pmatrix}\boldsymbol{B}_1\\ \boldsymbol{B}_2\end{pmatrix}=\boldsymbol{P}\begin{pmatrix}\boldsymbol{B}_1\\ \boldsymbol{0}\end{pmatrix}$$

因为 $r(\boldsymbol{AB})=r(\boldsymbol{B}_1)$，而 $r(\boldsymbol{B}_1)\leqslant k$，所以

$$r(\boldsymbol{AB})\leqslant k=r(\boldsymbol{A})$$

同理可证得

$$r(\boldsymbol{AB})\leqslant r(\boldsymbol{B})$$

故

$$r(\boldsymbol{AB})\leqslant\min\{r(\boldsymbol{A}), r(\boldsymbol{B})\}$$

例 2.7.4 设 $\boldsymbol{A}$ 是秩为 r 的 n 阶矩阵，证明存在秩为 $n-r$ 的 n 阶矩阵 $\boldsymbol{B}$，使得 $\boldsymbol{AB}=\boldsymbol{BA}=\boldsymbol{0}$.

证明 因为 $\boldsymbol{A}$ 是秩为 r 的 n 阶矩阵，所以存在 n 阶可逆矩阵 $\boldsymbol{P}$, $\boldsymbol{Q}$ 使得

$$\boldsymbol{PAQ}=\begin{pmatrix}\boldsymbol{E}_r & \boldsymbol{0}\\ \boldsymbol{0} & \boldsymbol{0}\end{pmatrix}$$

于是

$$\boldsymbol{A}=\boldsymbol{P}^{-1}\begin{pmatrix}\boldsymbol{E}_r & \boldsymbol{0}\\ \boldsymbol{0} & \boldsymbol{0}\end{pmatrix}\boldsymbol{Q}^{-1}$$

令矩阵

$$\boldsymbol{B}=\boldsymbol{Q}\begin{pmatrix}\boldsymbol{0} & \boldsymbol{0}\\ \boldsymbol{0} & \boldsymbol{E}_{n-r}\end{pmatrix}\boldsymbol{P}$$

则 $r(\boldsymbol{B})=n-r$，且

$$\boldsymbol{AB}=\boldsymbol{P}^{-1}\begin{pmatrix}\boldsymbol{E}_r & \boldsymbol{0}\\ \boldsymbol{0} & \boldsymbol{0}\end{pmatrix}\boldsymbol{Q}^{-1}\boldsymbol{Q}\begin{pmatrix}\boldsymbol{0} & \boldsymbol{0}\\ \boldsymbol{0} & \boldsymbol{E}_{n-r}\end{pmatrix}\boldsymbol{P}=\boldsymbol{P}^{-1}\begin{pmatrix}\boldsymbol{E}_r & \boldsymbol{0}\\ \boldsymbol{0} & \boldsymbol{0}\end{pmatrix}\begin{pmatrix}\boldsymbol{0} & \boldsymbol{0}\\ \boldsymbol{0} & \boldsymbol{E}_{n-r}\end{pmatrix}\boldsymbol{P}=\boldsymbol{0}$$

$$\boldsymbol{BA}=\boldsymbol{Q}\begin{pmatrix}\boldsymbol{0} & \boldsymbol{0}\\ \boldsymbol{0} & \boldsymbol{E}_{n-r}\end{pmatrix}\boldsymbol{P}\boldsymbol{P}^{-1}\begin{pmatrix}\boldsymbol{E}_r & \boldsymbol{0}\\ \boldsymbol{0} & \boldsymbol{0}\end{pmatrix}\boldsymbol{Q}^{-1}=\boldsymbol{Q}\begin{pmatrix}\boldsymbol{0} & \boldsymbol{0}\\ \boldsymbol{0} & \boldsymbol{E}_{n-r}\end{pmatrix}\begin{pmatrix}\boldsymbol{E}_r & \boldsymbol{0}\\ \boldsymbol{0} & \boldsymbol{0}\end{pmatrix}\boldsymbol{Q}^{-1}=\boldsymbol{0}$$

故

$$\boldsymbol{AB}=\boldsymbol{BA}=\boldsymbol{0}$$

习　题　2

1. 设 $\boldsymbol{A}=\begin{pmatrix}2 & 1 & 2\\ 3 & 1 & 3\\ 1 & -1 & 2\end{pmatrix}$，$\boldsymbol{B}=\begin{pmatrix}2 & 9 & 2\\ -1 & -6 & 3\\ -2 & 2 & -1\end{pmatrix}$，求 $\boldsymbol{A}-2\boldsymbol{B}$，$\boldsymbol{AB}$，$\boldsymbol{A}^{\mathrm{T}}+\boldsymbol{B}$，$|2\boldsymbol{A}+\boldsymbol{B}|$.

2. 计算下列矩阵的乘积.

(1) $\begin{pmatrix}1 & 2 & -1\\ 1 & -2 & 3\\ 2 & 1 & 4\end{pmatrix}\begin{pmatrix}1\\ 2\\ -1\end{pmatrix}$；

(2) $\begin{pmatrix}2 & 1 & 0\\ 1 & 1 & 2\\ -1 & 2 & 1\end{pmatrix}\begin{pmatrix}3 & 1 & -2\\ 3 & -2 & 4\\ -3 & 5 & -1\end{pmatrix}$；

(3) $(1,\ 2,\ 3)\begin{pmatrix}3\\ 2\\ 1\end{pmatrix}$；

(4) $\begin{pmatrix}3\\2\\1\end{pmatrix}(1,\ 2,\ 3)$;

(5) $(1,\ 2,\ -1)\begin{pmatrix}1 & -1 & 1\\0 & 3 & 2\\1 & 0 & 4\end{pmatrix}\begin{pmatrix}1\\-1\\2\end{pmatrix}$.

3. 已知 $f(x)=2x^3-3x+4$，$\boldsymbol{A}=\begin{pmatrix}1 & 0 & 0\\1 & -1 & 0\\0 & 1 & 1\end{pmatrix}$，求 $f(\boldsymbol{A})$.

4. 已知矩阵 $\boldsymbol{A}=\begin{pmatrix}a & 1 & 0\\0 & a & 1\\0 & 0 & a\end{pmatrix}$，求 $\boldsymbol{A}^n$.

5. 求下列矩阵的逆矩阵.

(1) $\begin{pmatrix}1 & 2\\3 & 4\end{pmatrix}$;

(2) $\begin{pmatrix}2 & 2 & -1\\1 & -2 & 4\\5 & 8 & 2\end{pmatrix}$;

(3) $\begin{pmatrix}1 & 2 & 3\\0 & 1 & -1\\1 & 0 & 2\end{pmatrix}$;

(4) $\begin{pmatrix}1 & 0 & 0 & 0\\1 & 2 & 0 & 0\\2 & -4 & 3 & 0\\1 & 2 & 6 & 4\end{pmatrix}$.

6. 解下列矩阵方程.

(1) $\begin{pmatrix}2 & 5\\1 & 3\end{pmatrix}\boldsymbol{X}=\begin{pmatrix}4 & 6\\2 & 1\end{pmatrix}$;

(2) $\begin{pmatrix}1 & 1 & 0\\1 & 2 & 0\\0 & 1 & 1\end{pmatrix}\boldsymbol{X}\begin{pmatrix}2 & 4 & 1\\3 & 1 & 3\\0 & 0 & 2\end{pmatrix}=\begin{pmatrix}1 & 2 & 0\\1 & 0 & 2\\0 & 4 & 1\end{pmatrix}$.

7. 设 $\boldsymbol{A}$ 为 3 阶矩阵，$|\boldsymbol{A}|=\dfrac{1}{2}$，求 $|5\boldsymbol{A}^*-(2\boldsymbol{A})^{-1}|$.

8. 设矩阵 $\boldsymbol{A}=\begin{pmatrix}1 & -1 & 0\\0 & 1 & -1\\-1 & 0 & 1\end{pmatrix}$，已知 $\boldsymbol{AB}=\boldsymbol{A}+2\boldsymbol{B}$，求 $\boldsymbol{B}$.

9. 设 $\boldsymbol{A}$ 是 n 阶矩阵，$\boldsymbol{A}^2-\boldsymbol{A}-2\boldsymbol{E}=\boldsymbol{0}$，证明 $\boldsymbol{A}$ 与 $\boldsymbol{A}+2\boldsymbol{E}$ 都可逆，并求 $\boldsymbol{A}^{-1}$ 与 $(\boldsymbol{A}+2\boldsymbol{E})^{-1}$.

10. 设矩阵 $\boldsymbol{A}=\begin{pmatrix}2&1&0&0\\3&2&0&0\\0&0&5&2\\0&0&2&1\end{pmatrix}$，求 $\boldsymbol{A}^3$.

11. 利用分块矩阵求下列矩阵的逆矩阵.

(1) $\begin{pmatrix}1&0&0&0\\1&2&0&0\\2&1&3&0\\1&2&1&4\end{pmatrix}$；　(2) $\begin{pmatrix}2&1&0&0\\3&2&0&0\\0&0&5&2\\0&0&2&1\end{pmatrix}$.

12. 设 $\boldsymbol{A}$ 是 n 阶矩阵($n\geqslant 2$)，证明 $|\boldsymbol{A}^*|=|\boldsymbol{A}|^{n-1}$.

13. 设 $\boldsymbol{A}$，$\boldsymbol{B}$ 是 n 阶矩阵，$\boldsymbol{A}+\boldsymbol{B}=\boldsymbol{AB}$.

(1) 证明 $\boldsymbol{A}-\boldsymbol{E}$ 可逆；

(2) 如果 $\boldsymbol{B}=\begin{pmatrix}2&1&3\\0&3&5\\0&0&3\end{pmatrix}$，求 $\boldsymbol{A}-\boldsymbol{E}$ 的逆矩阵.

14. 求下列矩阵的等价标准形.

(1) $\begin{pmatrix}1&2&-1\\1&2&0\\2&4&6\end{pmatrix}$；

(2) $\begin{pmatrix}1&-1&3&-4&3\\3&-3&5&-4&1\\2&-2&3&-2&0\\3&-3&4&-2&-1\end{pmatrix}$.

15. 用初等变换法求下列矩阵的逆矩阵.

(1) $\begin{pmatrix}1&1&-1\\3&1&0\\1&2&0\end{pmatrix}$；　(2) $\begin{pmatrix}1&0&1\\2&1&-2\\1&-1&2\end{pmatrix}$；

(3) $\begin{pmatrix} 1 & 2 & 0 & 1 \\ 0 & 2 & 2 & 1 \\ 1 & -2 & -1 & 1 \\ 0 & 1 & 2 & 1 \end{pmatrix}$.

16. 求下列矩阵的秩.

(1) $\begin{pmatrix} 1 & 2 & 3 \\ 1 & -1 & 2 \\ 2 & 1 & 5 \end{pmatrix}$;

(2) $\begin{pmatrix} 2 & 1 & 3 & -1 & 2 \\ 3 & -1 & 2 & 0 & 0 \\ 4 & -3 & 1 & 1 & 1 \\ 1 & 3 & 4 & -2 & -1 \end{pmatrix}$.

第三章 向量与线性方程组

线性代数的研究起源于解方程，而线性方程组是代数中最简单且重要的内容，它在现实生活中有广泛的应用，现实生活中许多问题都需要用线性方程组来解决. 本书第一章已经介绍了用克拉默法则解线性方程组，本章将用向量空间和矩阵理论讨论一般的线性方程组的解法及解的结构.

3.1 消元法解线性方程组

在初等数学中接触的线性方程组都是未知数的个数等于方程的个数的特殊线性方程组，而且一般未知数的个数很少(仅限于 2～4 个)，但是现实问题中遇到的线性方程组未知数的个数及方程的个数有时是很多的，这就需要讨论一般的线性方程组的解法. 下面首先给出线性方程组的概念.

定义 3.1.1 由 m 个方程 n 个未知数组成的方程组

$$\begin{cases} a_{11}x_1 + a_{12}x_2 + \cdots + a_{1n}x_n = b_1 \\ a_{21}x_1 + a_{22}x_2 + \cdots + a_{2n}x_n = b_2 \\ \qquad\vdots \\ a_{m1}x_1 + a_{m2}x_2 + \cdots + a_{mn}x_n = b_m \end{cases} \tag{3.1.1}$$

称为线性方程组，其中 $x_1, x_2, \cdots, x_n$ 是未知数，m 是方程的个数，$a_{ij}(i=1, \cdots, m; j=1, \cdots, n)$是未知数 x_j 的系数，$b_i(i=1, \cdots, m)$是常数项. 令

$$\boldsymbol{A}=\begin{pmatrix} a_{11} & a_{12} & \cdots & a_{1n} \\ a_{21} & a_{22} & \cdots & a_{2n} \\ \vdots & \vdots & & \vdots \\ a_{m1} & a_{m2} & \cdots & a_{mn} \end{pmatrix}, \bar{\boldsymbol{A}}=\begin{pmatrix} a_{11} & a_{12} & \cdots & a_{1n} & b_1 \\ a_{21} & a_{22} & \cdots & a_{2n} & b_2 \\ \vdots & \vdots & & \vdots & \vdots \\ a_{m1} & a_{m2} & \cdots & a_{mn} & b_m \end{pmatrix}$$

$$X=\begin{pmatrix}x_1\\x_2\\\vdots\\x_n\end{pmatrix},\ \beta=\begin{pmatrix}b_1\\b_2\\\vdots\\b_m\end{pmatrix}$$

称 A 为线性方程组(3.1.1)的系数矩阵，$\bar{A}$ 为线性方程组(3.1.1)的增广矩阵. 根据矩阵的乘法，线性方程组(3.1.1)可表示为

$$AX=\beta$$

必须指出，线性方程组(3.1.1)中方程的个数不一定等于未知数的个数，也就是说方程的个数与未知数的个数没有必然的联系.

定义 3.1.2 设 $c_1, c_2, \cdots, c_n$ 是 n 个数，若取

$$x_1=c_1,\ x_2=c_2,\ \cdots,\ x_n=c_n$$

则有

$$\begin{cases}a_{11}c_1+a_{12}c_2+\cdots+a_{1n}c_n=b_1\\a_{21}c_1+a_{22}c_2+\cdots+a_{2n}c_n=b_2\\\qquad\qquad\vdots\\a_{m1}c_1+a_{m2}c_2+\cdots+a_{mn}c_n=b_m\end{cases}$$

成立，则称

$$x_1=c_1,\ x_2=c_2,\ \cdots,\ x_n=c_n$$

是线性方程组(3.1.1)的一个解. 线性方程组(3.1.1)的解的全体称为线性方程组(3.1.1)的解集. 若解集是空集，则称线性方程组(3.1.1)无解.

解线性方程组就是求它的解集. 如果两个线性方程组有相同的解集，那么就称它们是同解的.

如何求解一般的线性方程组呢？从初等数学知道，解二、三元线性方程组的基本方法是加减消元法，这种方法也适用于求解一般的线性方程组. 下面介绍如何用消元法来解一般的线性方程组.

先看一个例子.

例 3.1.1 解线性方程组

$$\begin{cases}3x_1-5x_2+5x_3=3\\x_1-2x_2+3x_3=1\\2x_1-4x_2+8x_3=4\end{cases}$$

解 交换第一个方程与第二个方程的位置，得

$$\begin{cases} x_1-2x_2+3x_3 \quad =1 \\ 3x_1-5x_2+5x_3=3 \\ 2x_1-4x_2+8x_3=4 \end{cases}$$

把第一个方程的-3倍加到第二个方程，把第一个方程的-2倍加到第三个方程，得

$$\begin{cases} x_1-2x_2+3x_3=1 \\ x_2-4x_3=0 \\ 2x_3=2 \end{cases}$$

再把第三个方程乘以$\frac{1}{2}$，得

$$\begin{cases} x_1-2x_2+3x_3=1 \\ x_2-4x_3=0 \\ x_3=1 \end{cases}$$

把第三个方程的4倍加到第二个方程，第三个方程的-3倍加到第一个方程，得

$$\begin{cases} x_1-2x_2 \quad =-2 \\ x_2 \quad =4 \\ x_3=1 \end{cases}$$

把第二个方程的2倍加到第一个方程，得

$$\begin{cases} x_1=6 \\ x_2=4 \\ x_3=1 \end{cases}$$

故线性方程组的解是

$$\begin{cases} x_1=6 \\ x_2=4 \\ x_3=1 \end{cases}$$

分析一下消元法，不难看出，消元法解线性方程组实际上是反复地对线性方程组进行下列三种变换：

(1) 交换某两个方程的位置；

(2) 用非零的数k乘某一个方程；

(3) 把一个方程的k倍加到另一个方程上去.

线性方程组的这三种变换称为线性方程组的初等变换.

定理 3.1.1 线性方程组的初等变换保持线性方程组的同解性.

证明 我们只对第三种初等变换来证明，其它两种可以类似证明.

对线性方程组

$$\begin{cases} a_{11}x_1+a_{12}x_2+\cdots+a_{1n}x_n=b_1 \\ a_{21}x_1+a_{22}x_2+\cdots+a_{2n}x_n=b_2 \\ \quad\vdots \\ a_{m1}x_1+a_{m2}x_2+\cdots+a_{mn}x_n=b_m \end{cases} \tag{3.1.2}$$

施行第三种初等变换. 把式(3.1.2)的第二个方程的 k 倍加到第一个方程得到新方程组

$$\begin{cases} (a_{11}+ka_{21})x_1+(a_{12}+ka_{22})x_2+\cdots+(a_{1n}+ka_{2n})x_n=b_1+kb_2 \\ a_{21}x_1+a_{22}x_2+\cdots+a_{2n}x_n=b_2 \\ \quad\vdots \\ a_{m1}x_1+a_{m2}x_2+\cdots+a_{mn}x_n=b_m \end{cases} \tag{3.1.3}$$

设 $x_1=c_1$，$x_2=c_2$，…，$x_n=c_n$ 是线性方程组(3.1.2)的解，则有等式组

$$\begin{cases} a_{11}c_1+a_{12}c_2+\cdots+a_{1n}c_n=b_1 \\ a_{21}c_1+a_{22}c_2+\cdots+a_{2n}c_n=b_2 \\ \quad\vdots \\ a_{m1}c_1+a_{m2}c_2+\cdots+a_{mn}c_n=b_m \end{cases} \tag{3.1.4}$$

把等式组(3.1.4)的第二式乘以 k 加到第一式，得

$$\begin{cases} (a_{11}+ka_{21})c_1+(a_{12}+ka_{22})c_2+\cdots+(a_{1n}+ka_{2n})c_n=b_1+kb_2 \\ a_{21}c_1+a_{22}c_2+\cdots+a_{2n}c_n=b_2 \\ \quad\vdots \\ a_{m1}c_1+a_{m2}c_2+\cdots+a_{mn}c_n=b_m \end{cases} \tag{3.1.5}$$

这说明 $x_1=c_1$，$x_2=c_2$，…，$x_n=c_n$ 是线性方程组(3.1.3)的解.

反之，设 $x_1=c_1$，$x_2=c_2$，…，$x_n=c_n$ 是线性方程组(3.1.3)解，则有等式组(3.1.5). 把等式组(3.1.5)的第二式乘以 $-k$ 加到第一式，可得等式组(3.1.4)，这说明 $x_1=c_1$，$x_2=c_2$，…，$x_n=c_n$ 是线性方程组(3.1.2)的解.

故初等变换保持线性方程组的同解性.

从例 3.1.1 知道，对线性方程组施行初等变换，实际上只是对线性方程组的系数和常数进行运算，未知数并没有参加运算，并且对线性方程组(3.1.1)施行初等变换就相当于对线性方程组(3.1.1)的增广矩阵施行相应的初等行变换. 为了书写简便，今后在用消元法解线性方程组时，只要写出线性方程组的增广矩阵的初等行变换的过程即可. 这样解线性方程组的问题就转化成矩阵的化简问题.

下面用矩阵的初等行变换来解例 3.1.1 的线性方程组，其过程可以与线性方程组的消元过程一一对应.

对线性方程组

$$\begin{cases}3x_1-5x_2+5x_3=3\\x_1-2x_2+3x_3=1\\2x_1-4x_2+8x_3=4\end{cases}$$

的增广矩阵施行初等行变换，将之化成行简化阶梯形矩阵

$$\bar{\boldsymbol{A}}=\begin{pmatrix}3&-5&5&3\\1&-2&3&1\\2&-4&8&4\end{pmatrix}\xrightarrow{r_1\leftrightarrow r_2}\begin{pmatrix}1&-2&3&1\\3&-5&5&3\\2&-4&8&4\end{pmatrix}$$

$$\xrightarrow[r_3-2r_1]{r_2-3r_1}\begin{pmatrix}1&-2&3&1\\0&1&-4&0\\0&0&2&2\end{pmatrix}\xrightarrow{\frac{1}{2}r_3}\begin{pmatrix}1&-2&3&1\\0&1&-4&0\\0&0&1&1\end{pmatrix}$$

$$\xrightarrow[r_2+4r_3]{r_1-3r_3}\begin{pmatrix}1&-2&0&-2\\0&1&0&4\\0&0&1&1\end{pmatrix}\xrightarrow{r_1+2r_2}\begin{pmatrix}1&0&0&6\\0&1&0&4\\0&0&1&1\end{pmatrix}$$

$$=\bar{\boldsymbol{B}}$$

从矩阵 $\bar{\boldsymbol{B}}$ 中可得与原线性方程组同解的线性方程组是

$$\begin{cases}x_1=6\\x_2=4\\x_3=1\end{cases}$$

由此可得原线性方程组的解是

$$\begin{cases}x_1=6\\x_2=4\\x_3=1\end{cases}$$

下面利用矩阵的秩来讨论线性方程组的解情况.

定理 3.1.2 设有线性方程组

$$\boldsymbol{A}_{m\times n}\boldsymbol{X}=\boldsymbol{\beta} \tag{3.1.6}$$

则

(1) 当 $r(\boldsymbol{A})\neq r(\overline{\boldsymbol{A}})$时，线性方程组((3.1.6)无解；

(2) 当 $r(\boldsymbol{A})=r(\overline{\boldsymbol{A}})=n$ 时，线性方程组(3.1.6)有唯一解；

(3) 当 $r(\boldsymbol{A})=r(\overline{\boldsymbol{A}})<n$ 时，线性方程组(3.1.6)有无穷多解.

证明 设 $r(\boldsymbol{A})=r$. 由于线性方程组的初等变换保持方程组的同解性，而对线性方程组作初等变换相当于对其增广矩阵作初等行变换，所以我们只要讨论线性方程组的增广矩阵化成行简化阶梯形矩阵后对应的线性方程组的解的情况就可以了. 为了叙述方便，不妨设线性方程组(3.1.6)的增广矩阵 $\overline{\boldsymbol{A}}$ 的行简化阶梯形矩阵是

$$\overline{\boldsymbol{B}}=\begin{pmatrix} 1 & 0 & \cdots & 0 & b_{1,\,r+1} & \cdots & b_n & d_1 \\ 0 & 1 & \cdots & 0 & b_{2,\,r+1} & \cdots & b_{2n} & d_2 \\ \vdots & \vdots & & \vdots & \vdots & & \vdots & \vdots \\ 0 & 0 & \cdots & 1 & b_{r,\,r+1} & \cdots & b_{rn} & d_r \\ 0 & 0 & \cdots & 0 & 0 & \cdots & 0 & d_{r+1} \\ 0 & 0 & \cdots & 0 & 0 & \cdots & 0 & 0 \\ \vdots & \vdots & & \vdots & \vdots & & \vdots & \vdots \\ 0 & 0 & \cdots & 0 & 0 & \cdots & 0 & 0 \end{pmatrix}$$

(1) 当 $r(\boldsymbol{A})\neq r(\overline{\boldsymbol{A}})$时，$\overline{\boldsymbol{B}}$ 中的 $d_{r+1}=1$. 于是 $\overline{\boldsymbol{B}}$ 的第 $r+1$ 行对应的方程为 $0=1$，这是一个矛盾方程，故线性方程组(3.1.6)无解.

(2) 当 $r(\boldsymbol{A})=r(\overline{\boldsymbol{A}})=n$ 时，$\overline{\boldsymbol{B}}$ 中的 $d_{r+1}=0$(或 d_{r+1} 不出现)，且 b_{ij} 不出现，于是 $\overline{\boldsymbol{B}}$ 对应的线性方程组是

$$\begin{cases} x_1=d_1 \\ x_2=d_2 \\ \quad\vdots \\ x_n=d_n \end{cases}$$

故线性方程组(3.1.6)有唯一解.

(3) 当 $r(\boldsymbol{A})=r(\overline{\boldsymbol{A}})<n$ 时，$\overline{\boldsymbol{B}}$ 中的 $d_{r+1}=0$(或 d_{r+1} 不出现)，于是 $\overline{\boldsymbol{B}}$ 对应的线性方程组是

$$
\begin{cases}
x_1=-b_{1,r+1}x_{r+1}-\cdots-b_{1n}x_n+d_1\\
x_2=-b_{2,r+1}x_{r+1}-\cdots-b_{2n}x_n+d_2\\
\qquad\vdots\\
x_r=-b_{r,r+1}x_{r+1}-\cdots-b_{rn}x_n+d_r
\end{cases}
\tag{3.1.7}
$$

让 x_{r+1}，…，x_n 任取一组值 $x_{r+1}=c_{r+1}$，…，$x_n=c_n$，代入方程组(3.1.7)即得线性方程组(3.1.6)的一个解

$$
\begin{cases}
x_1=-b_{1,r+1}c_{r+1}-\cdots-b_{1n}c_n+d_1\\
x_2=-b_{2,r+1}c_{r+1}-\cdots-b_{2n}c_n+d_2\\
\qquad\vdots\\
x_r=-b_{r,r+1}c_{r+1}-\cdots-b_{rn}c_n+d_r\\
x_{r+1}=c_{r+1}\\
\qquad\vdots\\
x_n=c_n
\end{cases}
$$

由于 x_{r+1}，…，x_n 的值可以任意选取，所以当 x_{r+1}，…，x_n 取不同的值时，就可以得到线性方程组(3.1.6)的不同的解，故线性方程组(3.1.6)有无穷多解，且称 x_{r+1}，…，x_n 为线性方程组(3.1.6)的一组自由未知数，称(3.1.7)为线性方程组(3.1.6)的一般解.

定理 3.1.2 的证明过程给出了线性方程组的求解步骤，现归纳如下：

(1) 对于线性方程组 $\boldsymbol{A}_{m\times n}\boldsymbol{X}=\boldsymbol{\beta}$，把它的增广矩阵 $\overline{\boldsymbol{A}}=(\boldsymbol{A},\boldsymbol{\beta})$ 化成行阶梯形矩阵 $\overline{\boldsymbol{C}}$，从 $\overline{\boldsymbol{C}}$ 中可以知道系数矩阵的秩 $r(\boldsymbol{A})$ 和增广矩阵的秩 $r(\overline{\boldsymbol{A}})$，若 $r(\boldsymbol{A})\neq r(\overline{\boldsymbol{A}})$，则线性方程组无解.

(2) 若 $r(\boldsymbol{A})=r(\overline{\boldsymbol{A}})$，则把 $\overline{\boldsymbol{C}}$ 进一步化成行简化阶梯形矩阵 $\overline{\boldsymbol{B}}$. 当 $r(\boldsymbol{A})=n$ 时，从 $\overline{\boldsymbol{B}}$ 中可以写出线性方程组的唯一解；当 $r(\boldsymbol{A})=r<n$ 时，把 $\overline{\boldsymbol{B}}$ 中 r 个非零行的第一个非零元素对应的未知数留在线性方程组的等号左边，其余的 $n-r$ 个未知数项移到等号右边取作自由未知数，这样就可以从 $\overline{\boldsymbol{B}}$ 中写出线性方程组的一般解.

下面我们通过例子来说明线性方程组的具体解法.

例 3.1.2 解线性方程组

$$
\begin{cases}
x_1+2x_2+3x_3+x_4=5\\
2x_1+4x_2-x_4=-2\\
-x_1-2x_2+3x_3+2x_4=7\\
x_1+2x_2-9x_3-5x_4=-19
\end{cases}
$$

解　首先对原线性方程组的增广矩阵 $\bar{A}$ 作初等行变换化成行阶梯形矩阵，即

$$\bar{A}=\begin{pmatrix}1&2&3&1&5\\2&4&0&-1&-2\\-1&-2&3&2&7\\1&2&-9&-5&-19\end{pmatrix}$$

$$\xrightarrow[r_4-r_1]{\substack{r_2-2r_1\\r_3+r_1}}\begin{pmatrix}1&2&3&1&5\\0&0&-6&-3&-12\\0&0&6&3&12\\0&0&-12&-6&-24\end{pmatrix}$$

$$\xrightarrow[r_4-2r_2]{r_3+r_2}\begin{pmatrix}1&2&3&1&5\\0&0&-6&-3&-12\\0&0&0&0&0\\0&0&0&0&0\end{pmatrix}=\bar{C}$$

由于 $r(A)=r(\bar{A})=2<4$，故原线性方程组有无穷多解. 再把 $\bar{C}$ 化为行简化阶梯形矩阵，即

$$\bar{C}\xrightarrow{-\frac{1}{6}r_2}\begin{pmatrix}1&2&3&1&5\\0&0&1&\frac{1}{2}&2\\0&0&0&0&0\\0&0&0&0&0\end{pmatrix}\xrightarrow{r_1-3r_2}\begin{pmatrix}1&2&0&-\frac{1}{2}&-1\\0&0&1&\frac{1}{2}&2\\0&0&0&0&0\\0&0&0&0&0\end{pmatrix}=\bar{B}$$

由 $\bar{B}$ 可得与原线性方程组同解的线性方程组是

$$\begin{cases}x_1+2x_2\quad-\frac{1}{2}x_4=-1\\ \qquad\qquad x_3+\frac{1}{2}x_4=2\end{cases}$$

所以原方程组的一般解是

$$\begin{cases}x_1=-2x_2+\frac{1}{2}x_4-1\\ x_3=\qquad\quad-\frac{1}{2}x_4+2\end{cases}$$

其中，x_2，x_4 为自由未知数.

例 3.1.3 解线性方程组

$$\begin{cases} x_1+x_2+2x_3+3x_4=1 \\ x_2+x_3-4x_4=1 \\ x_1+2x_2+3x_3-x_4=4 \\ 2x_1+3x_2-x_3-x_4=-6 \end{cases}$$

解 对原方程组的增广矩阵 $\bar{\boldsymbol{A}}$ 作初等行变换化成行阶梯形矩阵，即

$$\bar{\boldsymbol{A}}=\begin{pmatrix} 1 & 1 & 2 & 3 & 1 \\ 0 & 1 & 1 & -4 & 1 \\ 1 & 2 & 3 & -1 & 4 \\ 2 & 3 & -1 & -1 & -6 \end{pmatrix} \xrightarrow[r_4-2r_1]{r_3-r_1} \begin{pmatrix} 1 & 1 & 2 & 3 & 1 \\ 0 & 1 & 1 & -4 & 1 \\ 0 & 1 & 1 & -4 & 3 \\ 0 & 1 & -5 & -7 & -8 \end{pmatrix}$$

$$\xrightarrow[r_4-r_2]{r_3-r_2} \begin{pmatrix} 1 & 1 & 2 & 3 & 1 \\ 0 & 1 & 1 & -4 & 1 \\ 0 & 0 & 0 & 0 & 2 \\ 0 & 0 & -6 & -3 & -9 \end{pmatrix}$$

$$\xrightarrow{r_3 \leftrightarrow r_4} \begin{pmatrix} 1 & 1 & 2 & 3 & 1 \\ 0 & 1 & 1 & -4 & 1 \\ 0 & 0 & -6 & -3 & -9 \\ 0 & 0 & 0 & 0 & 2 \end{pmatrix}$$

因为 $r(\boldsymbol{A})=3$，$r(\bar{\boldsymbol{A}})=4$，$r(\boldsymbol{A})\neq r(\bar{\boldsymbol{A}})$，所以原线性方程组无解.

由定理 3.1.2 可得线性方程组有解的判别条件.

定理 3.1.3 设有线性方程组

$$\boldsymbol{A}_{m\times n}\boldsymbol{X}=\boldsymbol{\beta} \tag{3.1.8}$$

(1) 该线性方程组有唯一解的充要条件是 $r(\boldsymbol{A})=r(\bar{\boldsymbol{A}})=n$；

(2) 该线性方程组有无穷多解的充要条件是 $r(\boldsymbol{A})=r(\bar{\boldsymbol{A}})<n$.

证明 充分性. 由定理 3.1.2 可知，当 $r(\boldsymbol{A})=r(\bar{\boldsymbol{A}})=n$ 时，线性方程组(3.1.8)有唯一解. 当 $r(\boldsymbol{A})=r(\bar{\boldsymbol{A}})<n$ 时，线性方程组(3.1.8)有无穷多解.

必要性. 设线性方程组(3.1.8)有唯一解，假若 $r(\boldsymbol{A})=r(\bar{\boldsymbol{A}})=n$ 不成立，则有 $r(\boldsymbol{A})\neq r(\bar{\boldsymbol{A}})$或者 $r(\boldsymbol{A})=r(\bar{\boldsymbol{A}})<n$. 若是前者，则线性方程组(3.1.8)无解；若是后者，则线性方程组(3.1.8)有无穷多解. 这与线性方程组(3.1.8)有唯一解矛盾.

再设线性方程组(3.1.8)有无穷多解，假若 $r(\boldsymbol{A})=r(\bar{\boldsymbol{A}})<n$ 不成立，则有 $r(\boldsymbol{A})\neq r(\bar{\boldsymbol{A}})$或者 $r(\boldsymbol{A})=r(\bar{\boldsymbol{A}})=n$. 若是前者，则线性方程组(3.1.8)无解；若是

后者，则线性方程组(3.1.8)有唯一解. 这与线性方程组(3.1.8)有无穷多解矛盾.

推论 3.1.1 线性方程组 $\boldsymbol{A}_{m\times n}\boldsymbol{X}=\boldsymbol{\beta}$ 有解的充要条件是其系数矩阵的秩等于它的增广矩阵的秩.

定义 3.1.3 在线性方程组

$$\begin{cases} a_{11}x_1+a_{12}x_2+\cdots+a_{1n}x_n=b_1 \\ a_{21}x_1+a_{22}x_2+\cdots+a_{2n}x_n=b_2 \\ \quad\vdots \\ a_{m1}x_1+a_{m2}x_2+\cdots+a_{mn}x_n=b_m \end{cases}$$

中，如果常数 $b_1=b_2=\cdots=b_m=0$，则称此线性方程组为齐次线性方程组；如果常数 $b_1, b_2, \cdots, b_m$ 不全为零，则称此线性方程组为非齐次线性方程组.

齐次线性方程组的一般形式为

$$\begin{cases} a_{11}x_1+a_{12}x_2+\cdots+a_{1n}x_n=0 \\ a_{21}x_1+a_{22}x_2+\cdots+a_{2n}x_n=0 \\ \quad\vdots \\ a_{m1}x_1+a_{m2}x_2+\cdots+a_{mn}x_n=0 \end{cases} \tag{3.1.9}$$

齐次线性方程组(3.1.9)一定有解，因为 $x_1=x_2=\cdots=x_n=0$ 就是齐次线性方程组(3.1.9)的一个解，称这个解为零解，称其它的解(如果有的话)为非零解. 把定理 3.1.3 应用到齐次线性方程组上，得到下面的结论.

定理 3.1.4 齐次线性方程组 $\boldsymbol{A}_{m\times n}\boldsymbol{X}=\boldsymbol{0}$ 有非零解的充要条件是 $r(\boldsymbol{A})<n$. 换句话说，齐次线性方程组 $\boldsymbol{AX}=\boldsymbol{0}$ 只有零解的充要条件是 $r(\boldsymbol{A})=n$.

证明 充分性. 设齐次线性方程组 $\boldsymbol{A}_{m\times n}\boldsymbol{X}=\boldsymbol{0}$ 的系数矩阵 $\boldsymbol{A}$ 的秩 $r(\boldsymbol{A})<n$，由定理 3.1.3 可知，线性方程组 $\boldsymbol{A}_{m\times n}\boldsymbol{X}=\boldsymbol{0}$ 有无穷多解，故线性方程组 $\boldsymbol{A}_{m\times n}\boldsymbol{X}=\boldsymbol{0}$ 有非零解.

必要性. 设齐次线性方程组 $\boldsymbol{A}_{m\times n}\boldsymbol{X}=\boldsymbol{0}$ 有非零解，假若系数矩阵 $\boldsymbol{A}$ 的秩 $r(\boldsymbol{A})=n$，则由定理 3.1.3 可知，线性方程组 $\boldsymbol{A}_{m\times n}\boldsymbol{X}=\boldsymbol{0}$ 有唯一解，即线性方程组 $\boldsymbol{A}_{m\times n}\boldsymbol{X}=\boldsymbol{0}$ 只有零解，这与线性方程组 $\boldsymbol{A}_{m\times n}\boldsymbol{X}=\boldsymbol{0}$ 有非零解矛盾. 所以 $r(\boldsymbol{A})<n$.

推论 3.1.2 对于齐次线性方程组(3.1.9)，如果 $m<n$，则有非零解.

证明 因为齐次线性方程组(3.1.9)的系数矩阵的秩 $r(\boldsymbol{A})\leqslant m<n$，所以有非零解.

推论 3.1.3 齐次线性方程组 $\boldsymbol{A}_n\boldsymbol{X}=\boldsymbol{0}$ 有非零解的充要条件是 $|\boldsymbol{A}|=0$.

证明 齐次线性方程组 $\boldsymbol{A}_n\boldsymbol{X}=\boldsymbol{0}$ 有非零解的充要条件是 $r(\boldsymbol{A})<n$，而 $r(\boldsymbol{A})<n$ 当且仅当 $|\boldsymbol{A}|=0$.

例 3.1.4 解齐次线性方程组

$$\begin{cases}x_1+2x_2+2x_3+x_4=0\\2x_1+x_2-2x_3-2x_4=0\\x_1-x_2-4x_3-3x_4=0\end{cases}$$

解 因为齐次线性方程组的增广矩阵的最后一列元素全为零，所以在对它作初等行变换时，所得到的矩阵的最后一列元素也是全为零，因此我们只要写出齐次线性方程组的系数矩阵，对系数矩阵施行初等行变换化成行简化阶梯形矩阵即可.

对齐次线性方程组的系数矩阵 $\boldsymbol{A}$ 作初等行变换化成行简化阶梯形矩阵，即

$$\boldsymbol{A}=\begin{pmatrix}1&2&2&1\\2&1&-2&-2\\1&-1&-4&-3\end{pmatrix}\xrightarrow[r_3-r_1]{r_2-2r_1}\begin{pmatrix}1&2&2&1\\0&-3&-6&-4\\0&-3&-6&-4\end{pmatrix}$$

$$\xrightarrow[-\frac{1}{3}r_2]{r_3-r_2}\begin{pmatrix}1&2&2&1\\0&1&2&\frac{4}{3}\\0&0&0&0\end{pmatrix}\xrightarrow{r_1-2r_2}\begin{pmatrix}1&0&-2&-\frac{5}{3}\\0&1&2&\frac{4}{3}\\0&0&0&0\end{pmatrix}$$

$$=\boldsymbol{B}$$

由矩阵 $\boldsymbol{B}$ 可得与原齐次线性方程组同解的齐次线性方程组是

$$\begin{cases}x_1-2x_3-\frac{5}{3}x_4=0\\x_2+2x_3+\frac{4}{3}x_4=0\end{cases}$$

所以原齐次线性方程组的一般解是

$$\begin{cases}x_1=2x_3+\frac{5}{3}x_4\\x_2=-2x_3-\frac{4}{3}x_4\end{cases}$$

其中，x_3，x_4 为自由未知数.

3.2 向量的线性相关性

上一节解决了线性方程组解的判定问题，但是当线性方程组有无穷多解时，这些解之间的关系并没有揭示清楚. 为了揭示线性方程组解的结构，需要引入 n 维向量的概念.

1. 向量的概念

在空间中，当取定直角坐标系$\{O; i, j, k\}$后，空间中的点都可以用一个三元有序数组(x, y, z)来表示，即点的坐标来表示点. 同样，空间中的向量也可以用一个三元有序数组(a_x, a_y, a_z)来表示，即向量的坐标来表示向量.

在工程上研究导弹的飞行状态，要用导弹的质量 m、它在空间中的坐标(x, y, z)及飞行速度分量(v_x, v_y, v_z)这 7 个数组成的有序数组$(m, x, y, z, v_x, v_y, v_z)$来表示它的飞行状态.

因为线性方程 $a_1x_1+a_2x_2+\cdots+a_nx_n=0$ 是由它的系数确定的，所以此线性方程可以用有序数组$(a_1, a_2, \cdots, a_n)$来表示.

综上所述，有序数组在很多方面都有应用，抛开具体的对象，下面给有序数组下一个统一的数学定义.

定义 3.2.1 由 n 个数 $a_1, a_2, \cdots, a_n$ 组成的有序数组称为 n 维向量，这 n 个数称为该向量的 n 个分量，第 i 个数称为该向量的第 i 个分量.

分量全为零的向量称为零向量，记作 $\mathbf{0}$. 分量是实数的向量称为实向量，分量是复数的向量称为复向量. 今后如无特别声明，所述的向量都是实向量.

一个 n 维向量可以写成一行，即

$$(a_1, a_2, \cdots, a_n)$$

称它为 n 维行向量；也可以写成一列，即

$$\begin{pmatrix} a_1 \\ a_2 \\ \vdots \\ a_n \end{pmatrix}$$

称它为 n 维列向量.

用小写的希腊字母 $\boldsymbol{\alpha}, \boldsymbol{\beta}, \boldsymbol{\gamma}, \cdots$ 表示列向量，用列向量的转置 $\boldsymbol{\alpha}^{\mathrm{T}}, \boldsymbol{\beta}^{\mathrm{T}}, \boldsymbol{\gamma}^{\mathrm{T}}, \cdots$ 表示行向量.

定义 3.2.2 设 $\boldsymbol{\alpha}=\begin{pmatrix}a_1\\a_2\\\vdots\\a_n\end{pmatrix}$，$\boldsymbol{\beta}=\begin{pmatrix}b_1\\b_2\\\vdots\\b_n\end{pmatrix}$ 是两个 n 维列向量，若 $\forall i=1, 2, \cdots, n$，都有 $a_i=b_i$，即向量 $\boldsymbol{\alpha}$ 与 $\boldsymbol{\beta}$ 的对应分量相等，则称向量 $\boldsymbol{\alpha}$ 与 $\boldsymbol{\beta}$ 相等，记作 $\boldsymbol{\alpha}=\boldsymbol{\beta}$.

定义 3.2.3 设 $\boldsymbol{\alpha}=\begin{pmatrix}a_1\\a_2\\\vdots\\a_n\end{pmatrix}$，$\boldsymbol{\beta}=\begin{pmatrix}b_1\\b_2\\\vdots\\b_n\end{pmatrix}$ 是两个 n 维列向量，我们称向量 $\begin{pmatrix}a_1+b_1\\a_2+b_2\\\vdots\\a_n+b_n\end{pmatrix}$ 为向量 $\boldsymbol{\alpha}$ 与 $\boldsymbol{\beta}$ 的和，记作 $\boldsymbol{\alpha}+\boldsymbol{\beta}$，求两个向量和的运算称为向量的加法.

设 $\boldsymbol{\alpha}=\begin{pmatrix}a_1\\a_2\\\vdots\\a_n\end{pmatrix}$ 是一个 n 维列向量，称向量 $\begin{pmatrix}-a_1\\-a_2\\\vdots\\-a_n\end{pmatrix}$ 为向量 $\boldsymbol{\alpha}$ 的负向量，记作 $-\boldsymbol{\alpha}$. 由向量的负向量可以定义向量的减法.

设 $\boldsymbol{\alpha}=\begin{pmatrix}a_1\\a_2\\\vdots\\a_n\end{pmatrix}$，$\boldsymbol{\beta}=\begin{pmatrix}b_1\\b_2\\\vdots\\b_n\end{pmatrix}$ 是两个 n 维列向量，则向量 $\boldsymbol{\alpha}$ 与 $\boldsymbol{\beta}$ 的减法定义为

$$\boldsymbol{\alpha}-\boldsymbol{\beta}=\boldsymbol{\alpha}+(-\boldsymbol{\beta})$$

定义 3.2.4 设 $\boldsymbol{\alpha}=\begin{pmatrix}a_1\\a_2\\\vdots\\a_n\end{pmatrix}$ 是 n 维向量，k 是数，称向量 $\begin{pmatrix}ka_1\\ka_2\\\vdots\\ka_n\end{pmatrix}$ 为数 k 与向量 $\boldsymbol{\alpha}$ 的数量乘积，记作 $k\boldsymbol{\alpha}$. 求数与向量的数量乘积的运算称为数与向量的乘法，简称数乘.

向量的加法与数乘具有下列运算性质：

(1) 交换律 $\boldsymbol{\alpha}+\boldsymbol{\beta}=\boldsymbol{\beta}+\boldsymbol{\alpha}$；

(2) 结合律 $(\boldsymbol{\alpha}+\boldsymbol{\beta})+\boldsymbol{\gamma}=\boldsymbol{\alpha}+(\boldsymbol{\beta}+\boldsymbol{\gamma})$；

(3) $\boldsymbol{\alpha}+\boldsymbol{0}=\boldsymbol{\alpha}$；

(4) $\boldsymbol{\alpha}+(-\boldsymbol{\alpha})=\boldsymbol{0}$；

(5) $1\cdot\boldsymbol{\alpha}=\boldsymbol{\alpha}$；

(6) $(kl)\boldsymbol{\alpha}=k(l\boldsymbol{\alpha})=l(k\boldsymbol{\alpha})$；

(7) $(k+l)\boldsymbol{\alpha}=k\boldsymbol{\alpha}+l\boldsymbol{\alpha}$；

(8) $k(\boldsymbol{\alpha}+\boldsymbol{\beta})=k\boldsymbol{\alpha}+k\boldsymbol{\beta}$；

(9) $0\boldsymbol{\alpha}=\boldsymbol{0}$；

(10) $k\boldsymbol{0}=\boldsymbol{0}$；

(11) 若 $k\boldsymbol{\alpha}=\boldsymbol{0}$，则 $k=0$ 或 $\boldsymbol{\alpha}=\boldsymbol{0}$.

其中 $\boldsymbol{\alpha}$，$\boldsymbol{\beta}$，$\boldsymbol{\gamma}$ 是 n 维向量，k，l 是数.

这些性质的验证留给读者. 其实 n 维列向量可以看成 $n\times 1$ 矩阵，n 维行向量可以看成 $1\times n$ 矩阵，所以向量的运算也可以利用矩阵的运算来定义. 以上的性质也可以利用矩阵的性质直接得到.

定义 3.2.5 实数集 **R** 上的 n 维向量的全体组成的集合，就称为实数集 **R** 上的 n 维向量空间，记作 $\mathbf{R}^n$.

例 3.2.1 设

$$\boldsymbol{\alpha}_1=\begin{pmatrix}1\\1\\0\end{pmatrix},\ \boldsymbol{\alpha}_2=\begin{pmatrix}0\\1\\1\end{pmatrix},\ \boldsymbol{\alpha}_3=\begin{pmatrix}3\\4\\0\end{pmatrix}$$

求 $3\boldsymbol{\alpha}_1+2\boldsymbol{\alpha}_2-\boldsymbol{\alpha}_3$.

解

$$3\boldsymbol{\alpha}_1+2\boldsymbol{\alpha}_2-\boldsymbol{\alpha}_3=3\begin{pmatrix}1\\1\\0\end{pmatrix}+2\begin{pmatrix}0\\1\\1\end{pmatrix}-\begin{pmatrix}3\\4\\0\end{pmatrix}$$

$$=\begin{pmatrix}3\\3\\0\end{pmatrix}+\begin{pmatrix}0\\2\\2\end{pmatrix}-\begin{pmatrix}3\\4\\0\end{pmatrix}=\begin{pmatrix}0\\1\\2\end{pmatrix}$$

例 3.2.2 设

$$\boldsymbol{\alpha}_1=\begin{pmatrix}1\\1\\1\\1\end{pmatrix},\ \boldsymbol{\alpha}_2=\begin{pmatrix}1\\1\\-1\\-1\end{pmatrix},\ \boldsymbol{\alpha}_3=\begin{pmatrix}1\\-1\\1\\-1\end{pmatrix}$$

且 $2(\boldsymbol{\alpha}_1+\boldsymbol{\beta})-(\boldsymbol{\alpha}_2+\boldsymbol{\beta})=3\boldsymbol{\alpha}_3+2\boldsymbol{\beta}$，求向量 $\boldsymbol{\beta}$.

解 因为

$$2(\boldsymbol{\alpha}_1+\boldsymbol{\beta})-(\boldsymbol{\alpha}_2+\boldsymbol{\beta})=3\boldsymbol{\alpha}_3+2\boldsymbol{\beta}$$

所以

$$\boldsymbol{\beta}=2\boldsymbol{\alpha}_1-\boldsymbol{\alpha}_2-3\boldsymbol{\alpha}_3=2\begin{pmatrix}1\\1\\1\\1\end{pmatrix}-\begin{pmatrix}1\\1\\-1\\-1\end{pmatrix}-3\begin{pmatrix}1\\-1\\1\\-1\end{pmatrix}$$

$$=\begin{pmatrix}2\\2\\2\\2\end{pmatrix}-\begin{pmatrix}1\\1\\-1\\-1\end{pmatrix}-\begin{pmatrix}3\\-3\\3\\-3\end{pmatrix}=\begin{pmatrix}-2\\4\\0\\6\end{pmatrix}$$

设有线性方程组

$$\begin{cases}a_{11}x_1+a_{12}x_2+\cdots+a_{1n}x_n=b_1\\a_{21}x_1+a_{22}x_2+\cdots+a_{2n}x_n=b_2\\\qquad\vdots\\a_{m1}x_1+a_{m2}x_2+\cdots+a_{mn}x_n=b_m\end{cases}\tag{3.2.1}$$

令

$$\boldsymbol{\alpha}_1=\begin{pmatrix}a_{11}\\a_{21}\\\vdots\\a_{m1}\end{pmatrix},\ \boldsymbol{\alpha}_2=\begin{pmatrix}a_{12}\\a_{22}\\\vdots\\a_{m2}\end{pmatrix},\ \cdots,\ \boldsymbol{\alpha}_n=\begin{pmatrix}a_{1n}\\a_{2n}\\\vdots\\a_{mn}\end{pmatrix},\ \boldsymbol{\beta}=\begin{pmatrix}b_1\\b_2\\\vdots\\b_m\end{pmatrix}$$

则由矩阵的乘法，线性方程组(3.2.1)可表示成

$$\boldsymbol{\alpha}_1x_1+\boldsymbol{\alpha}_2x_2+\cdots+\boldsymbol{\alpha}_nx_n=\boldsymbol{\beta}\tag{3.2.2}$$

式(3.2.2)称为线性方程组(3.2.1)的向量方程. 这样，线性方程组(3.2.1)是否有解的问题就转化为是否存在一组数 k_1，k_2，…，k_n，使得线性关系式

$$\boldsymbol{\alpha}_1x_1+\boldsymbol{\alpha}_2x_2+\cdots+\boldsymbol{\alpha}_nx_n=\boldsymbol{\beta}$$

成立的问题. 为了解决这个问题，下面引入向量组的线性组合的概念.

2. 向量组的线性组合

由若干个同维数的列(行)向量所组成的集合称为一个向量组.

定义 3.2.6 设 $\boldsymbol{\alpha}_1, \boldsymbol{\alpha}_2, \cdots, \boldsymbol{\alpha}_m$ 是一个向量组，$\boldsymbol{\alpha}$ 是一个向量，如果存在数 $k_1, k_2, \cdots, k_m$，使得

$$\boldsymbol{\alpha}=k_1\boldsymbol{\alpha}_1+k_2\boldsymbol{\alpha}_2+\cdots+k_m\boldsymbol{\alpha}_m$$

则称向量 $\boldsymbol{\alpha}$ 为向量组 $\boldsymbol{\alpha}_1, \boldsymbol{\alpha}_2, \cdots, \boldsymbol{\alpha}_m$ 的一个线性组合，或称向量 $\boldsymbol{\alpha}$ 可由向量组 $\boldsymbol{\alpha}_1, \boldsymbol{\alpha}_2, \cdots, \boldsymbol{\alpha}_m$ 线性表示，而系数 $k_1, k_2, \cdots, k_m$ 称为组合系数.

例 3.2.3 设

$$\boldsymbol{\alpha}_1=\begin{pmatrix}1\\2\\3\end{pmatrix}, \boldsymbol{\alpha}_2=\begin{pmatrix}0\\1\\4\end{pmatrix}, \boldsymbol{\alpha}_3=\begin{pmatrix}2\\3\\6\end{pmatrix}, \boldsymbol{\beta}=\begin{pmatrix}-1\\1\\5\end{pmatrix}$$

问向量 $\boldsymbol{\beta}$ 能否由向量组 $\boldsymbol{\alpha}_1, \boldsymbol{\alpha}_2, \boldsymbol{\alpha}_3$ 线性表示，若能，写出具体的表达式.

解 设

$$x_1\boldsymbol{\alpha}_1+x_2\boldsymbol{\alpha}_2+x_3\boldsymbol{\alpha}_3=\boldsymbol{\beta}$$

于是得到线性方程组

$$\begin{cases}x_1+0x_2+2x_3=-1\\2x_1+x_2+3x_3=1\\3x_1+4x_2+6x_3=5\end{cases}$$

对线性方程组的增广矩阵作初等行变换，化成行简化阶梯形矩阵，即

$$\begin{pmatrix}1&0&2&-1\\2&1&3&1\\3&4&6&5\end{pmatrix}\xrightarrow[r_3-3r_1]{r_2-2r_1}\begin{pmatrix}1&0&2&-1\\0&1&-1&3\\0&4&0&8\end{pmatrix}\xrightarrow{r_3-4r_2}\begin{pmatrix}1&0&2&-1\\0&1&-1&3\\0&0&4&-4\end{pmatrix}$$

$$\xrightarrow[\substack{r_2+r_3\\r_1-2r_3}]{\frac{1}{4}\times r_3}\begin{pmatrix}1&0&0&1\\0&1&0&2\\0&0&1&-1\end{pmatrix}$$

由此得线性方程组的解是

$$x_1=1, x_2=2, x_3=-1$$

所以

$$\boldsymbol{\beta}=\boldsymbol{\alpha}_1+2\boldsymbol{\alpha}_2-\boldsymbol{\alpha}_3$$

因此，$\boldsymbol{\beta}$ 是 $\boldsymbol{\alpha}_1, \boldsymbol{\alpha}_2, \boldsymbol{\alpha}_3$ 的线性组合.

根据向量组的线性组合的定义 3.2.6，容易得到下面的性质.

性质 1　n 维零向量 $\mathbf{0}$ 可以由任何 n 维向量组 $\boldsymbol{\alpha}_1, \boldsymbol{\alpha}_2, \cdots, \boldsymbol{\alpha}_s$ 线性表示.

这是因为

$$\mathbf{0}=0\cdot\boldsymbol{\alpha}_1+0\cdot\boldsymbol{\alpha}_2+\cdots+0\cdot\boldsymbol{\alpha}_s$$

性质 2　n 维向量组 $\boldsymbol{\alpha}_1, \boldsymbol{\alpha}_2, \cdots, \boldsymbol{\alpha}_s$ 中的任何一个向量都可以由向量组自身线性表示.

这是因为

$$\boldsymbol{\alpha}_i=0\cdot\boldsymbol{\alpha}_1+\cdots+0\cdot\boldsymbol{\alpha}_{i-1}+1\cdot\boldsymbol{\alpha}_i+0\cdot\boldsymbol{\alpha}_{i+1}+\cdots+0\cdot\boldsymbol{\alpha}_s \quad (i=1, 2, \cdots, s)$$

性质 3　任意 n 维向量

$$\boldsymbol{\alpha}=\begin{pmatrix} a_1 \\ a_2 \\ \vdots \\ a_n \end{pmatrix}$$

都可以由向量组

$$\boldsymbol{\varepsilon}_1=\begin{pmatrix} 1 \\ 0 \\ \vdots \\ 0 \end{pmatrix}, \boldsymbol{\varepsilon}_2=\begin{pmatrix} 0 \\ 1 \\ \vdots \\ 0 \end{pmatrix}, \cdots, \boldsymbol{\varepsilon}_n=\begin{pmatrix} 0 \\ 0 \\ \vdots \\ 1 \end{pmatrix}$$

线性表示.

这是因为

$$\begin{aligned}\boldsymbol{\alpha}=\begin{pmatrix} a_1 \\ a_2 \\ \vdots \\ a_n \end{pmatrix}&=a_1\begin{pmatrix} 1 \\ 0 \\ \vdots \\ 0 \end{pmatrix}+a_2\begin{pmatrix} 0 \\ 1 \\ \vdots \\ 0 \end{pmatrix}+\cdots+a_n\begin{pmatrix} 0 \\ 0 \\ \vdots \\ 1 \end{pmatrix}\\ &=a_1\boldsymbol{\varepsilon}_1+a_2\boldsymbol{\varepsilon}_2+\cdots+a_n\boldsymbol{\varepsilon}_n\end{aligned}$$

其中的组合系数 $a_1, a_2, \cdots, a_n$ 恰为向量 $\boldsymbol{\alpha}$ 的分量，称 $\boldsymbol{\varepsilon}_1, \boldsymbol{\varepsilon}_2, \cdots, \boldsymbol{\varepsilon}_n$ 为 n 维单位向量. 今后我们总用 $\boldsymbol{\varepsilon}_1, \boldsymbol{\varepsilon}_2, \cdots, \boldsymbol{\varepsilon}_n$ 表示 n 维单位向量，将不再每次说明了.

性质 4　线性方程组

$$\begin{cases} a_{11}x_1+a_{12}x_2+\cdots+a_{1n}x_n=b_1 \\ a_{21}x_1+a_{22}x_2+\cdots+a_{2n}x_n=b_2 \\ \qquad\vdots \\ a_{m1}x_1+a_{m2}x_2+\cdots+a_{mn}x_n=b_m \end{cases} \tag{3.2.3}$$

有解的充分必要条件是常数项列向量

$$\boldsymbol{\beta}=\begin{pmatrix} b_1 \\ b_2 \\ \vdots \\ b_m \end{pmatrix}$$

可由线性方程组(3.2.3)的系数列向量

$$\boldsymbol{\alpha}_1=\begin{pmatrix} a_{11} \\ a_{21} \\ \vdots \\ a_{m1} \end{pmatrix},\ \boldsymbol{\alpha}_2=\begin{pmatrix} a_{12} \\ a_{22} \\ \vdots \\ a_{m2} \end{pmatrix},\ \cdots,\ \boldsymbol{\alpha}_n=\begin{pmatrix} a_{1n} \\ a_{2n} \\ \vdots \\ a_{mn} \end{pmatrix}$$

线性表示.

定义 3.2.7 设有两个向量组

$$\boldsymbol{A}:\ \boldsymbol{\alpha}_1,\ \boldsymbol{\alpha}_2,\ \cdots,\ \boldsymbol{\alpha}_s$$

$$\boldsymbol{B}:\ \boldsymbol{\beta}_1,\ \boldsymbol{\beta}_2,\ \cdots,\ \boldsymbol{\beta}_t$$

如果向量组 $\boldsymbol{A}$ 中的每一个向量都可由向量组 $\boldsymbol{B}$ 线性表示，则称向量组 $\boldsymbol{A}$ 可由向量组 $\boldsymbol{B}$ 线性表示. 如果向量组 $\boldsymbol{A}$ 与向量组 $\boldsymbol{B}$ 可以相互线性表示，则称这两个向量组等价.

设向量组 $\boldsymbol{A}$: $\boldsymbol{\alpha}_1$, $\boldsymbol{\alpha}_2$, $\cdots$, $\boldsymbol{\alpha}_s$ 可由向量组 $\boldsymbol{B}$: $\boldsymbol{\beta}_1$, $\boldsymbol{\beta}_2$, $\cdots$, $\boldsymbol{\beta}_t$ 线性表示，则存在数 k_{ij} $(i=1, 2, \cdots, t;\ j=1, 2, \cdots, s)$，使得

$$\boldsymbol{\alpha}_j=k_{1j}\boldsymbol{\beta}_1+k_{2j}\boldsymbol{\beta}_2+\cdots+k_{tj}\boldsymbol{\beta}_t=(\boldsymbol{\beta}_1,\ \boldsymbol{\beta}_2,\ \cdots,\ \boldsymbol{\beta}_t)\begin{pmatrix} k_{1j} \\ k_{2j} \\ \vdots \\ k_{tj} \end{pmatrix} \quad (j=1,\ 2,\ \cdots,\ s)$$

从而可得

$$(\boldsymbol{\alpha}_1,\ \boldsymbol{\alpha}_2,\ \cdots,\ \boldsymbol{\alpha}_s)=(\boldsymbol{\beta}_1,\ \boldsymbol{\beta}_2,\ \cdots,\ \boldsymbol{\beta}_t)\begin{pmatrix} k_{11} & k_{12} & \cdots & k_{1s} \\ k_{21} & k_{22} & \cdots & k_{2s} \\ \vdots & \vdots & & \vdots \\ k_{t1} & k_{t2} & \cdots & k_{ts} \end{pmatrix}$$

令矩阵

$$\boldsymbol{A}=(\boldsymbol{\alpha}_1,\ \boldsymbol{\alpha}_2,\ \cdots,\ \boldsymbol{\alpha}_s)$$

$$\boldsymbol{B}=(\boldsymbol{\beta}_1,\ \boldsymbol{\beta}_2,\ \cdots,\ \boldsymbol{\beta}_t)$$

$$\boldsymbol{K}=\begin{pmatrix} k_{11} & k_{12} & \cdots & k_{1s} \\ k_{21} & k_{22} & \cdots & k_{2s} \\ \vdots & \vdots & & \vdots \\ k_{t1} & k_{t2} & \cdots & k_{ts} \end{pmatrix}$$

则有 $\boldsymbol{A}=\boldsymbol{BK}$.

由此可知，向量组 $\boldsymbol{A}$：$\boldsymbol{\alpha}_1,\boldsymbol{\alpha}_2,\cdots,\boldsymbol{\alpha}_s$ 可由向量组 $\boldsymbol{B}$：$\boldsymbol{\beta}_1,\boldsymbol{\beta}_2,\cdots,\boldsymbol{\beta}_t$ 线性表示当且仅当存在 $t\times s$ 矩阵 $\boldsymbol{K}$，使得

$$\boldsymbol{A}=\boldsymbol{BK}$$

其中 $\boldsymbol{A}=(\boldsymbol{\alpha}_1,\boldsymbol{\alpha}_2,\cdots,\boldsymbol{\alpha}_s)$，$\boldsymbol{B}=(\boldsymbol{\beta}_1,\boldsymbol{\beta}_2,\cdots,\boldsymbol{\beta}_t)$.

下面利用这个结果证明向量组的传递性.

定理 3.2.1 设有三个向量组

$$\boldsymbol{A}:\ \boldsymbol{\alpha}_1,\boldsymbol{\alpha}_2,\cdots,\boldsymbol{\alpha}_s$$

$$\boldsymbol{B}:\ \boldsymbol{\beta}_1,\boldsymbol{\beta}_2,\cdots,\boldsymbol{\beta}_t$$

$$\boldsymbol{C}:\ \boldsymbol{\gamma}_1,\boldsymbol{\gamma}_2,\cdots,\boldsymbol{\gamma}_l$$

如果向量组 $\boldsymbol{A}$ 可由向量组 $\boldsymbol{B}$ 线性表示，向量组 $\boldsymbol{B}$ 可由向量组 $\boldsymbol{C}$ 线性表示，则向量组 $\boldsymbol{A}$ 可由向量组 $\boldsymbol{C}$ 线性表示.

证明 设向量组 $\boldsymbol{A}$ 可由 $\boldsymbol{B}$ 线性表示，向量组 $\boldsymbol{B}$ 可由向量组 $\boldsymbol{C}$ 线性表示，则存在矩阵

$$\boldsymbol{K}=\begin{pmatrix} k_{11} & k_{12} & \cdots & k_{1s} \\ k_{21} & k_{22} & \cdots & k_{2s} \\ \vdots & \vdots & & \vdots \\ k_{t1} & k_{t2} & \cdots & k_{ts} \end{pmatrix},\ \boldsymbol{H}=\begin{pmatrix} h_{11} & h_{12} & \cdots & h_{1t} \\ h_{21} & h_{22} & \cdots & h_{2t} \\ \vdots & \vdots & & \vdots \\ h_{l1} & h_{l2} & \cdots & h_{lt} \end{pmatrix}$$

使得

$$(\boldsymbol{\alpha}_1,\boldsymbol{\alpha}_2,\cdots,\boldsymbol{\alpha}_s)=(\boldsymbol{\beta}_1,\boldsymbol{\beta}_2,\cdots,\boldsymbol{\beta}_t)\begin{pmatrix} k_{11} & k_{12} & \cdots & k_{1s} \\ k_{21} & k_{22} & \cdots & k_{2s} \\ \vdots & \vdots & & \vdots \\ k_{t1} & k_{t2} & \cdots & k_{ts} \end{pmatrix}$$

$$(\boldsymbol{\beta}_1,\boldsymbol{\beta}_2,\cdots,\boldsymbol{\beta}_t)=(\boldsymbol{\gamma}_1,\boldsymbol{\gamma}_2,\cdots,\boldsymbol{\gamma}_l)\begin{pmatrix} h_{11} & h_{12} & \cdots & h_{1t} \\ h_{21} & h_{22} & \cdots & h_{2t} \\ \vdots & \vdots & & \vdots \\ h_{l1} & h_{l2} & \cdots & h_{lt} \end{pmatrix}$$

令矩阵

$$\boldsymbol{A}=(\boldsymbol{\alpha}_1, \boldsymbol{\alpha}_2, \cdots, \boldsymbol{\alpha}_s)$$
$$\boldsymbol{B}=(\boldsymbol{\beta}_1, \boldsymbol{\beta}_2, \cdots, \boldsymbol{\beta}_t)$$
$$\boldsymbol{C}=(\boldsymbol{\gamma}_1, \boldsymbol{\gamma}_2, \cdots, \boldsymbol{\gamma}_l)$$

于是

$$\boldsymbol{A}=\boldsymbol{BK}$$
$$\boldsymbol{B}=\boldsymbol{CH}$$

从而

$$\boldsymbol{A}=\boldsymbol{C}(\boldsymbol{HK})$$

故向量组 $\boldsymbol{A}$ 可由向量组 $\boldsymbol{C}$ 线性表示.

容易证明，向量组的等价具有下列性质：

(1) 反身性：向量组 $\boldsymbol{A}$：$\boldsymbol{\alpha}_1, \boldsymbol{\alpha}_2, \cdots, \boldsymbol{\alpha}_s$ 都与它自身等价；

(2) 对称性：若向量组 $\boldsymbol{A}$：$\boldsymbol{\alpha}_1, \boldsymbol{\alpha}_2, \cdots, \boldsymbol{\alpha}_s$ 与 $\boldsymbol{B}$：$\boldsymbol{\beta}_1, \boldsymbol{\beta}_2, \cdots, \boldsymbol{\beta}_t$ 等价，则向量组 $\boldsymbol{B}$ 与 $\boldsymbol{A}$ 等价；

(3) 传递性：若向量组 $\boldsymbol{A}$：$\boldsymbol{\alpha}_1, \boldsymbol{\alpha}_2, \cdots, \boldsymbol{\alpha}_s$ 与 $\boldsymbol{B}$：$\boldsymbol{\beta}_1, \boldsymbol{\beta}_2, \cdots, \boldsymbol{\beta}_t$ 等价，向量组 $\boldsymbol{B}$：$\boldsymbol{\beta}_1, \boldsymbol{\beta}_2, \cdots, \boldsymbol{\beta}_t$ 与 $\boldsymbol{C}$：$\boldsymbol{\gamma}_1, \boldsymbol{\gamma}_2, \cdots, \boldsymbol{\gamma}_l$ 等价，则向量组 $\boldsymbol{A}$：$\boldsymbol{\alpha}_1, \boldsymbol{\alpha}_2, \cdots, \boldsymbol{\alpha}_s$ 与 $\boldsymbol{C}$：$\boldsymbol{\gamma}_1, \boldsymbol{\gamma}_2, \cdots, \boldsymbol{\gamma}_l$ 等价.

3. 向量组的线性相关性

设有齐次线性方程组

$$\begin{cases} a_{11}x_1+a_{12}x_2+\cdots+a_{1n}x_n=0 \\ a_{21}x_1+a_{22}x_2+\cdots+a_{2n}x_n=0 \\ \qquad\vdots \\ a_{m1}x_1+a_{m2}x_2+\cdots+a_{mn}x_n=0 \end{cases} \tag{3.2.4}$$

令

$$\boldsymbol{\alpha}_1=\begin{pmatrix} a_{11} \\ a_{21} \\ \vdots \\ a_{m1} \end{pmatrix}, \boldsymbol{\alpha}_2=\begin{pmatrix} a_{12} \\ a_{22} \\ \vdots \\ a_{m2} \end{pmatrix}, \cdots, \boldsymbol{\alpha}_n=\begin{pmatrix} a_{1n} \\ a_{2n} \\ \vdots \\ a_{mn} \end{pmatrix}$$

则由矩阵的乘法，齐次线性方程组(3.2.4)可表示成向量形式

$$\boldsymbol{\alpha}_1x_1+\boldsymbol{\alpha}_2x_2+\cdots+\boldsymbol{\alpha}_nx_n=\boldsymbol{0} \tag{3.2.5}$$

式(3.2.5)称为齐次线性方程组(3.2.4)的向量方程. 今后我们也称式(3.2.5)为齐次线性方程组，并且与式(3.2.4)不加区别.

这样，齐次线性方程组(3.2.4)是否有非零解的问题，就转化为是否存在一组不全为零的数 k_1，k_2，…，k_n，使得线性关系式

$$\boldsymbol{\alpha}_1 x_1+\boldsymbol{\alpha}_2 x_2+\cdots+\boldsymbol{\alpha}_n x_n=\mathbf{0}$$

成立的问题. 为了解决这个问题，下面引入向量组的线性相关与线性无关的概念.

定义 3.2.8 设有向量组

$$\boldsymbol{A}: \boldsymbol{\alpha}_1, \boldsymbol{\alpha}_2, \cdots, \boldsymbol{\alpha}_s$$

如果存在一组不全为零的数 k_1，k_2，…，k_s，使得

$$k_1\boldsymbol{\alpha}_1+k_2\boldsymbol{\alpha}_2+\cdots+k_s\boldsymbol{\alpha}_s=\mathbf{0}$$

则称向量组 $\boldsymbol{A}$ 线性相关，否则称向量组 $\boldsymbol{A}$ 线性无关.

由定义可知，所谓向量组 $\boldsymbol{A}$：$\boldsymbol{\alpha}_1$，$\boldsymbol{\alpha}_2$，…，$\boldsymbol{\alpha}_s$ 线性无关指的是：要使

$$k_1\boldsymbol{\alpha}_1+k_2\boldsymbol{\alpha}_2+\cdots+k_s\boldsymbol{\alpha}_s=\mathbf{0}$$

成立，必须 $k_1=k_2=\cdots=k_s=0$ 才行. 即只有 $k_1=k_2=\cdots=k_s=0$，关系式

$$k_1\boldsymbol{\alpha}_1+k_2\boldsymbol{\alpha}_2+\cdots+k_s\boldsymbol{\alpha}_s=0$$

才能成立.

例 3.2.4 判断向量组

$$\boldsymbol{A}: \boldsymbol{\alpha}_1=\begin{pmatrix}1\\0\\2\end{pmatrix}, \boldsymbol{\alpha}_2=\begin{pmatrix}0\\2\\1\end{pmatrix}, \boldsymbol{\alpha}_3=\begin{pmatrix}2\\4\\6\end{pmatrix}$$

的线性相关性.

解 设

$$k_1\boldsymbol{\alpha}_1+k_2\boldsymbol{\alpha}_2+k_3\boldsymbol{\alpha}_3=\mathbf{0}$$

则有

$$\begin{cases}k_1+2k_3=0\\2k_2+4k_3=0\\2k_1+k_2+6k_3=0\end{cases}$$

解线性方程组，得

$$k_1=2, k_2=2, k_3=-1$$

因为存在不全为零的数 2，2，-1，使得 $2\boldsymbol{\alpha}_1+2\boldsymbol{\alpha}_2-\boldsymbol{\alpha}_3=\mathbf{0}$，所以向量组 $\boldsymbol{A}$ 线性相关.

例 3.2.5 证明 n 维单位向量 $\boldsymbol{\varepsilon}_1$，$\boldsymbol{\varepsilon}_2$，…，$\boldsymbol{\varepsilon}_n$ 组成的向量组线性无关.

证明 设

$$k_1\boldsymbol{\varepsilon}_1+k_2\boldsymbol{\varepsilon}_2+\cdots+k_n\boldsymbol{\varepsilon}_n=\mathbf{0}$$

则有

$$k_1\begin{pmatrix}1\\0\\\vdots\\0\end{pmatrix}+k_2\begin{pmatrix}0\\1\\\vdots\\0\end{pmatrix}+\cdots+k_n\begin{pmatrix}0\\0\\\vdots\\1\end{pmatrix}=\begin{pmatrix}0\\0\\\vdots\\0\end{pmatrix}$$

即

$$\begin{pmatrix}k_1\\k_2\\\vdots\\k_n\end{pmatrix}=\begin{pmatrix}0\\0\\\vdots\\0\end{pmatrix}$$

所以

$$k_1=k_2=\cdots=k_n=0$$

因为只有当 $k_1=k_2=\cdots=k_n=0$ 时，关系式 $k_1\boldsymbol{\varepsilon}_1+k_2\boldsymbol{\varepsilon}_2+\cdots+k_n\boldsymbol{\varepsilon}_n=\mathbf{0}$ 才能成立，所以 n 维单位向量组 $\boldsymbol{\varepsilon}_1$，$\boldsymbol{\varepsilon}_2$，…，$\boldsymbol{\varepsilon}_n$ 线性无关.

由向量组的线性相关性定义可得向量组的下列性质.

性质 1 含有零向量的向量组是线性相关的.

证明 设向量组 $\boldsymbol{\alpha}_1$，$\boldsymbol{\alpha}_2$，…，$\boldsymbol{\alpha}_s$ 中含有零向量，不妨设 $\boldsymbol{\alpha}_s=\mathbf{0}$，因为存在不全为零的数 0，…，0，1，使得

$$0\cdot\boldsymbol{\alpha}_1+0\cdot\boldsymbol{\alpha}_2+\cdots+1\cdot\boldsymbol{\alpha}_s=0$$

所以向量组 $\boldsymbol{\alpha}_1$，$\boldsymbol{\alpha}_2$，…，$\boldsymbol{\alpha}_s$ 线性相关.

性质 2 向量 $\boldsymbol{\alpha}$ 线性相关的充要条件是 $\boldsymbol{\alpha}=0$. 换句话说，向量 $\boldsymbol{\alpha}$ 线性无关的充要条件是 $\boldsymbol{\alpha}\neq0$.

证明 因为向量 $\boldsymbol{\alpha}$ 线性相关当且仅当存在不全为零的数 1，使得

$$1\cdot\boldsymbol{\alpha}=\mathbf{0}$$

所以一个向量 $\boldsymbol{\alpha}$ 线性相关的充要条件是 $\boldsymbol{\alpha}=\mathbf{0}$.

性质 3 两个 n 维向量

$$\boldsymbol{\alpha}_1=(a_1,\ a_2,\ \cdots,\ a_n)^{\mathrm{T}},\ \boldsymbol{\alpha}_2=(b_1,\ b_2,\ \cdots,\ b_n)^{\mathrm{T}}$$

线性相关的充要条件是它们的对应分量成比例.

证明 充分性. 若向量 $\boldsymbol{\alpha}_1$ 与 $\boldsymbol{\alpha}_2$ 的对应分量成比例，即存在数 k 使得

$$a_1:b_1=a_2:b_2=\cdots=a_n:b_n=k$$

则

$$a_1=kb_1,\ a_2=kb_2,\ a_n=kb_n$$

即 $\boldsymbol{\alpha}_1=k\boldsymbol{\alpha}_2$，于是存在不全为零的数 1，$-k$，使得

$$\boldsymbol{\alpha}_1-k\boldsymbol{\alpha}_2=\mathbf{0}$$

所以 $\boldsymbol{\alpha}_1$，$\boldsymbol{\alpha}_2$ 线性相关.

必要性. 若 $\boldsymbol{\alpha}_1$，$\boldsymbol{\alpha}_2$ 线性相关，则存在不全为零的数 k_1，k_2，使得

$$k_1\boldsymbol{\alpha}_1+k_2\boldsymbol{\alpha}_2=\mathbf{0}$$

不妨设 $k_1\neq 0$，则

$$\boldsymbol{\alpha}_1=-\frac{k_2}{k_1}\boldsymbol{\alpha}_2$$

所以

$$a_1:b_1=a_2:b_2=\cdots=a_n:b_n=-\frac{k_2}{k_1}$$

即向量 $\boldsymbol{\alpha}_1$ 与 $\boldsymbol{\alpha}_2$ 的对应分量成比例.

性质 4 若一个向量组的某个部分组线性相关，则这个向量组线性相关. 换句话说，若一个向量组线性无关，则它的任何部分组都线性无关.

证明 设向量组

$$\boldsymbol{A}: \boldsymbol{\alpha}_1,\ \boldsymbol{\alpha}_2,\ \cdots,\ \boldsymbol{\alpha}_s,\ \boldsymbol{\alpha}_{s+1},\ \cdots,\ \boldsymbol{\alpha}_r$$

的某个部分组线性相关. 不妨设部分组 $\boldsymbol{\alpha}_1$，$\boldsymbol{\alpha}_2$，…，$\boldsymbol{\alpha}_s$ 线性相关，则存在不全为零的数 k_1，k_2，…，k_s，使得

$$k_1\boldsymbol{\alpha}_1+k_2\boldsymbol{\alpha}_2+\cdots+k_s\boldsymbol{\alpha}_s=\mathbf{0}$$

从而存在不全为零的数 k_1，k_2，…，k_s，0，…，0，使得

$$k_1\boldsymbol{\alpha}_1+k_2\boldsymbol{\alpha}_2+\cdots+k_s\boldsymbol{\alpha}_s+0\cdot\boldsymbol{\alpha}_{s+1}+\cdots+0\cdot\boldsymbol{\alpha}_r=\mathbf{0}$$

所以向量组 $\boldsymbol{A}$ 线性相关.

一般地，判别向量组的线性相关性还有下面一些方法.

定理 3.2.2 向量组 $\boldsymbol{\alpha}_1$，$\boldsymbol{\alpha}_2$，…，$\boldsymbol{\alpha}_s$（$s\geqslant 2$）线性相关的充要条件是 $\boldsymbol{\alpha}_1$，$\boldsymbol{\alpha}_2$，…，$\boldsymbol{\alpha}_s$ 中至少有一个向量可由其余向量线性表示.

证明 必要性. 设向量组 $\boldsymbol{\alpha}_1$，$\boldsymbol{\alpha}_2$，…，$\boldsymbol{\alpha}_s$ 线性相关，则存在不全为零的数 k_1，k_2，…，k_s，使得

$$k_1\boldsymbol{\alpha}_1+k_2\boldsymbol{\alpha}_2+\cdots+k_s\boldsymbol{\alpha}_s=\mathbf{0}$$

不妨设 $k_1\neq 0$，于是

$$\boldsymbol{\alpha}_1=-\frac{k_2}{k_1}\boldsymbol{\alpha}_2-\cdots-\frac{k_s}{k_1}\boldsymbol{\alpha}_s$$

所以 $\boldsymbol{\alpha}_1$ 可由 $\boldsymbol{\alpha}_2$，…，$\boldsymbol{\alpha}_s$ 线性表示.

充分性. 设 $\boldsymbol{\alpha}_1, \boldsymbol{\alpha}_2, \cdots, \boldsymbol{\alpha}_s$ 中至少有一个向量可由其余向量线性表示. 不妨设 $\boldsymbol{\alpha}_s$ 可由 $\boldsymbol{\alpha}_1, \boldsymbol{\alpha}_2, \cdots, \boldsymbol{\alpha}_{s-1}$ 线性表示，则存在数 $k_1, k_2, \cdots, k_{s-1}$，使得

$$\boldsymbol{\alpha}_s = k_1\boldsymbol{\alpha}_1 + k_2\boldsymbol{\alpha}_2 + \cdots + k_{s-1}\boldsymbol{\alpha}_{s-1}$$

即

$$k_1\boldsymbol{\alpha}_1 + k_2\boldsymbol{\alpha}_2 + \cdots + k_{s-1}\boldsymbol{\alpha}_{s-1} - \boldsymbol{\alpha}_s = 0$$

因为 $k_1, k_2, \cdots, k_{s-1}, -1$ 不全为零，所以向量组 $\boldsymbol{\alpha}_1, \boldsymbol{\alpha}_2, \cdots, \boldsymbol{\alpha}_s$ 线性相关.

定理 3.2.3 向量组

$$\boldsymbol{\alpha}_1 = \begin{pmatrix} a_{11} \\ a_{21} \\ \vdots \\ a_{n1} \end{pmatrix}, \boldsymbol{\alpha}_2 = \begin{pmatrix} a_{12} \\ a_{22} \\ \vdots \\ a_{n2} \end{pmatrix}, \cdots, \boldsymbol{\alpha}_s = \begin{pmatrix} a_{1s} \\ a_{2s} \\ \vdots \\ a_{ns} \end{pmatrix}$$

线性相关的充要条件是以向量 $\boldsymbol{\alpha}_1, \boldsymbol{\alpha}_2, \cdots, \boldsymbol{\alpha}_s$ 为系数列向量的齐次线性方程组

$$\begin{cases} a_{11}x_1 + a_{12}x_2 + \cdots + a_{1s}x_s = 0 \\ a_{21}x_1 + a_{22}x_2 + \cdots + a_{2s}x_s = 0 \\ \quad\vdots \\ a_{n1}x_1 + a_{n2}x_2 + \cdots + a_{ns}x_s = 0 \end{cases} \tag{3.2.6}$$

有非零解.

证明 必要性. 设方程组(3.2.6)有非零解 $x_1 = k_1, x_2 = k_2, \cdots, x_s = k_s$，则有

$$\begin{cases} a_{11}k_1 + a_{12}k_2 + \cdots + a_{1s}k_s = 0 \\ a_{21}k_1 + a_{22}k_2 + \cdots + a_{2s}k_s = 0 \\ \quad\vdots \\ a_{n1}k_1 + a_{n2}k_2 + \cdots + a_{ns}k_s = 0 \end{cases}$$

从而存在不全为零的数 $k_1, k_2, \cdots, k_s$，使得

$$k_1\boldsymbol{\alpha}_1 + k_2\boldsymbol{\alpha}_2 + \cdots + k_s\boldsymbol{\alpha}_s = 0$$

所以 $\boldsymbol{\alpha}_1, \boldsymbol{\alpha}_2, \cdots, \boldsymbol{\alpha}_s$ 线性相关.

充分性. 设向量组 $\boldsymbol{\alpha}_1, \boldsymbol{\alpha}_2, \cdots, \boldsymbol{\alpha}_s$ 线性相关，则存在不全为零的数 $k_1, k_2, \cdots, k_s$，使得

$$k_1\boldsymbol{\alpha}_1 + k_2\boldsymbol{\alpha}_2 + \cdots + k_s\boldsymbol{\alpha}_s = \mathbf{0}$$

即有

$$\begin{cases}a_{11}k_1+a_{12}k_2+\cdots+a_{1s}k_s=0\\a_{21}k_1+a_{22}k_2+\cdots+a_{2s}k_s=0\\\qquad\vdots\\a_{n1}k_1+a_{n2}k_2+\cdots+a_{ns}k_s=0\end{cases}$$

所以线性方程组(3.2.6)有非零解.

推论 3.2.1 向量组

$$\boldsymbol{\alpha}_1=\begin{pmatrix}a_{11}\\a_{21}\\\vdots\\a_{n1}\end{pmatrix},\ \boldsymbol{\alpha}_2=\begin{pmatrix}a_{12}\\a_{22}\\\vdots\\a_{n2}\end{pmatrix},\ \cdots,\ \boldsymbol{\alpha}_s=\begin{pmatrix}a_{1s}\\a_{2s}\\\vdots\\a_{ns}\end{pmatrix}$$

线性相关的充要条件是以 $\boldsymbol{\alpha}_1$, $\boldsymbol{\alpha}_2$, …, $\boldsymbol{\alpha}_s$ 为列向量的矩阵 $\mathbf{A}=(\boldsymbol{\alpha}_1, \boldsymbol{\alpha}_2, \cdots, \boldsymbol{\alpha}_s)$ 的秩小于 s，即

$$r(\mathbf{A})<s$$

换句话说，向量组 $\boldsymbol{\alpha}_1$, $\boldsymbol{\alpha}_2$, …, $\boldsymbol{\alpha}_s$ 线性无关的充要条件是以 $\boldsymbol{\alpha}_1$, $\boldsymbol{\alpha}_2$, …, $\boldsymbol{\alpha}_s$ 为列向量的矩阵 $\mathbf{A}=(\boldsymbol{\alpha}_1, \boldsymbol{\alpha}_2, \cdots, \boldsymbol{\alpha}_s)$的秩等于 s，即

$$r(\mathbf{A})=s$$

证明 向量组 $\boldsymbol{\alpha}_1$, $\boldsymbol{\alpha}_2$, …, $\boldsymbol{\alpha}_s$ 线性相关当且仅当线性方程组

$$\begin{cases}a_{11}x_1+a_{12}x_2+\cdots+a_{1s}x_s=0\\a_{21}x_1+a_{22}x_2+\cdots+a_{2s}x_s=0\\\qquad\vdots\\a_{n1}x_1+a_{n2}x_2+\cdots+a_{ns}x_s=0\end{cases}\tag{3.2.7}$$

有非零解，而线性方程组(3.27)有非零解当且仅当其系数矩阵 $\mathbf{A}=(\boldsymbol{\alpha}_1, \boldsymbol{\alpha}_2, \cdots, \boldsymbol{\alpha}_s)$的秩小于 s，即 $r(\mathbf{A})<s$.

推论 3.2.2 向量组

$$\boldsymbol{\alpha}_1=\begin{pmatrix}a_{11}\\a_{21}\\\vdots\\a_{n1}\end{pmatrix},\ \boldsymbol{\alpha}_2=\begin{pmatrix}a_{12}\\a_{22}\\\vdots\\a_{n2}\end{pmatrix},\ \cdots,\ \boldsymbol{\alpha}_n=\begin{pmatrix}a_{1n}\\a_{2n}\\\vdots\\a_{nn}\end{pmatrix}$$

线性相关的充要条件是以 $\boldsymbol{\alpha}_1$, $\boldsymbol{\alpha}_2$, …, $\boldsymbol{\alpha}_n$ 为列向量的行列式

$$|\boldsymbol{\alpha}_1, \boldsymbol{\alpha}_2, \cdots, \boldsymbol{\alpha}_n| = \begin{vmatrix} a_{11} & a_{12} & \cdots & a_{1n} \\ a_{21} & a_{22} & \cdots & a_{2n} \\ \vdots & \vdots & & \vdots \\ a_{n1} & a_{n2} & \cdots & a_{nn} \end{vmatrix} = 0$$

换句话说，向量组

$$\boldsymbol{\alpha}_1 = \begin{pmatrix} a_{11} \\ a_{21} \\ \vdots \\ a_{n1} \end{pmatrix}, \boldsymbol{\alpha}_2 = \begin{pmatrix} a_{12} \\ a_{22} \\ \vdots \\ a_{n2} \end{pmatrix}, \cdots, \boldsymbol{\alpha}_n = \begin{pmatrix} a_{1n} \\ a_{2n} \\ \vdots \\ a_{nn} \end{pmatrix}$$

线性无关的充要条件是以 $\boldsymbol{\alpha}_1, \boldsymbol{\alpha}_2, \cdots, \boldsymbol{\alpha}_n$ 为列向量的行列式 $|\boldsymbol{\alpha}_1, \boldsymbol{\alpha}_2, \cdots, \boldsymbol{\alpha}_n| \neq 0$.

证明 向量组 $\boldsymbol{\alpha}_1, \boldsymbol{\alpha}_2, \cdots, \boldsymbol{\alpha}_n$ 线性相关当且仅当线性方程组

$$\begin{cases} a_{11}x_1 + a_{12}x_2 + \cdots + a_{1n}x_n = 0 \\ a_{21}x_1 + a_{22}x_2 + \cdots + a_{2n}x_n = 0 \\ \quad\vdots \\ a_{n1}x_1 + a_{n2}x_2 + \cdots + a_{nn}x_n = 0 \end{cases} \tag{3.2.8}$$

有非零解，而线性方程组(3.2.8)有非零解当且仅当其系数行列式

$$|\boldsymbol{\alpha}_1, \boldsymbol{\alpha}_2, \cdots, \boldsymbol{\alpha}_n| = \begin{vmatrix} a_{11} & a_{12} & \cdots & a_{1n} \\ a_{21} & a_{22} & \cdots & a_{2n} \\ \vdots & \vdots & & \vdots \\ a_{n1} & a_{n2} & \cdots & a_{nn} \end{vmatrix} = 0$$

推论 3.2.3 任何 $n+m$ 个 $(m>0)$ n 维向量都线性相关.

证明 设 $\boldsymbol{\alpha}_1, \boldsymbol{\alpha}_2, \cdots, \boldsymbol{\alpha}_{n+m}$ 是 $n+m$ 个 n 维向量，以向量组 $\boldsymbol{\alpha}_1, \boldsymbol{\alpha}_2, \cdots, \boldsymbol{\alpha}_{n+m}$ 为列向量作矩阵 $\boldsymbol{A} = (\boldsymbol{\alpha}_1, \boldsymbol{\alpha}_2, \cdots, \boldsymbol{\alpha}_{n+m})$，则 $r(\boldsymbol{A}) \leqslant n < n+m$，由推论 3.2.1 可得，$\boldsymbol{\alpha}_1, \boldsymbol{\alpha}_2, \cdots, \boldsymbol{\alpha}_{n+m}$ 线性相关.

根据推论 3.2.1 可知，讨论向量组的线性相关问题可以转化为讨论矩阵的秩的问题.

例 3.2.6 讨论向量组

$$\boldsymbol{\alpha}_1 = (1, -2, -1, -2)^{\mathrm{T}}, \boldsymbol{\alpha}_2 = (4, 1, 2, 1)^{\mathrm{T}}$$
$$\boldsymbol{\alpha}_3 = (2, 5, 4, -1)^{\mathrm{T}}, \boldsymbol{\alpha}_4 = (1, 1, 1, 1)^{\mathrm{T}}$$

的线性相关性.

解 解法一 作矩阵

$$A=(\boldsymbol{\alpha}_1,\boldsymbol{\alpha}_2,\boldsymbol{\alpha}_3,\boldsymbol{\alpha}_4)=\begin{pmatrix}1&4&2&1\\-2&1&5&1\\-1&2&4&1\\-2&1&-1&1\end{pmatrix}$$

计算矩阵的秩. 为此对矩阵 $\boldsymbol{A}$ 作初等行变换化成行阶梯形矩阵，即

$$\boldsymbol{A}=\begin{pmatrix}1&4&2&1\\-2&1&5&1\\-1&2&4&1\\-2&1&-1&1\end{pmatrix}\xrightarrow[r_4+2r_1]{\substack{r_2+2r_1\\r_3+r_1}}\begin{pmatrix}1&4&2&1\\0&9&9&3\\0&6&6&2\\0&9&3&3\end{pmatrix}$$

$$\xrightarrow[r_3\leftrightarrow r_4]{\frac{1}{3}r_2}\begin{pmatrix}1&4&2&1\\0&3&3&1\\0&9&3&3\\0&6&6&2\end{pmatrix}\xrightarrow{\substack{r_3-3r_2\\r_4-2r_2}}\begin{pmatrix}1&4&2&1\\0&3&3&1\\0&0&-6&0\\0&0&0&0\end{pmatrix}$$

因为 $r(\boldsymbol{A})=3<4$，所以向量组 $\boldsymbol{\alpha}_1,\boldsymbol{\alpha}_2,\boldsymbol{\alpha}_3,\boldsymbol{\alpha}_4$ 线性相关.

解法二　因为

$$|\boldsymbol{A}|=\begin{vmatrix}1&4&2&1\\-2&1&5&1\\-1&2&4&1\\-2&1&-1&1\end{vmatrix}\overset{\substack{r_2+2r_1\\r_3+r_1\\r_4+2r_1}}{=\!=\!=}\begin{vmatrix}1&4&2&1\\0&9&9&3\\0&6&6&2\\0&9&3&3\end{vmatrix}=0$$

所以向量组 $\boldsymbol{\alpha}_1,\boldsymbol{\alpha}_2,\boldsymbol{\alpha}_3,\boldsymbol{\alpha}_4$ 线性相关.

例 3.2.7　设向量组 $\boldsymbol{\alpha}_1,\boldsymbol{\alpha}_2,\cdots,\boldsymbol{\alpha}_s$ 线性无关，证明向量组 $\boldsymbol{\beta}_1=\boldsymbol{\alpha}_1+\boldsymbol{\alpha}_2$，$\boldsymbol{\beta}_2=\boldsymbol{\alpha}_2+\boldsymbol{\alpha}_3,\cdots,\boldsymbol{\beta}_{s-1}=\boldsymbol{\alpha}_{s-1}+\boldsymbol{\alpha}_s$，$\boldsymbol{\beta}_s=\boldsymbol{\alpha}_s+\boldsymbol{\alpha}_1$，当 s 为偶数时线性相关，当 s 为奇数时线性无关.

证明　设 $\boldsymbol{\beta}_1=\boldsymbol{\alpha}_1+\boldsymbol{\alpha}_2$，$\boldsymbol{\beta}_2=\boldsymbol{\alpha}_2+\boldsymbol{\alpha}_3$，$\cdots$，$\boldsymbol{\beta}_{s-1}=\boldsymbol{\alpha}_{s-1}+\boldsymbol{\alpha}_s$，$\boldsymbol{\beta}_s=\boldsymbol{\alpha}_s+\boldsymbol{\alpha}_1$，令矩阵

$$\boldsymbol{A}=(\boldsymbol{\alpha}_1,\boldsymbol{\alpha}_2,\cdots,\boldsymbol{\alpha}_s),\quad \boldsymbol{B}=(\boldsymbol{\beta}_1,\boldsymbol{\beta}_2,\cdots,\boldsymbol{\beta}_s)$$

$$\boldsymbol{K}=\begin{pmatrix}1&0&0&\cdots&0&1\\1&1&0&\cdots&0&0\\0&1&1&\cdots&0&0\\\vdots&\vdots&\vdots&&\vdots&\vdots\\0&0&0&\cdots&1&1\end{pmatrix}$$

则有 $\boldsymbol{B}=\boldsymbol{A}\boldsymbol{K}$，且 $|\boldsymbol{K}|=1+(-1)^{s+1}$.

令

$$x_1\boldsymbol{\beta}_1+x_2\boldsymbol{\beta}_2+\cdots+x_{s-1}\boldsymbol{\beta}_{s-1}+x_s\boldsymbol{\beta}_s=\mathbf{0}$$

即

$$\boldsymbol{BX}=\mathbf{0}$$

于是

$$\boldsymbol{AKX}=\mathbf{0}$$

由于向量组 $\boldsymbol{\alpha}_1$, $\boldsymbol{\alpha}_2$, …, $\boldsymbol{\alpha}_s$ 线性无关，从而以 $\boldsymbol{A}$ 为系数矩阵的齐次线性方程组只有零解，所以

$$\boldsymbol{KX}=\mathbf{0}$$

由于当 s 为偶数时，有 $|\boldsymbol{K}|=0$，所以方程组 $\boldsymbol{KX}=\mathbf{0}$ 有非零解，故 $\boldsymbol{\beta}_1$, $\boldsymbol{\beta}_2$, …, $\boldsymbol{\beta}_s$ 线性相关；由于当 s 为奇数时，有 $|\boldsymbol{K}|=2\neq0$，所以方程组 $\boldsymbol{KX}=\mathbf{0}$ 只有零解，故 $\boldsymbol{\beta}_1$, $\boldsymbol{\beta}_2$, …, $\boldsymbol{\beta}_s$ 线性无关.

定理 3.2.4 如果向量组

$$\boldsymbol{\alpha}_1=\begin{pmatrix}a_{11}\\a_{21}\\\vdots\\a_{n1}\end{pmatrix},\ \boldsymbol{\alpha}_2=\begin{pmatrix}a_{12}\\a_{22}\\\vdots\\a_{n2}\end{pmatrix},\ \cdots,\ \boldsymbol{\alpha}_s=\begin{pmatrix}a_{1s}\\a_{2s}\\\vdots\\a_{ns}\end{pmatrix}$$

线性无关，那么在每一个向量中再添加一个分量得到的 $n+1$ 维的向量组

$$\boldsymbol{\beta}_1=\begin{pmatrix}a_{11}\\a_{21}\\\vdots\\a_{n1}\\a_{n+1,\,1}\end{pmatrix},\ \boldsymbol{\beta}_2=\begin{pmatrix}a_{12}\\a_{22}\\\vdots\\a_{n2}\\a_{n+1,\,2}\end{pmatrix},\ \cdots,\ \boldsymbol{\beta}_s=\begin{pmatrix}a_{1s}\\a_{2s}\\\vdots\\a_{ns}\\a_{n+1,\,s}\end{pmatrix}$$

也线性无关.

证明 由于向量组 $\boldsymbol{\alpha}_1$, $\boldsymbol{\alpha}_2$, …, $\boldsymbol{\alpha}_s$ 线性无关，故以 $\boldsymbol{\alpha}_1$, $\boldsymbol{\alpha}_2$, …, $\boldsymbol{\alpha}_s$ 为列向量的矩阵 $\boldsymbol{A}=(\boldsymbol{\alpha}_1, \boldsymbol{\alpha}_2, \cdots, \boldsymbol{\alpha}_s)$的秩

$$r(\boldsymbol{A})=s$$

设以 $\boldsymbol{\beta}_1$, $\boldsymbol{\beta}_2$, …, $\boldsymbol{\beta}_s$ 为列向量的矩阵为 $\boldsymbol{B}=(\boldsymbol{\beta}_1, \boldsymbol{\beta}_2, \cdots, \boldsymbol{\beta}_s)$，因为

$$s=r(\boldsymbol{A})\leqslant r(\boldsymbol{B})\leqslant s$$

所以 $r(\boldsymbol{B})=s$，故 $\boldsymbol{\beta}_1$, $\boldsymbol{\beta}_2$, …, $\boldsymbol{\beta}_s$ 线性无关.

利用数学归纳法，定理 3.2.4 可以推广到添加有限个分量的情形，结论也是成立的.

定理 3.2.5 如果向量组 $\boldsymbol{\alpha}_1, \boldsymbol{\alpha}_2, \cdots, \boldsymbol{\alpha}_s$ 线性无关，而向量组 $\boldsymbol{\alpha}_1, \boldsymbol{\alpha}_2, \cdots, \boldsymbol{\alpha}_s, \boldsymbol{\beta}$ 线性相关，那么向量 $\boldsymbol{\beta}$ 可由向量组 $\boldsymbol{\alpha}_1, \boldsymbol{\alpha}_2, \cdots, \boldsymbol{\alpha}_s$ 线性表示，且表示方法唯一.

证明 因为 $\boldsymbol{\alpha}_1, \boldsymbol{\alpha}_2, \cdots, \boldsymbol{\alpha}_s, \boldsymbol{\beta}$ 线性相关，所以存在不全为零的数 $k_1, k_2, \cdots k_s, k$，使得

$$k_1\boldsymbol{\alpha}_1 + k_2\boldsymbol{\alpha}_2 + \cdots + k_s\boldsymbol{\alpha}_s + k\boldsymbol{\beta} = 0$$

假设 $k=0$，那么存在不全为零的数 $k_1, k_2, \cdots, k_s$，使得

$$k_1\boldsymbol{\alpha}_1 + k_2\boldsymbol{\alpha}_2 + \cdots + k_s\boldsymbol{\alpha}_s = 0$$

这与向量组 $\boldsymbol{\alpha}_1, \boldsymbol{\alpha}_2, \cdots, \boldsymbol{\alpha}_s$ 线性无关矛盾，所以 $k \neq 0$. 于是有

$$\boldsymbol{\beta} = -\frac{k_1}{k}\boldsymbol{\alpha}_1 - \frac{k_2}{k}\boldsymbol{\alpha}_2 - \cdots - \frac{k_s}{k}\boldsymbol{\alpha}_s$$

故向量 $\boldsymbol{\beta}$ 可由向量组 $\boldsymbol{\alpha}_1, \boldsymbol{\alpha}_2, \cdots, \boldsymbol{\alpha}_s$ 线性表示.

假设

$$\boldsymbol{\beta} = k_1\boldsymbol{\alpha}_1 + k_2\boldsymbol{\alpha}_2 + \cdots + k_s\boldsymbol{\alpha}_s = l_1\boldsymbol{\alpha}_1 + l_2\boldsymbol{\alpha}_2 + \cdots + l_s\boldsymbol{\alpha}_s$$

则有

$$(k_1 - l_1)\boldsymbol{\alpha}_1 + (k_2 - l_2)\boldsymbol{\alpha}_2 + \cdots + (k_s - l_s)\boldsymbol{\alpha}_s = 0$$

因为 $\boldsymbol{\alpha}_1, \boldsymbol{\alpha}_2, \cdots, \boldsymbol{\alpha}_s$ 线性无关，所以

$$(k_1 - l_1) = (k_2 - l_2) = \cdots = (k_s - l_s) = 0$$

于是

$$k_1 = l_1,\ k_2 = l_2,\ \cdots,\ k_s = l_s$$

因此表示方法唯一.

定理 3.2.6 设向量组 $\boldsymbol{\alpha}_1, \boldsymbol{\alpha}_2, \cdots, \boldsymbol{\alpha}_s$ 可由向量组 $\boldsymbol{\beta}_1, \boldsymbol{\beta}_2, \cdots, \boldsymbol{\beta}_t$ 线性表示，如果 $s>t$，那么向量组 $\boldsymbol{\alpha}_1, \boldsymbol{\alpha}_2, \cdots, \boldsymbol{\alpha}_s$ 线性相关.

证明 因为向量组 $\boldsymbol{\alpha}_1, \boldsymbol{\alpha}_2, \cdots, \boldsymbol{\alpha}_s$ 可由向量组 $\boldsymbol{\beta}_1, \boldsymbol{\beta}_2, \cdots, \boldsymbol{\beta}_t$ 线性表示，则有

$$\begin{gathered}
\boldsymbol{\alpha}_1 = a_{11}\boldsymbol{\beta}_1 + a_{21}\boldsymbol{\beta}_2 + \cdots + a_{t1}\boldsymbol{\beta}_t \\
\boldsymbol{\alpha}_2 = a_{12}\boldsymbol{\beta}_1 + a_{22}\boldsymbol{\beta}_2 + \cdots + a_{t2}\boldsymbol{\beta}_t \\
\vdots \\
\boldsymbol{\alpha}_s = a_{1s}\boldsymbol{\beta}_1 + a_{2s}\boldsymbol{\beta}_2 + \cdots + a_{ts}\boldsymbol{\beta}_t
\end{gathered}$$

计算向量组 $\boldsymbol{\alpha}_1, \boldsymbol{\alpha}_2, \cdots, \boldsymbol{\alpha}_s$ 的线性组合：

$$\begin{aligned}
x_1\boldsymbol{\alpha}_1 + x_2\boldsymbol{\alpha}_2 + \cdots + x_s\boldsymbol{\alpha}_s &= x_1(a_{11}\boldsymbol{\beta}_1 + a_{21}\boldsymbol{\beta}_2 + \cdots + a_{t1}\boldsymbol{\beta}_t) + x_2(a_{12}\boldsymbol{\beta}_1 + a_{22}\boldsymbol{\beta}_2 + \cdots + a_{t2}\boldsymbol{\beta}_t) \\
&\quad + \cdots + x_s(a_{1s}\boldsymbol{\beta}_1 + a_{2s}\boldsymbol{\beta}_2 + \cdots + a_{ts}\boldsymbol{\beta}_t)
\end{aligned}$$

$$=(a_{11}x_1+a_{12}x_2+\cdots+a_{1s}x_s)\boldsymbol{\beta}_1+(a_{21}x_1+a_{22}x_2+\cdots+a_{2s}x_s)\boldsymbol{\beta}_2$$
$$+\cdots+(a_{t1}x_1+a_{t2}x_2+\cdots+a_{ts}x_s)\boldsymbol{\beta}_t \tag{3.2.9}$$

考虑齐次线性方程组

$$\begin{cases} a_{11}x_1+a_{12}x_2+\cdots+a_{1s}x_s=0 \\ a_{21}x_1+a_{22}x_2+\cdots+a_{2s}x_s=0 \\ \qquad\vdots \\ a_{t1}x_1+a_{t2}x_2+\cdots+a_{ts}x_s=0 \end{cases} \tag{3.2.10}$$

因为 $s>t$，所以方程组(3.2.10)有非零解，令

$$x_1=c_1,\ x_2=c_2,\ \cdots,\ x_s=c_s$$

是方程组(3.2.10)的一个非零解，把它代入式(3.2.9)，则存在不全为零的数 $c_1,\ c_2,\ \cdots,\ c_s$，使得

$$c_1\boldsymbol{\alpha}_1+c_2\boldsymbol{\alpha}_2+\cdots+c_s\boldsymbol{\alpha}_s=0\cdot\boldsymbol{\beta}_1+0\cdot\boldsymbol{\beta}_2+\cdots+0\cdot\boldsymbol{\beta}_t=\mathbf{0}$$

所以向量组 $\boldsymbol{\alpha}_1,\ \boldsymbol{\alpha}_2,\ \cdots,\ \boldsymbol{\alpha}_s$ 线性相关.

由定理 3.2.6 可得下面的定理.

定理 3.2.7 设向量组 $\boldsymbol{\alpha}_1,\ \boldsymbol{\alpha}_2,\ \cdots,\ \boldsymbol{\alpha}_s$ 可由向量组 $\boldsymbol{\beta}_1,\ \boldsymbol{\beta}_2,\ \cdots,\ \boldsymbol{\beta}_t$ 线性表示，若 $\boldsymbol{\alpha}_1,\ \boldsymbol{\alpha}_2,\ \cdots,\ \boldsymbol{\alpha}_s$ 线性无关，则 $s\leqslant t$.

证明 若 $s>t$，则由定理 3.2.6，$\boldsymbol{\alpha}_1,\ \boldsymbol{\alpha}_2,\ \cdots,\ \boldsymbol{\alpha}_s$ 线性相关，这与已知条件 $\boldsymbol{\alpha}_1,\ \boldsymbol{\alpha}_2,\ \cdots,\ \boldsymbol{\alpha}_s$ 线性无关矛盾. 所以 $s\leqslant t$.

定理 3.2.8 两个等价的线性无关向量组含有相同个数的向量.

证明 设线性无关向量组 $\boldsymbol{\alpha}_1,\ \boldsymbol{\alpha}_2,\ \cdots,\ \boldsymbol{\alpha}_s$ 与线性无关向量组 $\boldsymbol{\beta}_1,\ \boldsymbol{\beta}_2,\ \cdots,\ \boldsymbol{\beta}_t$ 等价，则 $\boldsymbol{\alpha}_1,\ \boldsymbol{\alpha}_2,\ \cdots,\ \boldsymbol{\alpha}_s$ 可由 $\boldsymbol{\beta}_1,\ \boldsymbol{\beta}_2,\ \cdots,\ \boldsymbol{\beta}_t$ 线性表示，由定理 3.2.7 得 $s\leqslant t$. 又 $\boldsymbol{\beta}_1,\ \boldsymbol{\beta}_2,\ \cdots,\ \boldsymbol{\beta}_t$ 可由 $\boldsymbol{\alpha}_1,\ \boldsymbol{\alpha}_2,\ \cdots,\ \boldsymbol{\alpha}_s$ 线性表示，由定理 3.2.7 得 $t\leqslant s$. 因此 $s=t$.

3.3 向量组的秩

1. 向量组的极大线性无关组

一个向量组可能包含很多向量，甚至是无穷多个向量. 因此一般来说很难对一个向量组的向量逐个研究，为此有必要从中选出部分向量作为代表，用这些代表来表示向量组的所有向量. 这种想法当然是可行的. 比如，n 个 n 维单位向量 $\boldsymbol{\varepsilon}_1,\ \boldsymbol{\varepsilon}_2,\ \cdots,\ \boldsymbol{\varepsilon}_n$，它们的线性组合就能表示所有的 n 维向量，故 $\boldsymbol{\varepsilon}_1,\ \boldsymbol{\varepsilon}_2,\ \cdots,$

ε_n 就是所有 n 维向量的代表. 注意到 $\boldsymbol{\varepsilon}_1, \boldsymbol{\varepsilon}_2, \cdots, \boldsymbol{\varepsilon}_n$ 是线性无关的，且对任意的 n 维向量 $\boldsymbol{\alpha}$，都有 $\boldsymbol{\alpha}$ 可由 $\boldsymbol{\varepsilon}_1, \boldsymbol{\varepsilon}_2, \cdots, \boldsymbol{\varepsilon}_n$ 线性表示. 由此引入向量组的极大线性无关组的概念.

定义 3.3.1 向量组 $\boldsymbol{\alpha}_1, \boldsymbol{\alpha}_2, \cdots, \boldsymbol{\alpha}_s$ 的一个部分组 $\boldsymbol{\alpha}_{i_1}, \boldsymbol{\alpha}_{i_2}, \cdots, \boldsymbol{\alpha}_{i_r}$ 如果满足：

(1) $\boldsymbol{\alpha}_{i_1}, \boldsymbol{\alpha}_{i_2}, \cdots, \boldsymbol{\alpha}_{i_r}$ 线性无关；

(2) 对任意的 $\boldsymbol{\alpha}_j(1 \leqslant j \leqslant s)$，$\boldsymbol{\alpha}_j$ 可由 $\boldsymbol{\alpha}_{i_1}, \boldsymbol{\alpha}_{i_2}, \cdots, \boldsymbol{\alpha}_{i_r}$ 线性表示，

则称 $\boldsymbol{\alpha}_{i_1}, \boldsymbol{\alpha}_{i_2}, \cdots, \boldsymbol{\alpha}_{i_r}$ 是向量组 $\boldsymbol{\alpha}_1, \boldsymbol{\alpha}_2, \cdots, \boldsymbol{\alpha}_s$ 的一个极大线性无关组，简称极大无关组.

根据线性相关与线性组合的关系，向量组的极大线性无关组也可以等价地叙述如下.

定理 3.3.1 向量组 $\boldsymbol{A}$：$\boldsymbol{\alpha}_1, \boldsymbol{\alpha}_2, \cdots, \boldsymbol{\alpha}_s$ 的一个部分组 $\boldsymbol{\alpha}_{i_1}, \boldsymbol{\alpha}_{i_2}, \cdots, \boldsymbol{\alpha}_{i_r}$ 是向量组 $\boldsymbol{A}$ 的一个极大线性无关组的充分必要条件是：

(1) $\boldsymbol{\alpha}_{i_1}, \boldsymbol{\alpha}_{i_2}, \cdots, \boldsymbol{\alpha}_{i_r}$ 线性无关；

(2) 向量组 $\boldsymbol{A}$ 中任意 $r+1$ 个向量(如果有的话)都线性相关.

证明 必要性. 设 $\boldsymbol{\alpha}_{i_1}, \boldsymbol{\alpha}_{i_2}, \cdots, \boldsymbol{\alpha}_{i_r}$ 是向量组 $\boldsymbol{A}$：$\boldsymbol{\alpha}_1, \boldsymbol{\alpha}_2, \cdots, \boldsymbol{\alpha}_s$ 的一个极大线性无关组，则只需证明向量组 $\boldsymbol{A}$ 中的任意 $r+1$ 个向量都线性相关即可. 令 $\boldsymbol{\alpha}_{j_1}, \boldsymbol{\alpha}_{j_2}, \cdots, \boldsymbol{\alpha}_{j_{r+1}}$ 是向量组 $\boldsymbol{A}$ 中的任意 $r+1$ 个向量，由定义 3.3.1 的条件(2)可知，$\boldsymbol{\alpha}_{j_1}, \boldsymbol{\alpha}_{j_2}, \cdots, \boldsymbol{\alpha}_{j_{r+1}}$ 可由 $\boldsymbol{\alpha}_{i_1}, \boldsymbol{\alpha}_{i_2}, \cdots, \boldsymbol{\alpha}_{i_r}$ 线性表示，而 $r+1>r$，由定理 3.2.6 可知，$\boldsymbol{\alpha}_{j_1}, \boldsymbol{\alpha}_{j_2}, \cdots, \boldsymbol{\alpha}_{j_{r+1}}$ 线性相关.

充分性. 设向量组 $\boldsymbol{A}$ 中的任意 $r+1$ 个都向量线性相关，则只要证明向量组 $\boldsymbol{A}$ 中任意一个向量 $\boldsymbol{\alpha}_j$ 都可由 $\boldsymbol{\alpha}_{i_1}, \boldsymbol{\alpha}_{i_2}, \cdots, \boldsymbol{\alpha}_{i_r}$ 线性表示即可. 因为 $\boldsymbol{\alpha}_{i_1}, \boldsymbol{\alpha}_{i_2}, \cdots, \boldsymbol{\alpha}_{i_r}$ 线性无关，而向量组 $\boldsymbol{A}$ 中的任意 $r+1$ 个向量都线性相关，所以向量组 $\boldsymbol{\alpha}_{i_1}, \boldsymbol{\alpha}_{i_2}, \cdots, \boldsymbol{\alpha}_{i_r}, \boldsymbol{\alpha}_j$ 线性相关，根据定理 3.2.5，$\boldsymbol{\alpha}_j$ 可由 $\boldsymbol{\alpha}_{i_1}, \boldsymbol{\alpha}_{i_2}, \cdots, \boldsymbol{\alpha}_{i_r}$ 线性表示. 故 $\boldsymbol{\alpha}_{i_1}, \boldsymbol{\alpha}_{i_2}, \cdots, \boldsymbol{\alpha}_{i_r}$ 是向量组 $\boldsymbol{A}$ 的一个极大线性无关组.

例如，在向量组

$$\boldsymbol{\alpha}_1=(1, 0, 0)^{\mathrm{T}}, \boldsymbol{\alpha}_2=(0, 1, 0)^{\mathrm{T}}, \boldsymbol{\alpha}_3=(1, 1, 0)^{\mathrm{T}}$$

中，$\boldsymbol{\alpha}_1, \boldsymbol{\alpha}_2$ 是线性无关的，且

$$\boldsymbol{\alpha}_3=\boldsymbol{\alpha}_1+\boldsymbol{\alpha}_2$$

所以 $\boldsymbol{\alpha}_1, \boldsymbol{\alpha}_2$ 是向量组 $\boldsymbol{\alpha}_1, \boldsymbol{\alpha}_2, \boldsymbol{\alpha}_3$ 的极大线性无关组. 又 $\boldsymbol{\alpha}_1, \boldsymbol{\alpha}_3$ 也是线性无关的，且

$$\boldsymbol{\alpha}_2=\boldsymbol{\alpha}_3-\boldsymbol{\alpha}_1$$

所以 $\boldsymbol{\alpha}_1, \boldsymbol{\alpha}_3$ 也是向量组 $\boldsymbol{\alpha}_1, \boldsymbol{\alpha}_2, \boldsymbol{\alpha}_3$ 的极大线性无关组.

这说明一个向量组的极大线性无关组不是唯一的，由零向量组成的向量组没有极大线性无关组. 每一个含有非零向量的向量组都有极大线性无关组.

向量组的极大线性无关组的性质如下.

性质 1 线性无关的向量组的极大线性无关组就是其自身.

证明 设 $\boldsymbol{\alpha}_1, \boldsymbol{\alpha}_2, \cdots, \boldsymbol{\alpha}_s$ 是一个线性无关组，由于 $\boldsymbol{\alpha}_1, \boldsymbol{\alpha}_2, \cdots, \boldsymbol{\alpha}_s$ 与自身等价，根据极大线性无关组的定义，$\boldsymbol{\alpha}_1, \boldsymbol{\alpha}_2, \cdots, \boldsymbol{\alpha}_s$ 是自身的极大线性无关组.

性质 2 每一个向量组都与它的极大线性无关组等价.

证明 设 $\boldsymbol{\alpha}_{i_1}, \boldsymbol{\alpha}_{i_2}, \cdots, \boldsymbol{\alpha}_{i_r}$ 是向量组 $\boldsymbol{\alpha}_1, \boldsymbol{\alpha}_2, \cdots, \boldsymbol{\alpha}_s$ 的一个极大线性无关组，根据极大线性无关组的定义，$\boldsymbol{\alpha}_1, \boldsymbol{\alpha}_2, \cdots, \boldsymbol{\alpha}_s$ 可由 $\boldsymbol{\alpha}_{i_1}, \boldsymbol{\alpha}_{i_2}, \cdots, \boldsymbol{\alpha}_{i_r}$ 线性表示，显然 $\boldsymbol{\alpha}_{i_1}, \boldsymbol{\alpha}_{i_2}, \cdots, \boldsymbol{\alpha}_{i_r}$ 也可由 $\boldsymbol{\alpha}_1, \boldsymbol{\alpha}_2, \cdots, \boldsymbol{\alpha}_s$ 线性表示，所以 $\boldsymbol{\alpha}_{i_1}, \boldsymbol{\alpha}_{i_2}, \cdots, \boldsymbol{\alpha}_{i_r}$ 与 $\boldsymbol{\alpha}_1, \boldsymbol{\alpha}_2, \cdots, \boldsymbol{\alpha}_s$ 等价.

性质 3 一个向量组的任意两个极大线性无关组都等价.

证明 设 $\boldsymbol{\alpha}_{i_1}, \boldsymbol{\alpha}_{i_2}, \cdots, \boldsymbol{\alpha}_{i_r}$ 与 $\boldsymbol{\alpha}_{j_1}, \boldsymbol{\alpha}_{j_2}, \cdots, \boldsymbol{\alpha}_{j_t}$ 是向量组 $\boldsymbol{\alpha}_1, \boldsymbol{\alpha}_2, \cdots, \boldsymbol{\alpha}_s$ 的两个极大线性无关组，由性质 2 得 $\boldsymbol{\alpha}_{i_1}, \boldsymbol{\alpha}_{i_2}, \cdots, \boldsymbol{\alpha}_{i_r}$ 与 $\boldsymbol{\alpha}_1, \boldsymbol{\alpha}_2, \cdots, \boldsymbol{\alpha}_s$ 等价，$\boldsymbol{\alpha}_{j_1}, \boldsymbol{\alpha}_{j_2}, \cdots, \boldsymbol{\alpha}_{j_t}$ 与 $\boldsymbol{\alpha}_1, \boldsymbol{\alpha}_2, \cdots, \boldsymbol{\alpha}_s$ 等价，再由向量组等价的对称性及传递性得 $\boldsymbol{\alpha}_{i_1}, \boldsymbol{\alpha}_{i_2}, \cdots, \boldsymbol{\alpha}_{i_r}$ 与 $\boldsymbol{\alpha}_{j_1}, \boldsymbol{\alpha}_{j_2}, \cdots, \boldsymbol{\alpha}_{j_t}$ 等价.

性质 4 一个向量组的任意两个极大线性无关组都含有相同个数的向量.

证明 设 $\boldsymbol{\alpha}_{i_1}, \boldsymbol{\alpha}_{i_2}, \cdots, \boldsymbol{\alpha}_{i_r}$ 与 $\boldsymbol{\alpha}_{j_1}, \boldsymbol{\alpha}_{j_2}, \cdots, \boldsymbol{\alpha}_{j_t}$ 是向量组 $\boldsymbol{\alpha}_1, \boldsymbol{\alpha}_2, \cdots, \boldsymbol{\alpha}_s$ 的两个极大线性无关组，因为 $\boldsymbol{\alpha}_{i_1}, \boldsymbol{\alpha}_{i_2}, \cdots, \boldsymbol{\alpha}_{i_r}$ 与 $\boldsymbol{\alpha}_{j_1}, \boldsymbol{\alpha}_{j_2}, \cdots, \boldsymbol{\alpha}_{j_t}$ 等价，且它们都线性无关，所以它们含有相同个数的向量.

2. 向量组的秩

我们知道，一个向量组的极大线性无关组是不唯一的，但是它的每一个极大线性无关组所含向量的个数总是相同的，即这个数是由向量组自身决定的. 为了刻画这个数的特性，我们引入向量组的秩的概念.

定义 3.3.2 向量组的极大线性无关组所含向量的个数称为这个向量组的秩.

向量组 $\boldsymbol{\alpha}_1, \boldsymbol{\alpha}_2, \cdots, \boldsymbol{\alpha}_s$ 的秩记作 $r(\boldsymbol{\alpha}_1, \boldsymbol{\alpha}_2, \cdots, \boldsymbol{\alpha}_s)$.

利用向量组的秩可得下列定理.

定理 3.3.2 一个向量组线性无关的充要条件是它的秩等于它所含向量的

个数. 换句话说，一个向量组线性相关的充要条件是它的秩小于它所含向量的个数.

证明 必要性.

设向量组 $\boldsymbol{\alpha}_1, \boldsymbol{\alpha}_2, \cdots, \boldsymbol{\alpha}_s$ 线性无关，则 $\boldsymbol{\alpha}_1, \boldsymbol{\alpha}_2, \cdots, \boldsymbol{\alpha}_s$ 的极大线性无关组就是其自身，故 $r(\boldsymbol{\alpha}_1, \boldsymbol{\alpha}_2, \cdots, \boldsymbol{\alpha}_s)=s$.

充分性.

设向量组 $\boldsymbol{\alpha}_1, \boldsymbol{\alpha}_2, \cdots, \boldsymbol{\alpha}_s$ 的秩 $r(\boldsymbol{\alpha}_1, \boldsymbol{\alpha}_2, \cdots, \boldsymbol{\alpha}_s)=s$，则向量组 $\boldsymbol{\alpha}_1, \boldsymbol{\alpha}_2, \cdots, \boldsymbol{\alpha}_s$ 的极大线性无关组中含有 s 个线性无关的向量，而向量组 $\boldsymbol{\alpha}_1, \boldsymbol{\alpha}_2, \cdots, \boldsymbol{\alpha}_s$ 中仅含 s 个向量，故向量组 $\boldsymbol{\alpha}_1, \boldsymbol{\alpha}_2, \cdots, \boldsymbol{\alpha}_s$ 线性无关.

定理 3.3.3 等价的向量组必有相同的秩.

证明 设向量组 $\boldsymbol{\alpha}_1, \boldsymbol{\alpha}_2, \cdots, \boldsymbol{\alpha}_s$ 与向量组 $\boldsymbol{\beta}_1, \boldsymbol{\beta}_2, \cdots, \boldsymbol{\beta}_t$ 等价，因为每个向量组都与它的极大线性无关组等价，利用向量组的等价的对称性与传递性，得 $\boldsymbol{\alpha}_1, \boldsymbol{\alpha}_2, \cdots, \boldsymbol{\alpha}_s$ 的极大线性无关组与 $\boldsymbol{\beta}_1, \boldsymbol{\beta}_2, \cdots, \boldsymbol{\beta}_t$ 的极大线性无关组等价，而两个等价的线性无关向量组含有相同个数的向量，所以等价的向量组必有相同的秩.

定理 3.3.4 如果向量组 $\boldsymbol{\alpha}_1, \boldsymbol{\alpha}_2, \cdots, \boldsymbol{\alpha}_s$ 可由向量组 $\boldsymbol{\beta}_1, \boldsymbol{\beta}_2, \cdots, \boldsymbol{\beta}_t$ 线性表示，那么

$$r(\boldsymbol{\alpha}_1, \boldsymbol{\alpha}_2, \cdots, \boldsymbol{\alpha}_s) \leqslant r(\boldsymbol{\beta}_1, \boldsymbol{\beta}_2, \cdots, \boldsymbol{\beta}_t)$$

证明 设向量组 $\boldsymbol{A}$：$\boldsymbol{\alpha}_1, \boldsymbol{\alpha}_2, \cdots, \boldsymbol{\alpha}_s$ 可由向量组 $\boldsymbol{B}$：$\boldsymbol{\beta}_1, \boldsymbol{\beta}_2, \cdots, \boldsymbol{\beta}_t$ 线性表示，则向量组 $\boldsymbol{A}$ 的极大线性无关组可由向量组 $\boldsymbol{B}$ 的极大线性无关组线性表示，由定理 3.2.7 可得，向量组 $\boldsymbol{A}$ 的极大线性无关组所含的向量个数小于等于向量组 $\boldsymbol{B}$ 的极大线性无关组所含的向量个数，故

$$r(\boldsymbol{\alpha}_1, \boldsymbol{\alpha}_2, \cdots, \boldsymbol{\alpha}_s) \leqslant r(\boldsymbol{\beta}_1, \boldsymbol{\beta}_2, \cdots, \boldsymbol{\beta}_t)$$

下面我们建立向量与矩阵的关系.

设

$$\boldsymbol{A}=\begin{pmatrix} a_{11} & a_{12} & \cdots & a_{1n} \\ a_{21} & a_{22} & \cdots & a_{2n} \\ \vdots & \vdots & & \vdots \\ a_{m1} & a_{m2} & \cdots & a_{mn} \end{pmatrix}$$

是一个 $m \times n$ 矩阵，我们把矩阵 $\boldsymbol{A}$ 的每一行看成一个行向量，则矩阵 $\boldsymbol{A}$ 的 m 个行称为矩阵 $\boldsymbol{A}$ 的行向量组；把矩阵 $\boldsymbol{A}$ 的每一列看成一个列向量，则矩阵 $\boldsymbol{A}$ 的 n

个列称为矩阵 $\boldsymbol{A}$ 的列向量组.

例如，设矩阵

$$\boldsymbol{A}=\begin{pmatrix}1&2&2&3\\2&0&1&6\\6&3&1&4\end{pmatrix}$$

则

$$\boldsymbol{\alpha}_1^{\mathrm{T}}=(1,\ 2,\ 2,\ 3),\ \boldsymbol{\alpha}_2^{\mathrm{T}}=(2,\ 0,\ 1,\ 6),\ \boldsymbol{\alpha}_3^{\mathrm{T}}=(6,\ 3,\ 1,\ 4)$$

是矩阵 $\boldsymbol{A}$ 的行向量组；而

$$\boldsymbol{\beta}_1=\begin{pmatrix}1\\2\\6\end{pmatrix},\ \boldsymbol{\beta}_2=\begin{pmatrix}2\\0\\3\end{pmatrix},\ \boldsymbol{\beta}_3=\begin{pmatrix}2\\1\\1\end{pmatrix},\ \boldsymbol{\beta}_4=\begin{pmatrix}3\\6\\4\end{pmatrix}$$

是矩阵 $\boldsymbol{A}$ 的列向量组.

定义 3.3.3 矩阵的行向量组的秩，称为矩阵的行秩；矩阵的列向量组的秩，称为矩阵的列秩.

定理 3.3.5 矩阵的行秩等于矩阵的列秩都等于矩阵的秩.

证明 首先证明矩阵的秩等于矩阵的列秩. 设 $\boldsymbol{\alpha}_1,\ \boldsymbol{\alpha}_2,\ \cdots,\ \boldsymbol{\alpha}_n$ 是 $m\times n$ 矩阵 $\boldsymbol{A}$ 的列向量组，且矩阵 $\boldsymbol{A}$ 的秩为 r，则矩阵 $\boldsymbol{A}$ 中至少存在一个不等于零的 r 阶子式 D. 令 D 是由矩阵 $\boldsymbol{A}$ 的第 $i_1,\ i_2,\ \cdots,\ i_r$ 行，第 $j_1,\ j_2,\ \cdots,\ j_r$ 列的交叉处的元素组成的 r 阶子式，即

$$D=\begin{vmatrix}a_{i_1j_1}&a_{i_1j_2}&\cdots&a_{i_1j_r}\\a_{i_2j_1}&a_{i_2j_2}&\cdots&a_{i_2j_r}\\\vdots&\vdots&&\vdots\\a_{i_rj_1}&a_{i_rj_2}&\cdots&a_{i_rj_r}\end{vmatrix}$$

再令矩阵

$$\boldsymbol{B}=\begin{pmatrix}a_{i_1j_1}&a_{i_1j_2}&\cdots&a_{i_1j_r}\\a_{i_2j_1}&a_{i_2j_2}&\cdots&a_{i_2j_r}\\\vdots&\vdots&&\vdots\\a_{i_rj_1}&a_{i_rj_2}&\cdots&a_{i_rj_r}\end{pmatrix}$$

因为 $|\boldsymbol{B}|=D\neq0$，所以矩阵 $\boldsymbol{B}$ 的列向量组线性无关. 给矩阵 $\boldsymbol{B}$ 的列向量添加分量使得 $\boldsymbol{B}$ 的第 $1,\ 2,\ \cdots,\ r$ 列依次变成矩阵 $\boldsymbol{A}$ 的第 $j_1,\ j_2,\ \cdots,\ j_r$ 列，而矩阵 $\boldsymbol{A}$

的第 $j_1, j_2, \cdots, j_r$ 列组成的列向量组是 $\boldsymbol{\alpha}_{j_1}, \boldsymbol{\alpha}_{j_2}, \cdots, \boldsymbol{\alpha}_{j_r}$. 由于线性无关的向量组添加分量后得到的向量组还是线性无关的，所以 $\boldsymbol{\alpha}_{j_1}, \boldsymbol{\alpha}_{j_2}, \cdots, \boldsymbol{\alpha}_{j_r}$ 线性无关. 设 $\boldsymbol{F}$ 是由矩阵 $\boldsymbol{A}$ 的任意 $r+1$ 个列向量 $\boldsymbol{\alpha}_{i_1}, \boldsymbol{\alpha}_{i_2}, \cdots, \boldsymbol{\alpha}_{i_{r+1}}$ 作成的矩阵，即

$$\boldsymbol{F}=(\boldsymbol{\alpha}_{i_1}, \boldsymbol{\alpha}_{i_2}, \cdots, \boldsymbol{\alpha}_{i_{r+1}})=\begin{pmatrix} a_{1i_1} & a_{1i_2} & \cdots & a_{1i_r} & a_{1i_{r+1}} \\ a_{2i_1} & a_{2i_2} & \cdots & a_{2i_r} & a_{2i_{r+1}} \\ \vdots & \vdots & & \vdots & \vdots \\ a_{mi_1} & a_{mi_2} & \cdots & a_{mi_r} & a_{mi_{r+1}} \end{pmatrix}$$

由于矩阵 $\boldsymbol{F}$ 的每一个不等于零的子式都是矩阵 $\boldsymbol{A}$ 的一个不等于零的子式，所以

$$r(\boldsymbol{F})\leqslant r(\boldsymbol{A})=r$$

因为矩阵 $\boldsymbol{F}$ 的秩小于向量组 $\boldsymbol{\alpha}_{i_1}, \boldsymbol{\alpha}_{i_2}, \cdots, \boldsymbol{\alpha}_{i_{r+1}}$ 中向量的个数 $r+1$，所以 $\boldsymbol{\alpha}_{i_1}, \boldsymbol{\alpha}_{i_2}, \cdots, \boldsymbol{\alpha}_{i_{r+1}}$ 线性相关，即矩阵 $\boldsymbol{A}$ 的任意 $r+1$ 个列向量都线性相关，故 D 所在的列向量组 $\boldsymbol{\alpha}_{j_1}, \boldsymbol{\alpha}_{j_2}, \cdots, \boldsymbol{\alpha}_{j_r}$ 是矩阵 $\boldsymbol{A}$ 的列向量组 $\boldsymbol{\alpha}_1, \boldsymbol{\alpha}_2, \cdots, \boldsymbol{\alpha}_n$ 的一个极大线性无关组，于是矩阵 $\boldsymbol{A}$ 的列秩是 r，因此矩阵 $\boldsymbol{A}$ 的列秩等于矩阵 $\boldsymbol{A}$ 的秩.

其次证明矩阵的秩等于矩阵的行秩. 设矩阵 $\boldsymbol{A}$ 的行向量组为 $\boldsymbol{\beta}_1^{\mathrm{T}}, \boldsymbol{\beta}_2^{\mathrm{T}}, \cdots, \boldsymbol{\beta}_m^{\mathrm{T}}$，则

$$\boldsymbol{A}^{\mathrm{T}}=\begin{pmatrix} \boldsymbol{\beta}_1^{\mathrm{T}} \\ \boldsymbol{\beta}_2^{\mathrm{T}} \\ \vdots \\ \boldsymbol{\beta}_m^{\mathrm{T}} \end{pmatrix}^{\mathrm{T}}=(\boldsymbol{\beta}_1, \boldsymbol{\beta}_2, \cdots, \boldsymbol{\beta}_m)$$

因为

$$r(\boldsymbol{\beta}_1^{\mathrm{T}}, \boldsymbol{\beta}_2^{\mathrm{T}}, \cdots, \boldsymbol{\beta}_m^{\mathrm{T}})=r(\boldsymbol{\beta}_1, \boldsymbol{\beta}_2, \cdots, \boldsymbol{\beta}_m)=r(\boldsymbol{A}^{\mathrm{T}})=r(\boldsymbol{A})$$

所以矩阵 $\boldsymbol{A}$ 的秩等于矩阵 $\boldsymbol{A}$ 的行秩.

因此，矩阵的行秩等于矩阵的列秩，都等于矩阵的秩.

由上述证明可见，若 D 是矩阵 $\boldsymbol{A}$ 的一个最高阶的非零子式，则 D 所在的行即是矩阵 $\boldsymbol{A}$ 的行向量组的极大线性无关组，D 所在的列即是矩阵 $\boldsymbol{A}$ 的列向量组的极大线性无关组.

由定理 3.3.5，求向量组的秩的问题可以转化为求矩阵的秩的问题，而矩阵的秩可以用矩阵的初等变换求得，所以求向量组的秩的问题就迎刃而解了.

例 3.3.1 求向量组

$\boldsymbol{\alpha}_1=(1, -1, 1, -2)^{\mathrm{T}}$，$\boldsymbol{\alpha}_2=(1, 2, -1, -2)^{\mathrm{T}}$，$\boldsymbol{\alpha}_3=(1, 5, -3, -2)^{\mathrm{T}}$ 的秩.

解 以向量 $\boldsymbol{\alpha}_1, \boldsymbol{\alpha}_2, \boldsymbol{\alpha}_3$ 为列向量作矩阵

$$\boldsymbol{A}=(\boldsymbol{\alpha}_1, \boldsymbol{\alpha}_2, \boldsymbol{\alpha}_3)=\begin{pmatrix} 1 & 1 & 1 \\ -1 & 2 & 5 \\ 1 & -1 & -3 \\ -2 & -2 & -2 \end{pmatrix}$$

对矩阵 $\boldsymbol{A}$ 作初等变换化成行阶梯形矩阵，求矩阵 $\boldsymbol{A}$ 的秩. 因为

$$\boldsymbol{A}\xrightarrow[r_4+2r_1]{\substack{r_2+r_1\\ r_3-r_1}}\begin{pmatrix} 1 & 1 & 1 \\ 0 & 3 & 6 \\ 0 & -2 & -4 \\ 0 & 0 & 0 \end{pmatrix}\xrightarrow{\frac{1}{3}r_2}\begin{pmatrix} 1 & 1 & 1 \\ 0 & 1 & 2 \\ 0 & -2 & -4 \\ 0 & 0 & 0 \end{pmatrix}\xrightarrow{r_3+2r_2}\begin{pmatrix} 1 & 1 & 1 \\ 0 & 1 & 2 \\ 0 & 0 & 0 \\ 0 & 0 & 0 \end{pmatrix}$$

所以 $r(\boldsymbol{A})=2$.

因为 $r(\boldsymbol{\alpha}_1, \boldsymbol{\alpha}_2, \boldsymbol{\alpha}_3)=r(\boldsymbol{A})$，所以 $r(\boldsymbol{\alpha}_1, \boldsymbol{\alpha}_2, \boldsymbol{\alpha}_3)=2$.

定理 3.3.6 向量 $\boldsymbol{\beta}$ 可由向量组 $\boldsymbol{\alpha}_1, \boldsymbol{\alpha}_2, \cdots, \boldsymbol{\alpha}_s$ 线性表示的充分必要条件是

$$r(\boldsymbol{\alpha}_1, \boldsymbol{\alpha}_2, \cdots, \boldsymbol{\alpha}_s)=r(\boldsymbol{\alpha}_1, \boldsymbol{\alpha}_2, \cdots, \boldsymbol{\alpha}_s, \boldsymbol{\beta})$$

证明 令矩阵

$$\boldsymbol{A}=(\boldsymbol{\alpha}_1, \boldsymbol{\alpha}_2, \cdots, \boldsymbol{\alpha}_s),\ \overline{\boldsymbol{A}}=(\boldsymbol{\alpha}_1, \boldsymbol{\alpha}_2, \cdots, \boldsymbol{\alpha}_s, \boldsymbol{\beta})$$

因为向量 $\boldsymbol{\beta}$ 可由向量组 $\boldsymbol{\alpha}_1, \boldsymbol{\alpha}_2, \cdots, \boldsymbol{\alpha}_s$ 线性表示当且仅当线性方程组 $\boldsymbol{AX}=\boldsymbol{\beta}$ 有解，而线性方程组 $\boldsymbol{AX}=\boldsymbol{\beta}$ 有解当且仅当 $r(\boldsymbol{A})=r(\overline{\boldsymbol{A}})$. 又因为

$$r(\boldsymbol{\alpha}_1, \boldsymbol{\alpha}_2, \cdots, \boldsymbol{\alpha}_s)=r(\boldsymbol{A})$$

$$r(\overline{\boldsymbol{A}})=r(\boldsymbol{\alpha}_1, \boldsymbol{\alpha}_2, \cdots, \boldsymbol{\alpha}_s, \boldsymbol{\beta})$$

所以向量 $\boldsymbol{\beta}$ 可由向量组 $\boldsymbol{\alpha}_1, \boldsymbol{\alpha}_2, \cdots, \boldsymbol{\alpha}_s$ 线性表示当且仅当

$$r(\boldsymbol{\alpha}_1, \boldsymbol{\alpha}_2, \cdots, \boldsymbol{\alpha}_s)=r(\boldsymbol{\alpha}_1, \boldsymbol{\alpha}_2, \cdots, \boldsymbol{\alpha}_s, \boldsymbol{\beta})$$

定理 3.3.7 向量组 $\boldsymbol{B}$: $\boldsymbol{\beta}_1, \boldsymbol{\beta}_2, \cdots, \boldsymbol{\beta}_t$ 可由向量组 $\boldsymbol{A}$: $\boldsymbol{\alpha}_1, \boldsymbol{\alpha}_2, \cdots, \boldsymbol{\alpha}_s$ 线性表示的充分必要条件是

$$r(\boldsymbol{\alpha}_1, \boldsymbol{\alpha}_2, \cdots, \boldsymbol{\alpha}_s)=r(\boldsymbol{\alpha}_1, \boldsymbol{\alpha}_2, \cdots, \boldsymbol{\alpha}_s, \boldsymbol{\beta}_1, \boldsymbol{\beta}_2, \cdots, \boldsymbol{\beta}_t)$$

证明 令向量组 $\boldsymbol{C}$ 为 $\boldsymbol{\alpha}_1, \boldsymbol{\alpha}_2, \cdots, \boldsymbol{\alpha}_s, \boldsymbol{\beta}_1, \boldsymbol{\beta}_2, \cdots, \boldsymbol{\beta}_t$.

必要性. 一方面，向量组 $\boldsymbol{A}$ 可由向量组 $\boldsymbol{C}$ 线性表示. 另一方面，因为向量组 $\boldsymbol{A}$ 可由自身线性表示，向量组 $\boldsymbol{B}$ 可由向量组 $\boldsymbol{A}$ 线性表示，所以向量组 $\boldsymbol{C}$ 可由向量组 $\boldsymbol{A}$ 线性表示，于是向量组 $\boldsymbol{A}$ 与向量组 $\boldsymbol{C}$ 等价，故

$$r(\boldsymbol{\alpha}_1, \boldsymbol{\alpha}_2, \cdots, \boldsymbol{\alpha}_s)=r(\boldsymbol{\alpha}_1, \boldsymbol{\alpha}_2, \cdots, \boldsymbol{\alpha}_s, \boldsymbol{\beta}_1, \boldsymbol{\beta}_2, \cdots, \boldsymbol{\beta}_t)$$

充分性. 由于向量组 $\boldsymbol{A}$ 是向量组 $\boldsymbol{C}$ 的一个部分组，且 $r(\boldsymbol{A})=r(\boldsymbol{C})$，所以向量组 $\boldsymbol{A}$ 的极大线性无关组 $\boldsymbol{A}_1$ 也是向量组 $\boldsymbol{C}$ 的极大线性无关组，因此，向量组 $\boldsymbol{C}$

中的向量$\boldsymbol{\beta}_1, \boldsymbol{\beta}_2, \cdots, \boldsymbol{\beta}_t$可由向量组$\boldsymbol{C}$的极大线性无关组$\boldsymbol{A}_1$线性表示，而向量组$\boldsymbol{A}$与其极大线性无关组$\boldsymbol{A}_1$等价，于是向量组$\boldsymbol{B}$：$\boldsymbol{\beta}_1, \boldsymbol{\beta}_2, \cdots, \boldsymbol{\beta}_t$可由向量组$\boldsymbol{A}$线性表示.

定理 3.3.8 向量组$\boldsymbol{\alpha}_1, \boldsymbol{\alpha}_2, \cdots, \boldsymbol{\alpha}_s$与向量组$\boldsymbol{\beta}_1, \boldsymbol{\beta}_2, \cdots, \boldsymbol{\beta}_t$等价的充分必要条件是

$$r(\boldsymbol{\alpha}_1, \boldsymbol{\alpha}_2, \cdots, \boldsymbol{\alpha}_s)=r(\boldsymbol{\beta}_1, \boldsymbol{\beta}_2, \cdots, \boldsymbol{\beta}_t)=r(\boldsymbol{\alpha}_1, \boldsymbol{\alpha}_2, \cdots, \boldsymbol{\alpha}_s, \boldsymbol{\beta}_1, \boldsymbol{\beta}_2, \cdots, \boldsymbol{\beta}_t)$$

证明 必要性. 因为向量组$\boldsymbol{\alpha}_1, \boldsymbol{\alpha}_2, \cdots, \boldsymbol{\alpha}_s$与向量组$\boldsymbol{\beta}_1, \boldsymbol{\beta}_2, \cdots, \boldsymbol{\beta}_t$等价，所以由定理 3.3.7 有

$$r(\boldsymbol{\alpha}_1, \boldsymbol{\alpha}_2, \cdots, \boldsymbol{\alpha}_s)=r(\boldsymbol{\alpha}_1, \boldsymbol{\alpha}_2, \cdots, \boldsymbol{\alpha}_s, \boldsymbol{\beta}_1, \boldsymbol{\beta}_2, \cdots, \boldsymbol{\beta}_t)$$

$$r(\boldsymbol{\beta}_1, \boldsymbol{\beta}_2, \cdots, \boldsymbol{\beta}_t)=r(\boldsymbol{\beta}_1, \boldsymbol{\beta}_2, \cdots, \boldsymbol{\beta}_t, \boldsymbol{\alpha}_1, \boldsymbol{\alpha}_2, \cdots, \boldsymbol{\alpha}_s)$$

而

$$r(\boldsymbol{\alpha}_1, \boldsymbol{\alpha}_2, \cdots, \boldsymbol{\alpha}_s, \boldsymbol{\beta}_1, \boldsymbol{\beta}_2, \cdots, \boldsymbol{\beta}_t)=r(\boldsymbol{\beta}_1, \boldsymbol{\beta}_2, \cdots, \boldsymbol{\beta}_t, \boldsymbol{\alpha}_1, \boldsymbol{\alpha}_2, \cdots, \boldsymbol{\alpha}_s)$$

故

$$r(\boldsymbol{\alpha}_1, \boldsymbol{\alpha}_2, \cdots, \boldsymbol{\alpha}_s)=r(\boldsymbol{\beta}_1, \boldsymbol{\beta}_2, \cdots, \boldsymbol{\beta}_t)=r(\boldsymbol{\alpha}_1, \boldsymbol{\alpha}_2, \cdots, \boldsymbol{\alpha}_s, \boldsymbol{\beta}_1, \boldsymbol{\beta}_2, \cdots, \boldsymbol{\beta}_t)$$

充分性. 设向量组$\boldsymbol{A}$：$\boldsymbol{\alpha}_1, \boldsymbol{\alpha}_2, \cdots, \boldsymbol{\alpha}_s$，向量组$\boldsymbol{B}$：$\boldsymbol{\beta}_1, \boldsymbol{\beta}_2, \cdots, \boldsymbol{\beta}_t$，因为

$$r(\boldsymbol{\alpha}_1, \boldsymbol{\alpha}_2, \cdots, \boldsymbol{\alpha}_s)=r(\boldsymbol{\beta}_1, \boldsymbol{\beta}_2, \cdots, \boldsymbol{\beta}_t)=r(\boldsymbol{\alpha}_1, \boldsymbol{\alpha}_2, \cdots, \boldsymbol{\alpha}_s, \boldsymbol{\beta}_1, \boldsymbol{\beta}_2, \cdots, \boldsymbol{\beta}_t)$$

即

$$r(\boldsymbol{\alpha}_1, \boldsymbol{\alpha}_2, \cdots, \boldsymbol{\alpha}_s)=r(\boldsymbol{\alpha}_1, \boldsymbol{\alpha}_2, \cdots, \boldsymbol{\alpha}_s, \boldsymbol{\beta}_1, \boldsymbol{\beta}_2, \cdots, \boldsymbol{\beta}_t)$$

$$\begin{aligned} r(\boldsymbol{\beta}_1, \boldsymbol{\beta}_2, \cdots, \boldsymbol{\beta}_t) &= r(\boldsymbol{\alpha}_1, \boldsymbol{\alpha}_2, \cdots, \boldsymbol{\alpha}_s, \boldsymbol{\beta}_1, \boldsymbol{\beta}_2, \cdots, \boldsymbol{\beta}_t) \\ &= r(\boldsymbol{\beta}_1, \boldsymbol{\beta}_2, \cdots, \boldsymbol{\beta}_t, \boldsymbol{\alpha}_1, \boldsymbol{\alpha}_2, \cdots, \boldsymbol{\alpha}_s) \end{aligned}$$

所以向量组$\boldsymbol{B}$可由向量组$\boldsymbol{A}$线性表示，而且向量组$\boldsymbol{A}$可由向量组$\boldsymbol{B}$线性表示，故向量组$\boldsymbol{A}$与向量组$\boldsymbol{B}$等价.

例 3.3.2 已知向量组$\boldsymbol{A}$：

$$\boldsymbol{\alpha}_1=(1, -1, 1, -1)^{\mathrm{T}}, \boldsymbol{\alpha}_2=(3, 1, 1, 3)^{\mathrm{T}}$$

向量组$\boldsymbol{B}$：

$$\boldsymbol{\beta}_1=(2, 0, 1, 1)^{\mathrm{T}}, \boldsymbol{\beta}_2=(1, 1, 0, 2)^{\mathrm{T}}, \boldsymbol{\beta}_3=(3, -1, 2, 0)^{\mathrm{T}}$$

证明向量组$\boldsymbol{A}$与向量组$\boldsymbol{B}$等价.

证明 令矩阵

$$\boldsymbol{A}=(\boldsymbol{\alpha}_1, \boldsymbol{\alpha}_2), \boldsymbol{B}=(\boldsymbol{\beta}_1, \boldsymbol{\beta}_2, \boldsymbol{\beta}_3)$$

$$(\boldsymbol{A}, \boldsymbol{B})=(\boldsymbol{\alpha}_1, \boldsymbol{\alpha}_2, \boldsymbol{\beta}_1, \boldsymbol{\beta}_2, \boldsymbol{\beta}_3)$$

对矩阵$(\boldsymbol{A}, \boldsymbol{B})$作初等行变换化成行阶梯形矩阵，因为

$$(\boldsymbol{A},\boldsymbol{B})=\begin{pmatrix}1&3&2&1&3\\-1&1&0&1&-1\\1&1&1&0&2\\-1&3&1&2&0\end{pmatrix}$$

$$\xrightarrow[r_4+r_1]{\substack{r_2+r_1\\r_3-r_1}}\begin{pmatrix}1&3&2&1&3\\0&4&2&2&2\\0&-2&-1&-1&-1\\0&6&3&3&3\end{pmatrix}$$

$$\xrightarrow[r_2\leftrightarrow r_3]{\substack{r_2+2r_3\\r_4+3r_3}}\begin{pmatrix}1&3&2&1&3\\0&-2&-1&-1&-1\\0&0&0&0&0\\0&0&0&0&0\end{pmatrix}$$

所以 $r(\boldsymbol{A})=r(\boldsymbol{A},\boldsymbol{B})=2$. 而

$$\boldsymbol{B}\xrightarrow{r}\begin{pmatrix}2&1&3\\-1&-1&-1\\0&0&0\\0&0&0\end{pmatrix}\xrightarrow{r_1+r_2}\begin{pmatrix}1&0&2\\-1&-1&-1\\0&0&0\\0&0&0\end{pmatrix}\xrightarrow{r_2+r_1}\begin{pmatrix}1&0&2\\0&-1&1\\0&0&0\\0&0&0\end{pmatrix}$$

所以 $r(\boldsymbol{B})=2$，故向量组 $\boldsymbol{A}$ 与向量组 $\boldsymbol{B}$ 等价.

3. 极大线性无关组的求法

用定义求一个向量组的极大线性无关组是比较困难的，下面给出利用矩阵的初等变换求向量组的极大线性无关组的方法.

定理 3.3.9 矩阵的初等行变换不改变矩阵的列向量组的线性关系. 具体地说就是：

(1) 设矩阵 $\boldsymbol{A}$ 经过初等行变换变成矩阵 $\boldsymbol{B}$，则 $\boldsymbol{A}$ 的列向量组与 $\boldsymbol{B}$ 的列向量组有相同的线性关系，且 $\boldsymbol{A}$ 的列向量组线性相关的充要条件是 $\boldsymbol{B}$ 的列向量组线性相关.

(2) 设矩阵 $\boldsymbol{A}$ 经过初等行变换变成矩阵 $\boldsymbol{B}$，并且 $\boldsymbol{B}$ 的第 $j_1, j_2, \cdots, j_r$ 列组成 $\boldsymbol{B}$ 的列向量组的极大线性无关组，则 $\boldsymbol{A}$ 的第 $j_1, j_2, \cdots, j_r$ 列组成 $\boldsymbol{A}$ 的列向量组的极大线性无关组.

证明 (1) 设 $\boldsymbol{A}$ 的列向量组是 $\boldsymbol{\alpha}_1, \boldsymbol{\alpha}_2, \cdots, \boldsymbol{\alpha}_s$；$\boldsymbol{B}$ 的列向量组是 $\boldsymbol{\beta}_1, \boldsymbol{\beta}_2, \cdots, \boldsymbol{\beta}_s$. 令矩阵

$$\boldsymbol{A}=(\boldsymbol{\alpha}_1, \boldsymbol{\alpha}_2, \cdots, \boldsymbol{\alpha}_s),\ \boldsymbol{B}=(\boldsymbol{\beta}_1, \boldsymbol{\beta}_2, \cdots, \boldsymbol{\beta}_s)$$

因为向量组 $\boldsymbol{\alpha}_1, \boldsymbol{\alpha}_2, \cdots, \boldsymbol{\alpha}_s$ 线性相关当且仅当齐次线性方程组 $\boldsymbol{AX}=\mathbf{0}$ 有非零解；$\boldsymbol{\beta}_1, \boldsymbol{\beta}_2, \cdots, \boldsymbol{\beta}_s$ 线性相关当且仅当齐次线性方程组 $\boldsymbol{BX}=\mathbf{0}$ 有非零解. 由于方程组 $\boldsymbol{AX}=\mathbf{0}$ 的系数矩阵是 $\boldsymbol{A}$，方程组 $\boldsymbol{BX}=\mathbf{0}$ 的系数矩阵是 $\boldsymbol{B}$，并且 $\boldsymbol{B}$ 是 $\boldsymbol{A}$ 经过初等行变换得到的，因此齐次线性方程组 $\boldsymbol{BX}=\mathbf{0}$ 是由齐次线性方程组 $\boldsymbol{AX}=\mathbf{0}$ 经过方程组的初等变换得到的，从而齐次线性方程组 $\boldsymbol{AX}=\mathbf{0}$ 与 $\boldsymbol{BX}=0$ 同解. 即齐次线性方程组 $x_1\boldsymbol{\alpha}_1+x_2\boldsymbol{\alpha}_2+\cdots+x_s\boldsymbol{\alpha}_s=\mathbf{0}$ 与 $x_1\boldsymbol{\beta}_1+x_2\boldsymbol{\beta}_2+\cdots+x_s\boldsymbol{\beta}_s=\mathbf{0}$ 同解. 所以向量组 $\boldsymbol{\alpha}_1, \boldsymbol{\alpha}_2, \cdots, \boldsymbol{\alpha}_s$ 与 $\boldsymbol{\beta}_1, \boldsymbol{\beta}_2, \cdots, \boldsymbol{\beta}_s$ 有相同的线性关系. 即矩阵的初等行变换不改变矩阵的列向量组的线性关系. 又因为 $x_1\boldsymbol{\alpha}_1+x_2\boldsymbol{\alpha}_2+\cdots+x_s\boldsymbol{\alpha}_s=\mathbf{0}$ 有非零解当且仅当 $x_1\boldsymbol{\beta}_1+x_2\boldsymbol{\beta}_2+\cdots+x_s\boldsymbol{\beta}_s=\mathbf{0}$ 有非零解. 故 $\boldsymbol{\alpha}_1, \boldsymbol{\alpha}_2, \cdots, \boldsymbol{\alpha}_s$ 线性相关当且仅当 $\boldsymbol{\beta}_1, \boldsymbol{\beta}_2, \cdots, \boldsymbol{\beta}_s$ 线性相关.

(2) 考虑 $\boldsymbol{A}$ 的第 $j_1, j_2, \cdots, j_r$ 列组成的子矩阵 $\boldsymbol{A}_1$ 与 $\boldsymbol{B}$ 的第 $j_1, j_2, \cdots, j_r$ 列组成的子矩阵 $\boldsymbol{B}_1$. 当 $\boldsymbol{A}$ 经过矩阵的初等行变换变成 $\boldsymbol{B}$ 时，矩阵 $\boldsymbol{A}_1$ 经过这些矩阵的初等行变换就变成了 $\boldsymbol{B}_1$，由于 $\boldsymbol{B}_1$ 的列向量组是 $\boldsymbol{B}$ 的列向量组的极大线性无关组，所以 $\boldsymbol{B}_1$ 的列向量组线性无关，根据(1)的结论，可得 $\boldsymbol{A}_1$ 的列向量组也线性无关. 任取矩阵 $\boldsymbol{A}$ 的第 l 列，$l\notin\{j_1, j_2, \cdots, j_r\}$，设由矩阵 $\boldsymbol{A}$ 的第 $j_1, j_2, \cdots, j_r, l$ 列组成的子矩阵为 $\boldsymbol{A}_2$，由矩阵 $\boldsymbol{B}$ 的第 $j_1, j_2, \cdots, j_r, l$ 列组成的子矩阵为 $\boldsymbol{B}_2$，同样 $\boldsymbol{B}_2$ 也是由 $\boldsymbol{A}_2$ 经过矩阵的初等行变换得到的，因为 $\boldsymbol{B}_1$ 的列向量组是 $\boldsymbol{B}$ 的列向量组的极大线性无关组，所以 $\boldsymbol{B}_2$ 的列向量组是线性相关的，根据(1)的结论，可得 $\boldsymbol{A}_2$ 的列向量组也是线性相关的. 所以 $\boldsymbol{A}$ 的第 $j_1, j_2, \cdots, j_r$ 列组成 $\boldsymbol{A}$ 的列向量组的极大线性无关组.

推论 3.3.1 设矩阵 $\boldsymbol{A}$ 经过初等行变换变成行阶梯形矩阵 $\boldsymbol{J}$，且 $\boldsymbol{J}$ 的各非零行的第一个非零元素所在的列是第 $j_1, j_2, \cdots, j_r$ 列，则 $\boldsymbol{A}$ 的第 $j_1, j_2, \cdots, j_r$ 列是 $\boldsymbol{A}$ 的列向量组的极大线性无关组.

证明 设矩阵 $\boldsymbol{J}$ 的第 $j_1, j_2, \cdots, j_r$ 列组成的矩阵是 $\boldsymbol{B}$，因为 $\boldsymbol{B}$ 中存在 r 阶不等于零的子式(由 $\boldsymbol{B}$ 的各列及 $\boldsymbol{B}$ 的各非零行组成的行列式就是一个 r 阶不等于零的子式)，所以 $r(\boldsymbol{B})\geqslant r$，又矩阵 $\boldsymbol{J}$ 的秩是 r，所以 $r(\boldsymbol{B})=r$，即矩阵 $\boldsymbol{J}$ 的第 $j_1, j_2, \cdots, j_r$ 列是线性无关的. 因为矩阵 $\boldsymbol{J}$ 的秩是 r，所以矩阵 $\boldsymbol{J}$ 的任意 $r+1$ 个列向量都线性相关，所以 $\boldsymbol{J}$ 的第 $j_1, j_2, \cdots, j_r$ 列组成的向量组是 $\boldsymbol{J}$ 的列向量组的极大线性无关组，由定理 3.3.9，可知 $\boldsymbol{A}$ 的第 $j_1, j_2, \cdots, j_r$ 列是 $\boldsymbol{A}$ 的列向量组的极大线性无关组.

此推论给出了求向量组的极大线性无关组的方法，即用列向量组 $\boldsymbol{\alpha}_1, \boldsymbol{\alpha}_2, \cdots, \boldsymbol{\alpha}_s$ 作矩阵 $\boldsymbol{A}$，然后把 $\boldsymbol{A}$ 经过初等行变换化成行阶梯形矩阵 $\boldsymbol{J}$. 如果 $\boldsymbol{J}$ 共有 r

个非零行，且 $\boldsymbol{J}$ 的各非零行的第一个非零元素所在的列为第 j_1，j_2，…，j_r 列，那么 $\boldsymbol{A}$ 的第 j_1，j_2，…，j_r 列就是 $\boldsymbol{A}$ 的列向量组的极大线性无关组，故 $\boldsymbol{\alpha}_{j_1}$，$\boldsymbol{\alpha}_{j_2}$，…，$\boldsymbol{\alpha}_{j_r}$ 是向量组 $\boldsymbol{\alpha}_1$，$\boldsymbol{\alpha}_2$，…，$\boldsymbol{\alpha}_s$ 的极大线性无关组.

例 3.3.3 求向量组

$$\boldsymbol{\alpha}_1=\begin{pmatrix}1\\-1\\2\\-2\end{pmatrix},\boldsymbol{\alpha}_2=\begin{pmatrix}1\\-1\\0\\0\end{pmatrix},\boldsymbol{\alpha}_3=\begin{pmatrix}0\\2\\-1\\-1\end{pmatrix},\boldsymbol{\alpha}_4=\begin{pmatrix}1\\0\\2\\-3\end{pmatrix},\boldsymbol{\alpha}_5=\begin{pmatrix}-1\\1\\1\\-1\end{pmatrix}$$

的一个极大线性无关组，并把其余向量用极大线性无关组线性表示.

解 以 $\boldsymbol{\alpha}_1$，$\boldsymbol{\alpha}_2$，$\boldsymbol{\alpha}_3$，$\boldsymbol{\alpha}_4$，$\boldsymbol{\alpha}_5$ 为列向量作矩阵

$$\boldsymbol{A}=\begin{pmatrix}1&1&0&1&-1\\-1&-1&2&0&1\\2&0&-1&2&1\\-2&0&-1&-3&-1\end{pmatrix}$$

对矩阵 $\boldsymbol{A}$ 作初等行变换化为行简化阶梯形矩阵 $\boldsymbol{B}$，即

$$\boldsymbol{A}\xrightarrow[r_4+r_3]{r_2+r_1}\begin{pmatrix}1&1&0&1&-1\\0&0&2&1&0\\2&0&-1&2&1\\0&0&-2&-1&0\end{pmatrix}\xrightarrow[r_4+r_2]{r_3-2r_1}\begin{pmatrix}1&1&0&1&-1\\0&0&2&1&0\\0&-2&-1&0&3\\0&0&0&0&0\end{pmatrix}$$

$$\xrightarrow[r_2\leftrightarrow r_3]{\frac{1}{2}\times r_2,\ \frac{1}{2}\times r_3}\begin{pmatrix}1&1&0&1&-1\\0&-1&-\frac{1}{2}&0&\frac{3}{2}\\0&0&1&\frac{1}{2}&0\\0&0&0&0&0\end{pmatrix}\xrightarrow[r_1+r_2]{r_2+\frac{1}{2}r_3}\begin{pmatrix}1&0&0&\frac{5}{4}&\frac{1}{2}\\0&-1&0&\frac{1}{4}&\frac{3}{2}\\0&0&1&\frac{1}{2}&0\\0&0&0&0&0\end{pmatrix}$$

$$\xrightarrow{(-1)\times r_2}\begin{pmatrix}1&0&0&\frac{5}{4}&\frac{1}{2}\\0&1&0&-\frac{1}{4}&-\frac{3}{2}\\0&0&1&\frac{1}{2}&0\\0&0&0&0&0\end{pmatrix}=\boldsymbol{B}$$

令 $\boldsymbol{B}=(\boldsymbol{\beta}_1,\boldsymbol{\beta}_2,\boldsymbol{\beta}_3,\boldsymbol{\beta}_4,\boldsymbol{\beta}_5)$，显然向量组 $\boldsymbol{\beta}_1$，$\boldsymbol{\beta}_2$，$\boldsymbol{\beta}_3$ 线性无关，且有

$$\boldsymbol{\beta}_4=\frac{5}{4}\boldsymbol{\beta}_1-\frac{1}{4}\boldsymbol{\beta}_2+\frac{1}{2}\boldsymbol{\beta}_3$$

$$\boldsymbol{\beta}_5=\frac{1}{2}\boldsymbol{\beta}_1-\frac{3}{2}\boldsymbol{\beta}_2+0\boldsymbol{\beta}_3$$

所以 $\boldsymbol{\beta}_1$，$\boldsymbol{\beta}_2$，$\boldsymbol{\beta}_3$ 是向量组 $\boldsymbol{\beta}_1$，$\boldsymbol{\beta}_2$，$\boldsymbol{\beta}_3$，$\boldsymbol{\beta}_4$，$\boldsymbol{\beta}_5$ 的极大线性无关组. 根据定理 3.3.9 及推论 3.3.1，可得 $\boldsymbol{\alpha}_1$，$\boldsymbol{\alpha}_2$，$\boldsymbol{\alpha}_3$ 是向量组 $\boldsymbol{\alpha}_1$，$\boldsymbol{\alpha}_2$，$\boldsymbol{\alpha}_3$，$\boldsymbol{\alpha}_4$，$\boldsymbol{\alpha}_5$ 的极大线性无关组，且有

$$\boldsymbol{\alpha}_4=\frac{5}{4}\boldsymbol{\alpha}_1-\frac{1}{4}\boldsymbol{\alpha}_2+\frac{1}{2}\boldsymbol{\alpha}_3$$

$$\boldsymbol{\alpha}_5=\frac{1}{2}\boldsymbol{\alpha}_1-\frac{3}{2}\boldsymbol{\alpha}_2+0\boldsymbol{\alpha}_3$$

3.4 向量空间

我们知道，实数集 $\mathbf{R}$ 上的 n 维向量的全体组成的集合 $\mathbf{R}^n$ 称为 n 维向量空间. 为了讨论线性方程组解的结构，这一节介绍向量空间的有关知识.

1. 向量空间的基

定义 3.4.1 设 V 是 n 维向量空间 $\mathbf{R}^n$ 的一个非空子集，如果集合 V 对于向量的加法与数乘两种运算封闭，则称集合 V 为向量空间.

所谓封闭，是指在集合 V 中可以进行加法与数乘两个运算. 具体地说，就是：

(1) 若 $\boldsymbol{\alpha}\in V$，$\boldsymbol{\beta}\in V$，则 $\boldsymbol{\alpha}+\boldsymbol{\beta}\in V$；

(2) 若 $\boldsymbol{\alpha}\in V$，$\lambda\in\mathbf{R}$，则 $\lambda\boldsymbol{\alpha}\in V$.

由向量空间的定义可知，n 维向量的全体组合的集合 $\mathbf{R}^n$ 是一个向量空间.

例 3.4.1 证明集合

$$V=\{(0,\ x_2,\ \cdots,\ x_n)^{\mathrm{T}}\mid x_2,\ \cdots,\ x_n\in\mathbf{R}\}$$

是一个向量空间.

证明 因为 n 维零向量 $\mathbf{0}\in V$，所以 $V\neq\varnothing$. 又因为 $\forall\lambda\in\mathbf{R}$，$\forall\boldsymbol{\alpha}=(0,\ a_2,\ \cdots,\ a_n)^{\mathrm{T}}$，$\boldsymbol{\beta}=(0,\ b_2,\ \cdots,\ b_n)^{\mathrm{T}}\in V$，有

$$\boldsymbol{\alpha}+\boldsymbol{\beta}=(0,\ a_2+b_2,\ \cdots,\ a_n+b_n)^{\mathrm{T}}\in V$$

$$\lambda\boldsymbol{\alpha}=(0,\ \lambda a_2,\ \cdots,\ \lambda a_n)^{\mathrm{T}}\in V$$

所以集合 V 是一个向量空间.

但是集合 $V=\{(1, x_2, \cdots, x_n)^{\mathrm{T}} | x_2, \cdots, x_n \in \mathbf{R}\}$ 不是向量空间. 这是因为虽然

$$\boldsymbol{\alpha}=(1, a_2, \cdots, a_n)^{\mathrm{T}} \in V$$

但是

$$2\boldsymbol{\alpha}=(2, 2a_2, \cdots, 2a_n)^{\mathrm{T}} \notin V$$

例 3.4.2 设 $\boldsymbol{\alpha}_1, \boldsymbol{\alpha}_2, \cdots, \boldsymbol{\alpha}_m \in \mathbf{R}^n$, 证明集合:

$$V=\{\lambda_1\boldsymbol{\alpha}_1+\lambda_2\boldsymbol{\alpha}_2+\cdots+\lambda_m\boldsymbol{\alpha}_m | \lambda_1, \lambda_2, \cdots, \lambda_m \in \mathbf{R}\}$$

是一个向量空间.

证明 因为集合 V 是由向量 $\boldsymbol{\alpha}_1, \boldsymbol{\alpha}_2, \cdots, \boldsymbol{\alpha}_m$ 的所有线性组合组成的集合, 所以 $V \neq \varnothing$. 又因为 $\forall k, \lambda_1, \cdots, \lambda_m, \mu_1, \cdots, \mu_m \in \mathbf{R}$, $\forall \boldsymbol{\alpha}=\sum_{i=1}^{m}\lambda_i\boldsymbol{\alpha}_i$, $\boldsymbol{\beta}=\sum_{i=1}^{m}\mu_i\boldsymbol{\alpha}_i \in V$, 有

$$\boldsymbol{\alpha}+\boldsymbol{\beta}=\sum_{i=1}^{m}(\lambda_i+\mu_i)\boldsymbol{\alpha}_i \in V$$

$$k\boldsymbol{\alpha}=\sum_{i=1}^{m}k\lambda_i\boldsymbol{\alpha}_i \in V$$

所以 V 是一个向量空间. 这个向量空间称为由向量 $\boldsymbol{\alpha}_1, \boldsymbol{\alpha}_2, \cdots, \boldsymbol{\alpha}_m$ 所生成的向量空间, 记作 $L(\boldsymbol{\alpha}_1, \boldsymbol{\alpha}_2, \cdots, \boldsymbol{\alpha}_m)$.

例如, 向量空间 $V=\{(0, x_2, \cdots, x_n)^{\mathrm{T}} | x_2, \cdots, x_n \in \mathbf{R}\}$ 可以看成由 n 维单位向量 $\boldsymbol{\varepsilon}_2, \boldsymbol{\varepsilon}_3, \cdots, \boldsymbol{\varepsilon}_n$ 生成的向量空间, 这是因为

$$(0, x_2, \cdots, x_n)^{\mathrm{T}}=\sum_{i=2}^{n}x_i\boldsymbol{\varepsilon}_i$$

例 3.4.3 证明: 如果向量组 $\boldsymbol{\alpha}_1, \boldsymbol{\alpha}_2, \cdots, \boldsymbol{\alpha}_m$ 与向量组 $\boldsymbol{\beta}_1, \boldsymbol{\beta}_2, \cdots, \boldsymbol{\beta}_s$ 等价, 那么

$$L(\boldsymbol{\alpha}_1, \boldsymbol{\alpha}_2, \cdots, \boldsymbol{\alpha}_m)=L(\boldsymbol{\beta}_1, \boldsymbol{\beta}_2, \cdots, \boldsymbol{\beta}_s)$$

证明 $\forall \boldsymbol{\alpha} \in L(\boldsymbol{\alpha}_1, \boldsymbol{\alpha}_2, \cdots, \boldsymbol{\alpha}_m)$, 因为向量 $\boldsymbol{\alpha}$ 可由向量组 $\boldsymbol{\alpha}_1, \boldsymbol{\alpha}_2, \cdots, \boldsymbol{\alpha}_m$ 线性表示, 而向量组 $\boldsymbol{\alpha}_1, \boldsymbol{\alpha}_2, \cdots, \boldsymbol{\alpha}_m$ 可由向量组 $\boldsymbol{\beta}_1, \boldsymbol{\beta}_2, \cdots, \boldsymbol{\beta}_s$ 线性表示, 所以向量 $\boldsymbol{\alpha}$ 可由向量组 $\boldsymbol{\beta}_1, \boldsymbol{\beta}_2, \cdots, \boldsymbol{\beta}_s$ 线性表示, 故 $\boldsymbol{\alpha} \in L(\boldsymbol{\beta}_1, \boldsymbol{\beta}_2, \cdots, \boldsymbol{\beta}_s)$, 因此

$$L(\boldsymbol{\alpha}_1, \boldsymbol{\alpha}_2, \cdots, \boldsymbol{\alpha}_m) \subseteq L(\boldsymbol{\beta}_1, \boldsymbol{\beta}_2, \cdots, \boldsymbol{\beta}_s)$$

同理可证

$$L(\boldsymbol{\alpha}_1, \boldsymbol{\alpha}_2, \cdots, \boldsymbol{\alpha}_m) \supseteq L(\boldsymbol{\beta}_1, \boldsymbol{\beta}_2, \cdots, \boldsymbol{\beta}_s)$$

故

$$L(\boldsymbol{\alpha}_1, \boldsymbol{\alpha}_2, \cdots, \boldsymbol{\alpha}_m)=L(\boldsymbol{\beta}_1, \boldsymbol{\beta}_2, \cdots, \boldsymbol{\beta}_s)$$

定义 3.4.2 设 V 是一个向量空间，如果 V 中的向量组 $\boldsymbol{\alpha}_1, \boldsymbol{\alpha}_2, \cdots, \boldsymbol{\alpha}_r$ 满足：

(1) 向量组 $\boldsymbol{\alpha}_1, \boldsymbol{\alpha}_2, \cdots, \boldsymbol{\alpha}_r$ 线性无关；

(2) V 中任一向量都可由向量组 $\boldsymbol{\alpha}_1, \boldsymbol{\alpha}_2, \cdots, \boldsymbol{\alpha}_r$ 线性表示，

那么向量组 $\boldsymbol{\alpha}_1, \boldsymbol{\alpha}_2, \cdots, \boldsymbol{\alpha}_r$ 称为向量空间 V 的一个基，数 r 称为向量空间 V 的维数，并称 V 为 r 维向量空间.

若向量空间 V 没有基，则 V 的维数为 0. 0 维向量空间只含一个零向量 $\mathbf{0}$.

若把向量空间 V 看作向量组，则由极大线性无关组的定义，可知 V 的基就是向量组的极大线性无关组，V 的维数就是向量组的秩.

显然，n 维单位向量

$$\boldsymbol{\varepsilon}_1=\begin{pmatrix}1\\0\\\vdots\\0\end{pmatrix}, \boldsymbol{\varepsilon}_2=\begin{pmatrix}0\\1\\\vdots\\0\end{pmatrix}, \cdots, \boldsymbol{\varepsilon}_n=\begin{pmatrix}0\\0\\\vdots\\1\end{pmatrix}$$

是 n 维向量空间 $\mathbf{R}^n$ 的一个基，这个基称为 $\mathbf{R}^n$ 的标准基. 由于任何 n 个线性无关的 n 维向量都是 $\mathbf{R}^n$ 的一个极大线性无关组，所以任何 n 个线性无关的 n 维向量都可作为向量空间 $\mathbf{R}^n$ 的一个基，由此可知 $\mathbf{R}^n$ 的维数就是 n. 这就是称 $\mathbf{R}^n$ 为 n 维向量空间的缘故.

例如，n 维单位向量 $\boldsymbol{\varepsilon}_2=(0, 1, \cdots, 0)^{\mathrm{T}}, \cdots, \boldsymbol{\varepsilon}_n=(0, 0, \cdots, 1)^{\mathrm{T}}$ 是向量空间

$$V=\{(0, x_2, \cdots, x_n)^{\mathrm{T}} \mid x_2, \cdots, x_n \in \mathbf{R}\}$$

的一个基，由此可知它是 $n-1$ 维向量空间.

因为向量组 $\boldsymbol{\alpha}_1, \boldsymbol{\alpha}_2, \cdots, \boldsymbol{\alpha}_m$ 与它的极大线性无关组等价，所以由向量组 $\boldsymbol{\alpha}_1, \boldsymbol{\alpha}_2, \cdots, \boldsymbol{\alpha}_m$ 所生成的向量空间 $L(\boldsymbol{\alpha}_1, \boldsymbol{\alpha}_2, \cdots, \boldsymbol{\alpha}_m)$ 与 $\boldsymbol{\alpha}_1, \boldsymbol{\alpha}_2, \cdots, \boldsymbol{\alpha}_m$ 的极大线性无关组所生成的向量空间相等. 故向量组 $\boldsymbol{\alpha}_1, \boldsymbol{\alpha}_2, \cdots, \boldsymbol{\alpha}_m$ 的极大线性无关组就是 $L(\boldsymbol{\alpha}_1, \boldsymbol{\alpha}_2, \cdots, \boldsymbol{\alpha}_m)$ 的一个基，向量组 $\boldsymbol{\alpha}_1, \boldsymbol{\alpha}_2, \cdots, \boldsymbol{\alpha}_m$ 的秩就是由向量组 $\boldsymbol{\alpha}_1, \boldsymbol{\alpha}_2, \cdots, \boldsymbol{\alpha}_m$ 生成的向量空间 $L(\boldsymbol{\alpha}_1, \boldsymbol{\alpha}_2, \cdots, \boldsymbol{\alpha}_m)$ 的维数.

若向量空间 $V \subset \mathbf{R}^n$，则 V 的维数不会超过 n. 并且当 V 的维数为 n 时，$V=\mathbf{R}^n$.

若向量组 $\boldsymbol{\alpha}_1, \boldsymbol{\alpha}_2, \cdots, \boldsymbol{\alpha}_r$ 是向量空间 V 的一个基，则 V 可表示为

$$V=\{\lambda_1\boldsymbol{\alpha}_1+\lambda_2\boldsymbol{\alpha}_2+\cdots+\lambda_r\boldsymbol{\alpha}_r \mid \lambda_1, \lambda_2, \cdots, \lambda_r \in \mathbf{R}\}$$

即向量空间 V 是由它的基 $\boldsymbol{\alpha}_1, \boldsymbol{\alpha}_2, \cdots, \boldsymbol{\alpha}_r$ 所生成的. 这就清楚地刻画出了向量

空间 V 的构造.

例 3.4.4 求由向量组

$$\boldsymbol{\alpha}_1=\begin{pmatrix}1\\0\\2\\1\end{pmatrix},\ \boldsymbol{\alpha}_2=\begin{pmatrix}1\\2\\0\\1\end{pmatrix},\ \boldsymbol{\alpha}_3=\begin{pmatrix}2\\1\\3\\0\end{pmatrix},\ \boldsymbol{\alpha}_4=\begin{pmatrix}2\\5\\-1\\4\end{pmatrix},\ \boldsymbol{\alpha}_5=\begin{pmatrix}1\\-1\\3\\-1\end{pmatrix}$$

生成的向量空间 $L(\boldsymbol{\alpha}_1,\boldsymbol{\alpha}_2,\boldsymbol{\alpha}_3,\boldsymbol{\alpha}_4,\boldsymbol{\alpha}_5)$的基与维数.

解 作矩阵 $\boldsymbol{A}=(\boldsymbol{\alpha}_1,\boldsymbol{\alpha}_2,\boldsymbol{\alpha}_3,\boldsymbol{\alpha}_4,\boldsymbol{\alpha}_5)$，对矩阵 $\boldsymbol{A}$ 作初等行变换，化成行阶梯形矩阵

$$\boldsymbol{A}=\begin{pmatrix}1&1&2&2&1\\0&2&1&5&-1\\2&0&3&-1&3\\1&1&0&4&-1\end{pmatrix}$$

$$\xrightarrow[r_4-r_1]{r_3-2r_1}\begin{pmatrix}1&1&2&2&1\\0&2&1&5&-1\\0&-2&-1&-5&1\\0&0&-2&2&-2\end{pmatrix}$$

$$\xrightarrow[r_3\leftrightarrow r_4]{r_3+r_2}\begin{pmatrix}1&1&2&2&1\\0&2&1&5&-1\\0&0&-2&2&-2\\0&0&0&0&0\end{pmatrix}$$

由此可知，$r(\boldsymbol{A})=3$，且 $\boldsymbol{\alpha}_1,\boldsymbol{\alpha}_2,\boldsymbol{\alpha}_3$ 是向量组 $\boldsymbol{\alpha}_1,\boldsymbol{\alpha}_2,\boldsymbol{\alpha}_3,\boldsymbol{\alpha}_4,\boldsymbol{\alpha}_5$ 的极大线性无关组，故向量空间 $L(\boldsymbol{\alpha}_1,\boldsymbol{\alpha}_2,\boldsymbol{\alpha}_3,\boldsymbol{\alpha}_4,\boldsymbol{\alpha}_5)$的维数是 3，$\boldsymbol{\alpha}_1,\boldsymbol{\alpha}_2,\boldsymbol{\alpha}_3$ 是 $L(\boldsymbol{\alpha}_1,\boldsymbol{\alpha}_2,\boldsymbol{\alpha}_3,\boldsymbol{\alpha}_4,\boldsymbol{\alpha}_5)$的一个基.

定义 3.4.3 设 $\boldsymbol{\alpha}_1,\boldsymbol{\alpha}_2,\cdots,\boldsymbol{\alpha}_r$ 是向量空间 V 的一个基，$\alpha\in V$，如果存在一组数 $x_1,x_2,\cdots,x_r$，使得

$$\boldsymbol{\alpha}=x_1\boldsymbol{\alpha}_1+x_2\boldsymbol{\alpha}_2+\cdots+x_r\boldsymbol{\alpha}_r$$

那么称数组 $x_1,x_2,\cdots,x_r$ 为向量 $\boldsymbol{\alpha}$ 在基 $\boldsymbol{\alpha}_1,\boldsymbol{\alpha}_2,\cdots,\boldsymbol{\alpha}_r$ 下的坐标，记作 $\begin{pmatrix}x_1\\x_2\\\vdots\\x_r\end{pmatrix}$.

n 维单位向量 $\boldsymbol{\varepsilon}_1=(1,0,\cdots,0)^{\mathrm{T}}$，$\boldsymbol{\varepsilon}_2=(0,1,\cdots,0)^{\mathrm{T}}$，$\cdots$，$\boldsymbol{\varepsilon}_n=$

$(0, 0\cdots, 1)^{\mathrm{T}}$ 是 $\mathbf{R}^n$ 的一个基，而向量

$$\begin{pmatrix} x_1 \\ x_2 \\ \vdots \\ x_n \end{pmatrix} = x_1\boldsymbol{\varepsilon}_1 + x_2\boldsymbol{\varepsilon}_2 + \cdots + x_n\boldsymbol{\varepsilon}_n$$

可见，向量 $(x_1, x_2, \cdots, x_n)^{\mathrm{T}}$ 在标准基 $\boldsymbol{\varepsilon}_1, \boldsymbol{\varepsilon}_2, \cdots, \boldsymbol{\varepsilon}_n$ 下的坐标 $(x_1, x_2, \cdots, x_n)^{\mathrm{T}}$ 恰是该向量的分量.

2. 向量空间的基的过渡矩阵

我们知道，向量空间 V 的基不是唯一的，由于基和基是等价向量组，所以它们之间可以相互线性表示. 设 $\boldsymbol{\alpha}_1, \boldsymbol{\alpha}_2, \cdots, \boldsymbol{\alpha}_r$ 及 $\boldsymbol{\beta}_1, \boldsymbol{\beta}_2, \cdots, \boldsymbol{\beta}_r$ 是向量空间 V 的两个基，它们的关系为

$$\begin{cases} \boldsymbol{\beta}_1 = a_{11}\boldsymbol{\alpha}_1 + a_{21}\boldsymbol{\alpha}_2 + \cdots + a_{r1}\boldsymbol{\alpha}_r \\ \boldsymbol{\beta}_2 = a_{12}\boldsymbol{\alpha}_1 + a_{22}\boldsymbol{\alpha}_2 + \cdots + a_{r2}\boldsymbol{\alpha}_r \\ \qquad\vdots \\ \boldsymbol{\beta}_r = a_{1r}\boldsymbol{\alpha}_1 + a_{2r}\boldsymbol{\alpha}_2 + \cdots + a_{rr}\boldsymbol{\alpha}_r \end{cases} \tag{3.4.1}$$

令

$$\boldsymbol{T} = \begin{pmatrix} a_{11} & a_{12} & \cdots & a_{1r} \\ a_{21} & a_{22} & \cdots & a_{2r} \\ \vdots & \vdots & & \vdots \\ a_{r1} & a_{r2} & \cdots & a_{rr} \end{pmatrix} \tag{3.4.2}$$

则式(3.4.1)可以用矩阵形式地表示为

$$(\boldsymbol{\beta}_1, \boldsymbol{\beta}_2, \cdots, \boldsymbol{\beta}_r) = (\boldsymbol{\alpha}_1, \boldsymbol{\alpha}_2, \cdots, \boldsymbol{\alpha}_r)\boldsymbol{T} \tag{3.4.3}$$

称矩阵 $\boldsymbol{T}$ 为从基 $\boldsymbol{\alpha}_1, \boldsymbol{\alpha}_2, \cdots, \boldsymbol{\alpha}_r$ 到基 $\boldsymbol{\beta}_1, \boldsymbol{\beta}_2, \cdots, \boldsymbol{\beta}_r$ 的过渡矩阵. 式(3.4.3)称为基变换公式. 由于向量空间 V 的基 $\boldsymbol{\alpha}_1, \boldsymbol{\alpha}_2, \cdots, \boldsymbol{\alpha}_r$ 和基 $\boldsymbol{\beta}_1, \boldsymbol{\beta}_2, \cdots, \boldsymbol{\beta}_r$ 是等价的，所以存在矩阵 $\boldsymbol{S}$，使得

$$(\boldsymbol{\alpha}_1, \boldsymbol{\alpha}_2, \cdots, \boldsymbol{\alpha}_r) = (\boldsymbol{\beta}_1, \boldsymbol{\beta}_2, \cdots, \boldsymbol{\beta}_r)\boldsymbol{S}$$

于是有

$$(\boldsymbol{\beta}_1, \boldsymbol{\beta}_2, \cdots, \boldsymbol{\beta}_r) = (\boldsymbol{\alpha}_1, \boldsymbol{\alpha}_2, \cdots, \boldsymbol{\alpha}_r)\boldsymbol{T} = (\boldsymbol{\beta}_1, \boldsymbol{\beta}_2, \cdots, \boldsymbol{\beta}_r)\boldsymbol{ST}$$

由向量坐标的唯一性，故 $\boldsymbol{ST} = \boldsymbol{E}$，所以过渡矩阵 $\boldsymbol{T}$ 是可逆的.

设 $\boldsymbol{\alpha}_1, \boldsymbol{\alpha}_2, \cdots, \boldsymbol{\alpha}_r$ 及 $\boldsymbol{\beta}_1, \boldsymbol{\beta}_2, \cdots, \boldsymbol{\beta}_r$ 是向量空间 V 的两个基，且从基 $\boldsymbol{\alpha}_1$，

$\boldsymbol{\alpha}_2, \cdots, \boldsymbol{\alpha}_r$ 到基 $\boldsymbol{\beta}_1, \boldsymbol{\beta}_2, \cdots, \boldsymbol{\beta}_r$ 的过渡矩阵是 $\boldsymbol{T}$. 令向量空间 V 中的向量 $\boldsymbol{\alpha}$ 在基 $\boldsymbol{\alpha}_1, \boldsymbol{\alpha}_2, \cdots, \boldsymbol{\alpha}_r$ 下的坐标为 $\begin{pmatrix} x_1 \\ x_2 \\ \vdots \\ x_r \end{pmatrix}$，而向量 $\boldsymbol{\alpha}$ 在基 $\boldsymbol{\beta}_1, \boldsymbol{\beta}_2, \cdots, \boldsymbol{\beta}_r$ 下的坐标为 $\begin{pmatrix} y_1 \\ y_2 \\ \vdots \\ y_r \end{pmatrix}$，则

$$\boldsymbol{\alpha}=x_1\boldsymbol{\alpha}_1+x_2\boldsymbol{\alpha}_2+\cdots+x_r\boldsymbol{\alpha}_r=(\boldsymbol{\alpha}_1, \boldsymbol{\alpha}_2, \cdots, \boldsymbol{\alpha}_r)\begin{pmatrix} x_1 \\ x_2 \\ \vdots \\ x_r \end{pmatrix}$$

$$\boldsymbol{\alpha}=(\boldsymbol{\beta}_1, \boldsymbol{\beta}_2, \cdots, \boldsymbol{\beta}_r)\begin{pmatrix} y_1 \\ y_2 \\ \vdots \\ y_r \end{pmatrix}=(\boldsymbol{\alpha}_1, \boldsymbol{\alpha}_2, \cdots, \boldsymbol{\alpha}_r)\boldsymbol{T}\begin{pmatrix} y_1 \\ y_2 \\ \vdots \\ y_r \end{pmatrix}$$

所以

$$\begin{pmatrix} x_1 \\ x_2 \\ \vdots \\ x_r \end{pmatrix}=\boldsymbol{T}\begin{pmatrix} y_1 \\ y_2 \\ \vdots \\ y_r \end{pmatrix} \tag{3.4.4}$$

式(3.4.4)就是同一个向量在不同的基下的坐标之间的关系，称此关系式为向量的坐标变换式. 由于过渡矩阵 $\boldsymbol{T}$ 可逆，所以有

$$\begin{pmatrix} y_1 \\ y_2 \\ \vdots \\ y_r \end{pmatrix}=\boldsymbol{T}^{-1}\begin{pmatrix} x_1 \\ x_2 \\ \vdots \\ x_r \end{pmatrix} \tag{3.4.5}$$

例 3.4.5 已知向量组

$$\boldsymbol{\alpha}_1=\begin{pmatrix} 1 \\ 1 \\ 1 \end{pmatrix}, \boldsymbol{\alpha}_2=\begin{pmatrix} 1 \\ 0 \\ -1 \end{pmatrix}, \boldsymbol{\alpha}_3=\begin{pmatrix} 1 \\ 0 \\ 1 \end{pmatrix}$$

与向量组

$$\boldsymbol{\beta}_1=\begin{pmatrix}1\\2\\1\end{pmatrix},\ \boldsymbol{\beta}_2=\begin{pmatrix}2\\3\\4\end{pmatrix},\ \boldsymbol{\beta}_3=\begin{pmatrix}3\\4\\3\end{pmatrix}$$

是向量空间 V 的两个基，求从基 $\boldsymbol{\alpha}_1, \boldsymbol{\alpha}_2, \boldsymbol{\alpha}_3$ 到基 $\boldsymbol{\beta}_1, \boldsymbol{\beta}_2, \boldsymbol{\beta}_3$ 的过渡矩阵，并求坐标变换式.

解 设由基 $\boldsymbol{\alpha}_1, \boldsymbol{\alpha}_2, \boldsymbol{\alpha}_3$ 到基 $\boldsymbol{\beta}_1, \boldsymbol{\beta}_2, \boldsymbol{\beta}_3$ 的过渡矩阵为 $\boldsymbol{T}$，则

$$(\boldsymbol{\beta}_1, \boldsymbol{\beta}_2, \boldsymbol{\beta}_3)=(\boldsymbol{\alpha}_1, \boldsymbol{\alpha}_2, \boldsymbol{\alpha}_3)\boldsymbol{T}$$

由于 $\boldsymbol{\alpha}_1, \boldsymbol{\alpha}_2, \boldsymbol{\alpha}_3$ 是基，所以它们线性无关，故矩阵 $(\boldsymbol{\alpha}_1, \boldsymbol{\alpha}_2, \boldsymbol{\alpha}_3)$ 是可逆矩阵，解矩阵方程 $(\boldsymbol{\beta}_1, \boldsymbol{\beta}_2, \boldsymbol{\beta}_3)=(\boldsymbol{\alpha}_1, \boldsymbol{\alpha}_2, \boldsymbol{\alpha}_3)\boldsymbol{T}$，得过渡矩阵

$$\boldsymbol{T}=(\boldsymbol{\alpha}_1, \boldsymbol{\alpha}_2, \boldsymbol{\alpha}_3)^{-1}(\boldsymbol{\beta}_1, \boldsymbol{\beta}_2, \boldsymbol{\beta}_3)=\begin{pmatrix}1&1&1\\1&0&0\\1&-1&1\end{pmatrix}^{-1}\begin{pmatrix}1&2&3\\2&3&4\\1&4&3\end{pmatrix}$$

$$=\begin{pmatrix}2&3&4\\0&-1&0\\-1&0&-1\end{pmatrix}$$

令向量 $\boldsymbol{\alpha}$ 在基 $\boldsymbol{\alpha}_1, \boldsymbol{\alpha}_2, \boldsymbol{\alpha}_3$ 下的坐标为 $\begin{pmatrix}x_1\\x_2\\x_3\end{pmatrix}$，在基 $\boldsymbol{\beta}_1, \boldsymbol{\beta}_2, \boldsymbol{\beta}_3$ 下的坐标为 $\begin{pmatrix}y_1\\y_2\\y_3\end{pmatrix}$，则向量 $\boldsymbol{\alpha}$ 在这两个基下的坐标变换式是

$$\begin{pmatrix}x_1\\x_2\\x_3\end{pmatrix}=\begin{pmatrix}2&3&4\\0&-1&0\\-1&0&-1\end{pmatrix}\begin{pmatrix}y_1\\y_2\\y_3\end{pmatrix}$$

例 3.4.6 已知 $\boldsymbol{A}$ 是 3 阶矩阵，$\boldsymbol{\alpha}_1=(1, 0, 1)^{\mathrm{T}}$，$\boldsymbol{\alpha}_2=(1, 1, 1)^{\mathrm{T}}$，$\boldsymbol{\alpha}_3=(1, 0, 0)^{\mathrm{T}}$ 是向量空间 $\mathbf{R}^3$ 的基，向量 $\boldsymbol{\gamma}=(1, 0, -1)^{\mathrm{T}}$，$\boldsymbol{A}\boldsymbol{\alpha}_1=\boldsymbol{\alpha}_1+\boldsymbol{\alpha}_3$，$\boldsymbol{A}\boldsymbol{\alpha}_2=\boldsymbol{\alpha}_2-\boldsymbol{\alpha}_3$，$\boldsymbol{A}\boldsymbol{\alpha}_3=2\boldsymbol{\alpha}_1-\boldsymbol{\alpha}_2+\boldsymbol{\alpha}_3$，求 $\boldsymbol{A}\boldsymbol{\gamma}$ 在基 $\boldsymbol{\alpha}_1, \boldsymbol{\alpha}_2, \boldsymbol{\alpha}_3$ 下的坐标.

解 已知

$$(\boldsymbol{A}\boldsymbol{\alpha}_1, \boldsymbol{A}\boldsymbol{\alpha}_2, \boldsymbol{A}\boldsymbol{\alpha}_3)=\boldsymbol{A}(\boldsymbol{\alpha}_1, \boldsymbol{\alpha}_2, \boldsymbol{\alpha}_3)=(\boldsymbol{\alpha}_1, \boldsymbol{\alpha}_2, \boldsymbol{\alpha}_3)\begin{pmatrix}1&0&2\\0&1&-1\\1&-1&1\end{pmatrix}$$

因为 $\boldsymbol{\alpha}_1, \boldsymbol{\alpha}_2, \boldsymbol{\alpha}_3$ 是 $\mathbf{R}^3$ 的基，所以它们线性无关，故矩阵$(\boldsymbol{\alpha}_1, \boldsymbol{\alpha}_2, \boldsymbol{\alpha}_3)$是可逆矩阵，于是

$$\begin{aligned}\boldsymbol{A} &= (\boldsymbol{\alpha}_1, \boldsymbol{\alpha}_2, \boldsymbol{\alpha}_3)\begin{pmatrix}1 & 0 & 2\\0 & 1 & -1\\1 & -1 & 1\end{pmatrix}(\boldsymbol{\alpha}_1, \boldsymbol{\alpha}_2, \boldsymbol{\alpha}_3)^{-1}\\ &= \begin{pmatrix}1 & 1 & 1\\0 & 1 & 0\\1 & 1 & 0\end{pmatrix}\begin{pmatrix}1 & 0 & 2\\0 & 1 & -1\\1 & -1 & 1\end{pmatrix}\begin{pmatrix}1 & 1 & 1\\0 & 1 & 0\\1 & 1 & 0\end{pmatrix}^{-1}\\ &= \begin{pmatrix}2 & -2 & 0\\-1 & 1 & 1\\1 & 0 & 0\end{pmatrix}\end{aligned}$$

$$\boldsymbol{A\gamma} = \begin{pmatrix}2 & -2 & 0\\-1 & 1 & 1\\1 & 0 & 0\end{pmatrix}\begin{pmatrix}1\\0\\-1\end{pmatrix} = \begin{pmatrix}2\\-2\\1\end{pmatrix}$$

设向量 $\boldsymbol{A\gamma}$ 在基 $\boldsymbol{\alpha}_1, \boldsymbol{\alpha}_2, \boldsymbol{\alpha}_3$ 下的坐标为 $\boldsymbol{X}$，则

$$\boldsymbol{A\gamma} = (\boldsymbol{\alpha}_1, \boldsymbol{\alpha}_2, \boldsymbol{\alpha}_3)\boldsymbol{X}$$

故

$$\begin{aligned}\boldsymbol{X} &= (\boldsymbol{\alpha}_1, \boldsymbol{\alpha}_2, \boldsymbol{\alpha}_3)^{-1}\boldsymbol{A\gamma} = \begin{pmatrix}1 & 1 & 1\\0 & 1 & 0\\1 & 1 & 0\end{pmatrix}^{-1}\begin{pmatrix}2\\-2\\1\end{pmatrix}\\ &= \begin{pmatrix}0 & -1 & 1\\0 & 1 & 0\\1 & 0 & -1\end{pmatrix}\begin{pmatrix}2\\-2\\1\end{pmatrix} = \begin{pmatrix}3\\-2\\1\end{pmatrix}\end{aligned}$$

3.5 线性方程组解的结构

当线性方程组有解时，它的解有两种情况，一种是有唯一解，另一种是有无穷多解. 当线性方程组有无穷多解时，这些解之间有什么关系呢？这一节利用向量的理论来讨论线性方程组的解之间的关系，给出线性方程组的解的结构.

1. 齐次线性方程组解的结构

设有齐次线性方程组

$$\begin{cases} a_{11}x_1+a_{12}x_2+\cdots+a_{1n}x_n=0 \\ a_{21}x_1+a_{22}x_2+\cdots+a_{2n}x_n=0 \\ \qquad\qquad\vdots \\ a_{m1}x_1+a_{m2}x_2+\cdots+a_{mn}x_n=0 \end{cases} \tag{3.5.1}$$

它的系数矩阵是

$$\boldsymbol{A}=\begin{pmatrix} a_{11} & a_{12} & \cdots & a_{1n} \\ a_{21} & a_{22} & \cdots & a_{2n} \\ \vdots & \vdots & & \vdots \\ a_{m1} & a_{m2} & \cdots & a_{mn} \end{pmatrix}$$

记向量

$$\boldsymbol{X}=\begin{pmatrix} x_1 \\ \vdots \\ x_n \end{pmatrix}$$

则齐次线性方程组(3.5.1)可以写成

$$\boldsymbol{A}_{m\times n}\boldsymbol{X}=\boldsymbol{0} \tag{3.5.2}$$

若 $x_1=c_1$, $x_2=c_2$, …, $x_n=c_n$(c_1, c_2, …, c_n 是常数)是齐次线性方程组(3.5.1)的一个解，则称列向量 $\begin{pmatrix} c_1 \\ c_2 \\ \vdots \\ c_n \end{pmatrix}$ 为齐次线性方程组(3.5.1)的一个解向量，当然它也是齐次线性方程组(3.5.2)的解向量.

由于齐次线性方程组(3.5.1)与齐次线性方程组(3.5.2)是同一个线性方程组，所以下面讨论齐次线性方程组(3.5.2)的解的结构.

齐次线性方程组(3.5.2)的解向量具有下列性质.

性质 1 若 $\boldsymbol{\eta}_1$, $\boldsymbol{\eta}_2$ 是齐次线性方程组(3.5.2)的两个解向量，则 $\boldsymbol{\eta}_1+\boldsymbol{\eta}_2$ 也是方程组(3.5.2)的解向量.

证明 因为 $\boldsymbol{\eta}_1$, $\boldsymbol{\eta}_2$ 是齐次线性方程组(3.5.2)的解向量，所以

$$\boldsymbol{A}\boldsymbol{\eta}_1=\boldsymbol{0},\ \boldsymbol{A}\boldsymbol{\eta}_2=\boldsymbol{0}$$

于是

$$\boldsymbol{A}(\boldsymbol{\eta}_1+\boldsymbol{\eta}_2)=\boldsymbol{A}\boldsymbol{\eta}_1+\boldsymbol{A}\boldsymbol{\eta}_2=\mathbf{0}+\mathbf{0}=\mathbf{0}$$

故 $\boldsymbol{\eta}_1+\boldsymbol{\eta}_2$ 是齐次线性方程组(3.5.2)的解向量.

性质 2 若是 $\boldsymbol{\eta}$ 齐次线性方程组(3.5.2)的一个解向量，k 是数，则 $k\boldsymbol{\eta}$ 还是方程组(3.5.2)的解向量.

证明 因为 $\boldsymbol{\eta}$ 是齐次线性方程组(3.5.2)的一个解向量，所以

$$A\boldsymbol{\eta}=\mathbf{0}$$

于是

$$\boldsymbol{A}(k\boldsymbol{\eta})=k(\boldsymbol{A}\boldsymbol{\eta})=k\mathbf{0}=\mathbf{0}$$

故 $k\boldsymbol{\eta}$ 是方程组(3.5.2)的解向量.

由以上性质可以得到下面的性质.

设 $\boldsymbol{\eta}_1, \boldsymbol{\eta}_2, \cdots, \boldsymbol{\eta}_t$ 是齐次线性方程组(3.5.2)的解向量，则对任意 t 个常数 $k_1, k_2, \cdots, k_t$，都有 $k_1\boldsymbol{\eta}_1+k_2\boldsymbol{\eta}_2+\cdots+k_t\boldsymbol{\eta}_t$ 是方程组(3.5.2)的解向量.

由性质 1 及性质 2 可知，齐次线性方程组(3.5.2)的解集是一个向量空间，记作 W，并称它为齐次线性方程组(3.5.2)的解空间. 设齐次线性方程组(3.5.2)的解空间 W 的基是 $\boldsymbol{\eta}_1, \boldsymbol{\eta}_2, \cdots, \boldsymbol{\eta}_t$，则齐次线性方程组(3.5.2)的任一解向量都可由基 $\boldsymbol{\eta}_1, \boldsymbol{\eta}_2, \cdots, \boldsymbol{\eta}_t$ 线性表示. 因此要求齐次线性方程组(3.5.2)的全部解向量，只要求出齐次线性方程组(3.5.2)的解空间的基 $\boldsymbol{\eta}_1, \boldsymbol{\eta}_2, \cdots, \boldsymbol{\eta}_t$ 即可. 称齐次线性方程组(3.5.2)的解空间的一个基为齐次线性方程组(3.5.2)的基础解系.

定义 3.5.1 若齐次线性方程组(3.5.2)的一组解向量 $\boldsymbol{\eta}_1, \boldsymbol{\eta}_2, \cdots, \boldsymbol{\eta}_r$ 满足：

(1) $\boldsymbol{\eta}_1, \boldsymbol{\eta}_2, \cdots, \boldsymbol{\eta}_r$ 线性无关；

(2) 齐次线性方程组(3.5.2)的任意一个解向量都可由 $\boldsymbol{\eta}_1, \boldsymbol{\eta}_2, \cdots, \boldsymbol{\eta}_r$ 线性表示，

则称 $\boldsymbol{\eta}_1, \boldsymbol{\eta}_2, \cdots, \boldsymbol{\eta}_r$ 为齐次线性方程组(3.5.2)的一个基础解系.

下面给出齐次线性方程组(3.5.2)存在基础解系的条件及基础解系的求法.

定理 3.5.1 设 $m\times n$ 矩阵 $\boldsymbol{A}$ 是齐次线性方程组

$$\boldsymbol{AX}=\mathbf{0} \tag{3.5.3}$$

的系数矩阵，则当 $r(\boldsymbol{A})<n$ 时，齐次线性方程组(3.5.3)有基础解系，且基础解系中所含解向量的个数等于 $n-r(\boldsymbol{A})$，其中 n 是齐次线性方程组(3.5.3)所含未知数的个数.

证明 设 $r(\boldsymbol{A})=r$. 因为当 $r=n$ 时，齐次线性方程组(3.5.3)只有零解，所以方程组(3.5.3)不存在基础解系.

当 $r<n$ 时，对系数矩阵 $\boldsymbol{A}$ 进行初等行变换，不妨设 $\boldsymbol{A}$ 的前 r 个列向量线性

无关，则 $\boldsymbol{A}$ 可化成行简化阶梯形矩阵

$$\boldsymbol{B}=\begin{pmatrix} 1 & 0 & \cdots & 0 & b_{1,r+1} & \cdots & b_{1n} \\ 0 & 1 & \cdots & 0 & b_{2,r+1} & \cdots & b_{2n} \\ \vdots & \vdots & & \vdots & \vdots & & \vdots \\ 0 & 0 & \cdots & 1 & b_{r,r+1} & \cdots & b_{rn} \\ 0 & 0 & \cdots & 0 & 0 & \cdots & 0 \\ \vdots & \vdots & & \vdots & \vdots & & \vdots \\ 0 & 0 & \cdots & 0 & 0 & \cdots & 0 \end{pmatrix}$$

于是得到与原齐次线性方程组同解的线性方程组

$$\begin{cases} x_1+b_{1,r+1}x_{r+1}+b_{1,r+2}x_{r+2}+\cdots+b_{1n}x_n=0 \\ x_2+b_{2,r+1}x_{r+1}+b_{2,r+2}x_{r+2}+\cdots+b_{2n}x_n=0 \\ \qquad\qquad\vdots \\ x_r+b_{r,r+1}x_{r+1}+b_{r,r+2}x_{r+2}+\cdots+b_{rn}x_n=0 \end{cases}$$

取 x_{r+1}，x_{r+2}，…，x_n 为自由未知数，得齐次线性方程组(3.5.3)的一般解为

$$\begin{cases} x_1=-b_{1,r+1}x_{r+1}-b_{1,r+2}x_{r+2}-\cdots-b_{1n}x_n \\ x_2=-b_{2,r+1}x_{r+1}-b_{2,r+2}x_{r+2}-\cdots-b_{2n}x_n \\ \qquad\qquad\vdots \\ x_r=-b_{r,r+1}x_{r+1}-b_{r,r+2}x_{r+2}-\cdots-b_{rn}x_n \end{cases} \tag{3.5.4}$$

其中，x_{r+1}，x_{r+2}，…，x_n 是自由未知数.

式(3.5.4)也可以写成

$$\begin{cases} x_1=-b_{1,r+1}x_{r+1}-b_{1,r+2}x_{r+2}-\cdots-b_{1n}x_n \\ x_2=-b_{2,r+1}x_{r+1}-b_{2,r+2}x_{r+2}-\cdots-b_{2n}x_n \\ \qquad\qquad\vdots \\ x_r=-b_{r,r+1}x_{r+1}-b_{r,r+2}x_{r+2}-\cdots-b_{rn}x_n \\ \quad x_{r+1}=1\cdot x_{r+1}+0\cdot x_{r+2}+\cdots+0\cdot x_n \\ \quad x_{r+2}=0\cdot x_{r+1}+1\cdot x_{r+2}+\cdots+0\cdot x_n \\ \qquad\qquad\vdots \\ \quad x_n=0\cdot x_{r+1}+0\cdot x_{r+2}+\cdots+1\cdot x_n \end{cases} \tag{3.5.5}$$

其中，x_{r+1}，x_{r+2}，…，x_n 是自由未知数.

对式(3.5.5)，分别取

$$x_{r+1}=1,\ x_{r+2}=0,\ \cdots,\ x_n=0$$
$$x_{r+1}=0,\ x_{r+2}=1,\ \cdots,\ x_n=0$$
$$\vdots$$
$$x_{r+1}=0,\ x_{r+2}=0,\ \cdots,\ x_n=1$$

把这 $n-r$ 组数分别代入式(3.5.5)，得到齐次线性方程组(3.5.3)的 $n-r$ 个解向量

$$\boldsymbol{\eta}_1=\begin{pmatrix}-b_{1,\ r+1}\\ \vdots\\ -b_{r,\ r+1}\\ 1\\ 0\\ \vdots\\ 0\end{pmatrix},\ \boldsymbol{\eta}_2=\begin{pmatrix}-b_{1,\ r+2}\\ \vdots\\ -b_{r,\ r+2}\\ 0\\ 1\\ \vdots\\ 0\end{pmatrix},\ \cdots,\ \boldsymbol{\eta}_t=\begin{pmatrix}-b_{1n}\\ \vdots\\ -b_{rn}\\ 0\\ 0\\ \vdots\\ 1\end{pmatrix}$$

因为 $n-r$ 个 $n-r$ 维单位向量

$$\begin{pmatrix}1\\ 0\\ \vdots\\ 0\end{pmatrix},\ \begin{pmatrix}0\\ 1\\ \vdots\\ 0\end{pmatrix},\ \cdots,\ \begin{pmatrix}0\\ 0\\ \vdots\\ 1\end{pmatrix}$$

线性无关，所以它们的前面适当地添加分量后所得的向量组 $\boldsymbol{\eta}_1$，$\boldsymbol{\eta}_2$，…，$\boldsymbol{\eta}_{n-r}$ 也线性无关.

设向量 $\boldsymbol{\eta}=(c_1,\ c_2,\ \cdots,\ c_n)^{\mathrm{T}}$ 是齐次线性方程组(3.5.3)的任意一个解，则 $\boldsymbol{\eta}$ 满足式(3.5.5)，即

$$\begin{cases}c_1=-b_{1,\ r+1}c_{r+1}-b_{1,\ r+2}c_{r+2}-\cdots-b_{1n}c_n\\ c_2=-b_{2,\ r+1}c_{r+1}-b_{2,\ r+2}c_{r+2}-\cdots-b_{2n}c_n\\ \qquad\vdots\\ c_r=-b_{r,\ r+1}c_{r+1}-b_{r,\ r+2}c_{r+2}-\cdots-b_{rn}c_n\\ c_{r+1}=1\cdot c_{r+1}+0\cdot c_{r+2}+\cdots+0\cdot c_n\\ c_{r+2}=0\cdot c_{r+1}+1\cdot c_{r+2}+\cdots+0\cdot c_n\\ \qquad\vdots\\ c_n=0\cdot c_{r+1}+0\cdot c_{r+2}+\cdots+1\cdot c_n\end{cases}$$

将上式写成向量形式，得

$$\boldsymbol{\eta}=c_{r+1}\begin{pmatrix}-b_{1,r+1}\\ \vdots\\ -b_{r,r+1}\\ 1\\ 0\\ \vdots\\ 0\end{pmatrix}+c_{r+2}\begin{pmatrix}-b_{1,r+2}\\ \vdots\\ -b_{r,r+2}\\ 0\\ 1\\ \vdots\\ 0\end{pmatrix}+\cdots+c_n\begin{pmatrix}-b_{1n}\\ \vdots\\ -b_{rn}\\ 0\\ 0\\ \vdots\\ 1\end{pmatrix}$$

$$=c_{r+1}\boldsymbol{\eta}_1+c_{r+2}\boldsymbol{\eta}_2+\cdots+c_n\boldsymbol{\eta}_{n-r}$$

这说明齐次线性方程组(3.5.3)的任意一个解 $\boldsymbol{\eta}$ 都可由解向量 $\boldsymbol{\eta}_1$，$\boldsymbol{\eta}_2$，…，$\boldsymbol{\eta}_{n-r}$线性表示. 由齐次线性方程组的基础解系的定义，可知 $\boldsymbol{\eta}_1$，$\boldsymbol{\eta}_2$，…，$\boldsymbol{\eta}_{n-r}$是齐次线性方程组(3.5.3)的一个基础解系，且基础解系中所含向量的个数为 $n-r$.

定理 3.5.1 不仅证明了齐次线性方程组的基础解系的存在性，而且证明过程也给出了齐次线性方程组的基础解系的求法，现将求齐次线性方程组的基础解系的步骤归纳如下：

(1) 把齐次线性方程组(3.5.3)的系数矩阵 $\boldsymbol{A}$ 化成行简化阶梯形矩阵 $\boldsymbol{B}$；

(2) 从矩阵 $\boldsymbol{B}$ 中得到齐次线性方程组的一般解；

(3) 在一般解中，每一次让一个自由未知数取值为 1，其余的自由未知数取值为 0，求得齐次线性方程组的一个解向量，这样得到的 $n-r$ 个解向量就构成了齐次线性方程组(3.5.3)的一个基础解系，其中 r 是齐次线性方程组(3.5.3)的系数矩阵的秩，n 是齐次线性方程组(3.5.3)的未知数的个数.

由于齐次线性方程组(3.5.3)的任意一个解向量都可由它的基础解系线性表示，所以当 k_1，k_2，…，k_{n-r}取遍所有的实数时，齐次线性方程组(3.5.3)的基础解系的线性组合

$$k_1\boldsymbol{\eta}_1+k_2\boldsymbol{\eta}_2+\cdots+k_{n-r}\boldsymbol{\eta}_{n-r}\quad (k_1,\ k_2,\ \cdots,\ k_{n-r}\text{是任意常数})$$

就是齐次线性方程组(3.5.3)的全部解. 即齐次线性方程组(3.5.3)的解集为

$$\{k_1\boldsymbol{\eta}_1+k_2\boldsymbol{\eta}_2+\cdots+k_{n-r}\boldsymbol{\eta}_{n-r}\mid k_1,\ k_2,\ \cdots,\ k_{n-r}\text{是任意常数}\}$$

为了刻画齐次线性方程组的全部解，我们引入齐次线性方程组的通解的概念.

设 $\boldsymbol{\eta}_1$，$\boldsymbol{\eta}_2$，…，$\boldsymbol{\eta}_{n-r}$是齐次线性方程组(3.5.3)的一个基础解系，则称

$$k_1\boldsymbol{\eta}_1+k_2\boldsymbol{\eta}_2+\cdots+k_{n-r}\boldsymbol{\eta}_{n-r}\quad (k_1,\ k_2,\ \cdots,\ k_{n-r}\text{是任意常数})$$

为齐次线性方程组(3.5.3)的通解.

例 3.5.1 求齐次线性方程组

$$\begin{cases}x_1+x_2-x_3-x_4=0\\2x_1-5x_2+3x_3+2x_4=0\\7x_1-7x_2+3x_3+x_4=0\end{cases}$$

的基础解系，并求其通解.

解 对齐次线性方程组的系数矩阵 $\boldsymbol{A}$ 作初等行变换，化成行简化阶梯形矩阵，即

$$\boldsymbol{A}=\begin{pmatrix}1&1&-1&-1\\2&-5&3&2\\7&-7&3&1\end{pmatrix}\xrightarrow[r_3-7r_1]{r_2-2r_1}\begin{pmatrix}1&1&-1&-1\\0&-7&5&4\\0&-14&10&8\end{pmatrix}$$

$$\xrightarrow{r_3-2r_2}\begin{pmatrix}1&1&-1&-1\\0&-7&5&4\\0&0&0&0\end{pmatrix}$$

$$\xrightarrow{-\frac{1}{7}\times r_2}\begin{pmatrix}1&1&-1&-1\\0&1&-\frac{5}{7}&-\frac{4}{7}\\0&0&0&0\end{pmatrix}$$

$$\xrightarrow{r_1-r_2}\begin{pmatrix}1&0&-\frac{2}{7}&-\frac{3}{7}\\0&1&-\frac{5}{7}&-\frac{4}{7}\\0&0&0&0\end{pmatrix}$$

由此得与原齐次线性方程组同解的齐次线性方程组是

$$\begin{cases}x_1-\frac{2}{7}x_3-\frac{3}{7}x_4=0\\x_2-\frac{5}{7}x_3-\frac{4}{7}x_4=0\end{cases}$$

故原齐次线性方程组的一般解是

$$\begin{cases}x_1=\frac{2}{7}x_3+\frac{3}{7}x_4\\x_2=\frac{5}{7}x_3+\frac{4}{7}x_4\end{cases}\quad(x_3,\ x_4\ \text{是自由未知数})\tag{3.5.6}$$

令 $x_3=1$，$x_4=0$，代入式(3.5.6)，得解向量

$$\boldsymbol{\eta}_1=\left(\frac{2}{7},\ \frac{5}{7},\ 1,\ 0\right)^{\mathrm{T}}$$

令 $x_3=0$，$x_4=1$，代入式(3.5.6)，得解向量

$$\boldsymbol{\eta}_2=\left(\frac{3}{7},\ \frac{4}{7},\ 0,\ 1\right)^{\mathrm{T}}$$

所以原齐次线性方程的基础解系是 $\boldsymbol{\eta}_1$，$\boldsymbol{\eta}_2$.

故原齐次线性方程组的通解是 $k_1\boldsymbol{\eta}_1+k_2\boldsymbol{\eta}_2$，其中 k_1，k_2 是任意常数.

推论 3.5.1 与齐次线性方程组 $\boldsymbol{AX}=\boldsymbol{0}$ 的基础解系等价的任意一个线性无关的向量组都是齐次线性方程组 $\boldsymbol{AX}=\boldsymbol{0}$ 的基础解系.

证明 设 $\boldsymbol{\eta}_1$，$\boldsymbol{\eta}_2$，…，$\boldsymbol{\eta}_t$ 是齐次线性方程组 $\boldsymbol{AX}=\boldsymbol{0}$ 的一个基础解系，$\boldsymbol{\alpha}_1$，$\boldsymbol{\alpha}_2$，…，$\boldsymbol{\alpha}_s$ 是与 $\boldsymbol{\eta}_1$，$\boldsymbol{\eta}_2$，…，$\boldsymbol{\eta}_t$ 等价的线性无关的向量组. 由于等价的线性无关组含有相同个数的向量，所以 $s=t$，且 $\boldsymbol{\alpha}_i$ 可由 $\boldsymbol{\eta}_1$，$\boldsymbol{\eta}_2$，…，$\boldsymbol{\eta}_t$ 线性表示，即 $\boldsymbol{\alpha}_i$ 也为齐次线性方程组 $\boldsymbol{AX}=\boldsymbol{0}$ 的解向量. 任取齐次线性方程组 $\boldsymbol{AX}=\boldsymbol{0}$的一个解向量 $\boldsymbol{\eta}$，则 $\boldsymbol{\eta}$ 可由 $\boldsymbol{\eta}_1$，$\boldsymbol{\eta}_2$，…，$\boldsymbol{\eta}_t$ 线性表示，从而 $\boldsymbol{\eta}$ 可由 $\boldsymbol{\alpha}_1$，$\boldsymbol{\alpha}_2$，…，$\boldsymbol{\alpha}_t$ 线性表示. 又 $\boldsymbol{\alpha}_1$，$\boldsymbol{\alpha}_2$，…，$\boldsymbol{\alpha}_t$ 线性无关，故 $\boldsymbol{\alpha}_1$，$\boldsymbol{\alpha}_2$，…，$\boldsymbol{\alpha}_t$ 也是齐次线性方程组 $\boldsymbol{AX}=\boldsymbol{0}$ 的基础解系.

这说明齐次线性方程组的基础解系不是唯一的.

推论 3.5.2 齐次线性方程组 $\boldsymbol{A}_{m\times n}\boldsymbol{X}=\boldsymbol{0}$ 的解空间 W 的维数是 $n-r(\boldsymbol{A})$，这里 $r(\boldsymbol{A})$是矩阵 $\boldsymbol{A}$ 的秩.

证明 因为在齐次线性方程组 $\boldsymbol{A}_{m\times n}\boldsymbol{X}=\boldsymbol{0}$ 的基础解系中含有 $n-r(\boldsymbol{A})$个解向量，所以 $\boldsymbol{A}_{m\times n}\boldsymbol{X}=\boldsymbol{0}$的解空间 W 的维数是 $n-r(\boldsymbol{A})$.

定理 3.5.2 设 $\boldsymbol{A}$ 是 $m\times n$ 矩阵，$\boldsymbol{B}$ 是 $n\times l$ 矩阵，若 $\boldsymbol{AB}=\boldsymbol{0}$，则 $\mathrm{r}(\boldsymbol{A})+r(\boldsymbol{B})\leqslant n$.

证明 设矩阵 $\boldsymbol{A}$ 的秩为 r，即 $r(\boldsymbol{A})=r$. 因为 $\boldsymbol{AB}=\boldsymbol{0}$，所以矩阵 $\boldsymbol{B}$ 的每一个列向量都是齐次线性方程组 $\boldsymbol{AX}=\boldsymbol{0}$ 的解向量. 又因为 $\boldsymbol{AX}=\boldsymbol{0}$ 的任意一个解向量都可由它的基础解系线性表示，故矩阵 $\boldsymbol{B}$ 的列向量组可由 $\boldsymbol{AX}=\boldsymbol{0}$ 的基础解系线性表示，从而矩阵 $\boldsymbol{B}$ 的列向量组的秩小于等于 $\boldsymbol{AX}=\boldsymbol{0}$ 的基础解系的秩，又因为 $\boldsymbol{AX}=\boldsymbol{0}$ 的基础解系的秩是 $n-r$，于是 $\boldsymbol{B}$ 的列向量组的秩小于等于$n-r$，即

$$r(\boldsymbol{B})\leqslant n-r$$

所以

$$r(\boldsymbol{A})+r(\boldsymbol{B})\leqslant n$$

例 3.5.2 若齐次线性方程组 $\boldsymbol{A}_{m\times n}\boldsymbol{X}=0$ 与 $\boldsymbol{B}_{s\times n}\boldsymbol{X}=\boldsymbol{0}$同解，则 $r(\boldsymbol{A})=r(\boldsymbol{B})$.

证明 设齐次线性方程组 $\boldsymbol{A}_{m\times n}\boldsymbol{X}=\boldsymbol{0}$ 与 $\boldsymbol{B}_{s\times n}\boldsymbol{X}=\boldsymbol{0}$同解，则它们有相同的解空间 W，令解空间 W 的维数为 t，则

$$n-r(\boldsymbol{A})=n-r(\boldsymbol{B})=t$$

故

$$r(\boldsymbol{A})=r(\boldsymbol{B})$$

这说明当矩阵 $\boldsymbol{A}$ 与 $\boldsymbol{B}$ 的列数相等时，要证明 $r(\boldsymbol{A})=r(\boldsymbol{B})$，只要证明齐次线性方程组 $\boldsymbol{AX}=\boldsymbol{0}$ 与 $\boldsymbol{BX}=\boldsymbol{0}$ 同解即可.

例 3.5.3 设 $\boldsymbol{A}$ 是实矩阵，证明 $r(\boldsymbol{A}^{\mathrm{T}}\boldsymbol{A})=r(\boldsymbol{A})$.

证明 根据上例的结论，只要证明齐次线性方程组 $\boldsymbol{AX}=\boldsymbol{0}$ 与$(\boldsymbol{A}^{\mathrm{T}}\boldsymbol{A})\boldsymbol{X}=\boldsymbol{0}$同解即可.

设 $\boldsymbol{\alpha}$ 是齐次线性方程组 $\boldsymbol{AX}=\boldsymbol{0}$ 的解向量，则

$$\boldsymbol{A\alpha}=\boldsymbol{0}$$

于是

$$\boldsymbol{A}^{\mathrm{T}}\boldsymbol{A\alpha}=\boldsymbol{0}$$

所以 $\boldsymbol{\alpha}$ 是齐次线性方程组$(\boldsymbol{A}^{\mathrm{T}}\boldsymbol{A})\boldsymbol{X}=\boldsymbol{0}$ 的解向量.

另一方面，设 $\boldsymbol{\alpha}$ 是齐次线性方程组$(\boldsymbol{A}^{\mathrm{T}}\boldsymbol{A})\boldsymbol{X}=\boldsymbol{0}$ 的解向量，则

$$(\boldsymbol{A}^{\mathrm{T}}\boldsymbol{A})\boldsymbol{\alpha}=\boldsymbol{0}$$

两边同时左乘 $\boldsymbol{\alpha}^{\mathrm{T}}$，得

$$\boldsymbol{\alpha}^{\mathrm{T}}(\boldsymbol{A}^{\mathrm{T}}\boldsymbol{A})\boldsymbol{\alpha}=\boldsymbol{0}$$

从而

$$(\boldsymbol{\alpha}^{\mathrm{T}}\boldsymbol{A}^{\mathrm{T}})(\boldsymbol{A\alpha})=(\boldsymbol{A\alpha})^{\mathrm{T}}(\boldsymbol{A\alpha})=\boldsymbol{0}$$

因此

$$\boldsymbol{A\alpha}=\boldsymbol{0}$$

所以 $\boldsymbol{\alpha}$ 是齐次线性方程组 $\boldsymbol{AX}=\boldsymbol{0}$ 的解向量.

综上所述，齐次线性方程组 $\boldsymbol{AX}=\boldsymbol{0}$ 与$(\boldsymbol{A}^{\mathrm{T}}\boldsymbol{A})\boldsymbol{X}=\boldsymbol{0}$ 同解. 故

$$r(\boldsymbol{A}^{\mathrm{T}}\boldsymbol{A})=r(\boldsymbol{A})$$

例 3.5.4 已知矩阵

$$\boldsymbol{A}=\begin{pmatrix}1 & 2 & 3\\ 2 & 4 & 5\\ 3 & 6 & 9\end{pmatrix}$$

$\boldsymbol{B}$ 是三阶非零矩阵，且满足 $\boldsymbol{AB}=\boldsymbol{0}$，求 $r(\boldsymbol{B})$.

解　因为

$$\boldsymbol{A}=\begin{pmatrix}1&2&3\\2&4&5\\3&6&9\end{pmatrix}\xrightarrow[r_3-3r_1]{r_2-2r_1}\begin{pmatrix}1&2&3\\0&1&-1\\0&0&0\end{pmatrix}$$

所以 $r(\boldsymbol{A})=2$.

另一方面，因为 $\boldsymbol{AB}=\boldsymbol{0}$，所以

$$r(\boldsymbol{A})+r(\boldsymbol{B})\leqslant 3$$

又因为 $\boldsymbol{B}\neq\boldsymbol{0}$，所以

$$r(\boldsymbol{B})\geqslant 1$$

故

$$1\leqslant r(\boldsymbol{B})\leqslant 3-r(\boldsymbol{A})$$

因此，$r(\boldsymbol{B})=1$.

2. 非齐次线性方程组的解的结构

设有非齐次线性方程组

$$\begin{cases}a_{11}x+a_{12}x_2+\cdots+a_{1n}x_n=b_1\\a_{21}x+a_{22}x_2+\cdots+a_{2n}x_n=b_2\\\qquad\vdots\\a_{m1}x+a_{m2}x_2+\cdots+a_{mn}x_n=b_m\end{cases}\tag{3.5.7}$$

令

$$\boldsymbol{A}=\begin{pmatrix}a_{11}&a_{12}&\cdots&a_{1n}\\a_{21}&a_{22}&\cdots&a_{1n}\\\vdots&\vdots&&\vdots\\a_{m1}&a_{m2}&\cdots&a_{mn}\end{pmatrix},\ \bar{\boldsymbol{A}}=\begin{pmatrix}a_{11}&a_{12}&\cdots&a_{1n}&b_1\\a_{21}&a_{22}&\cdots&a_{2n}&b_2\\\vdots&\vdots&&\vdots&\vdots\\a_{m1}&a_{m2}&\cdots&a_{mn}&b_m\end{pmatrix}$$

$$\boldsymbol{X}=\begin{pmatrix}x_1\\x_2\\\vdots\\x_n\end{pmatrix},\ \boldsymbol{\beta}=\begin{pmatrix}b_1\\b_2\\\vdots\\b_m\end{pmatrix}$$

则非齐次线性方程组(3.5.7)可写成

$$\boldsymbol{AX}=\boldsymbol{\beta}\tag{3.5.8}$$

的形式.

若 $x_1=c_1$，$x_2=c_2$，…，$x_n=c_n$（c_1，c_2，…，c_n 是常数）是非齐次线性方程组(3.5.7)的一个解，则称列向量 $\begin{pmatrix} c_1 \\ c_2 \\ \vdots \\ c_n \end{pmatrix}$ 为非齐次线性方程组(3.5.7)的一个解向量，当然它也是非齐次线性方程组(3.5.8)的解向量.

令非齐次线性方程组(3.5.7)的常数项 b_1，b_2，…，b_m 全为零，得齐次线性方程组

$$\begin{cases} a_{11}x_1+a_{12}x_2+\cdots+a_{1n}x_n=0 \\ a_{21}x_1+a_{22}x_2+\cdots+a_{2n}x_n=0 \\ \qquad\vdots \\ a_{m1}x_1+a_{m2}x_2+\cdots+a_{mn}x_n=0 \end{cases} \tag{3.5.9}$$

称齐次线性方程组(3.5.9)为非齐次线性方程组(3.5.7)的导出组.

非齐次线性方程组(3.5.7)的导出组(3.5.9)可以写成

$$\boldsymbol{AX}=\boldsymbol{0} \tag{3.5.10}$$

的形式.

非齐次线性方程组(3.5.8)与它的导出组(3.5.10)的解向量之间具有如下的关系.

性质 1 非齐次线性方程组(3.5.8)的两个解向量 $\boldsymbol{\xi}_1$，$\boldsymbol{\xi}_2$ 的差 $\boldsymbol{\xi}_1-\boldsymbol{\xi}_2$ 是其导出组(3.5.10)的解向量.

证明 设 $\boldsymbol{\xi}_1$，$\boldsymbol{\xi}_2$ 是非齐次线性方程组(3.5.8)的两个解向量，则

$$\boldsymbol{A\xi}_1=\boldsymbol{\beta},\ \boldsymbol{A\xi}_2=\boldsymbol{\beta}$$

于是

$$\boldsymbol{A}(\boldsymbol{\xi}_1-\boldsymbol{\xi}_2)=\boldsymbol{A\xi}_1-\boldsymbol{A\xi}_2=\boldsymbol{\beta}-\boldsymbol{\beta}=\boldsymbol{0}$$

故 $\boldsymbol{\xi}_1-\boldsymbol{\xi}_2$ 是非齐次线性方程组(3.5.8)的导出组(3.5.10)的解向量.

性质 2 设 $\boldsymbol{\xi}$ 是非齐次线性方程组(3.5.8)的一个解向量，$\boldsymbol{\eta}$ 是非齐次线性方程组(3.5.8)的导出组(3.5.10)的一个解向量，则 $\boldsymbol{\xi}+\boldsymbol{\eta}$ 是非齐次线性方程组(3.5.8)的解向量.

证明 因为 $\boldsymbol{\xi}$ 是非齐次线性方程组(3.5.8)的一个解向量，$\boldsymbol{\eta}$ 是非齐次线性方程组(3.5.8)的导出组(3.5.10)的一个解向量，所以

$$\boldsymbol{A\xi}=\boldsymbol{\beta},\ \boldsymbol{A\eta}=\boldsymbol{0}$$

于是

$$\boldsymbol{A}(\boldsymbol{\xi}+\boldsymbol{\eta})=\boldsymbol{A\xi}+\boldsymbol{A\eta}=\boldsymbol{\beta}+\boldsymbol{0}=\boldsymbol{\beta}$$

故 $\boldsymbol{\xi}+\boldsymbol{\eta}$ 是非齐次线性方程组(3.5.8)的解向量.

定理 3.5.3 若 $\boldsymbol{\gamma}_0$ 是非齐次线性方程组(3.5.8)的一个特解，则非齐次线性方程组(3.5.8)的任意一个解向量 $\boldsymbol{\gamma}$ 都可表示成

$$\boldsymbol{\gamma}=\boldsymbol{\gamma}_0+\boldsymbol{\eta}$$

其中，$\boldsymbol{\eta}$ 是非齐次线性方程组(3.5.8)的导出组(3.5.10)的一个解向量.

证明 因为

$$\boldsymbol{\gamma}=\boldsymbol{\gamma}_0+(\boldsymbol{\gamma}-\boldsymbol{\gamma}_0)$$

令

$$\boldsymbol{\eta}=\boldsymbol{\gamma}-\boldsymbol{\gamma}_0$$

则 $\boldsymbol{\eta}$ 是非齐次线性方程组(3.5.8)的导出组(3.5.10)的一个解向量，于是

$$\boldsymbol{\gamma}=\boldsymbol{\gamma}_0+\boldsymbol{\eta}$$

设 $\boldsymbol{\gamma}_0$ 是非齐次线性方程组(3.5.8)的一个特解，$\boldsymbol{\eta}_1,\boldsymbol{\eta}_2,\cdots,\boldsymbol{\eta}_{n-r}$ 是非齐次线性方程组(3.5.8)的导出组(3.5.10)的一个基础解系，则对于任意的实数 k_1，k_2，…，k_{n-r}，

$$\boldsymbol{\gamma}_0+k_1\boldsymbol{\eta}_1+k_2\boldsymbol{\eta}_2+\cdots+k_{n-r}\boldsymbol{\eta}_{n-r} \tag{3.5.11}$$

是非齐次线性方程组(3.5.8)的解向量. 反之，由定理 3.5.3 可知非齐次线性方程组 (3.5.8)的任意一个解向量都可以写成式(3.5.11)的形式，所以当 k_1，k_2，…，k_{n-r} 取遍所有实数时，式(3.5.11)就是非齐次线性方程组(3.5.8)的全部解. 即非齐次线性方程组(3.5.8)的解集是

$$\{\boldsymbol{\gamma}_0+k_1\boldsymbol{\eta}_1+k_2\boldsymbol{\eta}_2+\cdots+k_{n-r}\boldsymbol{\eta}_{n-r}\mid k_1,k_2,\cdots,k_{n-r}\text{是任意常数}\}$$

我们称非齐次线性方程组(3.5.8)的全部解

$$\boldsymbol{\gamma}_0+k_1\boldsymbol{\eta}_1+k_2\boldsymbol{\eta}_2+\cdots+k_{n-r}\boldsymbol{\eta}_{n-r}\quad(k_1,k_2,\cdots,k_{n-r}\text{是任意常数})$$

为非齐次线性方程组(3.5.8)的通解.

这说明要求非齐次线性方程组(3.5.8)的通解，只要求出它的一个特解及它的导出组的通解，把它们相加就能得到非齐次线性方程组(3.5.8)的通解.

下面通过例子说明求非齐次线性方程组的通解.

例 3.5.5 求线性方程组

$$\begin{cases} x_1 - x_2 - x_2 + x_4 = 0 \\ x_1 - x_2 + x_2 - 3x_4 = 2 \\ x_1 - x_2 - 2x_2 + 3x_4 = -1 \end{cases}$$

的通解.

解　对非齐次线性方程组的增广矩阵作初等行变换，将它化成行简化阶梯形矩阵，即

$$\bar{\mathbf{A}} = \begin{pmatrix} 1 & -1 & -1 & 1 & 0 \\ 1 & -1 & 1 & -3 & 2 \\ 1 & -1 & -2 & 3 & -1 \end{pmatrix} \xrightarrow[r_3 - r_1]{r_2 - r_1} \begin{pmatrix} 1 & -1 & -1 & 1 & 0 \\ 0 & 0 & 2 & -4 & 2 \\ 0 & 0 & -1 & 2 & -1 \end{pmatrix}$$

$$\xrightarrow[\substack{r_3 + r_2 \\ r_1 + r_2}]{\frac{1}{2} r_2} \begin{pmatrix} 1 & -1 & 0 & -1 & 1 \\ 0 & 0 & 1 & -2 & 1 \\ 0 & 0 & 0 & 0 & 0 \end{pmatrix}$$

因为

$$r(\mathbf{A}) = r(\bar{\mathbf{A}}) = 2 < 4$$

所以非齐次线性方程组有无穷多解. 又因为与原非齐次线性方程组同解的线性方程组是

$$\begin{cases} x_1 - x_2 - x_4 = 1 \\ x_3 - 2x_4 = 1 \end{cases}$$

所以原非齐次线性方程组的一般解是

$$\begin{cases} x_1 = x_2 + x_4 + 1 \\ x_3 = 0x_2 + 2x_4 + 1 \end{cases}$$

其中，x_2，x_4 是自由未知数.

令

$$x_2 = x_4 = 0$$

则有

$$x_1 = x_3 = 1$$

由此得原非齐次线性方程组的一个特解为

$$\boldsymbol{\gamma}_0 = (1, 0, 1, 0)^{\mathrm{T}}$$

因为与原非齐次线性方程组的导出组同解的齐次线性方程组是

$$\begin{cases} x_1 - x_2 - x_4 = 0 \\ x_3 - 2x_4 = 0 \end{cases}$$

所以原非齐次线性方程组的导出组的一般解是

$$\begin{cases}x_1=x_2+x_4\\x_3=2x_4\end{cases}$$

其中，x_2，x_4 是自由未知数.

令 $x_2=1$，$x_4=0$，得原非齐次线性方程组的导出组的解向量

$$\boldsymbol{\eta}_1=(1,\ 1,\ 0,\ 0)^{\mathrm{T}}$$

取 $x_2=0$，$x_4=1$，得原非齐次线性方程组的导出组的解向量为

$$\boldsymbol{\eta}_2=(1,\ 0,\ 2,\ 1)^{\mathrm{T}}$$

故原非齐次线性方程组的导出组的基础解系是 $\boldsymbol{\eta}_1$，$\boldsymbol{\eta}_2$. 所以原非齐次线性方程组的通解是 $\boldsymbol{\gamma}=\boldsymbol{\gamma}_0+k_1\boldsymbol{\eta}_1+k_2\boldsymbol{\eta}_2$，其中 k_1，k_2 是任意常数.

例 3.5.6 问 λ 为何值时，非齐次线性方程组

$$\begin{cases}(1+\lambda)x_1+x_2+x_3=0\\x_1+(1+\lambda)x_2+x_3=3\\x_1+x_2+(1+\lambda)x_3=\lambda\end{cases}$$

(1) 有唯一解；

(2) 无解；

(3) 有无穷多解，并求出其无穷多解时的通解.

解 解法一 对增广矩阵 $\overline{\boldsymbol{A}}=(\boldsymbol{A},\ \boldsymbol{\beta})$ 作初等行变换，将其化为行阶梯形矩阵，即

$$\overline{\boldsymbol{A}}=\begin{pmatrix}1+\lambda & 1 & 1 & 0\\1 & 1+\lambda & 1 & 3\\1 & 1 & 1+\lambda & \lambda\end{pmatrix}$$

$$\xrightarrow{r_1\leftrightarrow r_3}\begin{pmatrix}1 & 1 & 1+\lambda & \lambda\\1 & 1+\lambda & 1 & 3\\1+\lambda & 1 & 1 & 0\end{pmatrix}$$

$$\xrightarrow[r_3-(1+\lambda)r_1]{r_2-r_1}\begin{pmatrix}1 & 1 & 1+\lambda & \lambda\\0 & \lambda & -\lambda & 3-\lambda\\0 & -\lambda & -\lambda(2+\lambda) & -\lambda(1+\lambda)\end{pmatrix}$$

$$\xrightarrow{r_3+r_2}\begin{pmatrix}1 & 1 & 1+\lambda & \lambda\\0 & \lambda & -\lambda & 3-\lambda\\0 & 0 & -\lambda(3+\lambda) & (1-\lambda)(3+\lambda)\end{pmatrix}$$

(1) 当 $\lambda \neq 0$ 且 $\lambda \neq -3$ 时，有 $r(\mathbf{A})=r(\bar{\mathbf{A}})=3$，原非齐次线性方程组有唯一解；

(2) 当 $\lambda=0$ 时，有 $r(\mathbf{A})=1$，$r(\bar{\mathbf{A}})=2$，原非齐次线性方程组无解；

(3) 当 $\lambda=-3$ 时，有 $r(\mathbf{A})=r(\bar{\mathbf{A}})=2<3$，原非齐次线性方程组有无穷多解.

把 $\lambda=-3$ 代入增广矩阵 $\bar{\mathbf{A}}$ 中，并化成行简化阶梯形矩阵

$$\bar{\mathbf{A}} \rightarrow \begin{pmatrix} 1 & 1 & -2 & -3 \\ 0 & -3 & 3 & 6 \\ 0 & 0 & 0 & 0 \end{pmatrix} \xrightarrow[r_1-r_2]{-\frac{1}{3}r_2} \begin{pmatrix} 1 & 0 & -1 & -1 \\ 0 & 1 & -1 & -2 \\ 0 & 0 & 0 & 0 \end{pmatrix}$$

因为与原非齐次线性方程组同解的非齐次线性方程组是

$$\begin{cases} x_1 - x_3 = -1 \\ x_2 - x_3 = -2 \end{cases}$$

所以原非齐次线性方程组的一般解是

$$\begin{cases} x_1 = x_3 - 1 \\ x_2 = x_3 - 2 \end{cases}$$

其中，x_3 是自由未知数. 令 $x_3=0$，得原非齐次线性方程组的特解为

$$\boldsymbol{\gamma}_0=(-1,\ -2,\ 0)^{\mathrm{T}}$$

因为与原非齐次线性方程组的导出组同解的齐次线性方程组是

$$\begin{cases} x_1 - x_3 = 0 \\ x_2 - x_3 = 0 \end{cases}$$

所以原非齐次线性方程组的导出组的一般解是

$$\begin{cases} x_1 = x_3 \\ x_2 = x_3 \end{cases}$$

其中，x_3 是自由未知数. 令 $x_3=1$，得原非齐次线性方程组的导出组的解向量为

$$\boldsymbol{\eta}=(1,\ 1,\ 1)^{\mathrm{T}}$$

所以原非齐次线性方程组的导出组的通解是 $k\boldsymbol{\eta}$，k 是任意常数.

综上，原非齐次线性方程组的通解是 $\boldsymbol{\gamma}_0+k\boldsymbol{\eta}$，$k$ 是任意常数.

解法二　线性方程组的系数行列式是

$$|\boldsymbol{A}|=\begin{vmatrix}1+\lambda & 1 & 1\\ 1 & 1+\lambda & 1\\ 1 & 1 & 1+\lambda\end{vmatrix}=(3+\lambda)\begin{vmatrix}1 & 1 & 1\\ 1 & 1+\lambda & 1\\ 1 & 1 & 1+\lambda\end{vmatrix}=\lambda^2(3+\lambda)$$

(1) 当 $\lambda\neq 0$ 且 $\lambda\neq -3$ 时，有 $|\boldsymbol{A}|\neq 0$，由克拉默法则可知原非齐次线性方程组有唯一解.

(2) 当 $\lambda=0$ 时，把 $\lambda=0$ 代入增广矩阵并化为行阶梯形矩阵，即

$$\overline{\boldsymbol{A}}=\begin{pmatrix}1 & 1 & 1 & 0\\ 1 & 1 & 1 & 3\\ 1 & 1 & 1 & 0\end{pmatrix}\xrightarrow[r_3-r_1]{r_2-r_1}\begin{pmatrix}1 & 1 & 1 & 0\\ 0 & 0 & 0 & 3\\ 0 & 0 & 0 & 0\end{pmatrix}$$

因为 $r(\boldsymbol{A})=1$，$r(\overline{\boldsymbol{A}})=2$，所以原非齐次线性方程组无解.

(3) 当 $\lambda=-3$ 时，把 $\lambda=-3$ 代入增广矩阵 $\overline{\boldsymbol{A}}$ 中，并化成行简化阶梯形矩阵，即

$$\overline{\boldsymbol{A}}\rightarrow\begin{pmatrix}1 & 1 & -2 & -3\\ 0 & -3 & 3 & 6\\ 0 & 0 & 0 & 0\end{pmatrix}\xrightarrow[r_1-r_2]{-\frac{1}{3}r_2}\begin{pmatrix}1 & 0 & -1 & -1\\ 0 & 1 & -1 & -2\\ 0 & 0 & 0 & 0\end{pmatrix}$$

因为 $r(\boldsymbol{A})=r(\overline{\boldsymbol{A}})=2<3$，所以原非齐次线性方程组有无穷多解.

因为与原非齐次线性方程组同解的非齐次线性方程组是

$$\begin{cases}x_1-x_3=-1\\ x_2-x_3=-2\end{cases}$$

所以原非齐次线性方程组的一般解是

$$\begin{cases}x_1=x_3-1\\ x_2=x_3-2\end{cases}$$

其中，x_3 是自由未知数. 令 $x_3=0$，得原非齐次线性方程组的特解为

$$\boldsymbol{\gamma}_0=(-1, -2, 0)^{\mathrm{T}}$$

因为与原非齐次线性方程组的导出组同解的齐次线性方程组是

$$\begin{cases}x_1-x_3=0\\ x_2-x_3=0\end{cases}$$

所以原非齐次线性方程组的导出组的一般解是

$$\begin{cases}x_1=x_3\\ x_2=x_3\end{cases}$$

其中，x_3 是自由未知数. 令 $x_3=1$，得原非齐次线性方程组的导出组的解向量为

$$\boldsymbol{\eta}=(1,\ 1,\ 1)^{\mathrm{T}}$$

所以原非齐次线性方程组的导出组的通解是 $k\boldsymbol{\eta}$，k 是任意常数.

综上，原非齐次线性方程组的通解是 $\boldsymbol{\gamma}_0+k\boldsymbol{\eta}$，$k$ 是任意常数.

例 3.5.7 设非齐次线性方程组 $\boldsymbol{AX}=\boldsymbol{\beta}$ 的系数矩阵 $\boldsymbol{A}$ 的秩是 3，且 $\boldsymbol{\alpha}_1$，$\boldsymbol{\alpha}_2$，$\boldsymbol{\alpha}_3$ 是 $\boldsymbol{AX}=\boldsymbol{\beta}$ 的三个解向量，其中 $\boldsymbol{\alpha}_1=(1,\ 2,\ 3,\ 4)^{\mathrm{T}}$，$\boldsymbol{\alpha}_2+\boldsymbol{\alpha}_3=(2,\ 3,\ 4,\ 5)^{\mathrm{T}}$，求线性方程组 $\boldsymbol{AX}=\boldsymbol{\beta}$ 的通解.

解 由条件可知线性方程组 $\boldsymbol{AX}=\boldsymbol{\beta}$ 是四元线性方程组. 因为 $\boldsymbol{AX}=\boldsymbol{\beta}$ 的系数矩阵 $\boldsymbol{A}$ 的秩是 3，所以 $\boldsymbol{AX}=\boldsymbol{\beta}$ 的导出组 $\boldsymbol{AX}=\mathbf{0}$ 的基础解系中含有

$$4-r(\boldsymbol{A})=4-3=1$$

个解向量，故 $\boldsymbol{AX}=\boldsymbol{\beta}$ 的导出组 $\boldsymbol{AX}=\mathbf{0}$ 的任意一个非零解都可作为它的基础解系.

由于 $\boldsymbol{\alpha}_2$，$\boldsymbol{\alpha}_3$ 是 $\boldsymbol{AX}=\boldsymbol{\beta}$ 的两个解向量，所以

$$\boldsymbol{A\alpha}_2=\boldsymbol{A\alpha}_3=\boldsymbol{\beta}$$

且

$$\boldsymbol{A}\left(\frac{\boldsymbol{\alpha}_2+\boldsymbol{\alpha}_3}{2}\right)=\frac{1}{2}\boldsymbol{A\alpha}_2+\frac{1}{2}\boldsymbol{A\alpha}_3=\frac{1}{2}\boldsymbol{\beta}+\frac{1}{2}\boldsymbol{\beta}=\boldsymbol{\beta}$$

故 $\dfrac{\boldsymbol{\alpha}_2+\boldsymbol{\alpha}_3}{2}$ 是 $\boldsymbol{AX}=\boldsymbol{\beta}$ 的一个解向量. 于是

$$\begin{aligned}\boldsymbol{\eta}&=\boldsymbol{\alpha}_1-\frac{\boldsymbol{\alpha}_2+\boldsymbol{\alpha}_3}{2}=(1,\ 2,\ 3,\ 4)^{\mathrm{T}}-\frac{1}{2}(2,\ 3,\ 4,\ 5)^{\mathrm{T}}\\&=\frac{1}{2}(0,\ 1,\ 2,\ 3)^{\mathrm{T}}\end{aligned}$$

是 $\boldsymbol{AX}=\boldsymbol{\beta}$ 的导出组 $\boldsymbol{AX}=\mathbf{0}$ 的基础解系. 故非齐次线性方程组 $\boldsymbol{AX}=\boldsymbol{\beta}$ 的通解是

$$\boldsymbol{\alpha}_1+k\boldsymbol{\eta}=(1,\ 2,\ 3,\ 4)^{\mathrm{T}}+k\,(0,1,\ 2,\ 3)^{\mathrm{T}}$$

其中，k 是任意常数.

习 题 3

1. 用消元法解下列线性方程组.

(1) $\begin{cases}2x_1-x_2+3x_3=3\\3x_1+x_2-5x_3=0\\4x_1-x_2+x_3=3\\x_1+3x_2-13x_3=-6\end{cases}$;

(2) $\begin{cases}2x_1+x_2-x_3+x_4=1\\3x_1-2x_2+x_3-3x_4=4\\x_1+4x_2-3x_3+5x_4=-2\end{cases}$；

(3) $\begin{cases}x_1-2x_2+x_3+x_4=1\\x_1-2x_2+x_3-x_4=-1\\x_1-2x_2+x_3-5x_4=5\end{cases}$.

2. 已知向量 $\boldsymbol{\alpha}=(1, -2, 3)^{\mathrm{T}}$，$\boldsymbol{\beta}=(4, 3, -2)^{\mathrm{T}}$，$\boldsymbol{\gamma}=(5, 3, -1)^{\mathrm{T}}$，求 $2\boldsymbol{\alpha}-\boldsymbol{\beta}+3\boldsymbol{\gamma}$.

3. 已知 $2\boldsymbol{\alpha}+3\boldsymbol{\beta}=(1, 3, 2, -1)^{\mathrm{T}}$，$3\boldsymbol{\alpha}+4\boldsymbol{\beta}=(2, 1, 1, 2)^{\mathrm{T}}$，求 $\boldsymbol{\alpha}$，$\boldsymbol{\beta}$.

4. 判断向量 $\boldsymbol{\beta}=(1, 1, 1)^{\mathrm{T}}$ 能否被向量组 $\boldsymbol{\alpha}_1=(1, 2, 0)^{\mathrm{T}}$，$\boldsymbol{\alpha}_2=(2, 3, 0)^{\mathrm{T}}$，$\boldsymbol{\alpha}_3=(0, 0, 1)^{\mathrm{T}}$ 线性表示. 若能，写出它的表示式.

5. 判断下列向量组的线性相关性.

(1) $\boldsymbol{\alpha}_1=(1, 0, 1, 1)^{\mathrm{T}}$，$\boldsymbol{\alpha}_2=(1, 2, 2, 2)^{\mathrm{T}}$，$\boldsymbol{\alpha}_3=(1, 2, 4, 4)^{\mathrm{T}}$；

(2) $\boldsymbol{\alpha}_1=(1, -1, 2, 4)^{\mathrm{T}}$，$\boldsymbol{\alpha}_2=(0, 3, 1, 2)^{\mathrm{T}}$，$\boldsymbol{\alpha}_3=(3, 0, 7, 14)^{\mathrm{T}}$；

(3) $\boldsymbol{\alpha}_1^{\mathrm{T}}=(1, 1, 1)$，$\boldsymbol{\alpha}_2^{\mathrm{T}}=(2, 3, 3)$，$\boldsymbol{\alpha}_3^{\mathrm{T}}=(0, 1, 2)$.

6. 设 $\boldsymbol{\beta}_1=2\boldsymbol{\alpha}_1-\boldsymbol{\alpha}_2$，$\boldsymbol{\beta}_2=\boldsymbol{\alpha}_1+\boldsymbol{\alpha}_2$，$\boldsymbol{\beta}_3=\boldsymbol{\alpha}_1+3\boldsymbol{\alpha}_2$，证明 $\boldsymbol{\beta}_1$，$\boldsymbol{\beta}_2$，$\boldsymbol{\beta}_3$ 线性相关.

7. 设 $\boldsymbol{\beta}_1=\boldsymbol{\alpha}_1$，$\boldsymbol{\beta}_2=\boldsymbol{\alpha}_1+2\boldsymbol{\alpha}_2$，…，$\boldsymbol{\beta}_r=\boldsymbol{\alpha}_1+r\boldsymbol{\alpha}_r$，且 $\boldsymbol{\alpha}_1$，$\boldsymbol{\alpha}_2$，…，$\boldsymbol{\alpha}_r$ 线性无关，证明 $\boldsymbol{\beta}_1$，$\boldsymbol{\beta}_2$，…，$\boldsymbol{\beta}_r$ 线性无关.

8. 证明向量组 $\boldsymbol{A}$：$\boldsymbol{\alpha}_1^{\mathrm{T}}=(0, 1, 1)$，$\boldsymbol{\alpha}_2^{\mathrm{T}}=(1, 1, 0)$ 与向量组 $\boldsymbol{B}$：$\boldsymbol{\beta}_1^{\mathrm{T}}=(-1, 0, 1)$，$\boldsymbol{\beta}_2^{\mathrm{T}}=(1, 2, 1)$，$\boldsymbol{\beta}_3^{\mathrm{T}}=(3, 2, -1)$ 等价.

9. 已知 $\boldsymbol{\beta}_1=\boldsymbol{\alpha}_1-\boldsymbol{\alpha}_2+\boldsymbol{\alpha}_3$，$\boldsymbol{\beta}_2=\boldsymbol{\alpha}_1+\boldsymbol{\alpha}_2-\boldsymbol{\alpha}_3$，$\boldsymbol{\beta}_3=-\boldsymbol{\alpha}_1+\boldsymbol{\alpha}_2+\boldsymbol{\alpha}_3$，证明向量组 $\boldsymbol{\alpha}_1$，$\boldsymbol{\alpha}_2$，$\boldsymbol{\alpha}_3$ 与向量组 $\boldsymbol{\beta}_1$，$\boldsymbol{\beta}_2$，$\boldsymbol{\beta}_3$ 等价.

10. 设向量组 $\boldsymbol{B}$：$\boldsymbol{\beta}_1$，$\boldsymbol{\beta}_2$，…，$\boldsymbol{\beta}_r$ 与向量组 $\boldsymbol{A}$：$\boldsymbol{\alpha}_1$，$\boldsymbol{\alpha}_2$，…，$\boldsymbol{\alpha}_s$ 有关系式

$$(\boldsymbol{\beta}_1, \boldsymbol{\beta}_2, \cdots, \boldsymbol{\beta}_r)=(\boldsymbol{\alpha}_1, \boldsymbol{\alpha}_2, \cdots, \boldsymbol{\alpha}_s)\boldsymbol{K}$$

其中，$\boldsymbol{K}$ 为 $s\times r$ 矩阵，且向量组 $\boldsymbol{A}$ 线性无关，证明向量组 $\boldsymbol{B}$ 线性无关当且仅当 $r(\boldsymbol{K})=r$.

11. 求下列向量组的一个极大无关组，并把其余向量用极大无关组线性表示.

(1) $\boldsymbol{\alpha}_1=(1, 2, -1, 4)^{\mathrm{T}}$，$\boldsymbol{\alpha}_2=(-1, 0, 3, 2)^{\mathrm{T}}$，$\boldsymbol{\alpha}_3=(1, 4, 1, 10)^{\mathrm{T}}$；

(2) $\boldsymbol{\alpha}_1=(1, 1, 0)^{\mathrm{T}}$，$\boldsymbol{\alpha}_2=(0, 2, 0)^{\mathrm{T}}$，$\boldsymbol{\alpha}_3=(0, 0, 3)^{\mathrm{T}}$，$\boldsymbol{\alpha}_4=(1, 1, 3)^{\mathrm{T}}$；

(3) $\boldsymbol{\alpha}_1=(1, 2, 1, 3)^{\mathrm{T}}$，$\boldsymbol{\alpha}_2=(-1, -1, 0, -1)^{\mathrm{T}}$，$\boldsymbol{\alpha}_3=(1, -3, -4, -7)^{\mathrm{T}}$，$\boldsymbol{\alpha}_4=(2, 1, -1, 0)^{\mathrm{T}}$.

12. 设向量组 $\boldsymbol{A}$ 可由向量组 $\boldsymbol{B}$ 线性表示，且 $r(\boldsymbol{A})=r(\boldsymbol{B})$，证明这两个向量组等价.

13. 已知 n 维向量组 $\boldsymbol{A}$：$\boldsymbol{\alpha}_1$，$\boldsymbol{\alpha}_2$，…，$\boldsymbol{\alpha}_s$ 与 $\boldsymbol{B}$：$\boldsymbol{\beta}_1$，$\boldsymbol{\beta}_2$，…，$\boldsymbol{\beta}_t$ 都线性无关，且 $s+t>n$，证明存在非零向量 $\boldsymbol{\gamma}$ 既可由向量组 $\boldsymbol{A}$ 线性表示，又可由向量组 $\boldsymbol{B}$ 线性表示.

14. 已知向量组 $\boldsymbol{\alpha}_1$，$\boldsymbol{\alpha}_2$，$\boldsymbol{\alpha}_3$，$\boldsymbol{\alpha}_4$ 线性相关，$\boldsymbol{\alpha}_4$ 不能由 $\boldsymbol{\alpha}_1$，$\boldsymbol{\alpha}_2$，$\boldsymbol{\alpha}_3$ 线性表示，证明 $\boldsymbol{\alpha}_1$，$\boldsymbol{\alpha}_2$，$\boldsymbol{\alpha}_3$ 线性相关.

15. 设向量组 $\boldsymbol{A}$：$\boldsymbol{\alpha}_1$，$\boldsymbol{\alpha}_2$，…，$\boldsymbol{\alpha}_s$ 的秩为 r，若向量组 $\boldsymbol{A}$ 可由其中的部分向量 $\boldsymbol{\alpha}_1$，$\boldsymbol{\alpha}_2$，…，$\boldsymbol{\alpha}_r$ 线性表示，证明 $\boldsymbol{\alpha}_1$，$\boldsymbol{\alpha}_2$，…，$\boldsymbol{\alpha}_r$ 是向量组 $\boldsymbol{A}$ 的极大无关组.

16. 已知向量组 $\boldsymbol{A}$：$\boldsymbol{\alpha}_1$，$\boldsymbol{\alpha}_2$，$\boldsymbol{\alpha}_3$，$\boldsymbol{B}$：$\boldsymbol{\alpha}_1$，$\boldsymbol{\alpha}_2$，$\boldsymbol{\alpha}_3$，$\boldsymbol{\alpha}_4$，$\boldsymbol{C}$：$\boldsymbol{\alpha}_1$，$\boldsymbol{\alpha}_2$，$\boldsymbol{\alpha}_3$，$\boldsymbol{\alpha}_5$，$r(\boldsymbol{A})=r(\boldsymbol{B})=3$，$r(\boldsymbol{C})=4$，证明向量组 $\boldsymbol{D}$：$\boldsymbol{\alpha}_1$，$\boldsymbol{\alpha}_2$，$\boldsymbol{\alpha}_3$，$\boldsymbol{\alpha}_5-\boldsymbol{\alpha}_4$ 的秩为 4.

17. 证明 $\boldsymbol{\alpha}_1=(0,\ 0,\ 1)^{\mathrm{T}}$，$\boldsymbol{\alpha}_2=(0,\ 1,\ -1)^{\mathrm{T}}$，$\boldsymbol{\alpha}_3=(1,\ -1,\ 0)^{\mathrm{T}}$ 是 $\mathbf{R}^3$ 的一个基，并求向量 $\boldsymbol{\alpha}=(1,\ -1,\ 1)^{\mathrm{T}}$ 在 $\mathbf{R}^3$ 的基 $\boldsymbol{\alpha}_1$，$\boldsymbol{\alpha}_2$，$\boldsymbol{\alpha}_3$ 下的坐标.

18. 已知 $\mathbf{R}^3$ 的两个基 $\boldsymbol{\alpha}_1=(1,\ 2,\ 1)^{\mathrm{T}}$，$\boldsymbol{\alpha}_2=(1,\ 0,\ -1)^{\mathrm{T}}$，$\boldsymbol{\alpha}_3=(1,\ 0,\ 1)^{\mathrm{T}}$；$\boldsymbol{\beta}_1=(1,\ 2,\ 1)^{\mathrm{T}}$，$\boldsymbol{\beta}_2=(-2,\ 4,\ 0)^{\mathrm{T}}$，$\boldsymbol{\beta}_3=(3,\ 6,\ 1)^{\mathrm{T}}$，求从基 $\boldsymbol{\alpha}_1$，$\boldsymbol{\alpha}_2$，$\boldsymbol{\alpha}_3$ 到基 $\boldsymbol{\beta}_1$，$\boldsymbol{\beta}_2$，$\boldsymbol{\beta}_3$ 的过渡矩阵.

19. 已知 $\mathbf{R}^3$ 的向量 $\boldsymbol{\gamma}$ 在基 $\boldsymbol{\alpha}_1=(1,\ 0,\ 1)^{\mathrm{T}}$，$\boldsymbol{\alpha}_2=(1,\ 1,\ 1)^{\mathrm{T}}$，$\boldsymbol{\alpha}_3=(1,\ 0,\ 0)^{\mathrm{T}}$ 下的坐标为 $(1,\ 0,\ -1)^{\mathrm{T}}$，求 $\boldsymbol{\gamma}$ 在基 $\boldsymbol{\beta}_1=(1,\ 2,\ 0)^{\mathrm{T}}$，$\boldsymbol{\beta}_2=(1,\ -1,\ 2)^{\mathrm{T}}$，$\boldsymbol{\beta}_3=(0,\ 1,\ -1)^{\mathrm{T}}$ 下的坐标.

20. 求下列齐次线性方程组的基础解系和通解.

(1) $\begin{cases} x_1-2x_2+4x_3-7x_4=0 \\ 2x_1+x_2-2x_3+x_4=0 \\ 3x_1-x_2+2x_3-4x_4=0 \end{cases}$；

(2) $\begin{cases} x_1+2x_2+x_3-x_4=0 \\ 3x_1+6x_2-x_3-3x_4=0 \\ 5x_1+10x_2+x_3-5x_4=0 \end{cases}$.

21. 求下列非齐次线性方程组的通解.

(1) $\begin{cases} 2x_1+x_2-x_3+x_4=1 \\ 4x_1+2x_2-2x_3+x_4=2 \\ 2x_1+x_2-x_3-x_4=1 \end{cases}$；

(2) $\begin{cases} x_1+x_2+3x_3+2x_4-x_5=1 \\ 3x_1+3x_2+5x_3+4x_4-3x_5=2. \\ 2x_1+2x_2+4x_3+4x_4-x_5=3 \end{cases}$

22. 问 λ 为何值时，线性方程组

$$\begin{cases} (\lambda+3)x_1+x_2+2x_3=1 \\ \lambda x_1+(\lambda-1)x_2+x_3=\lambda \\ 3(\lambda+1)x_1+\lambda x_2+(\lambda+3)x_3=3 \end{cases}$$

(1) 有唯一解；

(2) 无解；

(3) 有无穷多解，并求其有无穷多解时的通解.

第四章　相似矩阵与矩阵的对角化

本章首先在向量空间 $\mathbf{R}^n$ 中介绍向量的内积、长度、夹角等概念；其次利用线性方程组的理论，介绍矩阵的特征值与特征向量的概念及性质；最后介绍矩阵对角化的条件.

4.1　向量的内积与正交向量组

1. 向量的内积

我们知道，向量的概念是几何空间中向量的推广，然而实数集 $\mathbf{R}$ 上的向量空间 $\mathbf{R}^n$ 中的向量仅具有加法与数量乘法两个运算，并不具有几何空间中的向量所具有的度量(长度与夹角)性质. 但是向量的度量性质在许多问题中有着广泛的应用，因此有必要在向量空间 $\mathbf{R}^n$ 中引入度量的概念.

由于几何空间中的向量的长度与夹角等度量性质都是通过向量的内积来表示的，所以首先在向量空间 $\mathbf{R}^n$ 中引入向量的内积的概念.

定义 4.1.1　设

$$\boldsymbol{\alpha}=\begin{pmatrix}a_1\\a_2\\\vdots\\a_n\end{pmatrix},\ \boldsymbol{\beta}=\begin{pmatrix}b_1\\b_2\\\vdots\\b_n\end{pmatrix}$$

是 n 维向量空间 $\mathbf{R}^n$ 中的两个向量，称实数 $a_1b_1+a_2b_2+\cdots+a_nb_n$ 为向量 $\boldsymbol{\alpha}$ 与 $\boldsymbol{\beta}$ 的内积，记作$(\boldsymbol{\alpha}, \boldsymbol{\beta})$，即

$$(\boldsymbol{\alpha}, \boldsymbol{\beta})=a_1b_1+a_2b_2+\cdots+a_nb_n$$

由向量的内积定义可知，向量 $\boldsymbol{\alpha}$ 与 $\boldsymbol{\beta}$ 的内积等于向量 $\boldsymbol{\alpha}$ 与 $\boldsymbol{\beta}$ 的对应分量的乘积之和.

内积是两个向量之间的一种运算，其结果是一个实数，当向量 $\boldsymbol{\alpha}$ 与 $\boldsymbol{\beta}$ 是列向量时，有

$$(\boldsymbol{\alpha}, \boldsymbol{\beta})=\boldsymbol{\alpha}^{\mathrm{T}}\boldsymbol{\beta}=\boldsymbol{\beta}^{\mathrm{T}}\boldsymbol{\alpha}$$

例 4.1.1 已知向量

$$\boldsymbol{\alpha}=\begin{pmatrix}2\\0\\1\\-1\end{pmatrix}, \boldsymbol{\beta}=\begin{pmatrix}1\\-1\\0\\3\end{pmatrix}\in \mathbf{R}^4$$

求向量 $\boldsymbol{\alpha}$ 与 $\boldsymbol{\beta}$ 的内积.

解 向量 $\boldsymbol{\alpha}$ 与 $\boldsymbol{\beta}$ 的内积为

$$(\boldsymbol{\alpha}, \boldsymbol{\beta})=\boldsymbol{\alpha}^{\mathrm{T}}\boldsymbol{\beta}=(2, 0, 1, -1)\begin{pmatrix}1\\-1\\0\\3\end{pmatrix}$$

$$=2\times1+0\times(-1)+1\times0+(-1)\times3=-1$$

根据内积的定义，容易证明向量的内积具有下列性质：

(1) $(\boldsymbol{\alpha}, \boldsymbol{\beta})=(\boldsymbol{\beta}, \boldsymbol{\alpha})$；

(2) $(\boldsymbol{\alpha}+\boldsymbol{\beta}, \boldsymbol{\gamma})=(\boldsymbol{\alpha}, \boldsymbol{\gamma})+(\boldsymbol{\beta}, \boldsymbol{\gamma})$；

(3) $(k\boldsymbol{\alpha}, \boldsymbol{\beta})=k(\boldsymbol{\alpha}, \boldsymbol{\beta})$；

(4) $(\boldsymbol{\alpha}, \boldsymbol{\alpha})\geqslant0$，且 $(\boldsymbol{\alpha}, \boldsymbol{\alpha})=0$ 当且仅当 $\boldsymbol{\alpha}=\mathbf{0}$.

其中，$\boldsymbol{\alpha}, \boldsymbol{\beta}, \boldsymbol{\gamma}\in \mathbf{R}^n$，$k\in \mathbf{R}$.

证明 设向量

$$\boldsymbol{\alpha}=\begin{pmatrix}a_1\\a_2\\\vdots\\a_n\end{pmatrix}, \boldsymbol{\beta}=\begin{pmatrix}b_1\\b_2\\\vdots\\b_n\end{pmatrix}, \boldsymbol{\gamma}=\begin{pmatrix}c_1\\c_2\\\vdots\\c_n\end{pmatrix}\in \mathbf{R}^n$$

(1) 因为

$$(\boldsymbol{\alpha}, \boldsymbol{\beta})=a_1b_1+a_2b_2+\cdots+a_nb_n=b_1a_1+b_2a_2+\cdots+b_na_n=(\boldsymbol{\beta}, \boldsymbol{\alpha})$$

所以

$$(\boldsymbol{\alpha}, \boldsymbol{\beta})=(\boldsymbol{\beta}, \boldsymbol{\alpha})$$

(2) 因为

$$(\boldsymbol{\alpha}+\boldsymbol{\beta},\ \boldsymbol{\gamma})=(\boldsymbol{\alpha}+\boldsymbol{\beta})^{\mathrm{T}}\boldsymbol{\gamma}=(a_1+b_1,\ a_2+b_2,\ \cdots,\ a_n+b_n)\begin{pmatrix}c_1\\c_2\\\vdots\\c_n\end{pmatrix}$$

$$\begin{aligned}&=(a_1+b_1)c_1+(a_2+b_2)c_2+\cdots+(a_n+b_n)c_n\\&=(a_1c_1+a_2c_2+\cdots+a_nc_n)+(b_1c_1+b_2c_2+\cdots+b_nc_n)\\&=\boldsymbol{\alpha}^{\mathrm{T}}\boldsymbol{\gamma}+\boldsymbol{\beta}^{\mathrm{T}}\boldsymbol{\gamma}=(\boldsymbol{\alpha},\ \boldsymbol{\gamma})+(\boldsymbol{\beta},\ \boldsymbol{\gamma})\end{aligned}$$

所以

$$(\boldsymbol{\alpha}+\boldsymbol{\beta},\ \boldsymbol{\gamma})=(\boldsymbol{\alpha},\ \boldsymbol{\gamma})+(\boldsymbol{\beta},\ \boldsymbol{\gamma})$$

(3) 因为

$$(k\boldsymbol{\alpha},\ \boldsymbol{\beta})=(k\boldsymbol{\alpha})^{\mathrm{T}}\boldsymbol{\beta}=(ka_1,\ ka_2,\ \cdots,\ ka_n)\begin{pmatrix}b_1\\b_2\\\vdots\\b_n\end{pmatrix}$$

$$\begin{aligned}&=(ka_1)b_1+(ka_2)b_2+\cdots+(ka_n)b_n\\&=k(a_1b_1+a_2b_2+\cdots+a_nb_n)=k(\boldsymbol{\alpha},\ \boldsymbol{\beta})\end{aligned}$$

所以$(k\boldsymbol{\alpha},\ \boldsymbol{\beta})=k(\boldsymbol{\alpha},\ \boldsymbol{\beta})$.

(4) 因为

$$(\boldsymbol{\alpha},\ \boldsymbol{\alpha})=\boldsymbol{\alpha}^{\mathrm{T}}\boldsymbol{\alpha}=a_1a_1+a_2a_2+\cdots+a_na_n=a_1^2+a_2^2+\cdots+a_n^2\geqslant 0$$

所以$(\boldsymbol{\alpha},\ \boldsymbol{\alpha})\geqslant 0$.

又因为

$$(\boldsymbol{\alpha},\ \boldsymbol{\alpha})=\mathbf{0}\Leftrightarrow a_1^2+a_2^2+\cdots+a_n^2=0\Leftrightarrow a_1=a_2=\cdots=a_n=0\Leftrightarrow\boldsymbol{\alpha}=\mathbf{0}$$

所以$(\boldsymbol{\alpha},\ \boldsymbol{\alpha})=0$ 当且仅当 $\boldsymbol{\alpha}=\mathbf{0}$.

由于$\forall\,\boldsymbol{\alpha}\in\mathbf{R}^n$，内积$(\boldsymbol{\alpha},\ \boldsymbol{\alpha})\geqslant 0$，所以我们可以像几何空间那样引入向量的长度的概念.

定义 4.1.2　$\forall\,\boldsymbol{\alpha}\in\mathbf{R}^n$，称非负实数$\sqrt{(\boldsymbol{\alpha},\ \boldsymbol{\alpha})}$为向量$\boldsymbol{\alpha}$的长度，记作$|\boldsymbol{\alpha}|$，即

$$|\boldsymbol{\alpha}|=\sqrt{(\boldsymbol{\alpha},\ \boldsymbol{\alpha})}$$

设向量

$$\boldsymbol{\alpha}=\begin{pmatrix}a_1\\a_2\\\vdots\\a_n\end{pmatrix}\in\mathbf{R}^n$$

则向量 $\boldsymbol{\alpha}$ 的长度为

$$|\boldsymbol{\alpha}|=\sqrt{(\boldsymbol{\alpha},\ \boldsymbol{\alpha})}=\sqrt{a_1^2+a_2^2+\cdots+a_n^2}$$

例如，向量 $\boldsymbol{\alpha}=(2,\ 0,\ 1,\ 2)^{\mathrm{T}}\in\mathbf{R}^4$ 的长度为

$$|\boldsymbol{\alpha}|=\sqrt{2^2+0^2+1^2+2^2}=3$$

向量的长度具有下列性质：

(1) $|\boldsymbol{\alpha}|\geqslant 0$，$|\boldsymbol{\alpha}|=0\Leftrightarrow\boldsymbol{\alpha}=\mathbf{0}$；

(2) $|k\boldsymbol{\alpha}|=|k|\,|\boldsymbol{\alpha}|$；

(3) $|(\boldsymbol{\alpha},\ \boldsymbol{\beta})|\leqslant|\boldsymbol{\alpha}|\,|\boldsymbol{\beta}|$；

(4) $|\boldsymbol{\alpha}+\boldsymbol{\beta}|\leqslant|\boldsymbol{\alpha}|+|\boldsymbol{\beta}|$.

其中，$\boldsymbol{\alpha}$，$\boldsymbol{\beta}\in\mathbf{R}^n$，$k\in\mathbf{R}$.

证明 (1) 因为$|\boldsymbol{\alpha}|=\sqrt{(\boldsymbol{\alpha},\ \boldsymbol{\alpha})}$非负，所以$|\boldsymbol{\alpha}|\geqslant 0$.

又因为

$$|\boldsymbol{\alpha}|=0\Leftrightarrow\sqrt{(\boldsymbol{\alpha},\ \boldsymbol{\alpha})}=0\Leftrightarrow(\boldsymbol{\alpha},\ \boldsymbol{\alpha})=0\Leftrightarrow\boldsymbol{\alpha}=\mathbf{0}$$

所以$|\boldsymbol{\alpha}|=0\Leftrightarrow\boldsymbol{\alpha}=\mathbf{0}$.

(2) 因为

$$|k\boldsymbol{\alpha}|=\sqrt{(k\boldsymbol{\alpha},\ k\boldsymbol{\alpha})}=\sqrt{k^2(\boldsymbol{\alpha},\ \boldsymbol{\alpha})}=|k|\,|\boldsymbol{\alpha}|$$

所以$|k\boldsymbol{\alpha}|=|k|\,|\boldsymbol{\alpha}|$.

(3) 若 $\boldsymbol{\alpha}$，$\boldsymbol{\beta}$ 线性相关，不妨设 $\boldsymbol{\beta}=k\boldsymbol{\alpha}$，则

$$|(\boldsymbol{\alpha},\ \boldsymbol{\beta})|=|(\boldsymbol{\alpha},\ k\boldsymbol{\alpha})|=|k|\,|\boldsymbol{\alpha}|^2=|\boldsymbol{\alpha}|\cdot|k\boldsymbol{\alpha}|=|\boldsymbol{\alpha}|\,|\boldsymbol{\beta}|$$

故此时结论成立.

若 $\boldsymbol{\alpha}$，$\boldsymbol{\beta}$ 线性无关，则 $\forall\, t\in\mathbf{R}$，向量 $t\boldsymbol{\alpha}-\boldsymbol{\beta}\neq\mathbf{0}$，于是

$$t^2(\boldsymbol{\alpha},\ \boldsymbol{\alpha})-2t(\boldsymbol{\alpha},\ \boldsymbol{\beta})+(\boldsymbol{\beta},\ \boldsymbol{\beta})=(t\boldsymbol{\alpha}-\boldsymbol{\beta},\ t\boldsymbol{\alpha}-\boldsymbol{\beta})>0$$

上式左端是一个关于 t 的二次三项式，且 $\forall\, t\in\mathbf{R}$ 都大于零，所以判别式：

$$\Delta=(-2(\boldsymbol{\alpha},\ \boldsymbol{\beta}))^2-4(\boldsymbol{\alpha},\ \boldsymbol{\alpha})(\boldsymbol{\beta},\ \boldsymbol{\beta})<0$$

由此可得

$$|(\boldsymbol{\alpha},\ \boldsymbol{\beta})|\leqslant\sqrt{(\boldsymbol{\alpha},\ \boldsymbol{\alpha})(\boldsymbol{\beta},\ \boldsymbol{\beta})}=|\boldsymbol{\alpha}|\,|\boldsymbol{\beta}|$$

(4) 因为

$$\begin{aligned}|\boldsymbol{\alpha}+\boldsymbol{\beta}|^2&=(\boldsymbol{\alpha}+\boldsymbol{\beta},\ \boldsymbol{\alpha}+\boldsymbol{\beta})=(\boldsymbol{\alpha},\ \boldsymbol{\alpha})+2(\boldsymbol{\alpha},\ \boldsymbol{\beta})+(\boldsymbol{\beta},\ \boldsymbol{\beta})\\&\leqslant|\boldsymbol{\alpha}|^2+2|(\boldsymbol{\alpha},\ \boldsymbol{\beta})|+|\boldsymbol{\beta}|^2\leqslant|\boldsymbol{\alpha}|^2+2|\boldsymbol{\alpha}|\,|\boldsymbol{\beta}|+|\boldsymbol{\beta}|^2\\&=(|\boldsymbol{\alpha}|+|\boldsymbol{\beta}|)^2\end{aligned}$$

所以$|\boldsymbol{\alpha}+\boldsymbol{\beta}|\leqslant|\boldsymbol{\alpha}|+|\boldsymbol{\beta}|$.

特别地，长度等于 1 的向量称为单位向量. 对 $\mathbf{R}^n$ 中的任意非零向量 $\boldsymbol{\alpha}$，向量 $\dfrac{\boldsymbol{\alpha}}{|\boldsymbol{\alpha}|}$ 是一个单位向量，这是因为 $|\boldsymbol{\alpha}|>0$，且

$$\left|\frac{\boldsymbol{\alpha}}{|\boldsymbol{\alpha}|}\right|=\frac{|\boldsymbol{\alpha}|}{|\boldsymbol{\alpha}|}=1$$

非零向量 $\boldsymbol{\alpha}$ 除以它的长度，就得到一个单位向量，这样得到单位向量的过程，称为把向量 $\boldsymbol{\alpha}$ 单位化.

例如，把向量 $\boldsymbol{\alpha}=\begin{pmatrix}1\\2\\-1\\1\end{pmatrix}$ 单位化.

因为 $|\boldsymbol{\alpha}|=\sqrt{(\boldsymbol{\alpha}, \boldsymbol{\alpha})}=\sqrt{1^2+2^2+(-1)^2+1^2}=\sqrt{7}$，所以向量 $\boldsymbol{\alpha}$ 单位化得单位向量：

$$\frac{\boldsymbol{\alpha}}{|\boldsymbol{\alpha}|}=\left(\frac{1}{\sqrt{7}}, \frac{2}{\sqrt{7}}, -\frac{1}{\sqrt{7}}, \frac{1}{\sqrt{7}}\right)^{\mathrm{T}}$$

设 $\boldsymbol{\alpha}$，$\boldsymbol{\beta}$ 是 $\mathbf{R}^n$ 中的两个非零向量，则 $|\boldsymbol{\alpha}|\neq 0$，$|\boldsymbol{\beta}|\neq 0$. 于是由不等式 $|(\boldsymbol{\alpha}, \boldsymbol{\beta})|\leqslant|\boldsymbol{\alpha}||\boldsymbol{\beta}|$，可得

$$\left|\frac{(\boldsymbol{\alpha}, \boldsymbol{\beta})}{|\boldsymbol{\alpha}||\boldsymbol{\beta}|}\right|\leqslant 1$$

因此，我们可以像解析几何中定义向量的夹角那样，利用向量的内积定义向量的夹角.

定义 4.1.3 设 $\boldsymbol{\alpha}$，$\boldsymbol{\beta}$ 是 $\mathbf{R}^n$ 中的两个非零向量，称

$$\theta=\arccos\frac{(\boldsymbol{\alpha}, \boldsymbol{\beta})}{|\boldsymbol{\alpha}||\boldsymbol{\beta}|}\quad(0\leqslant\theta\leqslant\pi)$$

为向量 $\boldsymbol{\alpha}$ 与 $\boldsymbol{\beta}$ 的夹角.

例 4.1.2 已知向量

$$\boldsymbol{\alpha}=(-1, 0, 1, 0)^{\mathrm{T}}, \boldsymbol{\beta}=(1, -1, 0, 0)^{\mathrm{T}}$$

求向量 $\boldsymbol{\alpha}$ 与 $\boldsymbol{\beta}$ 的夹角.

解 向量 $\boldsymbol{\alpha}$ 与 $\boldsymbol{\beta}$ 的内积为

$$(\boldsymbol{\alpha}, \boldsymbol{\beta})=-1\times 1+0\times(-1)+1\times 0+0\times 0=-1$$

而向量 $\boldsymbol{\alpha}$ 与 $\boldsymbol{\beta}$ 的长度为

$$|\boldsymbol{\alpha}|=\sqrt{(-1)^2+0^2+1^2+0^2}=\sqrt{2}$$

$$|\boldsymbol{\beta}|=\sqrt{1^2+(-1)^2+0^2+0^2}=\sqrt{2}$$

所以向量 $\boldsymbol{\alpha}$ 与 $\boldsymbol{\beta}$ 的夹角为

$$\theta=\arccos\frac{(\boldsymbol{\alpha},\boldsymbol{\beta})}{|\boldsymbol{\alpha}||\boldsymbol{\beta}|}=\arccos\frac{-1}{\sqrt{2}\sqrt{2}}=\arccos\left(-\frac{1}{2}\right)=\frac{2}{3}\pi$$

2. 正交向量组

定义 4.1.4 设 $\boldsymbol{\alpha}$，$\boldsymbol{\beta}$ 是 $\mathbf{R}^n$ 中的两个向量，如果 $(\boldsymbol{\alpha},\boldsymbol{\beta})=0$，那么称向量 $\boldsymbol{\alpha}$ 与 $\boldsymbol{\beta}$ 正交，记作 $\boldsymbol{\alpha}\perp\boldsymbol{\beta}$.

显然，$\mathbf{R}^n$ 中的两个非零向量 $\boldsymbol{\alpha}$ 与 $\boldsymbol{\beta}$ 正交当且仅当 $\boldsymbol{\alpha}$ 与 $\boldsymbol{\beta}$ 的夹角是 $\frac{\pi}{2}$.

因为零向量与任意向量的内积都等于零，所以零向量与任意向量都正交.

定义 4.1.5 $\mathbf{R}^n$ 中一组两两正交的非零向量组 $\boldsymbol{\alpha}_1$，$\boldsymbol{\alpha}_2$，…，$\boldsymbol{\alpha}_s$ 称为正交向量组，简称正交组.

例如，向量组

$$\boldsymbol{\alpha}_1=\begin{pmatrix}1\\2\\3\end{pmatrix},\ \boldsymbol{\alpha}_2=\begin{pmatrix}3\\6\\-5\end{pmatrix},\ \boldsymbol{\alpha}_3=\begin{pmatrix}-2\\1\\0\end{pmatrix}$$

是一个正交向量组，这是因为

$$(\boldsymbol{\alpha}_1,\boldsymbol{\alpha}_2)=1\times3+2\times6+3\times(-5)=0$$

$$(\boldsymbol{\alpha}_1,\boldsymbol{\alpha}_3)=1\times(-2)+2\times1+3\times0=0$$

$$(\boldsymbol{\alpha}_2,\boldsymbol{\alpha}_3)=3\times(-2)+6\times1+(-5)\times0=0$$

定理 4.1.1 正交向量组是线性无关组.

证明 设 $\boldsymbol{\alpha}_1$，$\boldsymbol{\alpha}_2$，…，$\boldsymbol{\alpha}_s$ 是 $\mathbf{R}^n$ 中的一个正交向量组，如果存在数 k_1，k_2，…，k_s，使得

$$k_1\alpha_1+k_2\alpha_2+\cdots+k_s\alpha_s=\mathbf{0}$$

用向量 $\boldsymbol{\alpha}_i$ 与上式两端的向量作内积，根据内积的性质可得

$$k_1(\boldsymbol{\alpha}_1,\boldsymbol{\alpha}_i)+k_2(\boldsymbol{\alpha}_2,\boldsymbol{\alpha}_i)+\cdots+k_s(\boldsymbol{\alpha}_s,\boldsymbol{\alpha}_i)=(\mathbf{0},\boldsymbol{\alpha}_i)=0$$

由于当 $i\neq j$ 时，

$$(\boldsymbol{\alpha}_i,\boldsymbol{\alpha}_j)=0\qquad(i,j=1,2,\cdots,s)$$

所以

$$k_i(\boldsymbol{\alpha}_i,\boldsymbol{\alpha}_i)=0\qquad(i=1,2,\cdots,s)$$

因为 $(\boldsymbol{\alpha}_i,\boldsymbol{\alpha}_i)\neq0$，所以

$$k_i=0\qquad(i=1,2,\cdots,s)$$

故 $\boldsymbol{\alpha}_1$，$\boldsymbol{\alpha}_2$，…，$\boldsymbol{\alpha}_s$ 线性无关.

定义 4.1.6 若一个正交向量组中的每一个向量都是单位向量，则称这个向量组为标准正交向量组.

定义 4.1.7 设 $\boldsymbol{\alpha}_1, \boldsymbol{\alpha}_2, \cdots, \boldsymbol{\alpha}_r$ 是向量空间 $V\subset\mathbf{R}^n$ 的一个基，如果 $\boldsymbol{\alpha}_1, \boldsymbol{\alpha}_2, \cdots, \boldsymbol{\alpha}_r$ 是一个正交向量组，则称该基为向量空间 V 的一个正交基. 如果 $\boldsymbol{\alpha}_1, \boldsymbol{\alpha}_2, \cdots, \boldsymbol{\alpha}_r$ 是标准正交向量组，则称该基为向量空间 V 的标准正交基.

例如，向量组

$$\boldsymbol{\varepsilon}_1=\begin{pmatrix}1\\0\\\vdots\\0\end{pmatrix}, \boldsymbol{\varepsilon}_2=\begin{pmatrix}0\\1\\\vdots\\0\end{pmatrix}, \cdots, \boldsymbol{\varepsilon}_n=\begin{pmatrix}0\\0\\\vdots\\1\end{pmatrix}$$

是 $\mathbf{R}^n$ 的 n 个 n 维单位向量，因为当 $i\neq j$ 时，

$$(\boldsymbol{\varepsilon}_i, \boldsymbol{\varepsilon}_j)=\boldsymbol{\varepsilon}_i^{\mathrm{T}}\boldsymbol{\varepsilon}_j=(0, \cdots, 0, \overset{\text{第}i\text{个分量}}{1}, 0, \cdots, 0)\begin{pmatrix}0\\\vdots\\0\\1\\0\\\vdots\\0\end{pmatrix}\text{第 } j \text{ 个分量}=0 \quad (i, j=1, 2, \cdots, n)$$

而

$$(\boldsymbol{\varepsilon}_j, \boldsymbol{\varepsilon}_j)=\boldsymbol{\varepsilon}_j^{\mathrm{T}}\boldsymbol{\varepsilon}_j=(0, \cdots, 0, \overset{\text{第}j\text{个分量}}{1}, 0, \cdots, 0)\begin{pmatrix}0\\\vdots\\0\\1\\0\\\vdots\\0\end{pmatrix}\text{第 } j \text{ 个分量}=1 \quad (j=1, 2, \cdots, n)$$

所以 n 维单位向量组 $\boldsymbol{\varepsilon}_1, \boldsymbol{\varepsilon}_2, \cdots, \boldsymbol{\varepsilon}_n$ 是 $\mathbf{R}^n$ 的一个标准正交向量组，因此，它是 $\mathbf{R}^n$ 的一组标准正交基.

又如，向量组

$$\boldsymbol{\alpha}_1=\begin{pmatrix}\frac{1}{\sqrt{2}}\\ \frac{1}{\sqrt{2}}\\ 0\\ 0\end{pmatrix},\ \boldsymbol{\alpha}_2=\begin{pmatrix}\frac{1}{\sqrt{2}}\\ -\frac{1}{\sqrt{2}}\\ 0\\ 0\end{pmatrix},\ \boldsymbol{\alpha}_3=\begin{pmatrix}0\\ 0\\ \frac{1}{\sqrt{2}}\\ \frac{1}{\sqrt{2}}\end{pmatrix},\ \boldsymbol{\alpha}_4=\begin{pmatrix}0\\ 0\\ \frac{1}{\sqrt{2}}\\ -\frac{1}{\sqrt{2}}\end{pmatrix}$$

是 $\mathbf{R}^4$ 的一个标准正交基. 这是因为

$$(\boldsymbol{\alpha}_1,\boldsymbol{\alpha}_1)=1,\ (\boldsymbol{\alpha}_2,\boldsymbol{\alpha}_2)=1,\ (\boldsymbol{\alpha}_3,\boldsymbol{\alpha}_3)=1,\ (\boldsymbol{\alpha}_4,\boldsymbol{\alpha}_4)=1$$

$$(\boldsymbol{\alpha}_1,\boldsymbol{\alpha}_2)=(\boldsymbol{\alpha}_1,\boldsymbol{\alpha}_3)=(\boldsymbol{\alpha}_1,\boldsymbol{\alpha}_4)=0,\ (\boldsymbol{\alpha}_2,\boldsymbol{\alpha}_3)=(\boldsymbol{\alpha}_2,\boldsymbol{\alpha}_4)=0,\ (\boldsymbol{\alpha}_3,\boldsymbol{\alpha}_4)=0$$

设 $\boldsymbol{\alpha}_1,\boldsymbol{\alpha}_2,\cdots,\boldsymbol{\alpha}_r$ 是向量空间 $V\subset\mathbf{R}^n$ 的一个标准正交基，那么 V 中任意一个向量 $\boldsymbol{\alpha}$ 都能由 $\boldsymbol{\alpha}_1,\boldsymbol{\alpha}_2,\cdots,\boldsymbol{\alpha}_r$ 线性表示，即

$$\boldsymbol{\alpha}=k_1\boldsymbol{\alpha}_1+\cdots+k_i\boldsymbol{\alpha}_i+\cdots+k_r\boldsymbol{\alpha}_r$$

于是用向量 $\boldsymbol{\alpha}_i$ 与上式两端的向量作内积，根据内积的性质可得

$$(\boldsymbol{\alpha},\boldsymbol{\alpha}_i)=k_1(\boldsymbol{\alpha}_1,\boldsymbol{\alpha}_i)+\cdots+k_i(\boldsymbol{\alpha}_i,\boldsymbol{\alpha}_i)+\cdots+k_r(\boldsymbol{\alpha}_r,\boldsymbol{\alpha}_i)$$

由于当 $i\neq j$ 时，

$$(\boldsymbol{\alpha}_i,\boldsymbol{\alpha}_j)=0\qquad(i,\ j=1,\ 2,\ \cdots,\ r)$$

而

$$(\boldsymbol{\alpha}_i,\boldsymbol{\alpha}_i)=1\qquad(i=1,\ 2,\ \cdots,\ r)$$

所以

$$k_i=(\boldsymbol{\alpha},\boldsymbol{\alpha}_i)\qquad(i=1,\ 2,\ \cdots,\ r)\tag{4.1.1}$$

$(k_1\quad k_2\quad\cdots\quad k_r)^{\mathrm{T}}$ 就是向量 $\boldsymbol{\alpha}$ 在标准正交基 $\boldsymbol{\alpha}_1,\boldsymbol{\alpha}_2,\cdots,\boldsymbol{\alpha}_r$ 下的坐标，利用公式(4.1.1)可以方便地求出向量在标准正交基下的坐标.

例 4.1.3 求向量 $\boldsymbol{\alpha}=(1\quad 1\quad 0)^{\mathrm{T}}$ 在 $\mathbf{R}^3$ 的标准正交基：

$$\boldsymbol{\alpha}_1=\begin{pmatrix}0\\ -\frac{1}{\sqrt{2}}\\ \frac{1}{\sqrt{2}}\end{pmatrix},\ \boldsymbol{\alpha}_2=\begin{pmatrix}0\\ \frac{1}{\sqrt{2}}\\ \frac{1}{\sqrt{2}}\end{pmatrix},\ \boldsymbol{\alpha}_3=\begin{pmatrix}1\\ 0\\ 0\end{pmatrix}$$

下的坐标.

解 设

$$\boldsymbol{\alpha}=k_1\boldsymbol{\alpha}_1+k_2\boldsymbol{\alpha}_2+k_3\boldsymbol{\alpha}_3$$

因为

$$k_1=(\boldsymbol{\alpha}, \boldsymbol{\alpha}_1)=-\frac{1}{\sqrt{2}},\ k_2=(\boldsymbol{\alpha}, \boldsymbol{\alpha}_2)=\frac{1}{\sqrt{2}},\ k_3=(\boldsymbol{\alpha}, \boldsymbol{\alpha}_3)=1$$

所以向量 $\boldsymbol{\alpha}$ 在 $\mathbf{R}^3$ 的标准正交基 $\boldsymbol{\alpha}_1$，$\boldsymbol{\alpha}_2$，$\boldsymbol{\alpha}_3$ 下的坐标是 $\begin{pmatrix} -\frac{1}{\sqrt{2}} \\ \frac{1}{\sqrt{2}} \\ 1 \end{pmatrix}$.

利用向量空间的标准正交基可以简化向量内积的运算.

设 V 是一个向量空间，向量 $\boldsymbol{\alpha}$ 与 $\boldsymbol{\beta}$ 在 V 的标准正交基 $\boldsymbol{\alpha}_1$，$\boldsymbol{\alpha}_2$，…，$\boldsymbol{\alpha}_r$ 下的坐标分别是 $\boldsymbol{X}=(x_1, x_2, \cdots, x_r)^{\mathrm{T}}$ 与 $\boldsymbol{Y}=(y_1, y_2, \cdots, y_r)^{\mathrm{T}}$，即

$$\boldsymbol{\alpha}=x_1\boldsymbol{\alpha}_1+x_2\boldsymbol{\alpha}_2+\cdots+x_r\boldsymbol{\alpha}_r,\ \boldsymbol{\beta}=y_1\boldsymbol{\alpha}_1+y_2\boldsymbol{\alpha}_2+\cdots+y_r\boldsymbol{\alpha}_r$$

由于当 $i\neq j$ 时，

$$(\boldsymbol{\alpha}_i, \boldsymbol{\alpha}_j)=0 \qquad (i, j=1, 2, \cdots, r)$$

而

$$(\boldsymbol{\alpha}_i, \boldsymbol{\alpha}_i)=1 \qquad (i=1, 2, \cdots, r)$$

所以

$$\begin{aligned}(\boldsymbol{\alpha}, \boldsymbol{\beta}) &= (x_1\boldsymbol{\alpha}_1+x_2\boldsymbol{\alpha}_2+\cdots+x_r\boldsymbol{\alpha}_r,\ y_1\boldsymbol{\alpha}_1+y_2\boldsymbol{\alpha}_2+\cdots+y_r\boldsymbol{\alpha}_r) \\ &= \sum_{i=1}^{r}\sum_{j=1}^{r}x_iy_j(\boldsymbol{\alpha}_i, \boldsymbol{\alpha}_j) = \sum_{i=1}^{r}x_iy_i(\boldsymbol{\alpha}_i, \boldsymbol{\alpha}_i) = \sum_{i=1}^{r}x_iy_i\end{aligned}$$

故

$$(\boldsymbol{\alpha}, \boldsymbol{\beta})=x_1y_1+x_2y_2+\cdots+x_ry_r=\boldsymbol{X}^{\mathrm{T}}\boldsymbol{Y}$$

由于向量空间 V 的一个基未必是标准正交基，于是我们希望由这组基来构造出一个标准正交基. 利用下面的方法可以把一个线性无关向量组化成一个与之等价的标准正交组.

设 $\boldsymbol{\alpha}_1$，$\boldsymbol{\alpha}_2$，…，$\boldsymbol{\alpha}_r$ 是 $\mathbf{R}^n$ 中的一个线性无关组，令

$$\begin{aligned}&\boldsymbol{\beta}_1=\boldsymbol{\alpha}_1 \\ &\boldsymbol{\beta}_2=\boldsymbol{\alpha}_2-\frac{(\boldsymbol{\alpha}_2, \boldsymbol{\beta}_1)}{(\boldsymbol{\beta}_1, \boldsymbol{\beta}_1)}\boldsymbol{\beta}_1 \\ &\boldsymbol{\beta}_3=\boldsymbol{\alpha}_3-\frac{(\boldsymbol{\alpha}_3, \boldsymbol{\beta}_1)}{(\boldsymbol{\beta}_1, \boldsymbol{\beta}_1)}\boldsymbol{\beta}_1-\frac{(\boldsymbol{\alpha}_3, \boldsymbol{\beta}_2)}{(\boldsymbol{\beta}_2, \boldsymbol{\beta}_2)}\boldsymbol{\beta}_2 \\ &\qquad\vdots \\ &\boldsymbol{\beta}_r=\boldsymbol{\alpha}_r-\frac{(\boldsymbol{\alpha}_r, \boldsymbol{\beta}_1)}{(\boldsymbol{\beta}_1, \boldsymbol{\beta}_1)}\boldsymbol{\beta}_1-\frac{(\boldsymbol{\alpha}_r, \boldsymbol{\beta}_2)}{(\boldsymbol{\beta}_2, \boldsymbol{\beta}_2)}\boldsymbol{\beta}_2-\cdots-\frac{(\boldsymbol{\alpha}_r, \boldsymbol{\beta}_{r-1})}{(\boldsymbol{\beta}_{r-1}, \boldsymbol{\beta}_{r-1})}\boldsymbol{\beta}_{r-1}\end{aligned}$$

可以证明$\boldsymbol{\beta}_1$，$\boldsymbol{\beta}_2$，…，$\boldsymbol{\beta}_r$是一个正交组，且$\boldsymbol{\beta}_1$，$\boldsymbol{\beta}_2$，…，$\boldsymbol{\beta}_r$与$\boldsymbol{\alpha}_1$，$\boldsymbol{\alpha}_2$，…，$\boldsymbol{\alpha}_r$等价. 这种把一个线性无关向量组$\boldsymbol{\alpha}_1$，$\boldsymbol{\alpha}_2$，…，$\boldsymbol{\alpha}_r$改造成正交向量组$\boldsymbol{\beta}_1$，$\boldsymbol{\beta}_2$，…，$\boldsymbol{\beta}_r$的方法，称为把向量组$\boldsymbol{\alpha}_1$，$\boldsymbol{\alpha}_2$，…，$\boldsymbol{\alpha}_r$正交化，也称为施密特正交化方法. 再令

$$\boldsymbol{\eta}_i=\frac{1}{|\boldsymbol{\beta}_i|}\boldsymbol{\beta}_i \qquad (i=1,\ 2,\ \cdots,\ r)$$

则$\boldsymbol{\eta}_1$，$\boldsymbol{\eta}_2$，…，$\boldsymbol{\eta}_r$是一个标准正交组，且$\boldsymbol{\eta}_1$，$\boldsymbol{\eta}_2$，…，$\boldsymbol{\eta}_r$与$\boldsymbol{\alpha}_1$，$\boldsymbol{\alpha}_2$，…，$\boldsymbol{\alpha}_r$等价. 此过程称为把向量组$\boldsymbol{\beta}_1$，$\boldsymbol{\beta}_2$，…，$\boldsymbol{\beta}_r$单位化.

$\boldsymbol{\eta}_1$，$\boldsymbol{\eta}_2$，…，$\boldsymbol{\eta}_r$就是我们要寻找的一个标准正交组.

例 4.1.4 把向量组

$$\boldsymbol{\alpha}_1=(1,\ 1,\ 1,\ 1)^{\mathrm{T}},\ \boldsymbol{\alpha}_2=(4,\ 0,\ 1,\ 3)^{\mathrm{T}}$$

标准正交化.

解 先将$\boldsymbol{\alpha}_1$，$\boldsymbol{\alpha}_2$正交化，令

$$\boldsymbol{\beta}_1=\boldsymbol{\alpha}_1$$

$$\begin{aligned}\boldsymbol{\beta}_2&=\boldsymbol{\alpha}_2-\frac{(\boldsymbol{\alpha}_2,\ \boldsymbol{\beta}_1)}{(\boldsymbol{\beta}_1,\ \boldsymbol{\beta}_1)}\boldsymbol{\beta}_1=(4,\ 0,\ 1,\ 3)^{\mathrm{T}}-\frac{8}{4}(1,\ 1,\ 1,\ 1)^{\mathrm{T}}\\&=(2,\ -2,\ -1,\ 1)^{\mathrm{T}}\end{aligned}$$

再将$\boldsymbol{\beta}_1$，$\boldsymbol{\beta}_2$单位化，得

$$\boldsymbol{\eta}_1=\frac{1}{|\boldsymbol{\beta}_1|}\boldsymbol{\beta}_1=\frac{1}{2}(1,\ 1,\ 1,\ 1)^{\mathrm{T}}=\left(\frac{1}{2},\ \frac{1}{2},\ \frac{1}{2},\ \frac{1}{2}\right)^{\mathrm{T}}$$

$$\boldsymbol{\eta}_2=\frac{1}{|\boldsymbol{\beta}_2|}\boldsymbol{\beta}_2=\frac{1}{\sqrt{10}}(2,\ -2,\ -1,\ 1)^{\mathrm{T}}=\left(\frac{2}{\sqrt{10}},\ -\frac{2}{\sqrt{10}},\ -\frac{1}{\sqrt{10}},\ \frac{1}{\sqrt{10}}\right)^{\mathrm{T}}$$

所以$\boldsymbol{\eta}_1$，$\boldsymbol{\eta}_2$即为所求的标准正交组.

例 4.1.5 把向量空间$\mathbf{R}^3$的一个基

$$\boldsymbol{\alpha}_1=\begin{pmatrix}1\\-1\\0\end{pmatrix},\ \boldsymbol{\alpha}_2=\begin{pmatrix}1\\0\\1\end{pmatrix},\ \boldsymbol{\alpha}_3=\begin{pmatrix}-1\\1\\1\end{pmatrix}$$

化成标准正交基.

解 先把$\boldsymbol{\alpha}_1$，$\boldsymbol{\alpha}_2$，$\boldsymbol{\alpha}_3$正交化，令

$$\boldsymbol{\beta}_1=\boldsymbol{\alpha}_1$$

$$\boldsymbol{\beta}_2=\boldsymbol{\alpha}_2-\frac{(\boldsymbol{\alpha}_2,\ \boldsymbol{\beta}_1)}{(\boldsymbol{\beta}_1,\ \boldsymbol{\beta}_1)}\boldsymbol{\beta}_1=\begin{pmatrix}1\\0\\1\end{pmatrix}-\frac{1}{2}\begin{pmatrix}1\\-1\\0\end{pmatrix}=\left(\frac{1}{2},\ \frac{1}{2},\ 1\right)^{\mathrm{T}}$$

$$\boldsymbol{\beta}_3=\boldsymbol{\alpha}_3-\frac{(\boldsymbol{\alpha}_3,\boldsymbol{\beta}_1)}{(\boldsymbol{\beta}_1,\boldsymbol{\beta}_1)}\boldsymbol{\beta}_1-\frac{(\boldsymbol{\alpha}_3,\boldsymbol{\beta}_2)}{(\boldsymbol{\beta}_2,\boldsymbol{\beta}_2)}\boldsymbol{\beta}_2=\begin{pmatrix}-1\\1\\1\end{pmatrix}-\frac{(-2)}{2}\begin{pmatrix}1\\-1\\0\end{pmatrix}-\frac{2}{3}\begin{pmatrix}\frac{1}{2}\\\frac{1}{2}\\1\end{pmatrix}=\left(-\frac{1}{3},-\frac{1}{3},\frac{1}{3}\right)^{\mathrm{T}}$$

再把 $\boldsymbol{\beta}_1$，$\boldsymbol{\beta}_2$，$\boldsymbol{\beta}_3$ 单位化，得

$$\boldsymbol{\eta}_1=\frac{1}{|\boldsymbol{\beta}_1|}\boldsymbol{\beta}_1=\frac{1}{\sqrt{2}}\begin{pmatrix}1\\-1\\0\end{pmatrix}=\left(\frac{1}{\sqrt{2}},-\frac{1}{\sqrt{2}},0\right)^{\mathrm{T}}$$

$$\boldsymbol{\eta}_2=\frac{1}{|\boldsymbol{\beta}_2|}\boldsymbol{\beta}_2=\frac{1}{\sqrt{6}}\begin{pmatrix}1\\1\\2\end{pmatrix}=\left(\frac{1}{\sqrt{6}},\frac{1}{\sqrt{6}},\frac{2}{\sqrt{6}}\right)^{\mathrm{T}}$$

$$\boldsymbol{\eta}_3=\frac{1}{|\boldsymbol{\beta}_3|}\boldsymbol{\beta}_3=\frac{1}{\sqrt{3}}\begin{pmatrix}-1\\-1\\1\end{pmatrix}=\left(-\frac{1}{\sqrt{3}},-\frac{1}{\sqrt{3}},\frac{1}{\sqrt{3}}\right)^{\mathrm{T}}$$

所以 $\boldsymbol{\eta}_1$，$\boldsymbol{\eta}_2$，$\boldsymbol{\eta}_3$ 即为所求的标准正交基.

3. 正交矩阵与正交变换

定义 4.1.8 如果 n 阶实数矩阵 $\boldsymbol{A}$ 满足 $\boldsymbol{A}^{\mathrm{T}}\boldsymbol{A}=\boldsymbol{E}$，则称 $\boldsymbol{A}$ 为正交矩阵.

正交矩阵具有下列性质：

(1) 设 $\boldsymbol{A}$ 是 n 阶实数矩阵，则 $\boldsymbol{A}$ 是正交矩阵的充要条件是 $\boldsymbol{A}^{-1}=\boldsymbol{A}^{\mathrm{T}}$；

(2) 设 n 阶实数矩阵 $\boldsymbol{A}$ 满足 $\boldsymbol{A}\boldsymbol{A}^{\mathrm{T}}=\boldsymbol{E}$，则 $\boldsymbol{A}$ 为正交矩阵；

(3) 设 $\boldsymbol{A}$ 是正交矩阵，则 $\boldsymbol{A}^{-1}$ 与 $\boldsymbol{A}^{\mathrm{T}}$ 也是正交矩阵；

(4) 设 $\boldsymbol{A}$ 是正交矩阵，则 $|\boldsymbol{A}|=\pm 1$；

(5) 设 $\boldsymbol{A}$，$\boldsymbol{B}$ 都是 n 阶正交矩阵，则 $\boldsymbol{AB}$ 也是 n 阶正交矩阵.

证明 (1) 设 $\boldsymbol{A}$ 是正交矩阵，则

$$\boldsymbol{A}^{\mathrm{T}}\boldsymbol{A}=\boldsymbol{E}$$

从而 $\boldsymbol{A}$ 是可逆矩阵，且 $\boldsymbol{A}^{-1}=\boldsymbol{A}^{\mathrm{T}}$.

反之，设 $\boldsymbol{A}^{-1}=\boldsymbol{A}^{\mathrm{T}}$，则

$$\boldsymbol{A}^{\mathrm{T}}\boldsymbol{A}=\boldsymbol{A}^{-1}\boldsymbol{A}=\boldsymbol{E}$$

所以 $\boldsymbol{A}$ 是正交矩阵.

(2) 设 n 阶实数矩阵 $\boldsymbol{A}$ 满足：

$$\boldsymbol{A}\boldsymbol{A}^{\mathrm{T}}=\boldsymbol{E}$$

则 $\boldsymbol{A}$ 可逆，且 $\boldsymbol{A}^{-1}=\boldsymbol{A}^{\mathrm{T}}$，故 $\boldsymbol{A}$ 是正交矩阵.

(3) 设 $\boldsymbol{A}$ 是正交矩阵，则

$$\boldsymbol{A}^{\mathrm{T}}\boldsymbol{A}=\boldsymbol{E}$$

所以

$$\boldsymbol{A}^{\mathrm{T}}(\boldsymbol{A}^{\mathrm{T}})^{\mathrm{T}}=\boldsymbol{E}$$

故 $\boldsymbol{A}^{\mathrm{T}}$ 是正交矩阵，由 $\boldsymbol{A}^{-1}=\boldsymbol{A}^{\mathrm{T}}$，得 $\boldsymbol{A}^{-1}$ 也是正交矩阵.

(4) 设 $\boldsymbol{A}$ 是正交矩阵，则

$$\boldsymbol{A}^{\mathrm{T}}\boldsymbol{A}=\boldsymbol{E}$$

于是

$$|\boldsymbol{A}^{\mathrm{T}}\boldsymbol{A}|=1 \quad 即 \quad |\boldsymbol{A}|^2=1$$

所以

$$|\boldsymbol{A}|=\pm 1$$

(5) 设 $\boldsymbol{A}$，$\boldsymbol{B}$ 都是 n 阶正交矩阵，则

$$\boldsymbol{A}^{\mathrm{T}}\boldsymbol{A}=\boldsymbol{E},\ \boldsymbol{B}^{\mathrm{T}}\boldsymbol{B}=\boldsymbol{E}$$

从而

$$(\boldsymbol{AB})^{\mathrm{T}}\boldsymbol{AB}=\boldsymbol{B}^{\mathrm{T}}\boldsymbol{A}^{\mathrm{T}}\boldsymbol{AB}=\boldsymbol{B}^{\mathrm{T}}\boldsymbol{B}=\boldsymbol{E}$$

所以 $\boldsymbol{AB}$ 是 n 阶正交矩阵.

例 4.1.6 如果实对称矩阵 $\boldsymbol{A}$ 满足 $\boldsymbol{A}^2-2\boldsymbol{A}=\boldsymbol{0}$，证明 $\boldsymbol{A}-\boldsymbol{E}$ 是正交矩阵.

证明 因为 $\boldsymbol{A}$ 是实对称矩阵，所以

$$\boldsymbol{A}^{\mathrm{T}}=\boldsymbol{A}$$

从而

$$(\boldsymbol{A}-\boldsymbol{E})^{\mathrm{T}}=\boldsymbol{A}-\boldsymbol{E}$$

由条件 $\boldsymbol{A}^2-2\boldsymbol{A}=\boldsymbol{0}$，得

$$(\boldsymbol{A}-\boldsymbol{E})(\boldsymbol{A}-\boldsymbol{E})^{\mathrm{T}}=(\boldsymbol{A}-\boldsymbol{E})^2=\boldsymbol{A}^2-2\boldsymbol{A}+\boldsymbol{E}=\boldsymbol{E}$$

故 $\boldsymbol{A}-\boldsymbol{E}$ 是正交矩阵.

定理 4.1.2 n 阶实数矩阵 $\boldsymbol{A}$ 是正交矩阵，当且仅当 $\boldsymbol{A}$ 的列(行)向量组是标准正交向量组.

证明 设 n 阶实数矩阵

$$\boldsymbol{A}=\begin{pmatrix} a_{11} & a_{12} & \cdots & a_{1n} \\ a_{21} & a_{22} & \cdots & a_{2n} \\ \vdots & \vdots & & \vdots \\ a_{n1} & a_{n2} & \cdots & a_{nn} \end{pmatrix}$$

用列向量 $\boldsymbol{\alpha}_1$，$\boldsymbol{\alpha}_2$，…，$\boldsymbol{\alpha}_n$ 分别表示矩阵 $\boldsymbol{A}$ 的第 1，2，…，n 列，则

$$\boldsymbol{A}=(\boldsymbol{\alpha}_1, \boldsymbol{\alpha}_2, \cdots, \boldsymbol{\alpha}_n)$$

于是

$$\boldsymbol{A}^{\mathrm{T}}\boldsymbol{A}=\begin{pmatrix}\boldsymbol{\alpha}_1^{\mathrm{T}}\\ \boldsymbol{\alpha}_2^{\mathrm{T}}\\ \vdots\\ \boldsymbol{\alpha}_n^{\mathrm{T}}\end{pmatrix}(\boldsymbol{\alpha}_1, \boldsymbol{\alpha}_2, \cdots, \boldsymbol{\alpha}_n)=\begin{pmatrix}\boldsymbol{\alpha}_1^{\mathrm{T}}\boldsymbol{\alpha}_1 & \boldsymbol{\alpha}_1^{\mathrm{T}}\boldsymbol{\alpha}_2 & \cdots & \boldsymbol{\alpha}_1^{\mathrm{T}}\boldsymbol{\alpha}_n\\ \boldsymbol{\alpha}_2^{\mathrm{T}}\boldsymbol{\alpha}_1 & \boldsymbol{\alpha}_2^{\mathrm{T}}\boldsymbol{\alpha}_2 & \cdots & \boldsymbol{\alpha}_2^{\mathrm{T}}\boldsymbol{\alpha}_n\\ \vdots & \vdots & & \vdots\\ \boldsymbol{\alpha}_n^{\mathrm{T}}\boldsymbol{\alpha}_1 & \boldsymbol{\alpha}_n^{\mathrm{T}}\boldsymbol{\alpha}_2 & \cdots & \boldsymbol{\alpha}_n^{\mathrm{T}}\boldsymbol{\alpha}_n\end{pmatrix}$$

如果 $\boldsymbol{A}$ 是正交矩阵，则 $\boldsymbol{A}^{\mathrm{T}}\boldsymbol{A}=\boldsymbol{E}$，于是

$$\boldsymbol{\alpha}_i^{\mathrm{T}}\boldsymbol{\alpha}_j=(\boldsymbol{\alpha}_i, \boldsymbol{\alpha}_j)=\begin{cases}1, & i=j\\ 0, & i\neq j\end{cases}\qquad (i, j=1, 2, \cdots, n)$$

这说明正交矩阵 $\boldsymbol{A}$ 的列向量组 $\boldsymbol{\alpha}_1, \boldsymbol{\alpha}_2, \cdots, \boldsymbol{\alpha}_n$ 是一个标准正交组.

反之，如果 n 阶实数矩阵 $\boldsymbol{A}$ 的列向量组 $\boldsymbol{\alpha}_1, \boldsymbol{\alpha}_2, \cdots, \boldsymbol{\alpha}_n$ 是一个标准正交组，则

$$\boldsymbol{\alpha}_i^{\mathrm{T}}\boldsymbol{\alpha}_j=(\boldsymbol{\alpha}_i, \boldsymbol{\alpha}_j)=\begin{cases}1, & i=j\\ 0, & i\neq j\end{cases}\qquad (i, j=1, 2, \cdots, n)$$

于是 $\boldsymbol{A}^{\mathrm{T}}\boldsymbol{A}=\boldsymbol{E}$，故 $\boldsymbol{A}$ 是正交矩阵.

由 $\boldsymbol{A}$ 是正交矩阵可知，$\boldsymbol{A}^{\mathrm{T}}$ 是正交矩阵，所以 $\boldsymbol{A}^{\mathrm{T}}$ 的列向量组是一个标准正交组，即 $\boldsymbol{A}$ 的行向量组是一个标准正交组. 反之，由 $\boldsymbol{A}$ 的行向量组是一个标准正交组得，$\boldsymbol{A}^{\mathrm{T}}$ 的列向量组是一个标准正交组，于是 $\boldsymbol{A}^{\mathrm{T}}$ 是正交矩阵，从而得 $\boldsymbol{A}$ 是正交矩阵.

由此可见，一个 n 阶正交矩阵的列(行)向量组都可以作为 $\mathbf{R}^n$ 的一个标准正交基. 反之，以 $\mathbf{R}^n$ 的一个标准正交基为列向量构成的矩阵是正交矩阵.

例 4.1.7 设 $\boldsymbol{A}=(a_{ij})$为三阶非零实数矩阵，且 $a_{ij}=A_{ij}$，其中 A_{ij} 是$|\boldsymbol{A}|$中元素 a_{ij} 的代数余子式，$i, j=1, 2, 3$. 证明：$|\boldsymbol{A}|=1$ 且 $\boldsymbol{A}$ 为正交矩阵.

证明 因为 $a_{ij}=A_{ij}$，$i, j=1, 2, 3$，所以

$$\boldsymbol{A}=\begin{pmatrix}a_{11} & a_{12} & a_{13}\\ a_{21} & a_{22} & a_{23}\\ a_{31} & a_{32} & a_{33}\end{pmatrix}=\begin{pmatrix}A_{11} & A_{12} & A_{13}\\ A_{21} & A_{22} & A_{23}\\ A_{31} & A_{32} & A_{33}\end{pmatrix}$$

于是矩阵 $\boldsymbol{A}$ 的转置矩阵 $\boldsymbol{A}^{\mathrm{T}}$ 等于矩阵 $\boldsymbol{A}$ 的伴随矩阵 $\boldsymbol{A}^*$，即 $\boldsymbol{A}^{\mathrm{T}}=\boldsymbol{A}^*$，从而

$$\boldsymbol{A}\boldsymbol{A}^{\mathrm{T}}=\boldsymbol{A}\boldsymbol{A}^*=|\boldsymbol{A}|\boldsymbol{E}$$

因为

$$|\boldsymbol{A}\boldsymbol{A}^{\mathrm{T}}|=|\boldsymbol{A}|^2, \quad |\boldsymbol{A}\boldsymbol{A}^*|=||\boldsymbol{A}|\boldsymbol{E}|=|\boldsymbol{A}|^3$$

于是

$$|\boldsymbol{A}|^2=|\boldsymbol{A}|^3$$

故$|\boldsymbol{A}|$可能的取值为 1，0. 又由于 $\boldsymbol{A}$ 是非零矩阵，所以 $\boldsymbol{A}$ 中至少有一个元素不为零. 不妨设第 1 行中至少有一个元素不为零，将行列式$|\boldsymbol{A}|$按第 1 行展开，得

$$|\boldsymbol{A}|=a_{11}A_{11}+a_{12}A_{12}+a_{13}A_{13}=a_{11}^2+a_{12}^2+a_{13}^2\neq 0$$

所以$|\boldsymbol{A}|=1$，且 $\boldsymbol{A}\boldsymbol{A}^{\mathrm{T}}=\boldsymbol{E}$，故 $\boldsymbol{A}$ 是正交矩阵.

定义 4.1.9 设一组变量 $y_1, y_2, \cdots, y_n$ 可以用另一组变量 $x_1, x_2, \cdots, x_n$ 线性表示，它们的关系是

$$\begin{cases} y_1=a_{11}x_1+a_{12}x_2+\cdots+a_{1n}x_n \\ y_2=a_{21}x_1+a_{22}x_2+\cdots+a_{2n}x_n \\ \qquad\vdots \\ y_n=a_{n1}x_1+a_{n2}x_2+\cdots+a_{nn}x_n \end{cases} \tag{4.1.2}$$

其中，$a_{ij}(i=1, 2, \cdots, n;\ j=1, 2, \cdots, n)$是实数，称线性关系式(4.1.2)为由变量 $x_1, x_2, \cdots, x_n$ 到变量 $y_1, y_2, \cdots, y_n$ 的线性变换. 线性变换式(4.1.2)的系数矩阵

$$\boldsymbol{A}=\begin{pmatrix} a_{11} & a_{12} & \cdots & a_{1n} \\ a_{21} & a_{22} & \cdots & a_{2n} \\ \vdots & \vdots & & \vdots \\ a_{n1} & a_{n2} & \cdots & a_{nn} \end{pmatrix} \tag{4.1.3}$$

称为线性变换式(4.1.2)的矩阵.

显然，线性变换与线性变换的矩阵是一一对应的关系.

定义 4.1.10 如果线性变换式(4.1.2)的矩阵 $\boldsymbol{A}$ 是可逆矩阵，则称此线性变换为可逆线性变换. 如果线性变换式(4.1.2)的矩阵 $\boldsymbol{A}$ 是正交矩阵，则称此线性变换为正交变换.

令

$$\boldsymbol{X}=(x_1, x_2, \cdots, x_n)^{\mathrm{T}}, \boldsymbol{Y}=(y_1, y_2, \cdots, y_n)^{\mathrm{T}}$$

则线性变换式(4.1.2)可以写成矩阵形式

$$\boldsymbol{Y}=\boldsymbol{A}\boldsymbol{X}$$

定理 4.1.3 正交变换保持向量的内积与长度不变.

证明 设 $\boldsymbol{Y}=\boldsymbol{A}\boldsymbol{X}$ 是一个正交变换，则 $\boldsymbol{A}^{\mathrm{T}}\boldsymbol{A}=\boldsymbol{E}$. $\forall \boldsymbol{\alpha}_1, \boldsymbol{\alpha}_2, \boldsymbol{\beta}_1, \boldsymbol{\beta}_2\in\mathbf{R}^n$，若

$\boldsymbol{\beta}_1=\boldsymbol{A\alpha}_1$，$\boldsymbol{\beta}_2=\boldsymbol{A\alpha}_2$，则

$$(\boldsymbol{\beta}_1, \boldsymbol{\beta}_2)=(\boldsymbol{A\alpha}_1, \boldsymbol{A\alpha}_2)=(\boldsymbol{A\alpha}_1)^{\mathrm{T}}(\boldsymbol{A\alpha}_2)=\boldsymbol{\alpha}_1^{\mathrm{T}}\boldsymbol{A}^{\mathrm{T}}\boldsymbol{A\alpha}_2=\boldsymbol{\alpha}_1^{\mathrm{T}}\boldsymbol{\alpha}_2=(\boldsymbol{\alpha}_1, \boldsymbol{\alpha}_2)$$

$$|\boldsymbol{\beta}_1|=|\boldsymbol{A\alpha}_1|=\sqrt{(\boldsymbol{A\alpha}_1)^{\mathrm{T}}(\boldsymbol{A\alpha}_1)}=\sqrt{\boldsymbol{\alpha}_1^{\mathrm{T}}\boldsymbol{\alpha}_1}=|\boldsymbol{\alpha}_1|$$

这说明正交变换保持向量的内积与长度不变.

4.2 矩阵的特征值与特征向量

特征值与特征向量是线性代数的基本概念，在工程技术、经济理论和数值计算学科中有广泛的应用. 本节主要介绍矩阵的特征值与特征向量.

1. 矩阵的特征值与特征向量

定义 4.2.1 设

$$\boldsymbol{A}=\begin{pmatrix} a_{11} & a_{12} & \cdots & a_{1n} \\ a_{21} & a_{22} & \cdots & a_{2n} \\ \vdots & \vdots & & \vdots \\ a_{n1} & a_{n2} & \cdots & a_{nn} \end{pmatrix}$$

是 n 阶矩阵，如果存在数 λ 及非零向量 $\boldsymbol{\xi}$，使得

$$\boldsymbol{A\xi}=\lambda\boldsymbol{\xi} \tag{4.2.1}$$

则称数 λ 为矩阵 $\boldsymbol{A}$ 的一个特征值，称非零向量 $\boldsymbol{\xi}$ 为矩阵 $\boldsymbol{A}$ 的属于特征值 λ 的特征向量.

设矩阵 $\boldsymbol{A}=\lambda\boldsymbol{E}$ 是 n 阶数量矩阵，对于非零向量 $\boldsymbol{\xi}$，因为 $\boldsymbol{A\xi}=\lambda\boldsymbol{E\xi}=\lambda\boldsymbol{\xi}$，所以 λ 是矩阵 $\boldsymbol{A}$ 的特征值，$\boldsymbol{\xi}$ 是矩阵 $\boldsymbol{A}$ 的属于特征值 λ 的特征向量.

由定义可知，特征向量一定是非零向量，且特征向量一定是属于某一个特征值的.

设数 λ 为矩阵 $\boldsymbol{A}$ 的一个特征值，非零向量 $\boldsymbol{\alpha}$，$\boldsymbol{\beta}$ 都是矩阵 $\boldsymbol{A}$ 的属于特征值 λ 的特征向量，则 $\boldsymbol{\alpha}$，$\boldsymbol{\beta}$ 的不等于零的线性组合 $k_1\boldsymbol{\alpha}+k_2\boldsymbol{\beta}$($k_1$，$k_2$ 是任意常数)也是属于特征值 λ 的特征向量，这是因为

$$\boldsymbol{A}(k_1\boldsymbol{\alpha}+k_2\boldsymbol{\beta})=k_1\boldsymbol{A\alpha}+k_2\boldsymbol{A\beta}=\lambda(k_1\boldsymbol{\alpha}+k_2\boldsymbol{\beta})$$

下面介绍矩阵的特征值与特征向量的计算方法.

设 λ_0 是矩阵

$$\boldsymbol{A}=\begin{pmatrix} a_{11} & a_{12} & \cdots & a_{1n} \\ a_{21} & a_{22} & \cdots & a_{2n} \\ \vdots & \vdots & & \vdots \\ a_{n1} & a_{n2} & \cdots & a_{nn} \end{pmatrix}$$

的一个特征值，$\boldsymbol{\xi}=(c_1, c_2, \cdots, c_n)^{\mathrm{T}}$ 是属于特征值 λ_0 的特征向量，则

$$\boldsymbol{A\xi}=\lambda_0\boldsymbol{\xi}$$

于是

$$(\boldsymbol{A}-\lambda_0\boldsymbol{E})\boldsymbol{\xi}=\mathbf{0}$$

即

$$\begin{cases} (a_{11}-\lambda_0)c_1+a_{12}c_2+\cdots+a_{1n}c_n=0 \\ a_{21}c_1+(a_{22}-\lambda_0)c_2+\cdots+a_{2n}c_n=0 \\ \qquad\qquad\vdots \\ a_{n1}c_1+a_{n2}c_2+\cdots+(a_{nn}-\lambda_0)c_n=0 \end{cases}$$

这说明非零向量 $\boldsymbol{\xi}$ 是齐次线性方程组 $(\boldsymbol{A}-\lambda_0\boldsymbol{E})\boldsymbol{X}=\mathbf{0}$ 的非零解，即 $\boldsymbol{\xi}$ 是齐次线性方程组

$$\begin{cases} (a_{11}-\lambda_0)x_1+a_{12}x_2+\cdots+a_{1n}x_n=0 \\ a_{21}x_1+(a_{22}-\lambda_0)x_2+\cdots+a_{2n}x_n=0 \\ \qquad\qquad\vdots \\ a_{n1}x_1+a_{n2}x_2+\cdots+(a_{nn}-\lambda_0)x_n=0 \end{cases} \tag{4.2.2}$$

的非零解.

反之，设 $\boldsymbol{\xi}=(c_1, c_2, \cdots, c_n)^{\mathrm{T}}$ 是齐次线性方程组(4.2.2)的任意一个非零解，则非零向量 $\boldsymbol{\xi}$ 满足齐次线性方程组

$$(\boldsymbol{A}-\lambda_0\boldsymbol{E})\boldsymbol{X}=\mathbf{0}$$

从而

$$\boldsymbol{A\xi}=\lambda_0\boldsymbol{\xi}$$

这说明齐次线性方程组(4.2.2)的任意一个非零解都是矩阵 $\boldsymbol{A}$ 的属于特征值 λ_0 的特征向量.

这意味着，如果已知矩阵 $\boldsymbol{A}$ 的特征值 λ_0，那么矩阵 $\boldsymbol{A}$ 的属于特征值 λ_0 的全部特征向量就是齐次线性方程组(4.2.2)的所有非零解. 因此，求矩阵 $\boldsymbol{A}$ 的属于特征值 λ_0 的全部特征向量，就是求齐次线性方程组(4.2.2)的所有非零解，即求齐次线性方程组(4.2.2)的不等于零的通解.

那么如何求矩阵 $\boldsymbol{A}$ 的特征值呢？由上面的讨论可知，若 λ_0 是矩阵 $\boldsymbol{A}=(a_{ij})_n$ 的特征值，则属于特征值 λ_0 的特征向量是齐次线性方程组(4.2.2)的非零解，而齐次线性方程组(4.2.2)有非零解的充分必要条件是其系数行列式

$$|\boldsymbol{A}-\lambda_0\boldsymbol{E}|=\begin{vmatrix} a_{11}-\lambda_0 & a_{12} & \cdots & a_{1n} \\ a_{21} & a_{22}-\lambda_0 & \cdots & a_{2n} \\ \vdots & \vdots & & \vdots \\ a_{n1} & a_{n2} & \cdots & a_{nn}-\lambda_0 \end{vmatrix}=0$$

这说明矩阵 $\boldsymbol{A}$ 的特征值 λ_0 满足 $|\boldsymbol{A}-\lambda_0\boldsymbol{E}|=0$.

反之，如果

$$|\boldsymbol{A}-\lambda_0\boldsymbol{E}|=0$$

那么以 $\boldsymbol{A}-\lambda_0\boldsymbol{E}$ 为系数矩阵的齐次线性方程组

$$(\boldsymbol{A}-\lambda_0\boldsymbol{E})\boldsymbol{X}=\boldsymbol{0}$$

有非零解，从而有

$$\boldsymbol{A}\boldsymbol{X}=\lambda_0\boldsymbol{X}$$

故 λ_0 是矩阵 $\boldsymbol{A}$ 的特征值.

因此，λ_0 是矩阵 $\boldsymbol{A}$ 的特征值当且仅当 λ_0 是 $|\boldsymbol{A}-\lambda\boldsymbol{E}|=0$ 的根，即 $|\boldsymbol{A}-\lambda\boldsymbol{E}|=0$ 的全部根就是矩阵 $\boldsymbol{A}$ 的全部特征值. 为了叙述方便，我们引入特征多项式的概念.

定义 4.2.2 设

$$\boldsymbol{A}=\begin{pmatrix} a_{11} & a_{12} & \cdots & a_{1n} \\ a_{21} & a_{22} & \cdots & a_{2n} \\ \vdots & \vdots & & \vdots \\ a_{n1} & a_{n2} & \cdots & a_{nn} \end{pmatrix}$$

是 n 阶矩阵，则以 λ 为变量的 n 次多项式

$$f(\lambda)=|\boldsymbol{A}-\lambda\boldsymbol{E}|=\begin{vmatrix} a_{11}-\lambda & a_{12} & \cdots & a_{1n} \\ a_{21} & a_{22}-\lambda & \cdots & a_{2n} \\ \vdots & \vdots & & \vdots \\ a_{n1} & a_{n2} & \cdots & a_{nn}-\lambda \end{vmatrix} \tag{4.2.3}$$

称为矩阵 $\boldsymbol{A}$ 的特征多项式，它的根称为特征根.

显然，矩阵 $\boldsymbol{A}$ 的特征多项式的根就是矩阵 $\boldsymbol{A}$ 的特征值，所以矩阵 $\boldsymbol{A}$ 的特征值可以从它的特征多项式中求得.

综上所述，求 n 阶矩阵 $\boldsymbol{A}$ 的特征值与特征向量的步骤如下：

(1) 计算矩阵 $\boldsymbol{A}$ 的特征多项式 $f(\lambda)=|\boldsymbol{A}-\lambda\boldsymbol{E}|$；

(2) 求 $f(\lambda)=|\boldsymbol{A}-\lambda\boldsymbol{E}|$ 的全部根，即求得矩阵 $\boldsymbol{A}$ 的全部特征值 $\lambda_1, \lambda_2, \cdots, \lambda_n$；

(3) 对每一个特征值 λ_i，解齐次线性方程组 $(\boldsymbol{A}-\lambda_i\boldsymbol{E})\boldsymbol{X}=\boldsymbol{0}$，求出它的基础解系 $\boldsymbol{\xi}_{11}, \boldsymbol{\xi}_{12}, \cdots, \boldsymbol{\xi}_{ir_i}$，则矩阵 $\boldsymbol{A}$ 的属于特征值 λ_i 的全部特征向量为 $k_{11}\boldsymbol{\xi}_{11}+k_{12}\boldsymbol{\xi}_{12}+\cdots+k_{ir_i}\boldsymbol{\xi}_{ir_i}$，其中，$k_{11}, k_{12}, \cdots, k_{ir_i}$ 是不全为零的任意常数.

例 4.2.1 求矩阵

$$\boldsymbol{A}=\begin{pmatrix}1 & -1 & 1\\ 1 & 3 & -1\\ 1 & 1 & 1\end{pmatrix}$$

的特征值与特征向量.

解 因为矩阵 $\boldsymbol{A}$ 的特征多项式是

$$\begin{vmatrix}1-\lambda & -1 & 1\\ 1 & 3-\lambda & -1\\ 1 & 1 & 1-\lambda\end{vmatrix}=\begin{vmatrix}2-\lambda & -1 & 1\\ 0 & 3-\lambda & -1\\ 2-\lambda & 1 & 1-\lambda\end{vmatrix}$$

$$=\begin{vmatrix}2-\lambda & -1 & 1\\ 0 & 3-\lambda & -1\\ 0 & 2 & -\lambda\end{vmatrix}$$

$$=-(\lambda-2)^2(\lambda-1)$$

所以矩阵 $\boldsymbol{A}$ 的特征值是 $\lambda_1=1$，$\lambda_2=\lambda_3=2$.

对于 $\lambda_1=1$，解齐次线性方程组 $(\boldsymbol{A}-\boldsymbol{E})\boldsymbol{X}=\boldsymbol{0}$，即解齐次线性方程组

$$\begin{pmatrix}1-1 & -1 & 1\\ 1 & 3-1 & -1\\ 1 & 1 & 1-1\end{pmatrix}\begin{pmatrix}x_1\\ x_2\\ x_3\end{pmatrix}=\boldsymbol{0}$$

得基础解系 $\boldsymbol{\xi}_1=(-1, 1, 1)^{\mathrm{T}}$. 所以属于特征值 $\lambda_1=1$ 的全部特征向量是 $k_1\boldsymbol{\xi}_1$，其中，k_1 是任意非零常数.

对于 $\lambda_2=\lambda_3=2$，解线性方程组 $(\boldsymbol{A}-2\boldsymbol{E})\boldsymbol{X}=\boldsymbol{0}$，即解线性方程组

$$\begin{pmatrix}1-2 & -1 & 1\\ 1 & 3-2 & -1\\ 1 & 1 & 1-2\end{pmatrix}\begin{pmatrix}x_1\\ x_2\\ x_3\end{pmatrix}=\boldsymbol{0}$$

得基础解系 $\boldsymbol{\xi}_2=(-1, 1, 0)^{\mathrm{T}}$，$\boldsymbol{\xi}_3=(1, 0, 1)^{\mathrm{T}}$. 所以属于特征值 $\lambda_2=2$ 的全部

特征向量是 $k_2\boldsymbol{\xi}_2+k_3\boldsymbol{\xi}_3$，其中，$k_2$，$k_3$ 是不全为零的任意常数.

例 4.2.2 求矩阵

$$\boldsymbol{A}=\begin{pmatrix} 4 & 1 & 0 \\ -2 & 1 & 0 \\ 1 & 0 & 2 \end{pmatrix}$$

的特征值与特征向量.

解 因为矩阵 $\boldsymbol{A}$ 的特征多项式是

$$f(\lambda)=\begin{vmatrix} 4-\lambda & 1 & 0 \\ -2 & 1-\lambda & 0 \\ 1 & 0 & 2-\lambda \end{vmatrix}=-(\lambda-2)\begin{vmatrix} 4-\lambda & 1 \\ -2 & 1-\lambda \end{vmatrix}$$
$$=-(\lambda-2)^2(\lambda-3)$$

所以矩阵 $\boldsymbol{A}$ 的特征值是 $\lambda_1=\lambda_2=2$，$\lambda_3=3$.

对于 $\lambda_1=2$，解齐次线性方程组 $(\boldsymbol{A}-2\boldsymbol{E})\boldsymbol{X}=\boldsymbol{0}$，即解齐次线性方程组

$$\begin{pmatrix} 4-2 & 1 & 0 \\ -2 & 1-2 & 0 \\ 1 & 0 & 2-2 \end{pmatrix}\begin{pmatrix} x_1 \\ x_2 \\ x_3 \end{pmatrix}=\boldsymbol{0}$$

得基础解系 $\boldsymbol{\xi}_1=(0,\ 0,\ 1)^{\mathrm{T}}$. 所以属于特征值 $\lambda_1=\lambda_2=2$ 的全部特征向量是 $k_1\boldsymbol{\xi}_1$，其中，k_1 是任意非零常数.

对于 $\lambda_3=3$，解线性方程组 $(\boldsymbol{A}-3\boldsymbol{E})\boldsymbol{X}=\boldsymbol{0}$，即解线性方程组

$$\begin{pmatrix} 4-3 & 1 & 0 \\ -2 & 1-3 & 0 \\ 1 & 0 & 2-3 \end{pmatrix}\begin{pmatrix} x_1 \\ x_2 \\ x_3 \end{pmatrix}=\boldsymbol{0}$$

得基础解系 $\boldsymbol{\xi}_2=(1,\ -1,\ 1)^{\mathrm{T}}$. 所以属于特征值 $\lambda_3=3$ 的全部特征向量是 $k_2\boldsymbol{\xi}_2$，其中，k_2 是任意非零常数.

2. 矩阵的特征值与特征向量的性质

定理 4.2.1 n 阶矩阵 $\boldsymbol{A}$ 与其转置矩阵 $\boldsymbol{A}^{\mathrm{T}}$ 有相同的特征多项式，因而 $\boldsymbol{A}$ 与 $\boldsymbol{A}^{\mathrm{T}}$ 有相同的特征值.

证明 因为

$$|\boldsymbol{A}^{\mathrm{T}}-\lambda\boldsymbol{E}|=|(\boldsymbol{A}-\lambda\boldsymbol{E})^{\mathrm{T}}|=|\boldsymbol{A}-\lambda\boldsymbol{E}|$$

所以 $\boldsymbol{A}$ 与 $\boldsymbol{A}^{\mathrm{T}}$ 有相同的特征多项式，因而 $\boldsymbol{A}$ 与 $\boldsymbol{A}^{\mathrm{T}}$ 有相同的特征值.

定理 4.2.2 设 n 阶矩阵

$$A=\begin{pmatrix} a_{11} & a_{12} & \cdots & a_{1n} \\ a_{21} & a_{22} & \cdots & a_{2n} \\ \vdots & \vdots & & \vdots \\ a_{n1} & a_{n2} & \cdots & a_{nn} \end{pmatrix}$$

的 n 个特征值为 $\lambda_1, \lambda_2, \cdots, \lambda_n$，则

(1) $\lambda_1+\lambda_2+\cdots+\lambda_n=a_{11}+a_{22}+\cdots+a_{nn}$；

(2) $\lambda_1\lambda_2\cdots\lambda_n=|A|$.

证明 矩阵 A 的特征多项式为

$$f(\lambda)=|A-\lambda E|=\begin{vmatrix} a_{11}-\lambda & a_{12} & \cdots & a_{1n} \\ a_{21} & a_{22}-\lambda & \cdots & a_{2n} \\ \vdots & \vdots & & \vdots \\ a_{n1} & a_{n2} & \cdots & a_{nn}-\lambda \end{vmatrix}$$

按行列式的定义把这个行列式展开，得到一个关于 λ 的 n 次多项式. $f(\lambda)$ 的展开式中有一项是 $(a_{11}-\lambda)(a_{22}-\lambda)\cdots(a_{nn}-\lambda)$，其余各项至多包含 $n-2$ 个主对角线上的元素，它们关于 λ 的次数最多是 $n-2$ 次. 所以，$f(\lambda)$ 的 n 次项与 $n-1$ 次项只能在特征多项式 $f(\lambda)=|A-\lambda E|$ 的主对角线的乘积中出现，它们是 $(-1)^n\lambda^n+(-1)^{n-1}(a_{11}+a_{22}+\cdots+a_{nn})\lambda^{n-1}$. 在特征多项式 $f(\lambda)$ 中，令 $\lambda=0$，得常数项 $f(0)=|A|$. 因此，如果将特征多项式 $f(\lambda)$ 写成降幂形式，并且只写出前两项及常数项，就是

$$f(\lambda)=(-1)^n\lambda^n+(-1)^{n-1}(a_{11}+a_{22}+\cdots+a_{nn})\lambda^{n-1}+\cdots+|A| \tag{4.2.4}$$

设 $\lambda_1, \lambda_2, \cdots, \lambda_n$ 是矩阵 A 的 n 个特征值，即 $\lambda_1, \lambda_2, \cdots, \lambda_n$ 是特征多项式 $f(\lambda)$ 的 n 个根，则有

$$\begin{aligned} f(\lambda)&=(\lambda_1-\lambda)(\lambda_2-\lambda)\cdots(\lambda_n-\lambda) \\ &=(-1)^n\lambda^n+(-1)^{n-1}(\lambda_1+\lambda_2+\cdots+\lambda_n)\lambda^{n-1}+\cdots+\lambda_1\lambda_2\cdots\lambda_n \end{aligned} \tag{4.2.5}$$

比较式(4.2.4)与式(4.2.5)中关于 λ 的同次项的系数，可得

$$\lambda_1+\lambda_2+\cdots+\lambda_n=a_{11}+a_{22}+\cdots+a_{nn}$$

$$\lambda_1\lambda_2\cdots\lambda_n=|A|$$

推论 4.2.1 n 阶矩阵 A 可逆，当且仅当 A 的特征值都不等于零.

证明 设 $\lambda_1, \lambda_2, \cdots, \lambda_n$ 是矩阵 A 的 n 个特征值，则 $\lambda_1\lambda_2\cdots\lambda_n=|A|$. 因为 A 可逆当且仅当 $|A|\neq0$，而 $|A|\neq0$ 当且仅当 $\lambda_1, \lambda_2, \cdots, \lambda_n$ 都不等于零，所以 A 可逆当且仅当 $\lambda_1, \lambda_2, \cdots, \lambda_n$ 都不等于零.

定理 4.2.3 设 λ 是 n 阶矩阵 $\boldsymbol{A}$ 的特征值，则 λ^k 是 $\boldsymbol{A}^k$ 的特征值.

证明 设 $\boldsymbol{\xi}$ 是矩阵 $\boldsymbol{A}$ 的属于特征值 λ 的特征向量，则

$$\boldsymbol{A\xi}=\lambda\boldsymbol{\xi}$$

因为

$$\boldsymbol{A}^k\boldsymbol{\xi}=\boldsymbol{A}^{k-1}(\boldsymbol{A\xi})=\lambda\boldsymbol{A}^{k-1}\boldsymbol{\xi}=\lambda\boldsymbol{A}^{k-2}(\boldsymbol{A\xi})=\lambda^2\boldsymbol{A}^{k-2}\boldsymbol{\xi}=\cdots=\lambda^{k-1}\boldsymbol{A\xi}=\lambda^k\boldsymbol{\xi}$$

所以 λ^k 是 $\boldsymbol{A}^k$ 的特征值，$\boldsymbol{\xi}$ 也是矩阵 $\boldsymbol{A}^k$ 的属于特征值 λ^k 的特征向量.

定理 4.2.4 设 λ 是 n 阶可逆矩阵 $\boldsymbol{A}$ 的特征值，则 λ^{-1} 是 $\boldsymbol{A}^{-1}$ 的特征值.

证明 设 $\boldsymbol{\xi}$ 是矩阵 $\boldsymbol{A}$ 的属于特征值 λ 的特征向量，则

$$\boldsymbol{A\xi}=\lambda\boldsymbol{\xi}$$

因为 $\boldsymbol{A}$ 是可逆矩阵，所以

$$\boldsymbol{\xi}=\boldsymbol{A}^{-1}\boldsymbol{A\xi}=\boldsymbol{A}^{-1}(\lambda\boldsymbol{\xi})=\lambda\boldsymbol{A}^{-1}\boldsymbol{\xi}$$

由于 $\boldsymbol{\xi}\neq\boldsymbol{0}$，所以 $\lambda\neq 0$，于是

$$\boldsymbol{A}^{-1}\boldsymbol{\xi}=\lambda^{-1}\boldsymbol{\xi}$$

故 λ^{-1} 是 $\boldsymbol{A}^{-1}$ 的特征值.

定理 4.2.5 设 λ 是 n 阶矩阵 $\boldsymbol{A}$ 的特征值，$f(x)=a_mx^m+a_{m-1}x^{m-1}+\cdots+a_1x+a_0$，则 $f(\boldsymbol{A})$ 的特征值是 $f(\lambda)$.

证明 设 $\boldsymbol{\xi}$ 是矩阵 $\boldsymbol{A}$ 的属于特征值 λ 的特征向量，则

$$\boldsymbol{A\xi}=\lambda\boldsymbol{\xi}$$

因为 $\boldsymbol{A}^k\boldsymbol{\xi}=\lambda^k\boldsymbol{\xi}$，所以

$$\begin{aligned}
f(\boldsymbol{A})\boldsymbol{\xi}&=(a_m\boldsymbol{A}^m+a_{m-1}\boldsymbol{A}^{m-1}+\cdots+a_1\boldsymbol{A}+a_0\boldsymbol{E})\boldsymbol{\xi}\\
&=a_m\boldsymbol{A}^m\boldsymbol{\xi}+a_{m-1}\boldsymbol{A}^{m-1}\boldsymbol{\xi}+\cdots+a_1\boldsymbol{A\xi}+a_0\boldsymbol{E\xi}\\
&=a_m\lambda^m\boldsymbol{\xi}+a_{m-1}\lambda^{m-1}\boldsymbol{\xi}+\cdots+a_1\lambda\boldsymbol{\xi}+a_0\boldsymbol{\xi}\\
&=(a_m\lambda^m+a_{m-1}\lambda^{m-1}+\cdots+a_1\lambda+a_0)\boldsymbol{\xi}\\
&=f(\lambda)\boldsymbol{\xi}
\end{aligned}$$

所以 $f(\boldsymbol{A})$ 的特征值是 $f(\lambda)$.

定理 4.2.6 设 λ_1，λ_2，…，λ_s 是 n 阶矩阵 $\boldsymbol{A}$ 的 s 个互异特征值，$\boldsymbol{\xi}_1$，$\boldsymbol{\xi}_2$，…，$\boldsymbol{\xi}_s$ 是 $\boldsymbol{A}$ 的分别属于特征值 λ_1，λ_2，…，λ_s 的特征向量，则 $\boldsymbol{\xi}_1$，$\boldsymbol{\xi}_2$，…，$\boldsymbol{\xi}_s$ 线性无关.

证明 对特征值的个数 s 作数学归纳法.

当 $s=1$ 时，因为属于特征值 λ_1 的特征向量 $\boldsymbol{\xi}_1\neq\boldsymbol{0}$，所以单个特征向量 $\boldsymbol{\xi}_1$ 是线性无关的.

假设对 $s-1$ 个互异的特征值结论已经成立. 下面证明分别属于 s 个互异的特征值 $\lambda_1, \lambda_2, \cdots, \lambda_s$ 的特征向量 $\boldsymbol{\xi}_1, \boldsymbol{\xi}_2, \cdots, \boldsymbol{\xi}_s$ 也线性无关. 设

$$k_1\boldsymbol{\xi}_1+k_2\boldsymbol{\xi}_2+\cdots+k_s\boldsymbol{\xi}_s=\mathbf{0} \tag{4.2.6}$$

用 $\boldsymbol{A}$ 左乘上式得

$$k_1\boldsymbol{A}\boldsymbol{\xi}_1+k_2\boldsymbol{A}\boldsymbol{\xi}_2+\cdots+k_s\boldsymbol{A}\boldsymbol{\xi}_s=\mathbf{0}$$

由 $\boldsymbol{A}\boldsymbol{\xi}_i=\lambda_i\boldsymbol{\xi}_i$ 得

$$k_1\lambda_1\boldsymbol{\xi}_1+k_2\lambda_2\boldsymbol{\xi}_2+\cdots+k_{s-1}\lambda_{s-1}\boldsymbol{\xi}_{s-1}+k_s\lambda_s\boldsymbol{\xi}_s=\mathbf{0} \tag{4.2.7}$$

用 λ_s 乘式(4.2.6)得

$$k_1\lambda_s\boldsymbol{\xi}_1+k_2\lambda_s\boldsymbol{\xi}_2+\cdots+k_{s-1}\lambda_s\boldsymbol{\xi}_{s-1}+k_s\lambda_s\boldsymbol{\xi}_s=\mathbf{0} \tag{4.2.8}$$

式(4.2.8)减式(4.2.7)得

$$k_1(\lambda_s-\lambda_1)\boldsymbol{\xi}_1+k_2(\lambda_s-\lambda_2)\boldsymbol{\xi}_2+\cdots+k_{s-1}(\lambda_s-\lambda_{s-1})\boldsymbol{\xi}_{s-1}=\mathbf{0}$$

由归纳假设 $\boldsymbol{\xi}_1, \boldsymbol{\xi}_2, \cdots, \boldsymbol{\xi}_{s-1}$ 线性无关，于是

$$k_1(\lambda_s-\lambda_1)=k_2(\lambda_s-\lambda_2)=\cdots=k_{s-1}(\lambda_s-\lambda_{s-1})=0$$

由于 $\lambda_1, \lambda_2, \cdots, \lambda_s$ 互异，所以

$$\lambda_s-\lambda_i\neq 0 \quad (i=1, 2, \cdots, s-1)$$

故

$$k_1=k_2=\cdots=k_{s-1}=0$$

将它们代入式(4.2.6)，得

$$k_s\boldsymbol{\xi}_s=\mathbf{0}$$

而 $\boldsymbol{\xi}_s\neq\mathbf{0}$，所以

$$k_s=0$$

因此 $\boldsymbol{\xi}_1, \boldsymbol{\xi}_2, \cdots, \boldsymbol{\xi}_s$ 线性无关. 由数学归纳法原理，结论普遍成立.

推论 4.2.2 如果 n 阶矩阵 $\boldsymbol{A}$ 有 n 个互异特征值，那么 $\boldsymbol{A}$ 有 n 个线性无关的特征向量.

下面我们给出一个更为一般的结论，而略去它的证明.

定理 4.2.7 设 $\lambda_1, \lambda_2, \cdots, \lambda_m$ 是 n 阶矩阵 $\boldsymbol{A}$ 的 m 个互异特征值，$\boldsymbol{\xi}_{11}, \boldsymbol{\xi}_{12}, \cdots, \boldsymbol{\xi}_{is_i}$ 是 $\boldsymbol{A}$ 的属于特征值 $\lambda_i(i=1, 2, \cdots, m)$ 的线性无关的特征向量，则向量组 $\boldsymbol{\xi}_{11}, \boldsymbol{\xi}_{12}, \cdots, \boldsymbol{\xi}_{1s_1}, \boldsymbol{\xi}_{21}, \boldsymbol{\xi}_{22}, \cdots, \boldsymbol{\xi}_{2s_2}, \cdots, \boldsymbol{\xi}_{m1}, \boldsymbol{\xi}_{m2}, \cdots, \boldsymbol{\xi}_{ms_m}$ 线性无关.

根据定理 4.2.7，对于 n 阶矩阵 $\boldsymbol{A}$ 的每一个特征值 $\lambda_i(i=1, 2, \cdots, m)$，解齐次线性方程组 $(\boldsymbol{A}-\lambda_i\boldsymbol{E})\boldsymbol{X}=\mathbf{0}$ 得基础解系 $\boldsymbol{\xi}_{11}, \boldsymbol{\xi}_{12}, \cdots, \boldsymbol{\xi}_{is_i}$，然后将它们合并在一起所得的向量组仍是线性无关的.

比如，例 4.2.1 中，矩阵 $\boldsymbol{A}$ 的属于特征值 $\lambda_1=1$ 的线性无关的特征向量是 $\boldsymbol{\xi}_1$，属于特征值 $\lambda_2=2$ 的线性无关的特征向量是 $\boldsymbol{\xi}_2$，$\boldsymbol{\xi}_3$，则 $\boldsymbol{\xi}_1$，$\boldsymbol{\xi}_2$，$\boldsymbol{\xi}_3$ 是线性无关的.

需要指出，并不是每一个 n 阶矩阵都有 n 个线性无关的特征向量. 这是因为矩阵的一个 k 重特征值不一定有 k 个线性无关的特征向量，比如，例 4.2.2 中 $\lambda_1=\lambda_2=2$ 是 2 重特征值，但是它仅对应一个线性无关的特征向量.

例 4.2.3 已知三阶矩阵

$$\boldsymbol{A}=\begin{pmatrix} a_{11} & a_{12} & a_{13} \\ a_{21} & a_{22} & a_{23} \\ a_{31} & a_{32} & a_{33} \end{pmatrix}$$

的两个特征值为 1 和 2，且 $a_{11}+a_{22}+a_{33}=0$，求 $|\boldsymbol{A}^2+3\boldsymbol{A}-2\boldsymbol{E}|$.

解 设 $\boldsymbol{A}$ 的第三个特征值为 λ，由矩阵的特征值的性质，得

$$1+2+\lambda=a_{11}+a_{22}+a_{33}=0$$

所以

$$\lambda=-3$$

令 $f(x)=x^2+3x-2$，则

$$f(\boldsymbol{A})=\boldsymbol{A}^2+3\boldsymbol{A}-2\boldsymbol{E}$$

由特征值的性质，得矩阵 $\boldsymbol{A}^2+3\boldsymbol{A}-2\boldsymbol{E}$ 的特征值分别是

$$f(1)=2,\ f(2)=8,\ f(-3)=-2$$

于是

$$|\boldsymbol{A}^2+3\boldsymbol{A}-2\boldsymbol{E}|=2\times 8\times(-2)=-32$$

例 4.2.4 设 n 阶矩阵 $\boldsymbol{A}$ 满足 $\boldsymbol{A}^2=\boldsymbol{A}$，证明 $\boldsymbol{A}$ 的特征值是 1 或 0.

证明 设 λ 为 $\boldsymbol{A}$ 的特征值，$\boldsymbol{\xi}$ 是属于 λ 的特征向量，则

$$\boldsymbol{A}\boldsymbol{\xi}=\lambda\boldsymbol{\xi}$$

于是

$$\boldsymbol{A}^2\boldsymbol{\xi}=\lambda^2\boldsymbol{\xi}$$

又 $\boldsymbol{A}^2=\boldsymbol{A}$，所以

$$\lambda^2\boldsymbol{\xi}=\lambda\boldsymbol{\xi}$$

即

$$(\lambda^2-\lambda)\boldsymbol{\xi}=\boldsymbol{0}$$

因为 $\boldsymbol{\xi}\neq\boldsymbol{0}$，所以 $\lambda^2-\lambda=0$，故 $\lambda=0$ 或 1.

4.3 相似矩阵与矩阵的对角化

对角矩阵是一类比较简单的矩阵，它具有良好的性质，如果能把一个矩阵化成对角矩阵，并保持它原有的性质，那么就可以通过讨论这个相对简单的对角矩阵的性质，来推测原来矩阵的性质，这在理论和应用方面都具有十分重要的意义. 本节主要介绍相似矩阵的概念和性质，并给出相似对角化的条件.

1. 相似矩阵

定义 4.3.1 设 $\boldsymbol{A}$，$\boldsymbol{B}$ 都是 n 阶矩阵，如果存在 n 阶可逆矩阵 $\boldsymbol{P}$，使得

$$\boldsymbol{B}=\boldsymbol{P}^{-1}\boldsymbol{A}\boldsymbol{P}$$

则矩阵 $\boldsymbol{A}$ 与 $\boldsymbol{B}$ 相似，记作 $\boldsymbol{A}\sim\boldsymbol{B}$.

例 4.3.1 已知矩阵

$$\boldsymbol{A}=\begin{pmatrix}1 & 0\\ 1 & 2\end{pmatrix},\ \boldsymbol{B}=\begin{pmatrix}2 & -4\\ 0 & 1\end{pmatrix}$$

因为存在可逆矩阵

$$\boldsymbol{P}=\begin{pmatrix}0 & 1\\ -1 & 3\end{pmatrix}$$

使得 $\boldsymbol{B}=\boldsymbol{P}^{-1}\boldsymbol{A}\boldsymbol{P}$，所以矩阵 $\boldsymbol{A}$ 与 $\boldsymbol{B}$ 相似.

对矩阵 $\boldsymbol{A}$ 进行运算 $\boldsymbol{P}^{-1}\boldsymbol{A}\boldsymbol{P}$ 的过程称为对矩阵 $\boldsymbol{A}$ 进行相似变换，且称可逆矩阵 $\boldsymbol{P}$ 为相似变换矩阵.

相似是同阶矩阵之间的一种重要关系，它具有下列性质：

(1) 反身性：对任意的 n 阶矩阵 $\boldsymbol{A}$，都有 $\boldsymbol{A}\sim\boldsymbol{A}$；

(2) 对称性：若 $\boldsymbol{A}\sim\boldsymbol{B}$，则 $\boldsymbol{B}\sim\boldsymbol{A}$；

(3) 传递性：若 $\boldsymbol{A}\sim\boldsymbol{B}$，$\boldsymbol{B}\sim\boldsymbol{C}$，则 $\boldsymbol{A}\sim\boldsymbol{C}$.

证明 (1) 对任意的 n 阶矩阵 $\boldsymbol{A}$，因为存在 n 阶单位矩阵 $\boldsymbol{E}$，使得

$$\boldsymbol{A}=\boldsymbol{E}^{-1}\boldsymbol{A}\boldsymbol{E}$$

故 $\boldsymbol{A}\sim\boldsymbol{A}$.

(2) 若 $\boldsymbol{A}\sim\boldsymbol{B}$，则存在 n 阶可逆矩阵 $\boldsymbol{P}$，使得

$$\boldsymbol{B}=\boldsymbol{P}^{-1}\boldsymbol{A}\boldsymbol{P}$$

从而

$$\boldsymbol{A}=(\boldsymbol{P}^{-1})^{-1}\boldsymbol{B}\boldsymbol{P}^{-1}$$

故 $\boldsymbol{B}\sim\boldsymbol{A}$.

(3) 若 $\boldsymbol{A}\sim\boldsymbol{B}$, $\boldsymbol{B}\sim\boldsymbol{C}$, 则存在 n 阶可逆矩阵 $\boldsymbol{P}_1$, $\boldsymbol{P}_2$, 使得

$$\boldsymbol{B}=\boldsymbol{P}_1^{-1}\boldsymbol{A}\boldsymbol{P}_1,\ \boldsymbol{C}=\boldsymbol{P}_2^{-1}\boldsymbol{B}\boldsymbol{P}_2$$

从而

$$\boldsymbol{C}=\boldsymbol{P}_2^{-1}\boldsymbol{B}\boldsymbol{P}_2=\boldsymbol{P}_2^{-1}\boldsymbol{P}_1^{-1}\boldsymbol{A}\boldsymbol{P}_1\boldsymbol{P}_2=(\boldsymbol{P}_1\boldsymbol{P}_2)^{-1}\boldsymbol{A}(\boldsymbol{P}_1\boldsymbol{P}_2)$$

故 $\boldsymbol{A}\sim\boldsymbol{C}$.

相似矩阵具有下列性质.

定理 4.3.1 相似矩阵有相同的特征多项式，从而有相同的特征值.

证明 设 $\boldsymbol{A}$, $\boldsymbol{B}$ 都是 n 阶矩阵，由于 $\boldsymbol{A}\sim\boldsymbol{B}$, 故存在 n 阶可逆矩阵 $\boldsymbol{P}$, 使得

$$\boldsymbol{B}=\boldsymbol{P}^{-1}\boldsymbol{A}\boldsymbol{P}$$

于是

$$\begin{aligned}|\boldsymbol{B}-\lambda\boldsymbol{E}|&=|\boldsymbol{P}^{-1}\boldsymbol{A}\boldsymbol{P}-\lambda\boldsymbol{E}|=|\boldsymbol{P}^{-1}(\boldsymbol{A}-\lambda\boldsymbol{E})\boldsymbol{P}|\\&=|\boldsymbol{P}^{-1}||\boldsymbol{A}-\lambda\boldsymbol{E}||\boldsymbol{P}|=|\boldsymbol{A}-\lambda\boldsymbol{E}|\end{aligned}$$

故 $\boldsymbol{A}$, $\boldsymbol{B}$ 有相同的特征多项式，从而有相同的特征值.

定理 4.3.2 相似矩阵有相同的行列式.

证明 设 $\boldsymbol{A}$, $\boldsymbol{B}$ 都是 n 阶矩阵，由于 $\boldsymbol{A}\sim\boldsymbol{B}$, 故存在 n 阶可逆矩阵 $\boldsymbol{P}$, 使得

$$\boldsymbol{B}=\boldsymbol{P}^{-1}\boldsymbol{A}\boldsymbol{P}$$

于是

$$|\boldsymbol{B}|=|\boldsymbol{P}^{-1}\boldsymbol{A}\boldsymbol{P}|=|\boldsymbol{P}^{-1}||\boldsymbol{A}||\boldsymbol{P}|=|\boldsymbol{A}|$$

定理 4.3.3 设 $\boldsymbol{A}$, $\boldsymbol{B}$ 都是 n 阶矩阵，若 $\boldsymbol{A}\sim\boldsymbol{B}$, 则 $\boldsymbol{A}^m\sim\boldsymbol{B}^m$, 其中 m 是正整数.

证明 若 $\boldsymbol{A}\sim\boldsymbol{B}$, 则存在 n 阶可逆矩阵 $\boldsymbol{P}$, 使得

$$\boldsymbol{B}=\boldsymbol{P}^{-1}\boldsymbol{A}\boldsymbol{P}$$

于是

$$\boldsymbol{B}^m=(\boldsymbol{P}^{-1}\boldsymbol{A}\boldsymbol{P})^m=\boldsymbol{P}^{-1}\boldsymbol{A}\boldsymbol{P}\cdot\boldsymbol{P}^{-1}\boldsymbol{A}\boldsymbol{P}\cdots\boldsymbol{P}^{-1}\boldsymbol{A}\boldsymbol{P}=\boldsymbol{P}^{-1}\boldsymbol{A}^m\boldsymbol{P}$$

故 $\boldsymbol{A}^m\sim\boldsymbol{B}^m$.

定理 4.3.4 设 $\boldsymbol{A}$, $\boldsymbol{B}$ 都是 n 阶矩阵，若存在 n 阶可逆矩阵 $\boldsymbol{P}$, 使得 $\boldsymbol{B}=\boldsymbol{P}^{-1}\boldsymbol{A}\boldsymbol{P}$, 而多项式 $f(x)=a_mx^m+a_{m-1}x^{m-1}+\cdots+a_1x+a_0$, 则

$$f(\boldsymbol{B})=\boldsymbol{P}^{-1}f(\boldsymbol{A})\boldsymbol{P}$$

从而 $f(\boldsymbol{A})$与 $f(\boldsymbol{B})$相似.

证明 因为

$$\boldsymbol{B}=\boldsymbol{P}^{-1}\boldsymbol{A}\boldsymbol{P}$$

而

$$\boldsymbol{B}^k=\boldsymbol{P}^{-1}\boldsymbol{A}^k\boldsymbol{P} \qquad (k=1, 2, \cdots, m)$$

所以

$$\begin{aligned} f(\boldsymbol{B}) &= a_m\boldsymbol{B}^m+a_{m-1}\boldsymbol{B}^{m-1}+\cdots+a_1\boldsymbol{B}+a_0\boldsymbol{E} \\ &= a_m\boldsymbol{P}^{-1}\boldsymbol{A}^m\boldsymbol{P}+a_{m-1}\boldsymbol{P}^{-1}\boldsymbol{A}^{m-1}\boldsymbol{P}+\cdots+a_1\boldsymbol{P}^{-1}\boldsymbol{A}\boldsymbol{P}+a_0\boldsymbol{E} \\ &= \boldsymbol{P}^{-1}(a_m\boldsymbol{A}^m+a_{m-1}\boldsymbol{A}^{m-1}+\cdots+a_1\boldsymbol{A}+a_0\boldsymbol{E})\boldsymbol{P} \\ &= \boldsymbol{P}^{-1}f(\boldsymbol{A})\boldsymbol{P} \end{aligned}$$

故 $f(\boldsymbol{A})$与 $f(\boldsymbol{B})$相似.

例 4.3.2 设矩阵

$$\boldsymbol{A}=\begin{pmatrix} -2 & 0 & 0 \\ 2 & x & 2 \\ 3 & 1 & 1 \end{pmatrix}, \boldsymbol{B}=\begin{pmatrix} -1 & 0 & 0 \\ 0 & 2 & 0 \\ 0 & 0 & y \end{pmatrix}$$

确定 x, y 的值，使 $\boldsymbol{A}$ 与 $\boldsymbol{B}$ 相似.

解 因为矩阵 $\boldsymbol{B}$ 是对角矩阵，所以矩阵 $\boldsymbol{B}$ 的特征值是-1, 2, y. 若 $\boldsymbol{A}$ 与 $\boldsymbol{B}$ 相似，则矩阵 $\boldsymbol{A}$ 的特征值也是-1, 2, y，而矩阵 $\boldsymbol{A}$ 的特征多项式为

$$|\boldsymbol{A}-\lambda\boldsymbol{E}|=\begin{vmatrix} -2-\lambda & 0 & 0 \\ 2 & x-\lambda & 2 \\ 3 & 1 & 1-\lambda \end{vmatrix}=-(2+\lambda)\begin{vmatrix} x-\lambda & 2 \\ 1 & 1-\lambda \end{vmatrix}$$

$$=-(2+\lambda)(\lambda^2-(x+1)\lambda+(x-2))$$

把 $\lambda=-1$ 代入矩阵 $\boldsymbol{A}$ 的特征多项式中，得

$$|\boldsymbol{A}-(-1)\boldsymbol{E}|=-(2-1)((-1)^2-(x+1)(-1)+(x-2))=-2x=0$$

所以

$$x=0$$

又根据特征值的性质，得

$$-2+x+1=-1+2+y$$

于是

$$y=x-2=0-2=-2$$

2. 相似矩阵的对角化

在处理矩阵的运算时，如果 n 阶矩阵 $\boldsymbol{A}$ 与对角矩阵相似，那么利用对角矩

阵的性质，可以简化运算过程. 但是，并不是每一个矩阵都能相似于对角矩阵，即矩阵可对角化是有条件的. 下面的定理从特征向量的角度刻画了矩阵可对角化的条件.

定理 4.3.5 n 阶矩阵 $\boldsymbol{A}$ 相似于对角矩阵的充要条件是 $\boldsymbol{A}$ 有 n 个线性无关的特征向量.

证明 必要性. 设 n 阶矩阵 A 相似于 n 阶对角矩阵

$$\boldsymbol{\Lambda}=\begin{pmatrix}\lambda_1 & & & \\ & \lambda_2 & & \\ & & \ddots & \\ & & & \lambda_n\end{pmatrix}$$

则存在 n 阶可逆矩阵 $\boldsymbol{P}$，使得

$$\boldsymbol{P}^{-1}\boldsymbol{A}\boldsymbol{P}=\boldsymbol{\Lambda}$$

故

$$\boldsymbol{A}\boldsymbol{P}=\boldsymbol{P}\boldsymbol{\Lambda}$$

令 $\boldsymbol{P}=(\boldsymbol{\alpha}_1, \boldsymbol{\alpha}_2, \cdots, \boldsymbol{\alpha}_n)$，其中 $\boldsymbol{\alpha}_1, \boldsymbol{\alpha}_2, \cdots, \boldsymbol{\alpha}_n$ 分别是 $\boldsymbol{P}$ 的第 $1, 2, \cdots, n$ 个列向量，于是

$$\boldsymbol{A}(\boldsymbol{\alpha}_1, \boldsymbol{\alpha}_2, \cdots, \boldsymbol{\alpha}_n)=(\boldsymbol{\alpha}_1, \boldsymbol{\alpha}_2, \cdots, \boldsymbol{\alpha}_n)\boldsymbol{\Lambda}$$

即

$$(\boldsymbol{A}\boldsymbol{\alpha}_1, \boldsymbol{A}\boldsymbol{\alpha}_2, \cdots, \boldsymbol{A}\boldsymbol{\alpha}_n)=(\boldsymbol{\alpha}_1, \boldsymbol{\alpha}_2, \cdots, \boldsymbol{\alpha}_n)\begin{pmatrix}\lambda_1 & & & \\ & \lambda_2 & & \\ & & \ddots & \\ & & & \lambda_n\end{pmatrix}$$

故

$$\boldsymbol{A}\boldsymbol{\alpha}_i=\lambda_i\boldsymbol{\alpha}_i \qquad (i=1, 2, \cdots, n)$$

因此 $\boldsymbol{\alpha}_1, \boldsymbol{\alpha}_2, \cdots, \boldsymbol{\alpha}_n$ 是矩阵 $\boldsymbol{A}$ 的分别属于特征值 $\lambda_1, \lambda_2, \cdots, \lambda_n$ 的特征向量. 因为 $\boldsymbol{P}$ 是可逆矩阵，所以 $\boldsymbol{\alpha}_1, \boldsymbol{\alpha}_2, \cdots, \boldsymbol{\alpha}_n$ 是线性无关的特征向量.

充分性. 设 $\boldsymbol{\alpha}_1, \boldsymbol{\alpha}_2, \cdots, \boldsymbol{\alpha}_n$ 是矩阵 $\boldsymbol{A}$ 的 n 个线性无关的特征向量，它们对应的特征值分别为 $\lambda_1, \lambda_2, \cdots, \lambda_n$，即

$$\boldsymbol{A}\boldsymbol{\alpha}_i=\lambda_i\boldsymbol{\alpha}_i \qquad (i=1, 2, \cdots, n)$$

令矩阵 $\boldsymbol{P}=(\boldsymbol{\alpha}_1, \boldsymbol{\alpha}_2, \cdots, \boldsymbol{\alpha}_n)$，因为 $\boldsymbol{\alpha}_1, \boldsymbol{\alpha}_2, \cdots, \boldsymbol{\alpha}_n$ 是线性无关的，所以 $\boldsymbol{P}$ 是可逆矩阵. 于是有

$$\begin{aligned}\boldsymbol{AP} &= \boldsymbol{A}(\boldsymbol{\alpha}_1, \boldsymbol{\alpha}_2, \cdots, \boldsymbol{\alpha}_n) = (\boldsymbol{A\alpha}_1, \boldsymbol{A\alpha}_2, \cdots, \boldsymbol{A\alpha}_n) \\ &= (\lambda_1\boldsymbol{\alpha}_1, \lambda_2\boldsymbol{\alpha}_2, \cdots, \lambda_n\boldsymbol{\alpha}_n) \\ &= (\boldsymbol{\alpha}_1, \boldsymbol{\alpha}_2, \cdots, \boldsymbol{\alpha}_n)\begin{pmatrix}\lambda_1 & & & \\ & \lambda_2 & & \\ & & \ddots & \\ & & & \lambda_n\end{pmatrix} = \boldsymbol{P}\begin{pmatrix}\lambda_1 & & & \\ & \lambda_2 & & \\ & & \ddots & \\ & & & \lambda_n\end{pmatrix}\end{aligned}$$

两边左乘 $\boldsymbol{P}^{-1}$，得

$$\boldsymbol{P}^{-1}\boldsymbol{AP} = \boldsymbol{\Lambda} = \begin{pmatrix}\lambda_1 & & & \\ & \lambda_2 & & \\ & & \ddots & \\ & & & \lambda_n\end{pmatrix}$$

从而矩阵 $\boldsymbol{A}$ 与对角矩阵 $\boldsymbol{\Lambda}$ 相似.

由定理 4.3.5 可知，若 $\boldsymbol{\alpha}_1, \boldsymbol{\alpha}_2, \cdots, \boldsymbol{\alpha}_n$ 是 n 阶矩阵 $\boldsymbol{A}$ 的 n 个线性无关的特征向量，它们对应的特征值分别为 $\lambda_1, \lambda_2, \cdots, \lambda_n$，则存在 n 阶可逆矩阵 $\boldsymbol{P} = (\boldsymbol{\alpha}_1, \boldsymbol{\alpha}_2, \cdots, \boldsymbol{\alpha}_n)$，使得

$$\boldsymbol{P}^{-1}\boldsymbol{AP} = \boldsymbol{\Lambda} = \begin{pmatrix}\lambda_1 & & & \\ & \lambda_2 & & \\ & & \ddots & \\ & & & \lambda_n\end{pmatrix}$$

是对角矩阵，而且此对角矩阵 $\boldsymbol{\Lambda}$ 的主对角线上的元素 $\lambda_1, \lambda_2, \cdots, \lambda_n$ 依次是与 $\boldsymbol{\alpha}_1, \boldsymbol{\alpha}_2, \cdots, \boldsymbol{\alpha}_n$ 对应的 $\boldsymbol{A}$ 的 n 个的特征值.

推论 4.3.1 若 n 阶矩阵 $\boldsymbol{A}$ 有 n 个互异的特征值，则 $\boldsymbol{A}$ 相似于对角矩阵.

证明 设 n 阶矩阵 $\boldsymbol{A}$ 有 n 个互异的特征值 $\lambda_1, \lambda_2, \cdots, \lambda_n$，$\boldsymbol{\alpha}_1, \boldsymbol{\alpha}_2, \cdots, \boldsymbol{\alpha}_n$ 是矩阵 $\boldsymbol{A}$ 的分别属于特征值 $\lambda_1, \lambda_2, \cdots, \lambda_n$ 的特征向量，则 $\boldsymbol{\alpha}_1, \boldsymbol{\alpha}_2, \cdots, \boldsymbol{\alpha}_n$ 线性无关，所以 $\boldsymbol{A}$ 相似于对角矩阵.

定义 4.3.2 若 n 阶矩阵 $\boldsymbol{A}$ 相似于一个对角矩阵

$$\boldsymbol{\Lambda} = \begin{pmatrix}\lambda_1 & & & \\ & \lambda_2 & & \\ & & \ddots & \\ & & & \lambda_n\end{pmatrix}$$

即存在 n 阶可逆矩阵 $\boldsymbol{P}$，使得 $\boldsymbol{P}^{-1}\boldsymbol{AP} = \boldsymbol{\Lambda}$，则称矩阵 $\boldsymbol{A}$ 可对角化.

现在的问题是对于任意一个 n 阶矩阵 $\boldsymbol{A}$，是否一定可以对角化，答案是否定的. 因为在上一节的例 4.2.2 中，矩阵 $\boldsymbol{A}$ 找不到 3 个线性无关的特征向量，从而例 4.2.2 中的矩阵 $\boldsymbol{A}$ 不能对角化.

定理 4.3.5 不仅给出了 n 阶矩阵 $\boldsymbol{A}$ 是否可对角化的条件，而且定理 4.3.5 的证明过程也给出了对角化的具体方法. 现在把这种方法归纳如下：

(1) 求出矩阵 $\boldsymbol{A}$ 的所有特征值 λ_1，λ_2，…，λ_m，它们的重数分别是 r_1，r_2，…，r_m.

(2) 判断矩阵 $\boldsymbol{A}$ 是否可对角化. 如果 $\boldsymbol{A}$ 有 n 个互异特征值，则 $\boldsymbol{A}$ 可对角化；如果 $\boldsymbol{A}$ 的互异特征值 λ_1，λ_2，…，λ_m 的个数 m 小于 n，计算每个特征值 λ_i 的特征向量，当所有线性无关的特征向量的个数之和等于 n 时，则 $\boldsymbol{A}$ 可对角化，否则 $\boldsymbol{A}$ 不可对角化. 当 $\boldsymbol{A}$ 可对角化时，对于特征值 λ_i，设对应的齐次线性方程组 $(\boldsymbol{A}-\lambda_i\boldsymbol{E})\boldsymbol{X}=\boldsymbol{0}$ 的基础解系为 $\boldsymbol{\alpha}_{11}$，$\boldsymbol{\alpha}_{12}$，…，$\boldsymbol{\alpha}_{ir_i}$ $(i=1, 2, \cdots, m)$，它即为属于特征值 λ_i 的线性无关的特征向量，且有 $r_1+r_2+\cdots+r_m=n$.

(3) 求相似变换矩阵 $\boldsymbol{P}$. 以矩阵 $\boldsymbol{A}$ 的 n 个线性无关的特征向量为列向量作相似变换矩阵 $\boldsymbol{P}$，即取

$$\boldsymbol{P}=(\boldsymbol{\alpha}_{11}, \boldsymbol{\alpha}_{12}, \cdots, \boldsymbol{\alpha}_{1r_1}, \boldsymbol{\alpha}_{21}, \boldsymbol{\alpha}_{22}, \cdots, \boldsymbol{\alpha}_{2r_2}, \cdots, \boldsymbol{\alpha}_{m1}, \boldsymbol{\alpha}_{m2}, \cdots, \boldsymbol{\alpha}_{mr_m})$$

则有

$$\boldsymbol{P}^{-1}\boldsymbol{A}\boldsymbol{P}=\boldsymbol{\Lambda}=\begin{pmatrix} \lambda_1 & & & & & & & & \\ & \ddots & & & & & & & \\ & & \lambda_1 & & & & & & \\ & & & \lambda_2 & & & & & \\ & & & & \ddots & & & & \\ & & & & & \lambda_2 & & & \\ & & & & & & \ddots & & \\ & & & & & & & \lambda_m & \\ & & & & & & & & \ddots \\ & & & & & & & & & \lambda_m \end{pmatrix} \begin{matrix} \left.\right\} r_1 \\ \left.\right\} r_2 \\ \left.\right\} r_m \end{matrix}$$

必须指出，在对角矩阵 $\boldsymbol{\Lambda}$ 中特征值的排列顺序是与相似变换矩阵中的特征向量的排列顺序相对应的.

例 4.3.3 判断下列矩阵是否可对角化，若能对角化，求出相似变换矩阵 $\boldsymbol{P}$，使得 $\boldsymbol{P}^{-1}\boldsymbol{A}\boldsymbol{P}=\boldsymbol{\Lambda}$ 是对角矩阵.

(1) $\boldsymbol{A}=\begin{pmatrix}0&0&1\\1&1&1\\1&0&0\end{pmatrix}$;

(2) $\boldsymbol{B}=\begin{pmatrix}1&0&0\\-2&5&-2\\-2&4&-1\end{pmatrix}$.

解 (1) 因为矩阵 $\boldsymbol{A}$ 的特征多项式是

$$|\boldsymbol{A}-\lambda\boldsymbol{E}|=\begin{vmatrix}-\lambda&0&1\\1&1-\lambda&1\\1&0&-\lambda\end{vmatrix}=-(\lambda-1)^2(\lambda+1)$$

所以矩阵 $\boldsymbol{A}$ 的特征值是 $\lambda_1=-1$，$\lambda_2=1$(二重).

对于 $\lambda_1=-1$，解齐次线性方程组 $(\boldsymbol{A}+\boldsymbol{E})\boldsymbol{X}=\boldsymbol{0}$，得基础解系

$$\boldsymbol{\xi}_1=(-1,\ 0,\ 1)^{\mathrm{T}}$$

故属于 $\lambda_1=-1$ 的线性无关的特征向量是 $\boldsymbol{\xi}_1$.

对于 $\lambda_2=1$，解齐次线性方程组 $(\boldsymbol{A}-\boldsymbol{E})\boldsymbol{X}=\boldsymbol{0}$，得基础解系

$$\boldsymbol{\xi}_2=(0,\ 1,\ 0)^{\mathrm{T}}$$

故属于 $\lambda_2=1$ 的线性无关的特征向量是 $\boldsymbol{\xi}_2$.

由于三阶矩阵 $\boldsymbol{A}$ 只有两个线性无关的特征向量，所以矩阵 $\boldsymbol{A}$ 不能对角化.

(2) 因为矩阵 $\boldsymbol{B}$ 的特征多项式是

$$|\boldsymbol{B}-\lambda\boldsymbol{E}|=\begin{vmatrix}1-\lambda&0&0\\-2&5-\lambda&-2\\-2&4&-1-\lambda\end{vmatrix}=-(\lambda-1)^2(\lambda-3)$$

所以矩阵 B 的特征值是 $\lambda_1=1$(二重)，$\lambda_2=3$.

对于 $\lambda_1=1$，解齐次线性方程组 $(\boldsymbol{B}-\boldsymbol{E})\boldsymbol{X}=\boldsymbol{0}$，得基础解系

$$\boldsymbol{\xi}_1=(2,\ 1,\ 0)^{\mathrm{T}},\ \boldsymbol{\xi}_2=(-1,\ 0,\ 1)^{\mathrm{T}}$$

故属于 $\lambda_1=1$ 的线性无关的特征向量是 $\boldsymbol{\xi}_1$，$\boldsymbol{\xi}_2$.

对于 $\lambda_2=3$，解齐次线性方程组 $(\boldsymbol{B}-3\boldsymbol{E})\boldsymbol{X}=\boldsymbol{0}$，得基础解系

$$\boldsymbol{\xi}_3=(0,\ 1,\ 1)^{\mathrm{T}}$$

故属于 $\lambda_2=3$ 的线性无关的特征向量是 $\boldsymbol{\xi}_3$.

由于三阶矩阵 $\boldsymbol{B}$ 有三个线性无关的特征向量，所以矩阵 $\boldsymbol{B}$ 可对角化.

令相似变换矩阵

$$P=(\boldsymbol{\xi}_1, \boldsymbol{\xi}_2, \boldsymbol{\xi}_3)=\begin{pmatrix} 2 & -1 & 0 \\ 1 & 0 & 1 \\ 0 & 1 & 1 \end{pmatrix}$$

则有

$$P^{-1}BP=\begin{pmatrix} 1 & & \\ & 1 & \\ & & 3 \end{pmatrix}$$

例 4.3.4 设 n 阶矩阵 A 满足 $A^2=E$，证明矩阵 A 可对角化.

证明 设 λ 是 n 阶矩阵 A 的特征值，则 λ^2-1 是 A^2-E 的特征值，而

$$A^2=E$$

所以

$$A^2-E=\mathbf{0}$$

因为零矩阵的特征值是零，所以

$$\lambda^2-1=0$$

故矩阵 A 的特征值只能是 1 或 -1.

设矩阵 A 的属于特征值 1 与 -1 的线性无关的特征向量分别有 n_1 与 n_2 个. 因为矩阵 A 的属于特征值 1 的线性无关的特征向量是齐次线性方程组 $(A-E)X=\mathbf{0}$ 的基础解系，故

$$n_1=n-r(A-E)$$

同理，矩阵 A 的属于特征值 -1 的线性无关的特征向量是线性方程组 $(A+E)X=\mathbf{0}$ 的基础解系，故

$$n_2=n-r(A+E)$$

因为

$$(A-E)(A+E)=(A^2-E)=\mathbf{0}$$

所以

$$r(A-E)+r(A+E)\leqslant n$$

又因为

$$r(A-E)+r(A+E)=r(E-A)+r(A+E)\geqslant r(E-A+A+E)=r(2E)=n$$

所以

$$r(A-E)+r(A+E)=n$$

因此

$$n_1+n_2=n-r(A-E)+n-r(A+E)=n$$

故矩阵 $\boldsymbol{A}$ 有 n 个线性无关的特征向量，所以矩阵 $\boldsymbol{A}$ 可对角化.

例 4.3.5 已知矩阵

$$\boldsymbol{A}=\begin{pmatrix} 2 & 0 & 0 \\ -1 & 2 & -1 \\ 1 & 2 & -1 \end{pmatrix}$$

求 $\boldsymbol{A}^n$.

解 因为矩阵 $\boldsymbol{A}$ 的特征多项式为

$$|\boldsymbol{A}-\lambda\boldsymbol{E}|=\begin{vmatrix} 2-\lambda & 0 & 0 \\ -1 & 2-\lambda & -1 \\ 1 & 2 & -1-\lambda \end{vmatrix}=-\lambda(\lambda-1)(\lambda-2)$$

所以矩阵 $\boldsymbol{A}$ 的特征值是 $\lambda_1=0$，$\lambda_2=1$，$\lambda_3=2$.

对于 $\lambda_1=0$，解方程组 $\boldsymbol{AX}=\boldsymbol{0}$，得基础解系

$$\boldsymbol{\xi}_1=(0,\ 1,\ 2)^{\mathrm{T}}$$

故属于 $\lambda_1=0$ 的线性无关的特征向量是 $\boldsymbol{\xi}_1$.

对于 $\lambda_2=1$，解方程组 $(\boldsymbol{A}-\boldsymbol{E})\boldsymbol{X}=\boldsymbol{0}$，得基础解系

$$\boldsymbol{\xi}_2=(0,\ 1,\ 1)^{\mathrm{T}}$$

故属于 $\lambda_2=1$ 的线性无关的特征向量是 $\boldsymbol{\xi}_2$.

对于 $\lambda_3=2$，解方程组 $(\boldsymbol{A}-2\boldsymbol{E})\boldsymbol{X}=\boldsymbol{0}$，得基础解系

$$\boldsymbol{\xi}_3=(-1,\ 2,\ 1)^{\mathrm{T}}$$

故属于 $\lambda_3=2$ 的线性无关的特征向量是 $\boldsymbol{\xi}_3$.

由于矩阵 $\boldsymbol{A}$ 有三个线性无关的特征向量，所以矩阵 $\boldsymbol{A}$ 可对角化.

取相似变换矩阵

$$\boldsymbol{P}=(\boldsymbol{\xi}_1,\ \boldsymbol{\xi}_2,\ \boldsymbol{\xi}_3)=\begin{pmatrix} 0 & 0 & -1 \\ 1 & 1 & 2 \\ 2 & 1 & 1 \end{pmatrix}$$

则

$$\boldsymbol{P}^{-1}=\begin{pmatrix} -1 & -1 & 1 \\ 3 & 2 & -1 \\ -1 & 0 & 0 \end{pmatrix}$$

于是

$$\boldsymbol{P}^{-1}\boldsymbol{AP}=\begin{pmatrix} 0 & & \\ & 1 & \\ & & 2 \end{pmatrix}$$

从而

$$A=P\begin{pmatrix}0&&\\&1&\\&&2\end{pmatrix}P^{-1}$$

故

$$A^n=P\begin{pmatrix}0&&\\&1&\\&&2\end{pmatrix}^nP^{-1}=P\begin{pmatrix}0&&\\&1&\\&&2^n\end{pmatrix}P^{-1}$$

$$=\begin{pmatrix}2^n&0&0\\3-2^{n+1}&2&-1\\3-2^n&2&-1\end{pmatrix}$$

例 4.3.6 三阶矩阵 A 的三个特征值是 1，1，2，它们对应的特征向量分别是

$$\boldsymbol{\xi}_1=\begin{pmatrix}1\\2\\1\end{pmatrix},\ \boldsymbol{\xi}_2=\begin{pmatrix}1\\1\\0\end{pmatrix},\ \boldsymbol{\xi}_3=\begin{pmatrix}2\\0\\-1\end{pmatrix}$$

求矩阵 A.

解 令矩阵

$$P=\begin{pmatrix}1&1&2\\2&1&0\\1&0&-1\end{pmatrix}$$

因为

$$|P|=\begin{vmatrix}1&1&2\\2&1&0\\1&0&-1\end{vmatrix}=\begin{vmatrix}1&1&3\\2&1&2\\1&0&0\end{vmatrix}=-1\neq0$$

所以 A 有三个线性无关的特征向量 $\boldsymbol{\xi}_1$，$\boldsymbol{\xi}_2$，$\boldsymbol{\xi}_3$，从而

$$P^{-1}AP=\begin{pmatrix}1&&\\&1&\\&&2\end{pmatrix}$$

故

$$A=P\begin{pmatrix}1&&\\&1&\\&&2\end{pmatrix}P^{-1}=\begin{pmatrix}1&1&2\\2&1&0\\1&0&-1\end{pmatrix}\begin{pmatrix}1&&\\&1&\\&&2\end{pmatrix}\begin{pmatrix}1&-1&2\\-2&3&-4\\1&-1&1\end{pmatrix}$$

$$=\begin{pmatrix}3&-2&2\\0&1&0\\-1&1&0\end{pmatrix}$$

4.4 实对称矩阵的对角化

n 阶矩阵是否可对角化，取决于它是否有 n 个线性无关的特征向量，这就意味着并不是所有的 n 阶矩阵都可以对角化. 但是有一类矩阵却总是可以对角化，它就是实对称矩阵. 这是因为实对称矩阵的特征值与特征向量具有一些特殊性质.

1. 实对称矩阵的特征值与特征向量的性质

我们知道，复数 $\lambda=a+bi$ 的共轭复数是 $\bar{\lambda}=a-bi$，且 $\lambda\bar{\lambda}=a^2+b^2=|\lambda|^2$.

规定 n 阶复矩阵

$$A=\begin{pmatrix}a_{11}&a_{12}&\cdots&a_{1n}\\a_{21}&a_{22}&\cdots&a_{2n}\\\vdots&\vdots&&\vdots\\a_{n1}&a_{n2}&\cdots&a_{nn}\end{pmatrix}$$

的共轭矩阵是

$$\bar{A}=\begin{pmatrix}\bar{a}_{11}&\bar{a}_{12}&\cdots&\bar{a}_{1n}\\\bar{a}_{21}&\bar{a}_{22}&\cdots&\bar{a}_{2n}\\\vdots&\vdots&&\vdots\\\bar{a}_{n1}&\bar{a}_{n2}&\cdots&\bar{a}_{nn}\end{pmatrix}$$

根据矩阵的乘法定义及共轭复数的运算性质，可得 $\overline{AB}=\bar{A}\,\bar{B}$.

规定复向量

$$\alpha=(a_1,a_2,\cdots,a_n)^{\mathrm{T}}$$

的共轭向量是

$$\bar{\alpha}=(\bar{a}_1,\bar{a}_2,\cdots,\bar{a}_n)^{\mathrm{T}}$$

定理 4.4.1 实对称矩阵的特征值都是实数.

证明 设

$$A=\begin{pmatrix} a_{11} & a_{12} & \cdots & a_{1n} \\ a_{21} & a_{22} & \cdots & a_{2n} \\ \vdots & \vdots & & \vdots \\ a_{n1} & a_{n2} & \cdots & a_{nn} \end{pmatrix}$$

是 n 阶实对称矩阵，复数 λ 是 $\boldsymbol{A}$ 的特征值，复向量

$$\boldsymbol{\alpha}=(a_1, a_2, \cdots, a_n)^{\mathrm{T}}$$

是属于特征值 λ 的特征向量，故有

$$\boldsymbol{A\alpha}=\lambda\boldsymbol{\alpha}$$

两端取共轭，得

$$\overline{\boldsymbol{A\alpha}}=\overline{\lambda\boldsymbol{\alpha}}$$

由于 $\boldsymbol{A}$ 是实对称矩阵，所以 $\bar{\boldsymbol{A}}=\boldsymbol{A}$. 由共轭复数的性质，可得

$$\boldsymbol{A}\bar{\boldsymbol{\alpha}}=\bar{\lambda}\,\bar{\boldsymbol{\alpha}}$$

由于 $\boldsymbol{A}$ 是实对称矩阵，所以 $\boldsymbol{A}^{\mathrm{T}}=\boldsymbol{A}$. 两端取转置，得

$$\bar{\boldsymbol{\alpha}}^{\mathrm{T}}\boldsymbol{A}=\bar{\lambda}\bar{\boldsymbol{\alpha}}^{\mathrm{T}}$$

两端右乘 $\boldsymbol{\alpha}$，得

$$\bar{\boldsymbol{\alpha}}^{\mathrm{T}}\boldsymbol{A\alpha}=\bar{\lambda}\bar{\boldsymbol{\alpha}}^{\mathrm{T}}\boldsymbol{\alpha}$$

而

$$\bar{\boldsymbol{\alpha}}^{\mathrm{T}}\boldsymbol{A\alpha}=\bar{\boldsymbol{\alpha}}^{\mathrm{T}}(\lambda\boldsymbol{\alpha})=\lambda\bar{\boldsymbol{\alpha}}^{\mathrm{T}}\boldsymbol{\alpha}$$

所以

$$\bar{\lambda}\bar{\boldsymbol{\alpha}}^{\mathrm{T}}\boldsymbol{\alpha}=\lambda\bar{\boldsymbol{\alpha}}^{\mathrm{T}}\boldsymbol{\alpha}$$

于是

$$(\bar{\lambda}-\lambda)\bar{\boldsymbol{\alpha}}^{\mathrm{T}}\boldsymbol{\alpha}=0$$

因为 $\boldsymbol{\alpha}\neq\boldsymbol{0}$，所以

$$\bar{\boldsymbol{\alpha}}^{\mathrm{T}}\boldsymbol{\alpha}=(\bar{a}_1, \bar{a}_2, \cdots, \bar{a}_n)\begin{pmatrix} a_1 \\ a_2 \\ \vdots \\ a_n \end{pmatrix}=|a_1|^2+|a_2|^2+\cdots+|a_n|^2\neq 0$$

故 $(\bar{\lambda}-\lambda)=0$. 因此，$\bar{\lambda}=\lambda$，即 λ 是实数.

显然，当实数 λ 是实对称矩阵 $\boldsymbol{A}$ 的特征值时，其对应的齐次线性方程组 $(\boldsymbol{A}-\lambda\boldsymbol{E})\boldsymbol{X}=\boldsymbol{0}$ 是实系数的线性方程组，从而此方程组有实的基础解系，故实对

称矩阵 $\boldsymbol{A}$ 的特征向量是实向量.

定理 4.4.2 实对称矩阵的属于不同特征值的特征向量相互正交.

证明 设 λ_1，λ_2 是实对称矩阵 $\boldsymbol{A}$ 的两个不同的特征值，$\boldsymbol{\alpha}_1$，$\boldsymbol{\alpha}_2$ 分别是属于 λ_1，λ_2 的实特征向量，则

$$\boldsymbol{A}\boldsymbol{\alpha}_1=\lambda_1\boldsymbol{\alpha}_1,\ \boldsymbol{A}\boldsymbol{\alpha}_2=\lambda_2\boldsymbol{\alpha}_2$$

因为

$$\begin{aligned}\lambda_1\boldsymbol{\alpha}_1^{\mathrm{T}}\boldsymbol{\alpha}_2&=(\lambda_1\boldsymbol{\alpha}_1^{\mathrm{T}})\boldsymbol{\alpha}_2=(\lambda_1\boldsymbol{\alpha}_1)^{\mathrm{T}}\boldsymbol{\alpha}_2=(\boldsymbol{A}\boldsymbol{\alpha}_1)^{\mathrm{T}}\boldsymbol{\alpha}_2\\&=\boldsymbol{\alpha}_1^{\mathrm{T}}\boldsymbol{A}\boldsymbol{\alpha}_2=\boldsymbol{\alpha}_1^{\mathrm{T}}\lambda_2\boldsymbol{\alpha}_2=\lambda_2\boldsymbol{\alpha}_1^{\mathrm{T}}\boldsymbol{\alpha}_2\end{aligned}$$

所以

$$(\lambda_1-\lambda_2)\boldsymbol{\alpha}_1^{\mathrm{T}}\boldsymbol{\alpha}_2=0$$

由于 $\lambda_1\neq\lambda_2$，所以

$$\boldsymbol{\alpha}_1^{\mathrm{T}}\boldsymbol{\alpha}_2=0$$

故 $\boldsymbol{\alpha}_1$ 与 $\boldsymbol{\alpha}_2$ 正交.

定理 4.4.3 设 $\boldsymbol{A}$ 为 n 阶实对称矩阵，则存在 n 阶正交矩阵 $\boldsymbol{Q}$，使得

$$\boldsymbol{Q}^{-1}\boldsymbol{A}\boldsymbol{Q}=\begin{pmatrix}\lambda_1 & & & \\ & \lambda_2 & & \\ & & \ddots & \\ & & & \lambda_n\end{pmatrix}$$

是对角矩阵，其中，λ_1，λ_2，…，λ_n 是 $\boldsymbol{A}$ 的 n 个实特征值.

证明 对矩阵 $\boldsymbol{A}$ 的阶数 n 作数学归纳法.

当 $n=1$ 时，一阶实对称矩阵是对角矩阵，结论显然成立.

假设对任意的 $n-1$ 阶实对称矩阵，结论已经成立. 下面证明对 n 阶实对称矩阵 $\boldsymbol{A}$，结论也成立.

设 λ_1 是 $\boldsymbol{A}$ 的一个特征值，$\boldsymbol{\alpha}_1$ 是属于特征值 λ_1 的特征向量，由于 $\dfrac{\boldsymbol{\alpha}_1}{|\boldsymbol{\alpha}_1|}$ 也是属于 λ_1 的特征向量，故不妨设 $\boldsymbol{\alpha}_1$ 是单位向量.

令向量 $\boldsymbol{X}=(x_1,\ x_2,\ \cdots,\ x_n)^{\mathrm{T}}$ 与 $\boldsymbol{\alpha}_1$ 正交，则 $\boldsymbol{\alpha}_1^{\mathrm{T}}\boldsymbol{X}=0$，这是一个含有 n 个未知数的齐次线性方程组. 由于该线性方程组的系数矩阵的秩为 1，故其基础解系含有 $n-1$ 个线性无关的解向量 $\boldsymbol{\beta}_2$，…，$\boldsymbol{\beta}_n$. 利用施密特正交化方法将其正交化，再单位化，得标准正交向量组 $\boldsymbol{\alpha}_2$，…，$\boldsymbol{\alpha}_n$，记 $\boldsymbol{Q}_1=(\boldsymbol{\alpha}_1,\ \boldsymbol{\alpha}_2,\ \cdots,\ \boldsymbol{\alpha}_n)$，则 $\boldsymbol{Q}_1$ 是一个 n 阶正交矩阵. 把 $\boldsymbol{Q}_1$ 分块为 $\boldsymbol{Q}_1=(\boldsymbol{\alpha}_1,\ \boldsymbol{R})$，其中，$\boldsymbol{R}$ 为 $n\times(n-1)$ 矩阵，则

$$\boldsymbol{Q}_1^{-1}\boldsymbol{A}\boldsymbol{Q}_1=\boldsymbol{Q}_1^{\mathrm{T}}\boldsymbol{A}\boldsymbol{Q}_1=\begin{pmatrix}\boldsymbol{\alpha}_1^{\mathrm{T}}\\ \boldsymbol{R}^{\mathrm{T}}\end{pmatrix}\boldsymbol{A}(\boldsymbol{\alpha}_1,\ \boldsymbol{R})=\begin{pmatrix}\boldsymbol{\alpha}_1^{\mathrm{T}}\boldsymbol{A}\boldsymbol{\alpha}_1 & \boldsymbol{\alpha}_1^{\mathrm{T}}\boldsymbol{A}\boldsymbol{R}\\ \boldsymbol{R}^{\mathrm{T}}\boldsymbol{A}\boldsymbol{\alpha}_1 & \boldsymbol{R}^{\mathrm{T}}\boldsymbol{A}\boldsymbol{R}\end{pmatrix}$$

因为 $\boldsymbol{A}\boldsymbol{\alpha}_1=\lambda_1\boldsymbol{\alpha}_1$，$\boldsymbol{\alpha}_1^{\mathrm{T}}\boldsymbol{A}=\lambda_1\boldsymbol{\alpha}_1^{\mathrm{T}}$，$\boldsymbol{\alpha}_1^{\mathrm{T}}\boldsymbol{\alpha}_1=1$，$\boldsymbol{\alpha}_1$ 与 $\boldsymbol{R}$ 的各列都正交，即 $\boldsymbol{\alpha}_1^{\mathrm{T}}\boldsymbol{R}=0$，所以有

$$\boldsymbol{Q}_1^{-1}\boldsymbol{A}\boldsymbol{Q}_1=\boldsymbol{Q}_1^{\mathrm{T}}\boldsymbol{A}\boldsymbol{Q}_1=\begin{pmatrix}\lambda_1 & \boldsymbol{0}\\ 0 & \boldsymbol{A}_1\end{pmatrix}$$

其中，$\boldsymbol{A}_1=\boldsymbol{R}^{\mathrm{T}}\boldsymbol{A}\boldsymbol{R}$ 是 $n-1$ 阶实对称矩阵．根据归纳假设，对于 $\boldsymbol{A}_1$ 存在 $n-1$ 阶正交矩阵 $\boldsymbol{Q}_2$，使得

$$\boldsymbol{Q}_2^{-1}\boldsymbol{A}_1\boldsymbol{Q}_2=\boldsymbol{Q}_2^{\mathrm{T}}\boldsymbol{A}_1\boldsymbol{Q}_2=\begin{pmatrix}\lambda_2 & & & \\ & \lambda_3 & & \\ & & \ddots & \\ & & & \lambda_n\end{pmatrix}$$

令

$$\boldsymbol{Q}_3=\begin{pmatrix}1 & \boldsymbol{0}\\ 0 & \boldsymbol{Q}_2\end{pmatrix}$$

因为

$$\boldsymbol{Q}_3^{\mathrm{T}}\boldsymbol{Q}_3=\begin{pmatrix}1 & \boldsymbol{0}\\ 0 & \boldsymbol{Q}_2^{\mathrm{T}}\end{pmatrix}\begin{pmatrix}1 & \boldsymbol{0}\\ 0 & \boldsymbol{Q}_2\end{pmatrix}=\begin{pmatrix}1 & \boldsymbol{0}\\ 0 & \boldsymbol{E}_{n-1}\end{pmatrix}$$

所以 $\boldsymbol{Q}_3$ 是 n 阶正交矩阵，且

$$\begin{aligned}\boldsymbol{Q}_3^{-1}(\boldsymbol{Q}_1^{-1}\boldsymbol{A}\boldsymbol{Q}_1)\boldsymbol{Q}_3&=\begin{pmatrix}1 & \boldsymbol{0}\\ 0 & \boldsymbol{Q}_2\end{pmatrix}^{-1}\begin{pmatrix}\lambda_1 & \boldsymbol{0}\\ 0 & \boldsymbol{A}_1\end{pmatrix}\begin{pmatrix}1 & \boldsymbol{0}\\ 0 & \boldsymbol{Q}_2\end{pmatrix}\\ &=\begin{pmatrix}1 & \boldsymbol{0}\\ 0 & \boldsymbol{Q}_2^{-1}\end{pmatrix}\begin{pmatrix}\lambda_1 & \boldsymbol{0}\\ 0 & \boldsymbol{A}_1\end{pmatrix}\begin{pmatrix}1 & \boldsymbol{0}\\ 0 & \boldsymbol{Q}_2\end{pmatrix}\\ &=\begin{pmatrix}\lambda_1 & \boldsymbol{0}\\ 0 & \boldsymbol{Q}_2^{-1}\boldsymbol{A}_1\boldsymbol{Q}_2\end{pmatrix}=\begin{pmatrix}\lambda_1 & & & \\ & \lambda_2 & & \\ & & \ddots & \\ & & & \lambda_n\end{pmatrix}\end{aligned}$$

记 $\boldsymbol{Q}=\boldsymbol{Q}_1\boldsymbol{Q}_3$，则 $\boldsymbol{Q}$ 是 n 阶正交矩阵，故存在 n 阶正交矩阵 $\boldsymbol{Q}$，使得

$$Q^{-1}AQ=\begin{pmatrix}\lambda_1 & & & \\ & \lambda_2 & & \\ & & \ddots & \\ & & & \lambda_n\end{pmatrix}$$

是对角矩阵. 由数学归纳法原理，结论普遍成立.

由此定理可知，n 阶实对称矩阵必有 n 个线性无关的特征向量，即实对称矩阵一定可对角化.

定理 4.4.4 设 $\boldsymbol{A}$ 为 n 阶实对称矩阵，λ 是矩阵 $\boldsymbol{A}$ 的 k 重特征值，则矩阵 $\boldsymbol{A}-\lambda\boldsymbol{E}$ 的秩 $r(\boldsymbol{A}-\lambda\boldsymbol{E})=n-k$，并且属于特征值 λ 的线性无关的特征向量恰好有 k 个.

证明 因为矩阵 $\boldsymbol{A}$ 相似于对角矩阵

$$\boldsymbol{\Lambda}=\begin{pmatrix}\lambda_1 & & & \\ & \lambda_2 & & \\ & & \ddots & \\ & & & \lambda_n\end{pmatrix}$$

所以存在 n 阶正交矩阵 $\boldsymbol{Q}$，使得 $\boldsymbol{Q}^{-1}\boldsymbol{AQ}=\boldsymbol{\Lambda}$，于是

$$\boldsymbol{Q}^{-1}(\boldsymbol{A}-\lambda\boldsymbol{E})\boldsymbol{Q}=\boldsymbol{Q}^{-1}\boldsymbol{AQ}-\lambda\boldsymbol{Q}^{-1}\boldsymbol{EQ}=\boldsymbol{\Lambda}-\lambda\boldsymbol{E}$$

故 $\boldsymbol{A}-\lambda\boldsymbol{E}$ 与

$$\boldsymbol{\Lambda}-\lambda\boldsymbol{E}=\begin{pmatrix}\lambda_1-\lambda & & & \\ & \lambda_2-\lambda & & \\ & & \ddots & \\ & & & \lambda_n-\lambda\end{pmatrix}$$

相似.

当 λ 是矩阵 $\boldsymbol{A}$ 的 k 重特征值时，$\lambda_1, \lambda_2, \cdots, \lambda_n$ 这 n 个特征值中有 k 个等于 λ，有 $n-k$ 个不等于 λ，从而对角矩阵 $\boldsymbol{\Lambda}-\lambda\boldsymbol{E}$ 主对角线上的元素恰有 k 个等于 0，于是

$$r(\boldsymbol{\Lambda}-\lambda\boldsymbol{E})=n-k$$

而

$$r(\boldsymbol{A}-\lambda\boldsymbol{E})=r(\boldsymbol{\Lambda}-\lambda\boldsymbol{E})$$

所以

$$r(\boldsymbol{A}-\lambda\boldsymbol{E})=n-k$$

由于属于特征值λ的线性无关的特征向量是齐次线性方程组$(\boldsymbol{A}-\lambda\boldsymbol{E})\boldsymbol{X}=\boldsymbol{0}$的基础解系，而此基础解系中所含向量的个数是

$$n-r(\boldsymbol{A}-\lambda\boldsymbol{E})=n-(n-k)=k$$

所以属于特征值λ的线性无关的特征向量恰好有k个.

2. 实对称矩阵的对角化方法

根据定理 4.4.3 及定理 4.4.4，实对称矩阵对角化的步骤归纳如下：

(1) 求出实对称矩阵$\boldsymbol{A}$的全部互异特征值λ_1，λ_2，…，λ_s，它们的重数依次是r_1，r_2，…，r_s，其中，$r_1+r_2+\cdots+r_s=n$.

(2) 对每一个特征值λ_i，解齐次线性方程组$(\boldsymbol{A}-\lambda_i\boldsymbol{E})\boldsymbol{X}=\boldsymbol{0}$，得线性方程组的基础解系$\boldsymbol{\alpha}_{11}$，$\boldsymbol{\alpha}_{12}$，…，$\boldsymbol{\alpha}_{ir_i}$，从而得属于特征值$\lambda_i$的$r_i$个线性无关的特征向量$\boldsymbol{\alpha}_{11}$，$\boldsymbol{\alpha}_{12}$，…，$\boldsymbol{\alpha}_{ir_i}$. 把$\boldsymbol{\alpha}_{11}$，$\boldsymbol{\alpha}_{12}$，…，$\boldsymbol{\alpha}_{ir_i}$正交化得正交向量组$\boldsymbol{\beta}_{11}$，$\boldsymbol{\beta}_{12}$，…，$\boldsymbol{\beta}_{ir_i}$，再把它们单位化得标准正交向量组$\boldsymbol{\eta}_{11}$，$\boldsymbol{\eta}_{12}$，…，$\boldsymbol{\eta}_{ir_i}$ $(i=1, 2, \cdots, s)$.

(3) 如果某个特征值λ_j的重数$r_j=1$，那么只需要将属于λ_j的特征向量单位化，即得标准正交组.

(4) 令矩阵$\boldsymbol{Q}=(\boldsymbol{\eta}_{11}, \boldsymbol{\eta}_{12}, \cdots, \boldsymbol{\eta}_{1r_1}, \boldsymbol{\eta}_{21}, \boldsymbol{\eta}_{22}, \cdots, \boldsymbol{\eta}_{2r_2}, \cdots, \boldsymbol{\eta}_{s1}, \boldsymbol{\eta}_{s2}, \cdots, \boldsymbol{\eta}_{sr_s})$，则$\boldsymbol{Q}$是正交矩阵，且

$$\boldsymbol{Q}^{-1}\boldsymbol{A}\boldsymbol{Q}=\boldsymbol{Q}^{\mathrm{T}}\boldsymbol{A}\boldsymbol{Q}=\boldsymbol{\Lambda}=\begin{pmatrix}\lambda_1 &&&&&&&& \\ &\ddots&&&&&&& \\ &&\lambda_1&&&&&& \\ &&&\lambda_2&&&&& \\ &&&&\ddots&&&& \\ &&&&&\lambda_2&&& \\ &&&&&&\ddots&& \\ &&&&&&&\lambda_s& \\ &&&&&&&&\ddots \\ &&&&&&&&&\lambda_s\end{pmatrix}\begin{matrix}\left.\vphantom{\begin{matrix}1\\1\\1\end{matrix}}\right\}r_1\\ \left.\vphantom{\begin{matrix}1\\1\\1\end{matrix}}\right\}r_2\\ \left.\vphantom{\begin{matrix}1\\1\\1\end{matrix}}\right\}r_s\end{matrix}$$

其中，对角矩阵$\boldsymbol{\Lambda}$中主对角线上的元素的排列顺序与正交矩阵$\boldsymbol{Q}$中正交向量组的排列顺序相对应.

例 4.4.1 设$\boldsymbol{A}=\begin{pmatrix}1&-1&-1\\-1&1&-1\\-1&-1&1\end{pmatrix}$是实对称矩阵，求正交矩阵$\boldsymbol{Q}$，使得

$Q^{-1}AQ$ 是对角矩阵.

解 矩阵 A 的特征多项式是

$$|A-\lambda E|=\begin{vmatrix}1-\lambda & -1 & -1\\ -1 & 1-\lambda & -1\\ -1 & -1 & 1-\lambda\end{vmatrix}=\begin{vmatrix}-1-\lambda & -1-\lambda & -1-\lambda\\ -1 & 1-\lambda & -1\\ -1 & -1 & 1-\lambda\end{vmatrix}$$

$$=-(\lambda-2)^2(\lambda+1)$$

所以矩阵 A 的特征值是 $\lambda_1=2$(二重)，$\lambda_2=-1$.

对于 $\lambda_1=2$，解齐次线性方程组 $(A-2E)X=0$，得基础解系

$$\alpha_1=(-1,1,0)^{\mathrm T},\ \alpha_2=(-1,0,1)^{\mathrm T}$$

把它们正交化，令

$$\beta_1=\alpha_1$$

$$\beta_2=\alpha_2-\frac{(\alpha_2,\beta_1)}{(\beta_1,\beta_1)}\beta_1=\begin{pmatrix}-1\\0\\1\end{pmatrix}-\frac{1}{2}\begin{pmatrix}-1\\1\\0\end{pmatrix}=\frac{1}{2}\begin{pmatrix}-1\\-1\\2\end{pmatrix}$$

再把 β_1，β_2 单位化，得标准正交特征向量

$$\eta_1=\left(-\frac{1}{\sqrt2},\frac{1}{\sqrt2},0\right)^{\mathrm T},\ \eta_2=\left(-\frac{1}{\sqrt6},-\frac{1}{\sqrt6},\frac{2}{\sqrt6}\right)^{\mathrm T}$$

对于 $\lambda_2=-1$，解齐次线性方程组 $(A+E)X=0$，得基础解系

$$\alpha_3=(1,1,1)^{\mathrm T}$$

把它单位化，得

$$\eta_3=\left(\frac{1}{\sqrt3},\frac{1}{\sqrt3},\frac{1}{\sqrt3}\right)^{\mathrm T}$$

令

$$Q=(\eta_1,\eta_2,\eta_3)=\begin{pmatrix}-\frac{1}{\sqrt2} & -\frac{1}{\sqrt6} & \frac{1}{\sqrt3}\\ \frac{1}{\sqrt2} & -\frac{1}{\sqrt6} & \frac{1}{\sqrt3}\\ 0 & \frac{2}{\sqrt6} & \frac{1}{\sqrt3}\end{pmatrix}$$

则 Q 即为所求的正交矩阵，且

$$Q^{-1}AQ=\begin{pmatrix}2 & & \\ & 2 & \\ & & -1\end{pmatrix}.$$

例 4.4.2 设三阶实对称矩阵 $\boldsymbol{A}$ 的特征值是 $\lambda_1=0$，$\lambda_2=\lambda_3=1$，$\boldsymbol{A}$ 的属于特征值 $\lambda_1=0$ 的特征向量是

$$\boldsymbol{\alpha}_1=(0,\ 1,\ 1)^{\mathrm{T}}$$

求矩阵 $\boldsymbol{A}$.

解 因为实对称矩阵必相似于对角矩阵，所以属于特征值 $\lambda_2=\lambda_3=1$ 必有两个线性无关的特征向量，分别设为 $\boldsymbol{\alpha}_2$，$\boldsymbol{\alpha}_3$. 因为 $\boldsymbol{\alpha}_2$，$\boldsymbol{\alpha}_3$ 与 $\boldsymbol{\alpha}_1$ 正交，所以

$$(\boldsymbol{\alpha}_1,\ \boldsymbol{\alpha}_2)=0,\ (\boldsymbol{\alpha}_1,\ \boldsymbol{\alpha}_3)=0$$

即 $\boldsymbol{\alpha}_2$，$\boldsymbol{\alpha}_3$ 满足线性方程组

$$(0,\ 1,\ 1)\begin{pmatrix}x_1\\x_2\\x_3\end{pmatrix}=x_2+x_3=0$$

且此线性方程组的基础解系为 $(1,\ 0,\ 0)^{\mathrm{T}}$，$(0,\ -1,\ 1)^{\mathrm{T}}$，即为所求的 $\boldsymbol{\alpha}_2$，$\boldsymbol{\alpha}_3$，故

$$\boldsymbol{\alpha}_2=(1,\ 0,\ 0)^{\mathrm{T}},\ \boldsymbol{\alpha}_3=(0,\ -1,\ 1)^{\mathrm{T}}$$

令相似变换矩阵

$$\boldsymbol{P}=(\boldsymbol{\alpha}_1,\ \boldsymbol{\alpha}_2,\ \boldsymbol{\alpha}_3)=\begin{pmatrix}0&1&0\\1&0&-1\\1&0&1\end{pmatrix}$$

则有

$$\boldsymbol{P}^{-1}\boldsymbol{A}\boldsymbol{P}=\begin{pmatrix}0&&\\&1&\\&&1\end{pmatrix}$$

故

$$\boldsymbol{A}=\boldsymbol{P}\begin{pmatrix}0&&\\&1&\\&&1\end{pmatrix}\boldsymbol{P}^{-1}=\begin{pmatrix}1&0&0\\0&\frac{1}{2}&-\frac{1}{2}\\0&-\frac{1}{2}&\frac{1}{2}\end{pmatrix}$$

例 4.4.3 设 n 阶实对称矩阵 $\boldsymbol{A}$ 与 $\boldsymbol{B}$ 相似，证明存在 n 阶正交矩阵 $\boldsymbol{Q}$，使得 $\boldsymbol{Q}^{-1}\boldsymbol{A}\boldsymbol{Q}=\boldsymbol{B}$.

证明 由于 $\boldsymbol{A}$ 与 $\boldsymbol{B}$ 相似，所以 $\boldsymbol{A}$ 和 $\boldsymbol{B}$ 有相同的特征值 λ_1，λ_2，…，λ_n，由于 $\boldsymbol{A}$ 和 $\boldsymbol{B}$ 都是 n 阶实对称矩阵，所以存在正交矩阵 $\boldsymbol{Q}_1$，$\boldsymbol{Q}_2$，使得

$$\boldsymbol{Q}_1^{-1}\boldsymbol{A}\boldsymbol{Q}_1=\mathrm{diag}(\lambda_1,\ \lambda_2,\ \cdots,\ \lambda_n)$$

$$Q_2^{-1}BQ_2=\mathrm{diag}(\lambda_1, \lambda_2, \cdots, \lambda_n)$$

于是

$$Q_1^{-1}AQ_1=Q_2^{-1}BQ_2$$

即

$$Q_2Q_1^{-1}AQ_1Q_2^{-1}=B$$

令

$$Q=Q_1Q_2^{-1}$$

显然 Q 是正交矩阵，且有 $Q^{-1}AQ=B$.

习 题 4

1. 已知向量 $\boldsymbol{\alpha}=(1, 2, 1, -1)^T$，$\boldsymbol{\beta}=(2, -1, 1, 1)^T$，求$(\boldsymbol{\alpha}, \boldsymbol{\beta})$，$|\boldsymbol{\alpha}|$，$|\boldsymbol{\beta}|$.

2. 求向量 $\boldsymbol{\alpha}=(2, 1, 3, -2)^T$的长度，并将其单位化.

3. 求向量 $\boldsymbol{\alpha}=(1, 2, 0, 1)^T$与 $\boldsymbol{\beta}=(1, 2, -1, 0)^T$的夹角.

4. 将下列线性无关向量组标准正交化.

(1) $\boldsymbol{\alpha}_1=(1, -2, 2)^T$，$\boldsymbol{\alpha}_2=(-1, 0, -1)^T$，$\boldsymbol{\alpha}_3=(5, -3, -7)^T$；

(2) $\boldsymbol{\alpha}_1=(1, 1, 0, 0)^T$，$\boldsymbol{\alpha}_2=(1, 0, 1, 0)^T$，$\boldsymbol{\alpha}_3=(-1, 0, 0, 1)^T$.

5. 证明矩阵 $\begin{pmatrix} \frac{2}{3} & \frac{1}{3} & \frac{2}{3} \\ \frac{1}{3} & \frac{2}{3} & -\frac{2}{3} \\ -\frac{2}{3} & \frac{2}{3} & \frac{1}{3} \end{pmatrix}$是正交矩阵.

6. 证明若 A 是正交矩阵，则 A 的伴随矩阵 A^* 也是正交矩阵.

7. 若实对称矩阵 A 满足 $A^2+4A+3E=0$，证明 $A+2E$ 是正交矩阵.

8. 求下列矩阵的特征值与特征向量.

(1) $\begin{pmatrix} -1 & -1 & 0 \\ 1 & -3 & 0 \\ -1 & 0 & 2 \end{pmatrix}$；　　(2) $\begin{pmatrix} -2 & 1 & 1 \\ 0 & 2 & 0 \\ -4 & 1 & 3 \end{pmatrix}$；

(3) $\begin{pmatrix} 5 & 4 & 2 \\ 4 & 5 & 2 \\ 2 & 2 & 2 \end{pmatrix}$.

9. 设 $\boldsymbol{\alpha}=(0, a, 1)^{\mathrm{T}}$ 是可逆矩阵 $\boldsymbol{A}=\begin{pmatrix}2 & 0 & 0\\0 & 3 & -1\\0 & 0 & 4\end{pmatrix}$ 的伴随矩阵 $\boldsymbol{A}^*$ 的特征向量，求 a.

10. 设矩阵 $\boldsymbol{A}=\begin{pmatrix}2 & 1 & 1\\1 & 2 & 1\\1 & 1 & a\end{pmatrix}$ 可逆，$\boldsymbol{\alpha}=(1, b, 1)^{\mathrm{T}}$ 是伴随矩阵 $\boldsymbol{A}^*$ 的属于特征值 λ 的特征向量，求 a，b 及 λ 的值.

11. 已知矩阵 $\boldsymbol{A}=\begin{pmatrix}2 & 0 & 0\\0 & 0 & 1\\0 & 1 & x\end{pmatrix}$ 与 $\boldsymbol{B}=\begin{pmatrix}2 & & \\ & y & \\ & & -1\end{pmatrix}$ 相似，求 x、y 的值，并求相似变换矩阵 $\boldsymbol{P}$，使得 $\boldsymbol{P}^{-1}\boldsymbol{A}\boldsymbol{P}=\boldsymbol{B}$.

12. 已知三阶实对称矩阵 $\boldsymbol{A}$ 的特征值为 6，3，3，且属于特征值 6 的特征向量为 $(1, 1, 1)^{\mathrm{T}}$，求矩阵 $\boldsymbol{A}$.

13. 下列矩阵是否可对角化，若可对角化，则求出相似变换矩阵 $\boldsymbol{P}$，使得 $\boldsymbol{P}^{-1}\boldsymbol{A}\boldsymbol{P}$ 为对角矩阵.

(1) $\begin{pmatrix}0 & 1 & -1\\-2 & 0 & 2\\-1 & 1 & 0\end{pmatrix}$； (2) $\begin{pmatrix}-2 & 3 & -1\\-6 & 7 & -2\\-9 & 9 & -2\end{pmatrix}$；

(3) $\begin{pmatrix}1 & 2 & 2\\1 & 2 & -1\\-1 & 1 & 4\end{pmatrix}$.

14. 已知矩阵 $\boldsymbol{A}=\begin{pmatrix}1 & 1 & 1\\1 & 1 & 1\\1 & 1 & 1\end{pmatrix}$，求正交矩阵 $\boldsymbol{Q}$，使得 $\boldsymbol{Q}^{-1}\boldsymbol{A}\boldsymbol{Q}$ 是对角矩阵.

15. 已知矩阵 $\boldsymbol{A}=\begin{pmatrix}1 & -2 & 0\\-2 & 2 & -2\\0 & -2 & 3\end{pmatrix}$，求正交矩阵 $\boldsymbol{Q}$，使得 $\boldsymbol{Q}^{-1}\boldsymbol{A}\boldsymbol{Q}$ 是对角矩阵.

16. 已知矩阵

$$
\boldsymbol{P}=\begin{pmatrix} 0 & \frac{1}{\sqrt{2}} & \frac{1}{\sqrt{2}} \\ 1 & 0 & 0 \\ 0 & \frac{1}{\sqrt{2}} & -\frac{1}{\sqrt{2}} \end{pmatrix}, \boldsymbol{B}=\begin{pmatrix} 3 & & \\ & 5 & \\ & & 3 \end{pmatrix}
$$

而矩阵 $\boldsymbol{A}$ 满足 $\boldsymbol{P}^{\mathrm{T}}\boldsymbol{A}\boldsymbol{P}=\boldsymbol{B}$，求矩阵 $\boldsymbol{A}$ 的特征值与特征向量.

17. 设 $\boldsymbol{A}=\begin{pmatrix} 2 & 0 & 1 \\ 0 & 2 & 0 \\ 1 & 0 & 2 \end{pmatrix}$，求 $\boldsymbol{A}^n$.

18. 设三阶实数矩阵 $\boldsymbol{A}$ 的三个特征值为 1，2，−3，求 $|\boldsymbol{A}^2-\boldsymbol{A}+3\boldsymbol{E}|$.

第五章 二 次 型

二次型作为特殊的多项式，它不仅在数学中有广泛的应用，而且在物理、力学、工程技术、经济管理、网络计算等方面也有着广泛的应用. 二次型虽然是多项式，但是它与矩阵有着密切的联系. 作为矩阵的应用，本章首先介绍二次型的概念及性质，接着介绍利用矩阵化二次型为标准形的问题，最后介绍二次型的正定性.

5.1 二次型及其矩阵表示

1. 二次型的概念

在平面解析几何中，以坐标原点为中心的二次曲线的一般方程是

$$ax^2+bxy+cy^2=d$$

上式左端是一个二次齐次多项式，为了研究二次曲线的几何性质，需要通过坐标变换

$$\begin{cases} x=X\cos\theta-Y\sin\theta \\ y=X\sin\theta+Y\cos\theta \end{cases}$$

消去其中的交叉项 bxy，把它化成只含平方项的标准方程

$$a'X^2+b'Y^2=1$$

从而可以方便地判别曲线的类型. 在空间解析几何中，二次曲面的研究也有类似的问题. 为了利用代数的方法化简二次曲线及二次曲面的方程，有必要系统地研究二次齐次多项式的化简问题，即二次型的化简问题. 首先给二次型下一个确切的定义.

定义 5.1.1 设 $x_1, x_2, \cdots, x_n$ 是 n 个变量，则称二次齐次多项式

$$f(x_1, x_2, \cdots, x_n)=a_{11}x_1^2+2a_{12}x_1x_2+2a_{13}x_1x_3+\cdots+2a_{1n}x_1x_n$$

$$
\begin{aligned}
&+a_{22}x_2^2+2a_{23}x_2x_3+\cdots+2a_{2n}x_2x_n \\
&+\cdots+a_{n-1,n-1}x_{n-1}^2+2a_{n-1,n}x_{n-1}x_n \\
&+a_{nn}x_n^2 \qquad (5.1.1)
\end{aligned}
$$

为变量 $x_1, x_2, \cdots, x_n$ 的 n 元二次型，简称二次型．当系数 $a_{ij}(i, j=1, 2, \cdots, n)$ 都是实数时，称 $f(x_1, x_2, \cdots, x_n)$ 为实二次型；当系数 $a_{ij}(i, j=1, 2, \cdots, n)$ 都是复数时，称 $f(x_1, x_2, \cdots, x_n)$ 为复二次型．

本章所涉及到的二次型都是实二次型，后面不再说明．

由于 $x_ix_j=x_jx_i$，如果在二次型的表达式(5.1.1)中令

$$a_{ji}=a_{ij} \qquad (i, j=1, 2, \cdots, n)$$

则二次型式(5.1.1)可以写成对称形式：

$$
\begin{aligned}
f(x_1, x_2, \cdots, x_n)=&a_{11}x_1^2+a_{12}x_1x_2+\cdots+a_{1n}x_1x_n \\
&+a_{21}x_2x_1+a_{22}x_2^2+\cdots+a_{2n}x_2x_n \\
&\vdots \\
&+a_{n1}x_nx_1+a_{n2}x_nx_2+\cdots+a_{nn}x_n^2
\end{aligned}
$$

或简写成

$$f(x_1, x_2, \cdots, x_n)=\sum_{i=1}^{n}\sum_{j=1}^{n}a_{ij}x_ix_j \qquad (5.1.2)$$

令

$$\boldsymbol{A}=\begin{pmatrix} a_{11} & a_{12} & \cdots & a_{1n} \\ a_{21} & a_{22} & \cdots & a_{2n} \\ \vdots & \vdots & & \vdots \\ a_{n1} & a_{n2} & \cdots & a_{nn} \end{pmatrix}, \boldsymbol{A}^{\mathrm{T}}=\boldsymbol{A}, \boldsymbol{X}=\begin{pmatrix} x_1 \\ x_2 \\ \vdots \\ x_n \end{pmatrix}$$

则

$$
\begin{aligned}
f(x_1, x_2, \cdots, x_n)=&x_1(a_{11}x_1+a_{12}x_2+\cdots+a_{1n}x_n) \\
&+x_2(a_{21}x_1+a_{22}x_2+\cdots+a_{2n}x_n) \\
&\vdots \\
&+x_n(a_{n1}x_1+a_{n2}x_2+\cdots+a_{nn}x_n) \\
=&(x_1, x_2, \cdots, x_n)\begin{pmatrix} a_{11}x_1+a_{12}x_2+\cdots+a_{1n}x_n \\ a_{21}x_1+a_{22}x_2+\cdots+a_{2n}x_n \\ \vdots \\ a_{n1}x_1+a_{n2}x_2+\cdots+a_{nn}x_n \end{pmatrix}
\end{aligned}
$$

$$=(x_1, x_2, \cdots, x_n)\begin{pmatrix} a_{11} & a_{12} & \cdots & a_{1n} \\ a_{21} & a_{22} & \cdots & a_{2n} \\ \vdots & \vdots & & \vdots \\ a_{n1} & a_{n2} & \cdots & a_{nn} \end{pmatrix}\begin{pmatrix} x_1 \\ x_2 \\ \vdots \\ x_n \end{pmatrix}$$

$$=\boldsymbol{X}^{\mathrm{T}}\boldsymbol{A}\boldsymbol{X}$$

于是二次型可以用矩阵表示为

$$f(x_1, x_2, \cdots, x_n)=\boldsymbol{X}^{\mathrm{T}}\boldsymbol{A}\boldsymbol{X} \tag{5.1.3}$$

实对称矩阵 $\boldsymbol{A}$ 称为二次型 $f(x_1, x_2, \cdots, x_n)$ 的矩阵，矩阵 $\boldsymbol{A}$ 的秩称为二次型 $f(x_1, x_2, \cdots, x_n)$ 的秩.

反之，对于任意的 n 阶实对称矩阵

$$\boldsymbol{A}=\begin{pmatrix} a_{11} & a_{12} & \cdots & a_{1n} \\ a_{21} & a_{22} & \cdots & a_{2n} \\ \vdots & \vdots & & \vdots \\ a_{n1} & a_{n2} & \cdots & a_{nn} \end{pmatrix}$$

令 $\boldsymbol{X}=(x_1, x_2, \cdots, x_n)^{\mathrm{T}}$，则 $\boldsymbol{X}^{\mathrm{T}}\boldsymbol{A}\boldsymbol{X}=\sum_{i=1}^{n}\sum_{j=1}^{n}a_{ij}x_ix_j$ 是一个二次型. 这说明二次型 $f(x_1, x_2, \cdots, x_n)$ 与它的对称矩阵 $\boldsymbol{A}$ 之间存在一一对应关系，即二次型 $f(x_1, x_2, \cdots, x_n)$ 与它的对称矩阵 $\boldsymbol{A}$ 是相互唯一确定的，所以也称二次型 $f(x_1, x_2, \cdots, x_n)$ 为对称矩阵 $\boldsymbol{A}$ 的二次型. 这样就把研究二次型的问题归结为研究对称矩阵的问题，从而可以利用对称矩阵的理论来研究二次型.

例 5.1.1 将二次型 $f(x_1, x_2, x_3)=x_1^2+2x_1x_2-4x_1x_3+6x_2x_3+2x_2^2+x_3^2$ 写成矩阵形式.

解 二次型的矩阵形式为

$$f(x_1, x_2, x_3)=(x_1, x_2, x_3)\begin{pmatrix} 1 & 1 & -2 \\ 1 & 2 & 3 \\ -2 & 3 & 1 \end{pmatrix}\begin{pmatrix} x_1 \\ x_2 \\ x_3 \end{pmatrix}$$

例 5.1.2 求二次型 $f(x_1, x_2, x_3)=x_1^2+2x_1x_2+6x_2x_3+2x_2^2$ 的秩.

解 由于二次型 $f(x_1, x_2, x_3)$ 的矩阵为

$$\boldsymbol{A}=\begin{pmatrix} 1 & 1 & 0 \\ 1 & 2 & 3 \\ 0 & 3 & 0 \end{pmatrix}$$

而 $r(\boldsymbol{A})=3$，所以该二次型 $f(x_1, x_2, x_3)$ 的秩为 3.

对于二次型，我们讨论的主要问题是化简二次型，即寻找可逆线性变换

$$\begin{cases} x_1 = c_{11}y_1 + c_{12}y_2 + \cdots + c_{1n}y_n \\ x_2 = c_{21}y_1 + c_{22}y_2 + \cdots + c_{2n}y_n \\ \qquad \vdots \\ x_n = c_{n1}y_1 + c_{n2}y_2 + \cdots + c_{nn}y_n \end{cases} \tag{5.1.4}$$

消去二次型中的交叉项，使二次型只含平方项．也就是把式(5.1.4)代入式(5.1.2)，使二次型化成只含平方项 $d_1y_1^2 + d_2y_2^2 + \cdots + d_ny_n^2$ 的形式．这种只含平方项的二次型，称为二次型的标准形．二次型的标准形的矩阵是对角矩阵

$$\begin{pmatrix} d_1 & & & \\ & d_2 & & \\ & & \ddots & \\ & & & d_n \end{pmatrix}$$

令

$$\boldsymbol{C} = \begin{pmatrix} c_{11} & c_{12} & \cdots & c_{1n} \\ c_{21} & c_{22} & \cdots & c_{2n} \\ \vdots & \vdots & & \vdots \\ c_{n1} & c_{n2} & \cdots & c_{nn} \end{pmatrix}, \boldsymbol{X} = \begin{pmatrix} x_1 \\ x_2 \\ \vdots \\ x_n \end{pmatrix}, \boldsymbol{Y} = \begin{pmatrix} y_1 \\ y_2 \\ \vdots \\ y_n \end{pmatrix}$$

则可逆线性变换式(5.1.4)可用矩阵表示为

$$\boldsymbol{X} = \boldsymbol{C}\boldsymbol{Y}$$

2. 合同矩阵

如果对二次型 $f(x_1, x_2, \cdots, x_n) = \boldsymbol{X}^{\mathrm{T}}\boldsymbol{A}\boldsymbol{X}$ 施行可逆线性变换

$$\boldsymbol{X} = \boldsymbol{C}\boldsymbol{Y}$$

则有

$$f(x_1, x_2, \cdots, x_n) = \boldsymbol{X}^{\mathrm{T}}\boldsymbol{A}\boldsymbol{X} = (\boldsymbol{C}\boldsymbol{Y})^{\mathrm{T}}\boldsymbol{A}(\boldsymbol{C}\boldsymbol{Y}) = \boldsymbol{Y}^{\mathrm{T}}(\boldsymbol{C}^{\mathrm{T}}\boldsymbol{A}\boldsymbol{C})\boldsymbol{Y} = \boldsymbol{Y}^{\mathrm{T}}\boldsymbol{B}\boldsymbol{Y}$$

其中 $\boldsymbol{B} = \boldsymbol{C}^{\mathrm{T}}\boldsymbol{A}\boldsymbol{C}$．因为 $\boldsymbol{B}^{\mathrm{T}} = (\boldsymbol{C}^{\mathrm{T}}\boldsymbol{A}\boldsymbol{C})^{\mathrm{T}} = \boldsymbol{C}^{\mathrm{T}}\boldsymbol{A}\boldsymbol{C} = \boldsymbol{B}$，所以矩阵 $\boldsymbol{B}$ 是对称矩阵．因为矩阵 $\boldsymbol{C}$ 可逆，所以 $r(\boldsymbol{A}) = r(\boldsymbol{B})$．因此在新变量 $y_1, y_2, \cdots, y_n$ 下，$\boldsymbol{Y}^{\mathrm{T}}\boldsymbol{B}\boldsymbol{Y}$ 还是一个二次型，且此二次型的矩阵是 $\boldsymbol{B} = \boldsymbol{C}^{\mathrm{T}}\boldsymbol{A}\boldsymbol{C}$．为了刻画变换前后二次型的矩阵之间的这种关系，我们引入定义 5.1.2.

定义 5.1.2 设 $\boldsymbol{A}$，$\boldsymbol{B}$ 是 n 阶矩阵，若存在 n 阶可逆矩阵 $\boldsymbol{C}$，使得

$$\boldsymbol{B} = \boldsymbol{C}^{\mathrm{T}}\boldsymbol{A}\boldsymbol{C}$$

则称 $\boldsymbol{A}$ 与 $\boldsymbol{B}$ 合同.

合同是矩阵之间的一种关系. 合同关系具有下列性质:

(1) 反身性: $\boldsymbol{A}$ 与 $\boldsymbol{A}$ 合同.

事实上, 因为存在单位矩阵 $\boldsymbol{E}$, 使得 $\boldsymbol{E}^{\mathrm{T}}\boldsymbol{A}\boldsymbol{E}=\boldsymbol{A}$, 所以 $\boldsymbol{A}$ 与 $\boldsymbol{A}$ 合同.

(2) 对称性: 若 $\boldsymbol{A}$ 与 $\boldsymbol{B}$ 合同, 则 $\boldsymbol{B}$ 与 $\boldsymbol{A}$ 合同.

事实上, 因为 $\boldsymbol{A}$ 与 $\boldsymbol{B}$ 合同, 所以存在可逆矩阵 $\boldsymbol{C}$, 使得 $\boldsymbol{B}=\boldsymbol{C}^{\mathrm{T}}\boldsymbol{A}\boldsymbol{C}$, 两端左乘$(\boldsymbol{C}^{-1})^{\mathrm{T}}$, 右乘 $\boldsymbol{C}^{-1}$, 得 $\boldsymbol{A}=(\boldsymbol{C}^{-1})^{\mathrm{T}}\boldsymbol{B}\boldsymbol{C}^{-1}$, 所以 $\boldsymbol{B}$ 与 $\boldsymbol{A}$ 合同.

(3) 传递性: 若 $\boldsymbol{A}$ 与 $\boldsymbol{B}$ 合同, $\boldsymbol{B}$ 与 $\boldsymbol{C}$ 合同, 则 $\boldsymbol{A}$ 与 $\boldsymbol{C}$ 合同.

事实上, 因为 $\boldsymbol{A}$ 与 $\boldsymbol{B}$ 合同, $\boldsymbol{B}$ 与 $\boldsymbol{C}$ 合同, 所以存在可逆矩阵 $\boldsymbol{C}_1$, $\boldsymbol{C}_2$, 使得 $\boldsymbol{B}=\boldsymbol{C}_1^{\mathrm{T}}\boldsymbol{A}\boldsymbol{C}_1$, $\boldsymbol{C}=\boldsymbol{C}_2^{\mathrm{T}}\boldsymbol{B}\boldsymbol{C}_2$, 于是 $\boldsymbol{C}=\boldsymbol{C}_2^{\mathrm{T}}\boldsymbol{B}\boldsymbol{C}_2=(\boldsymbol{C}_1\boldsymbol{C}_2)^{\mathrm{T}}\boldsymbol{A}(\boldsymbol{C}_1\boldsymbol{C}_2)$, 所以 $\boldsymbol{A}$ 与 $\boldsymbol{C}$ 合同.

由合同矩阵的定义可知, 经过可逆线性变换, 新二次型的矩阵与原二次型的矩阵是合同的.

5.2 化二次型为标准形

由于二次型的标准形比较简单, 便于讨论它的性质, 所以总希望经过一个可逆线性变换 $\boldsymbol{X}=\boldsymbol{C}\boldsymbol{Y}$, 能够把一般的二次型 $f(x_1, x_2, \cdots, x_n)=\boldsymbol{X}^{\mathrm{T}}\boldsymbol{A}\boldsymbol{X}$ 化成标准形. 但是这样的可逆线性变换存在吗? 下面来讨论这个问题.

1. 正交变换法

定理 5.2.1 任何一个实二次型 $f(x_1, x_2, \cdots, x_n)=\boldsymbol{X}^{\mathrm{T}}\boldsymbol{A}\boldsymbol{X}$ 都可经过正交变换 $\boldsymbol{X}=\boldsymbol{Q}\boldsymbol{Y}$ 化成标准形

$$f=\lambda_1 y_1^2+\lambda_2 y_2^2+\cdots+\lambda_n y_n^2$$

其中, λ_1, λ_2, $\cdots$, λ_n 为矩阵 $\boldsymbol{A}$ 的特征值.

证明 设 $f(x_1, x_2, \cdots, x_n)=\boldsymbol{X}^{\mathrm{T}}\boldsymbol{A}\boldsymbol{X}$ 是一个实二次型, 其中 $\boldsymbol{A}^{\mathrm{T}}=\boldsymbol{A}$. 因为对任意一个 n 阶实对称矩阵 $\boldsymbol{A}$, 总存在 n 阶正交矩阵 $\boldsymbol{Q}$, 使得

$$\boldsymbol{Q}^{\mathrm{T}}\boldsymbol{A}\boldsymbol{Q}=\boldsymbol{Q}^{-1}\boldsymbol{A}\boldsymbol{Q}=\boldsymbol{\Lambda}=\begin{pmatrix}\lambda_1 & & & \\ & \lambda_2 & & \\ & & \ddots & \\ & & & \lambda_n\end{pmatrix}$$

是对角矩阵, 其中 λ_1, λ_2, $\cdots$, λ_n 为矩阵 $\boldsymbol{A}$ 的特征值, 即实对称矩阵 $\boldsymbol{A}$ 一定与对角矩阵 $\boldsymbol{\Lambda}$ 合同. 把这个结论应用于二次型, 对二次型 $f(x_1, x_2, \cdots, x_n)=\boldsymbol{X}^{\mathrm{T}}\boldsymbol{A}\boldsymbol{X}$ 作正交变换 $\boldsymbol{X}=\boldsymbol{Q}\boldsymbol{Y}$, 得

$$f(x_1, x_2, \cdots, x_n)=\boldsymbol{X}^{\mathrm{T}}\boldsymbol{A}\boldsymbol{X}\xlongequal{\boldsymbol{X}=\boldsymbol{Q}\boldsymbol{Y}}\boldsymbol{Y}^{\mathrm{T}}(\boldsymbol{Q}^{\mathrm{T}}\boldsymbol{A}\boldsymbol{Q})\boldsymbol{Y}=\lambda_1 y_1^2+\lambda_2 y_2^2+\cdots+\lambda_n y_n^2$$

上式说明，利用正交变换 $\boldsymbol{X}=\boldsymbol{Q}\boldsymbol{Y}$ 可把二次型 $f(x_1, x_2, \cdots, x_n)=\boldsymbol{X}^{\mathrm{T}}\boldsymbol{A}\boldsymbol{X}$ 化成标准形 $\lambda_1 y_1^2+\lambda_2 y_2^2+\cdots+\lambda_n y_n^2$，其中，$\lambda_1, \lambda_2, \cdots, \lambda_n$ 为矩阵 $\boldsymbol{A}$ 的特征值. 这种用正交变换化二次型为标准形的方法称为正交变换法.

用正交变换化二次型为标准形的步骤：

(1) 写出二次型 $f(x_1, x_2, \cdots, x_n)$ 的矩阵 $\boldsymbol{A}$；

(2) 求正交矩阵 $\boldsymbol{Q}$，使得 $\boldsymbol{Q}^{\mathrm{T}}\boldsymbol{A}\boldsymbol{Q}=\boldsymbol{\Lambda}=\begin{pmatrix}\lambda_1 & & & \\ & \lambda_2 & & \\ & & \ddots & \\ & & & \lambda_n\end{pmatrix}$；

(3) 取正交变换 $\boldsymbol{X}=\boldsymbol{Q}\boldsymbol{Y}$，代入 $f(x_1, x_2, \cdots, x_n)=\boldsymbol{X}^{\mathrm{T}}\boldsymbol{A}\boldsymbol{X}$，得二次型 $f(x_1, x_2, \cdots, x_n)$ 的标准形 $\lambda_1 y_1^2+\lambda_2 y_2^2+\cdots+\lambda_n y_n^2$.

例 5.2.1 用正交变换把二次型 $f(x_1, x_2, x_3)=x_1^2+4x_2^2+x_3^2-4x_1x_2-8x_1x_3-4x_2x_3$ 化成标准形.

解 二次型的矩阵是

$$\boldsymbol{A}=\begin{pmatrix}1 & -2 & -4\\ -2 & 4 & -2\\ -4 & -2 & 1\end{pmatrix}$$

它的特征多项式是

$$|\boldsymbol{A}-\lambda\boldsymbol{E}|=\begin{vmatrix}1-\lambda & -2 & -4\\ -2 & 4-\lambda & -2\\ -4 & -2 & 1-\lambda\end{vmatrix}=-(\lambda-5)^2(\lambda+4)$$

故矩阵 $\boldsymbol{A}$ 的特征值是 $\lambda_1=\lambda_2=5$，$\lambda_3=-4$.

对于 $\lambda_1=\lambda_2=5$，解齐次线性方程组 $(\boldsymbol{A}-5\boldsymbol{E})\boldsymbol{X}=\boldsymbol{0}$，得基础解系是

$$\boldsymbol{\alpha}_1=(1, -2, 0)^{\mathrm{T}}, \boldsymbol{\alpha}_2=(1, 0, -1)^{\mathrm{T}}$$

将它们正交化，得

$$\boldsymbol{\beta}_1=\boldsymbol{\alpha}_1$$

$$\boldsymbol{\beta}_2=\boldsymbol{\alpha}_2-\frac{(\boldsymbol{\alpha}_2, \boldsymbol{\beta}_1)}{(\boldsymbol{\beta}_1, \boldsymbol{\beta}_1)}\boldsymbol{\beta}_1=\begin{pmatrix}1\\0\\-1\end{pmatrix}-\frac{1}{5}\begin{pmatrix}1\\-2\\0\end{pmatrix}=\frac{1}{5}\begin{pmatrix}4\\2\\-5\end{pmatrix}$$

再将 $\boldsymbol{\beta}_1$，$\boldsymbol{\beta}_2$ 单位化，得

$$\boldsymbol{\eta}_1=\frac{\boldsymbol{\beta}_1}{|\boldsymbol{\beta}_1|}=\left(\frac{1}{\sqrt{5}},\ -\frac{2}{\sqrt{5}},\ 0\right)^{\mathrm{T}}$$

$$\boldsymbol{\eta}_2=\frac{\boldsymbol{\beta}_2}{|\boldsymbol{\beta}_2|}=\left(\frac{4}{3\sqrt{5}},\ \frac{2}{3\sqrt{5}},\ -\frac{5}{3\sqrt{5}}\right)^{\mathrm{T}}$$

对于 $\lambda_3=-4$，解齐次线性方程组 $(\boldsymbol{A}+4\boldsymbol{E})\boldsymbol{X}=\boldsymbol{0}$，得基础解系为

$$\boldsymbol{\beta}_3=(2,\ 1,\ 2)^{\mathrm{T}}$$

将它单位化，得

$$\boldsymbol{\eta}_3=\frac{\boldsymbol{\beta}_3}{|\boldsymbol{\beta}_3|}=\left(\frac{2}{3},\ \frac{1}{3},\ \frac{2}{3}\right)^{\mathrm{T}}$$

令

$$\boldsymbol{Q}=(\boldsymbol{\eta}_1,\ \boldsymbol{\eta}_2,\ \boldsymbol{\eta}_3)=\begin{pmatrix} \frac{1}{\sqrt{5}} & \frac{4}{3\sqrt{5}} & \frac{2}{3} \\ -\frac{2}{\sqrt{5}} & \frac{2}{3\sqrt{5}} & \frac{1}{3} \\ 0 & -\frac{5}{3\sqrt{5}} & \frac{2}{3} \end{pmatrix}$$

则

$$\boldsymbol{Q}^{\mathrm{T}}\boldsymbol{A}\boldsymbol{Q}=\begin{pmatrix} 5 & & \\ & 5 & \\ & & -4 \end{pmatrix}$$

于是对二次型 f 作正交变换 $\boldsymbol{X}=\boldsymbol{Q}\boldsymbol{Y}$，则二次型 f 可化成标准形 $5y_1^2+5y_2^2-4y_3^2$.

利用正交变换和平移变换，可以对二次曲面方程进行化简.

例 5.2.2 化简二次曲面方程

$$x_1^2+2x_2^2+3x_3^2-4x_1x_2-4x_2x_3-4x_1+6x_2+2x_3+1=0$$

并指出它的形状.

解 设

$$\boldsymbol{A}=\begin{pmatrix} 1 & -2 & 0 \\ -2 & 2 & -2 \\ 0 & -2 & 3 \end{pmatrix},\ \boldsymbol{X}=\begin{pmatrix} x_1 \\ x_2 \\ x_3 \end{pmatrix},\ \boldsymbol{\alpha}=\begin{pmatrix} -2 \\ 3 \\ 1 \end{pmatrix}$$

则二次曲面方程可表示成

$$\boldsymbol{X}^{\mathrm{T}}\boldsymbol{A}\boldsymbol{X}+2\boldsymbol{\alpha}^{\mathrm{T}}\boldsymbol{X}+1=\boldsymbol{0}$$

其中，

$$\boldsymbol{X}^{\mathrm{T}}\boldsymbol{A}\boldsymbol{X}=x_1^2+2x_2^2+3x_3^2-4x_1x_2-4x_2x_3$$

$$2\boldsymbol{\alpha}^{T}\boldsymbol{X}=-4x_1+6x_2+2x_3$$

因为矩阵 **A** 的特征多项式是

$$|\boldsymbol{A}-\lambda\boldsymbol{E}|=\begin{vmatrix}1-\lambda & -2 & 0\\ -2 & 2-\lambda & -2\\ 0 & -2 & 3-\lambda\end{vmatrix}=(2-\lambda)(\lambda+1)(\lambda-5)$$

所以矩阵 **A** 的特征值是 $\lambda_1=2$，$\lambda_2=5$，$\lambda_3=-1$.

对于 $\lambda_1=2$，解齐次线性方程组 $(\boldsymbol{A}-2\boldsymbol{E})\boldsymbol{X}=\boldsymbol{0}$，得基础解系

$$\boldsymbol{\alpha}_1=(2,\ -1,\ 2)^{T}$$

把它单位化，得

$$\boldsymbol{\eta}_1=\left(\frac{2}{3},\ -\frac{1}{3},\ \frac{2}{3}\right)^{T}$$

对于 $\lambda_2=5$，解齐次线性方程组 $(\boldsymbol{A}-5\boldsymbol{E})\boldsymbol{X}=\boldsymbol{0}$，得基础解系

$$\boldsymbol{\alpha}_2=(1,\ -2,\ 2)^{T}$$

把它单位化，得

$$\boldsymbol{\eta}_2=\left(\frac{1}{3},\ -\frac{2}{3},\ \frac{2}{3}\right)^{T}$$

对于 $\lambda_3=-1$，解齐次线性方程组 $(\boldsymbol{A}+\boldsymbol{E})\boldsymbol{X}=\boldsymbol{0}$，得基础解系

$$\boldsymbol{\alpha}_3=(2,\ 2,\ 1)^{T}$$

把它单位化，得

$$\boldsymbol{\eta}_3=\left(\frac{2}{3},\ \frac{2}{3},\ \frac{1}{3}\right)^{T}$$

令

$$\boldsymbol{Q}=(\boldsymbol{\eta}_1,\ \boldsymbol{\eta}_2,\ \boldsymbol{\eta}_3)=\begin{pmatrix}\frac{2}{3} & \frac{1}{3} & \frac{2}{3}\\ -\frac{1}{3} & -\frac{2}{3} & \frac{2}{3}\\ -\frac{2}{3} & \frac{2}{3} & \frac{1}{3}\end{pmatrix}$$

则

$$\boldsymbol{Q}^{T}\boldsymbol{A}\boldsymbol{Q}=\boldsymbol{\Lambda}=\begin{pmatrix}2 & & \\ & 5 & \\ & & -1\end{pmatrix}$$

对二次曲面方程

$$\boldsymbol{X}^{T}\boldsymbol{A}\boldsymbol{X}+2\boldsymbol{\alpha}^{T}\boldsymbol{X}+1=\boldsymbol{0}$$

作正交变换 $\boldsymbol{X}=\boldsymbol{QY}$，得

$$\boldsymbol{X}^{\mathrm{T}}\boldsymbol{AX}+2\boldsymbol{\alpha}^{\mathrm{T}}\boldsymbol{X}+1=\boldsymbol{Y}^{\mathrm{T}}\boldsymbol{Q}^{\mathrm{T}}\boldsymbol{AQY}+2\boldsymbol{\alpha}^{\mathrm{T}}\boldsymbol{QY}+1=\boldsymbol{0}$$

即

$$2y_1^2+5y_2^2-y_3^2-6y_1-4y_2+2y_3+1=0$$

对上式进行配方，得

$$2\left(y_1-\frac{3}{2}\right)^2+5\left(y_2-\frac{2}{5}\right)^2-(y_3-1)^2-\frac{33}{10}=0$$

令

$$z_1=y_1-\frac{3}{2},\ z_2=y_2-\frac{2}{5},\ z_3=y_3-1$$

则有

$$2z_1^2+5z_2^2-z_3^2-\frac{33}{10}=0$$

移项得二次曲面的标准方程为

$$\frac{z_1^2}{5}+\frac{z_2^2}{2}-\frac{z_3^2}{10}=\frac{33}{100}$$

它是一个单叶双曲面.

2. 配方法

对任意一个二次型 $f=\boldsymbol{X}^{\mathrm{T}}\boldsymbol{AX}$，在把它化为标准形的过程中，有时不需要用正交变换，而只需要用可逆线性变换把二次型化成标准形即可. 用配方法可以证明任意一个二次型都可以用可逆线性变换把二次型化成标准形. 下面我们通过例子说明用配方法化标准形的方法.

例 5.2.3 用配方法化二次型 $f(x_1, x_2, x_3)=x_1^2+2x_2^2-x_3^2+4x_1x_2-4x_1x_3-4x_2x_3$ 成标准形，并求所用的可逆线性变换.

解 由于 f 中含有 x_1 的平方项，所以先将含 x_1 的项合并在一起，配方得

$$\begin{aligned}f(x_1, x_2, x_3)&=x_1^2+4(x_2-x_3)x_1+2x_2^2-x_3^2-4x_2x_3\\&=(x_1+2x_2-2x_3)^2-4(x_2-x_3)^2+2x_2^2-x_3^2-4x_2x_3\\&=(x_1+2x_2-2x_3)^2-2x_2^2-5x_3^2+4x_2x_3\end{aligned}$$

令

$$\begin{cases}y_1=x_1+2x_2-2x_3\\y_2=x_2\\y_3=x_3\end{cases}$$

则原二次型经过可逆线性变换

$$\begin{cases} x_1 = y_1 - 2y_2 + 2y_3 \\ x_2 = \quad\quad y_2 \\ x_3 = \quad\quad\quad\quad y_3 \end{cases} \tag{5.2.1}$$

可化成

$$f = y_1^2 - 2y_2^2 - 5y_3^2 + 4y_2y_3$$

再对后面含有 y_2 的项配方，可得

$$f = y_1^2 - 2(y_2^2 - 2y_2y_3 + y_3^2) - 3y_3^2 = y_1^2 - 2(y_2 - y_3)^2 - 3y_3^2$$

令

$$\begin{cases} z_1 = y_1 \\ z_2 = \quad y_2 - y_3 \\ z_3 = \quad\quad\quad y_3 \end{cases}$$

则二次型 f 经过可逆线性变换

$$\begin{cases} y_1 = z_1 \\ y_2 = \quad z_2 + z_3 \\ y_3 = \quad\quad\quad z_3 \end{cases} \tag{5.2.2}$$

化成标准形

$$f = z_1^2 - 2z_2^2 - 3z_3^2$$

把式(5.2.2)代入式(5.2.1)，得

$$\begin{cases} x_1 = z_1 - 2z_2 \\ x_2 = z_2 + z_3 \\ x_3 = z_3 \end{cases}$$

所以原二次型化成标准形 $f = z_1^2 - 2z_2^2 - 3z_3^2$ 所作的可逆线性变换是

$$\begin{cases} x_1 = z_1 - 2z_2 \\ x_2 = z_2 + z_3 \\ x_3 = z_3 \end{cases}$$

例 5.2.4 用配方法把二次型 $f(x_1, x_2, x_3) = x_1x_2 + x_1x_3 - 3x_2x_3$ 化成标准形.

解 因为这个二次型不含平方项，所以可先作可逆线性变换把它变成含有平方项的形式. 令可逆线性变换为

$$\begin{cases} x_1 = y_1 - y_2 \\ x_2 = y_1 + y_2 \\ x_3 = y_3 \end{cases} \tag{5.2.3}$$

则二次型 f 可化成

$$\begin{aligned} f(x_1, x_2, x_3) &= (y_1-y_2)(y_1+y_2)+(y_1-y_2)y_3-3(y_1+y_2)y_3 \\ &= y_1^2-y_2^2-2y_1y_3-4y_2y_3=(y_1-y_3)^2-y_3^2-y_2^2-4y_2y_3 \\ &= (y_1-y_3)^2-(y_2^2+4y_2y_3)-y_3^2 \\ &= (y_1-y_3)^2-(y_2+2y_3)^2+3y_3^2 \end{aligned}$$

令

$$\begin{cases} z_1=y_1-y_3 \\ z_2=y_2+2y_3 \\ z_3=y_3 \end{cases}$$

作可逆线性变换

$$\begin{cases} y_1=z_1+z_3 \\ y_2=z_2-2z_3 \\ y_3=z_3 \end{cases} \tag{5.2.4}$$

则二次型 f 化成标准形

$$f=z_1^2-z_2^2+3z_3^2$$

把式(5.2.4)代入式(5.2.3)，得二次型 f 化成标准形 $f=z_1^2-z_2^2+3z_3^2$ 所作的可逆线性变换是

$$\begin{cases} x_1=z_1-z_2+3z_3 \\ x_2=z_1+z_2-z_3 \\ x_3=z_3 \end{cases}$$

一般地，对于给定的二次型 $f(x_1, x_2, \cdots, x_n)=\sum\limits_{i=1}^{n}\sum\limits_{j=1}^{n} a_{ij}x_ix_j$，若二次型 f 中某个变量的平方项的系数不为零，比如 x_1^2 的系数 $a_{11}\neq 0$，就可以先对含有 x_1 的项进行配方，再依次对其它含平方项的变量配方，直到配成平方和的形式为止. 若二次型 f 中不含平方项，比如，交叉项 x_1x_2 的系数 $2a_{12}\neq 0$，则可作可逆线性变换

$$\begin{cases} x_1=y_1+y_2 \\ x_2=y_1-y_2 \\ x_i=y_i \quad (i=3, \cdots, n) \end{cases}$$

把二次型化成含有平方项的二次型，再配方. 总之，用上述两例的方法总可以把二次型化成标准形. 于是得到下面的定理.

定理 5.2.2 秩为 r 的任意一个 n 元二次型 $f(x_1, x_2, \cdots, x_n)=\boldsymbol{X}^{\mathrm{T}}\boldsymbol{A}\boldsymbol{X}$ 都可以经过可逆线性变换 $\boldsymbol{X}=\boldsymbol{C}\boldsymbol{Y}$ 化成标准形 $d_1y_1^2+d_2y_2^2+\cdots+d_ry_r^2$，其中，$d_i\neq 0$，$i=1, 2, \cdots, r$.

这个定理可以用矩阵语言叙述为定理 5.2.3.

定理 5.2.3 秩为 r 的任意一个 n 阶实对称矩阵 $\boldsymbol{A}$ 都合同于对角矩阵，即存在 n 阶可逆矩阵 $\boldsymbol{C}$，使得

$$\boldsymbol{C}^{\mathrm{T}}\boldsymbol{A}\boldsymbol{C}=\begin{pmatrix} d_1 & & & & & \\ & \ddots & & & & \\ & & d_r & & & \\ & & & 0 & & \\ & & & & \ddots & \\ & & & & & 0 \end{pmatrix} \quad (d_i\neq 0, i=1, 2, \cdots, r)$$

由于对二次型所作的可逆线性变换不同，同一个二次型经过变换所得的标准形就有可能不同，即二次型的标准形不是唯一的，这与它所作的可逆线性变换有关. 为了进一步讨论二次型的性质，我们引入二次型的规范形的概念.

定义 5.2.1 若秩为 r 的实二次型 $f(x_1, x_2, \cdots, x_n)=\boldsymbol{X}^{\mathrm{T}}\boldsymbol{A}\boldsymbol{X}$ 经过可逆线性变换 $\boldsymbol{X}=\boldsymbol{C}\boldsymbol{Y}$ 可化成 $y_1^2+\cdots+y_p^2-y_{p+1}^2-\cdots-y_r^2$ 的形式，则称该形式为二次型 f 的规范形.

定理 5.2.4 任何一个实二次型都可以经过可逆线性变换化成规范形，且其规范形是唯一的.

证明 设秩为 r 的实二次型 $f(x_1, x_2, \cdots, x_n)=\boldsymbol{X}^{\mathrm{T}}\boldsymbol{A}\boldsymbol{X}$ 经过可逆线性变换 $\boldsymbol{X}=\boldsymbol{C}\boldsymbol{Y}$ 已经化成标准形 $d_1y_1^2+\cdots+d_py_p^2-d_{p+1}y_{p+1}^2\cdots-d_ry_r^2$，其中，$d_1, \cdots, d_p, d_{p+1}, \cdots, d_r$ 均大于零. 令

$$y_i=\frac{1}{\sqrt{d_i}}z_i \quad (i=1, 2, \cdots, r)$$

$$y_i=z_i \quad (i=r+1, r+2, \cdots, n)$$

则二次型就化成了规范形 $z_1^2+\cdots+z_p^2-z_{p+1}^2-\cdots-z_r^2$.

定义 5.2.2 在秩为 r 的实二次型 $f(x_1, x_2, \cdots, x_n)=\boldsymbol{X}^{\mathrm{T}}\boldsymbol{A}\boldsymbol{X}$ 的规范形 $z_1^2+\cdots+z_p^2-z_{p+1}^2-\cdots-z_r^2$ 中，系数为正的平方项的个数 p 称为二次型的正惯性指数，系数为负的平方项的个数 $r-p$ 称为二次型的负惯性指数，它们的差 $p-(r-p)=2p-r$ 称为符号差.

从二次型的标准形化成规范形的过程可以看出，二次型的标准形中系数为

正的平方项的个数与规范形中系数为正的平方项的个数是完全一样的；二次型的标准形中系数为负的平方项的个数与规范形中系数为负的平方项的个数也是完全一样的. 因此，实二次型的标准形中系数为正的平方项的个数是正惯性指数，系数为负的平方项的个数是负惯性指数. 故二次型的正、负惯性指数是由二次型本身所确定的.

例 5.2.5 把二次型 $f(x_1, x_2, x_3)=x_1x_2+x_1x_3-3x_2x_3$ 化成规范形.

解 由例 5.2.4 可知，二次型 $f(x_1, x_2, x_3)=x_1x_2+x_1x_3-3x_2x_3$ 经过可逆线性变换

$$\begin{cases} x_1=z_1-z_2+3z_3 \\ x_2=z_1+z_2-z_3 \\ x_3=z_3 \end{cases}$$

已经化成标准形

$$f=z_1^2-z_2^2+3z_3^2$$

再作可逆线性变换

$$\begin{cases} w_1=z_1 \\ w_2=\sqrt{3}\,z_3 \\ w_3=z_2 \end{cases}$$

就把原二次型化成规范形

$$f=w_1^2+w_2^2-w_3^2$$

5.3 二次型的定性

本节介绍一类在数学及其它学科都有广泛应用的实二次型——正定二次型.

1. 二次型的正定性

定义 5.3.1 设 $f(x_1, x_2, \cdots, x_n)=\boldsymbol{X}^{\mathrm{T}}\boldsymbol{A}\boldsymbol{X}$ 是一个实二次型，若对任意一组不全为零的实数 $c_1, c_2, \cdots, c_n$，都有

$$f(c_1, c_2, \cdots, c_n)>0$$

则称二次型 $f(x_1, x_2, \cdots, x_n)$ 为正定二次型. 即若 $\forall\, \boldsymbol{X}=(x_1, x_2, \cdots, x_n)^{\mathrm{T}}\neq\boldsymbol{0}$，都有

$$f(x_1, x_2, \cdots, x_n)=\boldsymbol{X}^{\mathrm{T}}\boldsymbol{A}\boldsymbol{X}>0$$

则二次型 $f(x_1, x_2, \cdots, x_n)$为正定二次型.

例如，$f(x_1, x_2, x_3)=3x_1^2+x_2^2+5x_3^2$ 是正定二次型. 这是因为对任意一组不全为零的实数 c_1, c_2, c_3，都有

$$f(x_1, x_2, x_3)=3c_1^2+c_2^2+5c_3^2>0$$

下面介绍正定二次型的性质及判别法.

引理 5.3.1 实二次型

$$f(x_1, x_2, \cdots, x_n)=d_1x_1^2+d_2x_2^2+\cdots+d_nx_n^2$$

是正定二次型的充要条件是它的正惯性指数是 n，即 $d_i>0$，$i=1, 2, \cdots, n$.

证明 必要性. 若实二次型

$$f(x_1, x_2, \cdots, x_n)=d_1x_1^2+d_2x_2^2+\cdots+d_nx_n^2$$

是正定二次型，则 $\forall (x_1, x_2, \cdots, x_n)^{\mathrm{T}}\neq\mathbf{0}$，都有

$$f(x_1, x_2, \cdots, x_n)>0$$

于是对 $x_1=\cdots=x_{i-1}=x_{i+1}=\cdots=x_n=0$，$x_i=1$，就有

$$f(0, \cdots, 0, 1, 0, \cdots, 0)=d_i>0 \qquad (i=1, 2, \cdots, n)$$

所以二次型 $f(x_1, x_2, \cdots, x_n)=d_1x_1^2+d_2x_2^2+\cdots+d_nx_n^2$ 的正惯性指数是 n.

充分性. 若二次型 $f(x_1, x_2, \cdots, x_n)=d_1x_1^2+d_2x_2^2+\cdots+d_nx_n^2$ 的正惯性指数是 n，即 $d_i>0$，$i=1, 2, \cdots, n$，则 $\forall (x_1, x_2, \cdots, x_n)^{\mathrm{T}}\neq\mathbf{0}$，都有

$$f(x_1, x_2, \cdots, x_n)=d_1x_1^2+d_2x_2^2+\cdots+d_nx_n^2>0$$

故实二次型 $f(x_1, x_2, \cdots, x_n)=d_1x_1^2+d_2x_2^2+\cdots+d_nx_n^2$ 是正定二次型.

引理 5.3.2 正定二次型经过可逆线性变换后所得的二次型仍是正定二次型. 反之，若实二次型经过可逆线性变换后所得的二次型是正定二次型，则原二次型也是正定二次型. 即可逆线性变换保持二次型的正定性.

证明 设正定二次型

$$f(x_1, x_2, \cdots, x_n)=\boldsymbol{X}^{\mathrm{T}}\boldsymbol{A}\boldsymbol{X}$$

经过可逆线性变换 $\boldsymbol{X}=\boldsymbol{C}\boldsymbol{Y}$ 变成二次型

$$g(y_1, y_2, \cdots, y_n)=\boldsymbol{Y}^{\mathrm{T}}(\boldsymbol{C}^{\mathrm{T}}\boldsymbol{A}\boldsymbol{C})\boldsymbol{Y}$$

$\forall \boldsymbol{Y}=(y_1, y_2, \cdots, y_n)^{\mathrm{T}}\neq\mathbf{0}$，把它代入 $\boldsymbol{X}=\boldsymbol{C}\boldsymbol{Y}$ 的右端，因为 $\boldsymbol{C}$ 是可逆矩阵，所以所得的

$$\boldsymbol{X}=(x_1, x_2, \cdots, x_n)^{\mathrm{T}}\neq\mathbf{0}$$

因为 $f(x_1, x_2, \cdots, x_n)$是正定二次型，所以 $\forall \boldsymbol{Y}=(y_1, y_2, \cdots, y_n)^{\mathrm{T}}\neq\mathbf{0}$，都有

$$g(y_1, y_2, \cdots, y_n)=\boldsymbol{Y}^{\mathrm{T}}(\boldsymbol{C}^{\mathrm{T}}\boldsymbol{A}\boldsymbol{C})\boldsymbol{Y}=\boldsymbol{X}^{\mathrm{T}}\boldsymbol{A}\boldsymbol{X}=f(x_1, x_2, \cdots, x_n)>0$$

因此，二次型 $g(y_1, y_2, \cdots, y_n)$是正定二次型.

反之，设实二次型

$$f(x_1, x_2, \cdots, x_n)=\boldsymbol{X}^{\mathrm{T}}\boldsymbol{A}\boldsymbol{X}$$

经过可逆线性变换 $\boldsymbol{X}=\boldsymbol{C}\boldsymbol{Y}$ 变成正定二次型 $g(y_1, y_2, \cdots, y_n)$. $\forall \boldsymbol{X}=(x_1, x_2, \cdots, x_n)^{\mathrm{T}}\neq\boldsymbol{0}$，把它代入 $\boldsymbol{Y}=\boldsymbol{C}^{-1}\boldsymbol{X}$ 的右端，因为 $\boldsymbol{C}$ 是可逆矩阵，所以所得的

$$\boldsymbol{Y}=(y_1, y_2, \cdots, y_n)\neq\boldsymbol{0}$$

因为 $g(y_1, y_2, \cdots, y_n)$ 是正定二次型，所以 $\forall \boldsymbol{X}=(x_1, x_2, \cdots, x_n)^{\mathrm{T}}\neq\boldsymbol{0}$，都有

$$f(x_1, x_2, \cdots, x_n)\xlongequal{\boldsymbol{Y}=\boldsymbol{C}\boldsymbol{X}^{-1}}\boldsymbol{Y}^{\mathrm{T}}(\boldsymbol{C}^{\mathrm{T}}\boldsymbol{A}\boldsymbol{C})\boldsymbol{Y}=g(y_1, y_2, \cdots, y_n)>0$$

因此，$f(x_1, x_2, \cdots, x_n)=\boldsymbol{X}^{\mathrm{T}}\boldsymbol{A}\boldsymbol{X}$ 是正定二次型.

定理 5.3.1 实二次型 $f(x_1, x_2, \cdots, x_n)=\boldsymbol{X}^{\mathrm{T}}\boldsymbol{A}\boldsymbol{X}$ 正定的充要条件是它的正惯性指数等于 n.

证明 设实二次型

$$f(x_1, x_2, \cdots, x_n) =\boldsymbol{X}^{\mathrm{T}}\boldsymbol{A}\boldsymbol{X}$$

经过可逆线性变换 $\boldsymbol{X}=\boldsymbol{C}\boldsymbol{Y}$ 变成标准形

$$d_1y_1^2+d_2y_2^2+\cdots+d_ny_n^2 \tag{5.3.1}$$

由引理 5.3.1 及引理 5.3.2 知道，$f(x_1, x_2, \cdots, x_n)$ 正定当且仅当式(5.3.1)正定，而式(5.3.1)正定当且仅当式(5.3.1)的正惯性指数为 n. 所以 $f(x_1, x_2, \cdots, x_n)$ 正定当且仅当它的正惯性指数为 n.

推论 5.3.1 实二次型 $f(x_1, x_2, \cdots, x_n)$ 正定的充要条件是它的规范形是

$$y_1^2+y_2^2+\cdots+y_n^2 \tag{5.3.2}$$

定义 5.3.2 若实二次型 $f(x_1, x_2, \cdots, x_n)=\boldsymbol{X}^{\mathrm{T}}\boldsymbol{A}\boldsymbol{X}$ 是正定二次型，则 n 阶实对称矩阵 $\boldsymbol{A}$ 称为正定矩阵.

推论 5.3.2 n 阶实对称矩阵 $\boldsymbol{A}$ 正定的充要条件是 $\boldsymbol{A}$ 与 n 阶单位矩阵 $\boldsymbol{E}$ 合同.

证明 必要性. 设 $\boldsymbol{A}$ 是 n 阶正定矩阵，则实二次型 $f(x_1, x_2, \cdots, x_n)=\boldsymbol{X}^{\mathrm{T}}\boldsymbol{A}\boldsymbol{X}$ 正定，由推论 5.3.1 可得，实二次型 $f(x_1, x_2, \cdots, x_n)$ 的规范形是式(5.3.2)，而式(5.3.2)的矩阵是 n 阶单位矩阵 $\boldsymbol{E}$，所以 $\boldsymbol{A}$ 与 $\boldsymbol{E}$ 合同.

充分性. 若 n 阶实对称矩阵 $\boldsymbol{A}$ 与 n 阶单位矩阵 $\boldsymbol{E}$ 合同，则存在 n 阶可逆矩阵 $\boldsymbol{C}$，使得 $\boldsymbol{C}^{\mathrm{T}}\boldsymbol{A}\boldsymbol{C}=\boldsymbol{E}$，于是存在可逆线性变换 $\boldsymbol{X}=\boldsymbol{C}\boldsymbol{Y}$. 把实二次型

$$f(x_1, x_2, \cdots, x_n)=\boldsymbol{X}^{\mathrm{T}}\boldsymbol{A}\boldsymbol{X}$$

化成规范形 $y_1^2+y_2^2+\cdots+y_n^2$，由推论 5.3.1 可得，实二次型 $f(x_1, x_2, \cdots, x_n)=\boldsymbol{X}^{\mathrm{T}}\boldsymbol{A}\boldsymbol{X}$ 正定，所以实矩阵 $\boldsymbol{A}$ 是正定矩阵.

推论 5.3.3 与正定矩阵合同的实对称矩阵是正定矩阵.

证明 设 n 阶实对称矩阵 $\boldsymbol{B}$ 与 n 阶正定矩阵 $\boldsymbol{A}$ 合同，而 $\boldsymbol{A}$ 与 n 阶单位矩阵 $\boldsymbol{E}$ 合同，于是矩阵 $\boldsymbol{B}$ 与单位矩阵 $\boldsymbol{E}$ 合同，所以 $\boldsymbol{B}$ 是正定矩阵.

推论 5.3.4 正定矩阵的行列式大于零.

证明 设 n 阶实对称矩阵 $\boldsymbol{A}$ 正定，则 $\boldsymbol{A}$ 与 n 阶单位矩阵 $\boldsymbol{E}$ 合同，即存在 n 阶可逆矩阵 $\boldsymbol{C}$，使得

$$\boldsymbol{A}=\boldsymbol{C}^{\mathrm{T}}\boldsymbol{E}\boldsymbol{C}=\boldsymbol{C}^{\mathrm{T}}\boldsymbol{C}$$

于是

$$|\boldsymbol{A}|=|\boldsymbol{C}^{\mathrm{T}}\boldsymbol{C}|=|\boldsymbol{C}^{\mathrm{T}}||\boldsymbol{C}|=|\boldsymbol{C}|^2>0$$

定理 5.3.2 实二次型 $f(x_1, x_2, \cdots, x_n)=\boldsymbol{X}^{\mathrm{T}}\boldsymbol{A}\boldsymbol{X}$ 正定的充要条件是实矩阵 $\boldsymbol{A}$ 的特征值均大于零.

证明 必要性. 设 λ 是实对称矩阵 $\boldsymbol{A}$ 的任意一个特征值，$\boldsymbol{\alpha}$ 是属于特征值 λ 的实特征向量，则

$$\boldsymbol{A}\boldsymbol{\alpha}=\lambda\boldsymbol{\alpha}$$

因为实二次型 $f(x_1, x_2, \cdots, x_n)=\boldsymbol{X}^{\mathrm{T}}\boldsymbol{A}\boldsymbol{X}$ 正定，且 $\boldsymbol{\alpha}\neq\boldsymbol{0}$，所以

$$\boldsymbol{\alpha}^{\mathrm{T}}\boldsymbol{A}\boldsymbol{\alpha}=\boldsymbol{\alpha}^{\mathrm{T}}\lambda\boldsymbol{\alpha}=\lambda(\boldsymbol{\alpha}^{\mathrm{T}}\boldsymbol{\alpha})>0$$

又因为 $\boldsymbol{\alpha}^{\mathrm{T}}\boldsymbol{\alpha}>0$，所以 $\lambda>0$.

充分性. 设矩阵 $\boldsymbol{A}$ 的 n 个特征值 $\lambda_1, \lambda_2, \cdots, \lambda_n$ 均大于零，则存在 n 阶正交矩阵 $\boldsymbol{Q}$，使得

$$\boldsymbol{Q}^{\mathrm{T}}\boldsymbol{A}\boldsymbol{Q}=\begin{pmatrix}\lambda_1 & & & \\ & \lambda_2 & & \\ & & \ddots & \\ & & & \lambda_n\end{pmatrix}$$

即存在可逆线性变换 $\boldsymbol{X}=\boldsymbol{Q}\boldsymbol{Y}$，使得

$$f(x_1, x_2, \cdots, x_n)=\boldsymbol{X}^{\mathrm{T}}\boldsymbol{A}\boldsymbol{X}\xlongequal{\boldsymbol{X}=\boldsymbol{Q}\boldsymbol{Y}}\boldsymbol{Y}^{\mathrm{T}}\boldsymbol{Q}^{\mathrm{T}}\boldsymbol{A}\boldsymbol{Q}\boldsymbol{Y}=\sum_{i=1}^{n}\lambda_i y_i^2$$

因为 $\lambda_1, \lambda_2, \cdots, \lambda_n$ 均大于零，故二次型 $f(x_1, x_2, \cdots, x_n)$ 的正惯性指数是 n，因此二次型 $f(x_1, x_2, \cdots, x_n)$ 是正定二次型.

根据定义来判断二次型是否正定一般是比较困难的，若根据定理 5.3.1，就需要把二次型化成标准形，这也是比较麻烦的. 下面介绍一种更直接的判别方法.

定义 5.3.3 设

$$A=\begin{pmatrix} a_{11} & a_{12} & \cdots & a_{1n} \\ a_{21} & a_{22} & \cdots & a_{2n} \\ \vdots & \vdots & & \vdots \\ a_{n1} & a_{n2} & \cdots & a_{nn} \end{pmatrix}$$

是 n 阶矩阵，称行列式

$$D_k=\begin{vmatrix} a_{11} & a_{12} & \cdots & a_{1k} \\ a_{21} & a_{22} & \cdots & a_{2k} \\ \vdots & \vdots & & \vdots \\ a_{k1} & a_{k2} & \cdots & a_{kk} \end{vmatrix} \quad (k=1,\ 2,\ \cdots,\ n)$$

为 $\boldsymbol{A}$ 的 k 阶顺序主子式.

例如，矩阵

$$\boldsymbol{A}=\begin{pmatrix} 1 & 1 & 0 & 2 \\ 1 & 3 & 2 & 4 \\ 3 & 5 & 6 & 1 \\ 5 & 1 & 0 & 9 \end{pmatrix}$$

的四个顺序主子式分别是

$$D_1=1,\ D_2=\begin{vmatrix} 1 & 1 \\ 1 & 3 \end{vmatrix}$$

$$D_3=\begin{vmatrix} 1 & 1 & 0 \\ 1 & 3 & 2 \\ 3 & 5 & 6 \end{vmatrix},\ D_4=\begin{vmatrix} 1 & 1 & 0 & 2 \\ 1 & 3 & 2 & 4 \\ 3 & 5 & 6 & 1 \\ 5 & 1 & 0 & 9 \end{vmatrix}$$

定理 5.3.3 实二次型 $f(x_1,\ x_2,\ \cdots,\ x_n)=\boldsymbol{X}^{\mathrm{T}}\boldsymbol{A}\boldsymbol{X}$ 是正定二次型的充要条件是矩阵 $\boldsymbol{A}$ 的各阶顺序主子式均大于零.

例 5.3.1 判别二次型 $f(x_1,\ x_2,\ x_3)=4x_1^2+5x_2^2+6x_3^2+4x_1x_2-4x_2x_3$ 是否正定.

解 二次型 $f(x_1,\ x_2,\ x_3)$的矩阵是

$$\boldsymbol{A}=\begin{pmatrix} 4 & 2 & 0 \\ 2 & 5 & -2 \\ 0 & -2 & 6 \end{pmatrix}$$

因为它的各阶顺序主子式为

$$4>0$$

$$\begin{vmatrix}4 & 2\\2 & 5\end{vmatrix}=16>0$$

$$\begin{vmatrix}4 & 2 & 0\\2 & 5 & -2\\0 & -2 & 6\end{vmatrix}=80>0$$

所以二次型 $f(x_1, x_2, x_3)$正定.

2. 二次型的其它定性

定义 5.3.4 设 $f(x_1, x_2, \cdots, x_n)=\boldsymbol{X}^{\mathrm{T}}\boldsymbol{A}\boldsymbol{X}$ 是一个实二次型，若 $\forall\boldsymbol{X}=(x_1, x_2, \cdots, x_n)^{\mathrm{T}}\neq\boldsymbol{0}$，都有

$$f(x_1, x_2, \cdots, x_n)=\boldsymbol{X}^{\mathrm{T}}\boldsymbol{A}\boldsymbol{X}<0$$

则称二次型 $f(x_1, x_2, \cdots, x_n)$为负定二次型；若 $\forall\boldsymbol{X}=(x_1, x_2, \cdots, x_n)^{\mathrm{T}}\neq\boldsymbol{0}$，都有

$$f(x_1, x_2, \cdots, x_n)=\boldsymbol{X}^{\mathrm{T}}\boldsymbol{A}\boldsymbol{X}\geqslant 0$$

则称二次型 $f(x_1, x_2, \cdots, x_n)$为半正定二次型；若 $\forall\boldsymbol{X}=(x_1, x_2, \cdots, x_n)^{\mathrm{T}}\neq\boldsymbol{0}$，都有

$$f(x_1, x_2, \cdots, x_n)=\boldsymbol{X}^{\mathrm{T}}\boldsymbol{A}\boldsymbol{X}\leqslant 0$$

则称 $f(x_1, x_2, \cdots, x_n)$为半负定二次型.

关于负定二次型有下面的定理.

定理 5.3.4 设 $f(x_1, x_2, \cdots, x_n)=\boldsymbol{X}^{\mathrm{T}}\boldsymbol{A}\boldsymbol{X}$ 是一个实二次型，则下列命题等价：

(1) $f(x_1, x_2, \cdots, x_n)$是负定二次型；

(2) $f(x_1, x_2, \cdots, x_n)$的负惯性指数为 n；

(3) $f(x_1, x_2, \cdots, x_n)$的矩阵 $\boldsymbol{A}$ 的特征值均为负值；

(4) $f(x_1, x_2, \cdots, x_n)$的矩阵 $\boldsymbol{A}$ 的奇数阶顺序主子式小于零，偶数阶顺序主子式大于零.

例 5.3.2 证明二次型 $f(x_1, x_2, x_3)=-2x_1^2-6x_2^2-4x_3^2+2x_1x_2+2x_1x_3$ 是负定二次型.

解 二次型的矩阵是

$$\boldsymbol{A}=\begin{pmatrix}-2 & 1 & 1\\1 & -6 & 0\\1 & 0 & -4\end{pmatrix}$$

因为

$$-2<0$$

$$\begin{vmatrix} -2 & 1 \\ 1 & -6 \end{vmatrix}=11>0$$

$$|\boldsymbol{A}|=-38<0$$

所以二次型 $f(x_1, x_2, x_3)$是负定二次型.

习 题 5

1. 写出下列二次型的矩阵.

(1) $f(x_1, x_2, x_3, x_4)=2x_1^2-x_3^2+x_4^2-4x_1x_4+6x_2x_3-2x_2x_4$;

(2) $f(x_1, x_2, x_3)=2x_1^2-x_2^2-3x_3^2-2x_1x_2-4x_1x_3+6x_2x_3$.

2. 用正交变换化下列二次型为标准形，并求变换矩阵.

(1) $f(x_1, x_2, x_3)=x_1^2+2x_2^2+3x_3^2-4x_1x_2-4x_2x_3$;

(2) $f(x_1, x_2, x_3)=3x_1^2+5x_2^2+5x_3^2+4x_1x_2-4x_1x_3-10x_2x_3$;

(3) $f(x_1, x_2, x_3)=2x_1^2+5x_2^2+5x_3^2+4x_1x_2-4x_1x_3-8x_2x_3$.

3. 用配方法化下列二次型为标准形，并求变换矩阵.

(1) $f(x_1, x_2, x_3)=x_1^2+2x_2^2+4x_3^2+2x_1x_2+4x_2x_3$;

(2) $f(x_1, x_2, x_3)=-4x_1x_2+2x_1x_3+2x_2x_3$.

4. 求二次型 $f(x_1, x_2, x_3)=x_1^2+2x_2^2+3x_3^2-4x_1x_2-4x_2x_3$ 的正负惯性指数、符号差及秩.

5. 判断下列二次型的正定性.

(1) $f(x_1, x_2, x_3)=5x_1^2+x_2^2+5x_3^2+4x_1x_2-8x_1x_3-4x_2x_3$;

(2) $f(x_1, x_2, x_3)=-4x_1^2-x_2^2-x_3^2+2x_1x_2+2x_1x_3$;

(3) $f(x_1, x_2, x_3)=x_1^2+x_2^2+3x_3^2+4x_1x_2+2x_1x_3+2x_2x_3$.

6. 已知实对称矩阵 $\boldsymbol{A}$ 是正定矩阵，证明 $\boldsymbol{A}^{-1}$, $\boldsymbol{A}^*$ 是正定矩阵.

7. 已知实对称矩阵 $\boldsymbol{A}$, $\boldsymbol{B}$ 都是正定矩阵，证明 $\boldsymbol{A}+\boldsymbol{B}$ 也是正定矩阵.

8. 设 $\boldsymbol{A}$ 是 n 阶实对称矩阵，且满足 $\boldsymbol{A}^2-3\boldsymbol{A}+2\boldsymbol{E}=\boldsymbol{0}$，证明 $\boldsymbol{A}$ 是正定矩阵.

9. 已知 $\boldsymbol{A}$ 是 n 阶实矩阵，且 $r(\boldsymbol{A})=n$，证明 $\boldsymbol{A}^{\mathrm{T}}\boldsymbol{A}$ 是正定矩阵.

参考文献

[1] 同济大学数学系. 线性代数. 6 版. 北京：高等教育出版社，2014.

[2] 朱柘琍，等. 线性代数. 北京：人民邮电出版社，2016.

[3] 林仁炳，等. 线性代数. 北京：北京师范大学出版社，2016.

[4] 田子红，等. 线性代数. 北京：清华大学出版社，2013.

[5] 赵树源. 线性代数，4 版. 北京：中国人民大学出版社，2013.

[6] 吴赣昌. 线性代数. 5 版. 北京：中国人民大学出版社，2017.

[7] 上海财经大学应用数学系. 线性代数. 3 版. 上海：上海财经大学出版社，2017.

[8] 居余马，等. 线性代数. 北京：高等教育出版社，2012.